FUNDAMENTOS DEL DISEÑO Y LA CONSTRUCCIÓN CON MADERA

EDICIONES UNIVERSIDAD CATÓLICA DE CHILE
Vicerrectoría de Comunicaciones
Av. Libertador Bernardo O'Higgins 390, Santiago, Chile

editorialedicionesuc@uc.cl
www.ediciones.uc.cl

**FUNDAMENTOS DEL DISEÑO
Y LA CONSTRUCCIÓN CON MADERA**
Pablo Guindos B.

© Inscripción N° 309.667
Derechos reservados
Octubre 2019
ISBN N° 978-956-14-2453-1

Dibujos: Francisca Evans Zaldívar y Francisca González Rosas
Diseño de portada: Francisco López Urquieta
Fotografía de portada: Edificio Mjøstårnet de 18 pisos en Noruega,
cortesía de Moelven

Diseño: Francisca Galilea
Impresor: Imprenta Salesianos S.A.

CIP-Pontificia Universidad Católica de Chile
Guindos Bretones, Pablo, autor.
Fundamentos del diseño y la construcción con madera / Pablo Guindos;
ilustraciones de Francisca Evans y Francisca González.
1.	Construcciones de madera – Chile.
2.	Estructuras de madera.
3.	Propiedades de la madera.
4.	Filosofía del diseño arquitectónico.
I.	t.
II.	Evans, María Francisca, ilustrador.
III.	González Rosas, Francisca, ilustrador.
2019	721.04470983 DCC23 RDA

FUNDAMENTOS DEL DISEÑO Y LA CONSTRUCCIÓN CON MADERA

PABLO GUINDOS

EDICIONES UC

Dedicado a Björn

TABLA DE CONTENIDOS

PRÓLOGO

La construcción de mejores ciudades conlleva a la necesidad constante de buscar nuevos elementos y materiales que contribuyan a mejorar la calidad de vida de las personas. Así es como desde hace unos años el uso de la madera se alzó como una alternativa en la construcción de viviendas sociales, con variados atributos que las hacen soluciones más sustentables e innovadoras.

La relación entre Chile y el desarrollo en el uso de la madera está viviendo una época atractiva que invita a hacerle seguimiento para potenciar su inclusión en la industria. Somos uno de los diez países productores más importantes a nivel internacional y se trata del segundo sector exportador a nivel nacional y el primero basado en fuentes renovables.

Claro que para trazarse nuevos desafíos lo primero es avanzar en productividad, industrialización e innovación y así cumplir con un compromiso tan clave como necesario: duplicar su uso en la construcción de viviendas al año 2035.

En el Ministerio de Vivienda y Urbanismo hemos avanzado en hacer alianzas colaborativas con representantes del mundo académico, sectorial e interinstitucional, que nos han permitido impulsar varias iniciativas para que la madera se convierta en una alternativa competitiva en el mercado, potenciando su versatilidad para generar soluciones sustentables, innovadoras, y con alto nivel de prefabricación, apuntando a la productividad y al potencial de crecimiento del sector.

Por cierto, para garantizar el éxito y potenciar el uso avanzado de la madera en la construcción en Chile, es indispensable el esfuerzo conjunto y coordinado de todos los actores, a través de una cooperación público-privada. Lo logrado hasta ahora es fruto de un trabajo del Estado con el sector privado, con las entidades gremiales, los académicos y profesionales del área, para avanzar sostenidamente y garantizar impactos positivos en la calidad de vida de las familias, en términos del estándar y la durabilidad de las construcciones que habitan.

Estamos conscientes de que aún queda camino por recorrer frente a este tema, pero nos motiva hacer de Chile un referente a nivel mundial. Por eso, valoro el significativo aporte de esta publicación, que establece una base tecnológica sólida que permite abordar las construcciones en madera con mayor eficiencia, calidad y modernidad.

- 18 -

Cristián Monckeberg Bruner
Ministro de Vivienda y Urbanismo

PREFACIO

Este libro conforma la primera parte de una trilogía, en la cual se introducen los fundamentos del diseño y la construcción con madera. Introducir a arquitectos, ingenieros y constructores en el empleo de la madera como material estructural en la construcción es el principal objetivo de esta publicación. Desde una perspectiva global se introducen los aspectos necesarios para emplear la madera con confiabilidad y eficiencia, lo que incluye aspectos relacionados con la tecnología de la madera, las bases del diseño y el cálculo, los sistemas constructivos, la industrialización y la protección del material.

Los otros dos libros de esta trilogía profundizan en el diseño estructural y tienen como principal objetivo consolidar y facilitar el cálculo de tal modo que se fomente el uso de la madera como alternativa estructural para multitud de obras, en especial para la construcción de edificios. Así pues, el segundo y tercer libro están principalmente destinados a ingenieros e investigadores. El segundo libro se titula *Conceptos avanzados del diseño estructural con madera. Parte I* y consiste en un texto especializado, en el cual, partiendo de las bases expuestas en este texto introductorio, se profundiza en el diseño y el cálculo estructural de uniones, refuerzos, elementos compuestos, pórticos y edificios construidos con el sistema de marco plataforma incluyendo el diseño anti-sísmico. El tercer libro, titulado *Conceptos avanzados del diseño estructural con madera. Parte II*, incluye el diseño estructural con CLT, la modelación numérica, la protección anti-incendios y un compendio de tablas y otras ayudas al cálculo.

Son dos las principales razones que me han llevado a escribir esta trilogía. La primera razón es que, si bien existen algunas obras de excelente calidad y profundidad en español, la mayoría aborda de una forma más bien específica o introductoria los contenidos relativos a esta materia. La segunda razón es que en los últimos años se han realizado avances muy relevantes en este campo que han ampliado enormemente el espectro de aplicación de la madera en la construcción. De este modo, la trilogía trata de abordar la materia de la forma más global posible, de hecho, los métodos de diseño a menudo se presentan de acuerdo a distintas metodologías internacionales, más que presentar exclusivamente un único método de cálculo. Por otra parte, también se presentan los contenidos de la forma más actualizada posible con el fin de abarcar todas las aplicaciones estructurales que se han propiciado en las últimas dos décadas, tales como el diseño estructural con CLT, las consideraciones para el diseño de edificios, productos innovadores, industrialización moderna, modelación numérica, etc.

La principal motivación, sin embargo, para haber editado estos tres libros es la firme convicción de que construir una parte razonable de obras e infraestructura con madera ofrece múltiples ventajas que no deberían obviarse en estos tiempos. Principalmente construir con madera genera, en mi opinión, un entorno más sostenible desde el punto de vista ecológico, pero también la posibilidad de lograr un beneficio socioeconómico que se destaque por repercutir en un espectro muy amplio de la sociedad, llegando hasta las poblaciones rurales. Dichos potenciales beneficios deberían ser especialmente relevantes en Ibero-Latinoamérica, debido no solo a sus tendencias de poblaciones urbanas y su moderada/baja tasa de construcción con madera, sino también debido al carácter forestal de muchos de sus países, los cuales por cierto tienen una capacidad de renovación forestal envidiable en comparación a otros lugares del mundo.

En el recorrido que ha supuesto la edición de estos libros, quisiera agradecer primeramente a los autores que han colaborado conmigo en la escritura de multitud de capítulos y anexos, lo que incluye a Vanesa Baño, Laura Moya, Juan Carlos Píter, Rocío Ramos, Minia Rodríguez, Mauricio González, Peter Dechent, Jairo Montaño y Sebastián Berwart, como también mis estudiantes Raúl Araya, Felipe Arriagada y Sebastián Zisis. En esta labor quisiera también destacar el enorme trabajo de excelente calidad, y la interminable paciencia de las arquitectas y dibujantes Francisca Evans, Francisca González y Marcela Pasten. Sin todos estos profesionales esta obra no hubiese sido posible en extensión, ni mucho menos en calidad y rigurosidad. También quisiera agradecer el trabajo de los autores precedentes en la materia por su invaluable conocimiento e inspiración. Por supuesto agradezco a mi familia, Minia, Björn, Gael, mis hermanos y mis padres por su comprensión, ánimo y cariño. También quisiera agradecer el apoyo y disposición de Juan José Ugarte, Mario Ubilla, Alexander Opazo y José Luis Almazán, y por supuesto la inmejorable labor en la revisión y mejora por parte de Gonzalo Hernández, Mario Wagner, Felipe Victorero, José Luis Salvatierra, Jairo Montaño, Hernán Santa María y Franco Benedetti. Quisiera expresar especial agradecimiento en esta labor de revisión a Minia Rodríguez e Ignacio González quienes con su enorme generosidad revisaron una gran parte de los contenidos de la extensa trilogía. Finalmente quisiera agradecer a la Escuela de Ingeniería UC y a Ediciones UC por su excepcional apoyo en la publicación simultánea de esta trilogía, y muy especialmente al Centro de Innovación en Madera CIM-UC CORMA y su Directorio por su contagiosa motivación y apoyo continuado.

¿CÓMO LEER ESTE LIBRO?

Para facilitar la comprensión de este libro, el texto debería leerse secuencialmente ya que la mayoría de contenidos requieren la comprensión de temas precedentes. Para lectores familiarizados con la materia, la lectura de capítulos independientes sí es adecuada. Sin duda, todos aquellos lectores interesados en la segunda y tercera parte de la trilogía deberían sentir que los contenidos de este libro han sido afianzados antes de abordar los otros libros, en especial la parte relativa al cálculo y los sistemas constructivos y estructurales lo que comprende desde el Capítulo 6 al Capítulo 11.

Algunas partes de este libro hacen referencia directa a la principal normativa de diseño estructural con madera de Chile, la NCh1198, lo que se destaca con un formato de letra diferente. En concreto las tablas específicas de la normativa NCh1198:2010 se referencian como T seguido por el número de tabla, las páginas como PG seguidas por el número de página, las secciones se referencian directamente con los dígitos de la sección correspondiente como por ejemplo 6.8 y los anexos se referencian como A, seguido por la correspondiente letra del anexo al que se hace referencia.

La estructura global del libro es la siguiente: tras una breve reseña histórica, en los Capítulos 2 a 5 se introducen conceptos básicos de tecnología de la madera; el Capítulo 6 sirve como transición entre tecnología de la madera y cálculo; los Capítulos 7 a 9 introducen las bases del cálculo; los Capítulos 10 a 12 introducen los sistemas estructurales y constructivos, como también la industrialización y prefabricación; los Capítulos 13 y 14 introducen conceptos básicos de protección de la madera frente a incendios y degradación por organismos xilófagos y agentes abióticos. Finalmente, se incluye un anexo de ayudas básicas al predimensionado (ayudas más avanzadas al cálculo se facilitan en el tercer libro), otro anexo de detalles constructivos, y un glosario de términos que puede ser muy necesario, especialmente cuando los capítulos se leen de forma independiente.

CAPÍTULO I

INTRODUCCIÓN A LA CONSTRUCCIÓN CON MADERA

1.1 BREVE RESEÑA HISTÓRICA

Prehistoria

La madera ha sido el primer *material de construcción masivo*[1.1] empleado por el ser humano, y los primeros registros de su uso en la construcción datan de la época neolítica, año 9000 A.C., para abordar la construcción de cabañas en el borde entre Turquía e Irán. Inicialmente las construcciones se realizaban en forma circular u ovalada y posteriormente evolucionaron a formas cónicas, cilíndricas y rectangulares. Entre 6.500-6000 A.C. se construyeron las primeras edificaciones en dos alturas entre Anatolia y Chipre. En Grecia se establecieron las primeras construcciones con madera alrededor del año 4.000 A.C. El uso de la madera se extiende también entre las tribus nómadas de Norte América, África, Indonesia y Asia central, principalmente para la construcción de cabañas. Algunos de los estilos desarrollados por estas poblaciones tienen aún a día de hoy una influencia notable en las construcciones indígenas de Asia, África, Polinesia y Sudamérica.

Época Antigua

Las cubiertas de las tumbas reales de la primera dinastía egipcia (3.000 A.C.), fueron construidas con madera. A partir de este suceso se han reportado múltiples usos de la madera tanto en la cultura egipcia como en ciertas áreas de Líbano y Siria. En Japón la madera ha sido el principal material de construcción desde el período de Jōmon, extendiéndose desde 3500-300 A.C. En muchos casos, la duración de estas construcciones ha sido reportada en más de 1.000 años. Los antiguos griegos también realizaron importantes obras con madera durante esta época, como por ejemplo el Bouleterión de la casa del consejo de Priene, o el pórtico de Philipus en Delos. Este fue también el caso de los romanos, que emplearon la madera en la construcción de los primeros templos y realizaron obras notables como por ejemplo el puente sobre el Rin, de 600 metros de longitud, construido para las legiones del César, o las basílicas de San Pedro y San Pablo en el exterior de las murallas de Roma. En China, la arquitectura tradicional ha tenido desde la época antigua una presencia muy importante de la madera. De hecho, este país es considerado como un lugar clave en el proceso de desarrollo constructivo, debido ello a la riqueza arquitectónica de los edificios gubernamentales de los cuales una gran mayoría lamentablemente, no han perdurado en el tiempo a causa de los cambios dinásticos.

Desarrollo de las primeras construcciones modernas

La madera fue el principal material de construcción en gran parte de Europa desde la edad media hasta el renacimiento, y fue precisamente en este lugar, en donde se desarrollaron gran parte de las soluciones constructivas que fueron decisivas para los sistemas constructivos modernos con madera. Se piensa que las civilizaciones vikingas adaptaron sus construcciones con madera en base a las invasiones realizadas en el occidente del continente, en donde se construyó con madera de forma extensiva y encontrándose ejemplos notables, principalmente en la región alpina y Europa central. En particular, es posible identificar 4 tipos de construcciones que fueron clave para la construcción moderna:

i.   *Palisade* o *stave construction*, basada en paredes sólidas formadas por la aglomeración vertical de rollizos[1,2]. Este tipo de construcción predominó en la Alemania neolítica desde donde se extendió primeramente al norte de Europa, y posteriormente a las regiones ribereñas próximas al río Mississippi en Norteamérica.

ii.   *Log-cabin construction*, basada en la disposición de rollizos horizontales. Este tipo de construcción fue fundamental para comenzar el desarrollo de varios tipos de unión, fundamentalmente en el encuentro entre muros. Fue desarrollada principalmente en Europa central, Rusia y Asia Menor, siendo la Iglesia de la Transfiguración en Kizhi, Rusia, quizá el ejemplo representativo más notable. Aunque gran parte del desarrollo se produjo en Europa y Asia occidental, es cierto que este tipo de construcciones también se desarrollaron en el período Yayoi en Japón (250 A.C-200 D.C.). Este tipo de construcción fue exportado a Norteamérica a mediados del siglo XVII y se piensa que fue el precursor principal de las *construcciones resistentes al cortante*[3], desarrolladas posteriormente en esta región.

iii.   *Timber frame construction*, consistente en el uso de pórticos de madera acompañados o no de cercha en cubierta, fueron desarrollados también en Europa a partir del año 5.500-2.500 A.C., ver Figura 1.1.1. Estas construcciones surgieron como una necesidad de disponer de espacios más amplios de almacenamiento agrícola, y pueden ser considerados como los precursores de las estructuras porticadas modernas. Al igual que los tipos precedentes, esta tipología también fue exportada a Norteamérica alrededor del siglo XVII y a día de hoy, se encuentran aproximadamente aún 80 estructuras antiguas en pie de esta tipología.

iv. Finalmente, *roof beam, arch and truss timber construction*, que pueden ser considerados como una tipología más, ya que se basa en el uso de la madera tan sólo como material de cubierta. Las soluciones de este tipo logran generar cubiertas relativamente ligeras con luces de hasta 20 metros sin apoyos intermedios. Uno de los ejemplos primigenios puede ser considerado el palacio de Eltham, construido en Inglaterra en 1405. La aparición de este tipo de construcción fue clave para el desarrollo de *sistemas de arriostramiento*[1.3], que habitualmente estaban diseñados para evitar el vuelco en el plano y fuera del plano de elementos de cubierta sometidos a flexión.

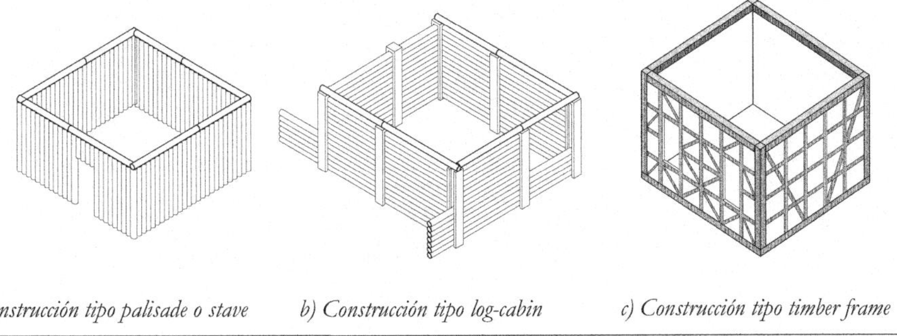

a) Construcción tipo palisade o stave   *b) Construcción tipo log-cabin*   *c) Construcción tipo timber frame*

FIGURA I.I.I Estructuraciones antiguas referentes de la construcción moderna.

Por otra parte, la tipología oriental propia de Japón, China y Corea principalmente, también es considerada como un precursor de la estructuración moderna en madera. De hecho, para cuando la cultura oriental y occidental contactaron con intensidad durante el siglo XX, la ingeniería con madera en lejano oriente se encontraba totalmente desarrollada. Uno de los rasgos característicos de esta arquitectura consiste en la gran riqueza de uniones tradicionales y soluciones carpinteras, tanto en China como en Japón. Otra característica importante, es la enorme longevidad de algunos de las construcciones, muchas de ellas de culto religioso. En China se estima que a día de hoy existen al menos una docena de edificios de madera con una antigüedad superior a 1.000 años. Por otro lado, el edificio de madera más antiguo del mundo es considerado el Templo de la Ley Floreciente en Japón, cuya finalización data del año 607 D.C.

De este periodo es importante también notar construcciones destacadas en Chile, tales como las iglesias de Chiloé. Las iglesias más antiguas datan del siglo XVIII y no son conocidas únicamente por su belleza, sino también por la ausencia de conexiones mecánicas en entramados de gran complejidad, ver Figura 1.1.2.

FIGURA 1.1.2 Iglesia de Achao, Chiloé, Chile.

Siglo XIX

El siglo XIX resultó, por una gran variedad de aspectos, clave para entender el contexto actual de la construcción con madera. Ya a finales del siglo XVIII, con la revolución industrial, los ladrillos comenzaron a sustituir la madera en muchas construcciones en Inglaterra y Europa. Por otra parte, vigas de hierro y acero comenzaron a sustituir elementos de madera, inicialmente en edificios de gran porte, y también se extendió masivamente el uso del hormigón. Sin embargo, fue a mediados y finales de 1800, cuando la madera tuvo su máxima utilización en Estados Unidos, sufriendo así un 'retraso' de unos 200 años respecto del apogeo en Europa. Ver la evolución del porcentaje del uso de madera en la construcción en la Figura 1.1.3.

Así, en 1833 se inventó en Chicago el *balloon framing*[1.4], el cual posteriormente derivaría también la introducción del *platform framing*[1.5]. La introducción de ambos sistemas de construcción fue posible gracias a la enorme cantidad de recursos forestales, aserraderos, y productores de tableros presentes en el territorio americano, así como que hubiese una mayor disponibilidad de clavos. Estos sistemas se extendieron muy rápidamente debido en gran parte a la simplificación de las construcciones y la reducción drástica de los costos de obra. De hecho, estos sistemas de entramado ligero siguen siendo hoy en día el sistema más empleado para baja altura en EEUU. Uno de los sucesos más desfavorables para la madera en esta época fue el gran incendio de Chicago en 1871, tras el cual gran cantidad de edificios fueron reconstruidos en hormigón y acero.

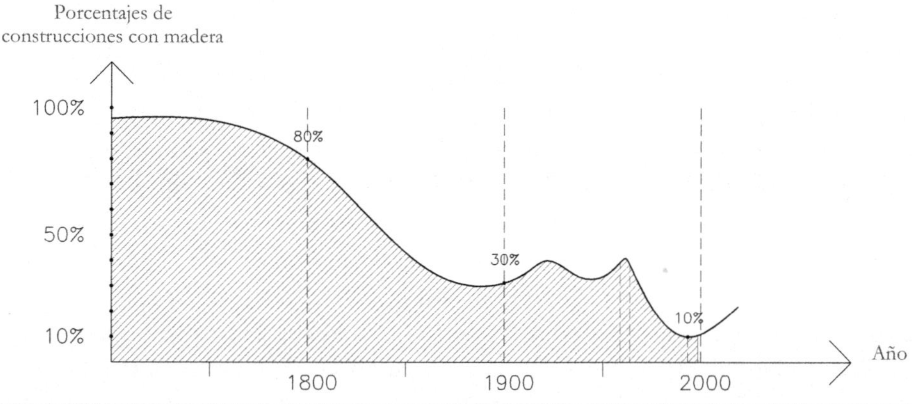

FIGURA 1.1.3 Evolución del porcentaje de uso de madera en la construcción (basado en Winter 2017).

En la segunda mitad del Siglo XIX, se desarrollaron gran parte de las herramientas que se emplean actualmente en análisis estructural, y con ello el cálculo en las construcciones se convirtió poco a poco obligatorio. Consecuentemente, en esta época se comenzaron a caracterizar las propiedades mecánicas de las distintas [1.6], algo que sin embargo ya se había iniciado con Galileo alrededor de 1638. Mientras tanto, en Europa, y pese a que durante el siglo XIX decreció fuertemente el uso de la madera frente a otros materiales (debido a la Revolución Industrial), se desarrollaron innovaciones que fueron clave para el uso moderno de la madera. Las más destacadas fueron seguramente el patentamiento del *terciado* (*plywood*)[1.7] por parte de Samuel Bentham en Londres, Inglaterra (1797), la creación de arcos curvos de madera (1825), el desarrollo de estructuras híbridas de madera y acero (1839), la construcción del Palacio de Cristal en Londres, una celosía tridimensional con superficie alrededor de 70.000 m² (1851), y el patentamiento de la madera laminada encolada (MLE o *glulam*)[1.8] por parte de Otto Hetzer en Weimar, Alemania, en 1872.

Siglo XX

El siglo XX fue el período en donde se consolidó la investigación en madera. Gran importancia tuvo en este desarrollo la creación del *Forest Products Laboratory* (FPL) en Madison, Wisconsin en 1910, ya que fue en este lugar donde se comenzaron a analizar las propiedades mecánicas de maderas, ensambles y uniones, al igual que la durabilidad, secado, resistencia a fuego y otros aspectos cruciales para este material. Los conocimientos adquiridos en los primeros años se tradujeron en la primera versión del *Wood Handwook* en 1931.

El siglo XX fue también clave en dos aspectos que ocurrieron en años cercanos a la II Guerra Mundial. El primero de ellos fue la aparición de *adhesivos resinosos*[1.9] que, a un bajo costo, ofrecían una resistencia superior a la propia madera. Esto definitivamente ayudó a expandir la madera laminada encolada, el terciado y el desarrollo de nuevos productos de ingeniería de madera. La baja disponibilidad de madera maciza en Europa, fomentó un alarde de invención en la ingeniería lo que promovió la búsqueda de materiales constructivos obtenidos a partir de elementos pequeños o de baja estética y calidad para la construcción, como por ejemplo los tableros de partículas en Alemania (originalmente denominados como 'falsa madera'), el *OSB*[1.10], que fue inicialmente patentado por Armin Elmendorf en EEUU allá por 1965 y la *madera microlaminada (LVL)*[1.11], patentada en 1988 por Robbins Earl Herbert. Otra de las invenciones clave para el desarrollo de la madera a nivel constructivo, fue la introducción alrededor de los años 50 en EE.UU. de placas metálicas para la conexión de piezas estructurales de madera.

Durante el Siglo XX, también se realizaron algunas obras de importancia capital para la madera. Una de las más destacadas es la infraestructura de ensayo aeronáutico TRESTLE (ATLAS-I) en Nuevo México, EE.UU. Esta es aún a día de hoy la construcción más grande del mundo de madera laminada, con 15.350 m^3 de *glulam*. Otra obra muy relevante es la Cúpula de Tacoma, en Washington, EE. UU. que destaca por su gran luz de 162 metros de madera laminada.

1.2 Una mirada hacia el futuro

El final del siglo XX brinda la invención de la *madera contralaminada (CLT)*[1.12], atribuida en Austria a finales hacia finales de los años 70 y principios de la década de los 80. Pese a que la estructura de la madera contralaminada no es en sí muy innovadora (similar al *plywood*), este producto abre las puertas a una nueva filosofía de construcción denominada madera masiva (*mass timber*). Esta nueva estructuración puede ser vista como una evolución de la ancestral palisade o log-cabin, y permite abarcar mayores alturas en edificación debido a una resistencia y rigidez muy superiores.

Esta nueva corriente domina el actual resurgir de la madera y ha sido objeto de gran parte de las investigaciones y desarrollos ejecutados en las últimas dos décadas. A diferencia de las tipologías constructivas definidas anteriormente, la filosofía con madera masiva es la de construir en base a la utilización paneles de madera de gran sección. Este enfoque, ofrece ciertas ventajas como por ejemplo un mayor desempeño lateral y resistencia al fuego respecto de tipologías constructivas convencionales, lo que permite abordar mayores alturas con un grado muy alto de prefabricación.

Amén de la madera contralaminada, se han introducido una serie de productos adicionales que, aunque en sí no son novedosos, contribuyen igualmente a esta filosofía de construcción masiva como por ejemplo el *mass LVL*[1.13], *dowel laminated timber (DLT)*[1.14] y los compuestos de madera masiva con hormigón.

Este estímulo de las nuevas tecnologías con madera, acompañado de una mayor concienciación ecológica de la sociedad, y un desarrollo del conocimiento técnico del material madera en general, está impulsando la voluntad por desarrollar construcciones con madera en altura en la mayoría de países desarrollados. Aunque en muchas ocasiones este desarrollo viene estimulado por la introducción de tecnologías de madera masiva, también se están construyendo igualmente edificios de madera en base a tipologías más convencionales como entramados ligeros y pesados. Se prevé por tanto en el futuro, un gran desarrollo de la madera en altura tanto a nivel normativo como tecnológico y profesional.

Otro núcleo de desarrollo incipiente son sin duda las estructuraciones híbridas, específicamente estructuraciones que combinan la madera, el acero y el hormigón. Si bien existen estructuraciones híbridas desde hace más de un siglo, la economicidad, las tecnologías de unión, y la concepción holística que actualmente tenemos sobre el desempeño o *performance* de las edificaciones, es un entorno muy propicio para desarrollar este tipo de estructuraciones.

Finalmente, en opinión del autor, debe notarse que la 'revolución industrial', que sin duda ha sido la gran impulsora de muchos de los principios y metodologías de la ingeniería moderna, ha tenido y tiene que 'aprender' a convivir con la 'revolución medioambiental' en la que nos encontramos actualmente inmersos debido a la mayor concienciación acerca de nuestro impacto sobre el planeta y el cambio climático. Dicha revolución medioambiental, ha dotado a la ingeniería moderna con una perspectiva más sostenible respecto de la forma en la cual producimos y diseñamos, lo cual concierne lógicamente a la arquitectura, ingeniería estructural y construcción. Sin embargo, aun cuando estamos tratando de comenzar a adaptar nuestros métodos constructivos a esta nueva realidad, nos encontramos inmersos en una nueva revolución: la 'revolución de la tecnología de la información', la cual sin duda afectará fuertemente a una de las industrias más arcaicas, incluyendo a la industria de la construcción. En esta nueva realidad, en la que los principios sobre los que diseñábamos están siendo notablemente afectados por dos revoluciones sucesivas, la madera no resulta ni mucho menos mal parada, ya que sin duda es un material mucho más sostenible que el acero y el hormigón, y también mucho más apto para la prefabricación y la aplicación de métodos y procesos manufactureros más modernos.

En los países de habla hispana, este desarrollo presenta ciertos retos particulares, más bien relacionados con barreras culturales y desconocimiento general, ya que tal como se mostró a lo largo de esta sección, por general en estas regiones no se ha empleado extensivamente la madera en la construcción; gran parte del desarrollo de *entramados pesados*[1.15] se fundamentó en Europa central y septentrional, mientras que en Norteamérica se consolidaron fuertemente las tecnologías de *entramado ligero*[1.16]. Sin embargo, los actores gubernamentales, académicos y privados adquieren progresivamente mayor concienciación del especial potencial que la madera tiene en estos países, ya que por lo general cuentan con condiciones forestales y necesidades de urbanización considerablemente superiores a las de los países más desarrollados.

1.3 Lecturas adicionales

Foliente GC (2000) History of Timber Construction. In Wood Structures: A Global Forum on the Treatment, Conservation, and Repair of Cultural Heritage. ASTM International.

Herzog T, Natterer J, Schweitzer R, Volz M, y Winter W (2004) Timber construction manual. Walter de Gruyter.

CAPÍTULO 2

ANATOMÍA Y FÍSICA DE LA MADERA

PRINCIPALES CONTRIBUIDORES:
JUAN CARLOS PITER Y ROCÍO RAMOS (UTN, ARGENTINA)

La madera es un sólido natural, compuesto fundamentalmente por células alargadas (traqueidas y radios leñosos) cuyas paredes celulares se componen de *celulosa* (≈40-50%), *hemicelulosa* (≈20-40%), y *lignina* (≈20-30%). De acuerdo a la especie, se encuentran presentes también resinas, terpenos, taninos, minerales y sustancias incrustantes, constituyendo los *extractivos*, de los cuales el contenido se sitúa entre el 2 y el 5%. La madera se obtiene de dos categorías de árboles conocidos como angiospermas y gimnospermas. Al primer grupo, de estructura interna mucho más compleja, pertenecen las especies *frondosas* o *latifoliadas*[2.1], provenientes de árboles con hojas caducas (en su mayoría), y en el segundo se incluyen las especies de coníferas[2.2], con una estructura mucho más primitiva y simple (la mayor parte de células son traqueidas). Si bien el objetivo de este apartado no es profundizar los detalles referidos a estos dos grupos, es necesario considerar algunas características básicas de cada uno, pues influyen sobre las propiedades físicas y mecánicas.

2.1 SINGULARIDADES

Las singularidades son determinantes en las propiedades mecánicas. Estas son ocasionadas a merced de las condiciones de crecimiento del árbol, y también como consecuencia del proceso de cultivo y producción de la madera y su exposición al medio ambiente. Se describen a continuación las singularidades más relevantes para la clasificación por resistencia, a excepción del espesor de los anillos de crecimiento y la presencia de médula circundada por madera juvenil, que ya fueron mencionados anteriormente.

2.1.1 *Nudos*

Los nudos son originados como consecuencia de la existencia de ramas que se desprenden del tronco principal, partiendo desde la médula. En la medida que los sucesivos anillos de crecimiento engrosan la parte exterior del árbol, la parte incluida de la rama, la cual también aumenta su diámetro, forma un cono que se desarrolla junto con el tronco. Cuando el corte de la pieza extraída del tronco principal involucra a ese cono, se encuentra un nudo, el cual, en este caso, se denomina *nudo fijo* o *nudo vivo*. Si la rama se desprende, las sucesivas capas de madera nueva envuelven al cono que ella formaba, el cual no se desarrolla más en conjunto con el árbol ni afecta a los nuevos anillos externos de crecimiento, dando lugar a la formación de un *nudo flojo*, *suelto* o *muerto*, que incluso puede contener parte de la cáscara. Finalmente, también es posible que un nudo haya sido generado por una yema durmiente, lo cual no suele transcender de los primeros anillos del árbol. Es fácil comprender que una adecuada poda puede provocar que en una sección transversal se encuentre un importante manto exterior de madera sana, ya que la eliminación de las ramas en forma temprana hace que los nudos queden solamente en la zona interior del tronco, cercana a la médula. En la Figura 2.1.1 puede apreciarse tanto la interrupción como la desviación de las fibras que ocasiona la presencia de un nudo, lo que constituye una anomalía que afecta la resistencia y rigidez del material.

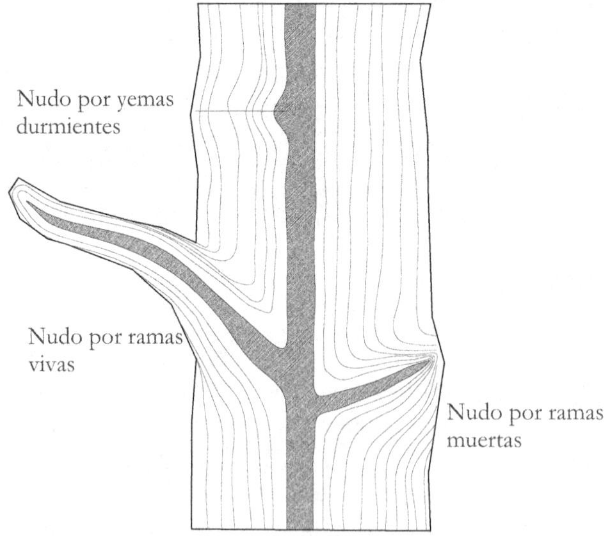

FIGURA 2.1.1 Anomalías producidas por la presencia de un nudo.

Existen particularidades que es necesario tener en cuenta para las distintas especies. En el caso de las coníferas, que tienen un tronco dominante del cual se desprenden ramas a intervalos regulares, se encuentran espacios sin nudos seguidos luego de grupos de los mismos. Este agrupamiento es más difícil de encontrar en especies frondosas. Los nudos constituyen un defecto al cual investigadores y normas le atribuyen una gran importancia para el uso estructural de la madera debido a su negativo efecto en las propiedades mecánicas, y son considerados tanto en forma individual como en forma grupal. Finalmente, es necesario también distinguir entre nudos *sanos*, en los que existe una continuidad material con el tronco ya que se corresponden con ramas vivas, frente a nudos *muertos* que pueden suponerse como un 'agregado' de madera sin continuidad con el material y por tanto resultan más desfavorables en la reducción de resistencia. No obstante, en numerosos casos las normas no distinguen nudos sanos de muertos con el fin simplificar el proceso de clasificación por resistencia.

2.1.2 *Inclinación de las fibras*

Teniendo en cuenta la estructura de la pared celular, ya descrita anteriormente, el paralelismo de las fibras con relación al eje longitudinal de la pieza resulta de suma importancia para su comportamiento estructural. En este sentido, desde que las mayores resistencias y rigideces se alcanzan en la dirección de las fibras, para aquellos árboles en los cuales el crecimiento ordena las células en forma espiralada, del aserrado se obtienen piezas con sus propiedades mecánicas muy afectadas.

Además de la *desviación global de las fibras*, se observan desviaciones locales, especialmente alrededor de los nudos, lo que produce que estos defectos sean especialmente desfavorables. La Figura 2.1.2 ilustra las desviaciones de fibra locales típicamente observadas en el plano tangencial al tronco y el plano radial alrededor de los nudos.

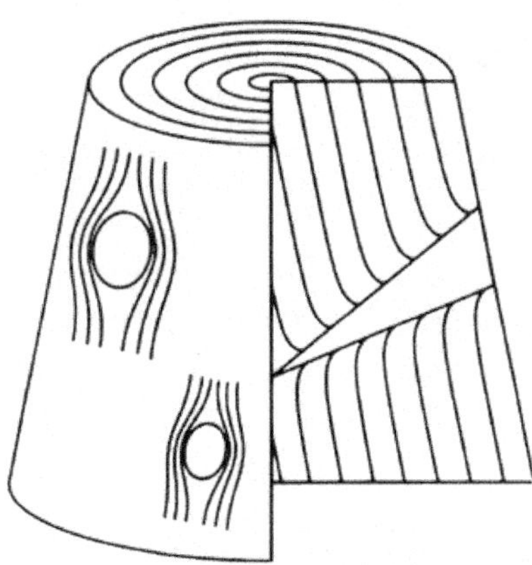

FIGURA 2.1.2 Desviaciones locales de fibra en los planos tangenciales y radiales alrededor de los nudos.

2.1.3 *Madera de reacción*[2.3]

Esta singularidad se genera, cuando el tronco del árbol es sometido a elevados esfuerzos producidos por fuerzas exteriores tales como la acción del viento. En las coníferas se manifiesta como *madera de compresión*[2.4] y en las frondosas como *madera de tracción*[2.5], siendo la primera de ellas la de mayor importancia para el uso estructural de este material. La madera de compresión presenta anillos de crecimiento con un mayor ancho del leño tardío, y en consecuencia resulta más difícil distinguirlo del leño temprano que en la madera normal. Si bien ese mayor ancho del leño tardío redunda en una mayor densidad de la madera, también exhibe una mayor inclinación de las microfibrillas en la capa media de la pared secundaria, lo que origina un comportamiento similar al descripto anteriormente para la madera juvenil cercana a la médula.

2.1.4 *Fisuras y deformaciones*

La presencia de fisuras se encuentra dentro del grupo de singularidades relacionadas tanto a la constitución interna de la madera como a los procesos de producción y a la exposición al medio ambiente. Se produce normalmente como consecuencia de los diferentes niveles de contracción experimentados según las tres direcciones principales. La pérdida de agua de impregnación de las paredes celulares por debajo del punto de saturación de las fibras, origina una contracción sustancialmente mayor en la dirección tangencial que en la radial. Este comportamiento produce deformaciones no deseadas, y también ocasiona rajaduras y torceduras durante el proceso de secado que varían para las diferentes especies. Las deformaciones no provocan disminuciones en las propiedades mecánicas, pero generan excentricidades que pueden exceder los límites permitidos. Las fisuras afectan en mayor medida a los miembros estructurales sometidos a flexión y compresión, que a los solicitados a tracción paralela a las fibras.

2.1.5 *Ataques biológicos*

Los hongos y los *insectos xilófagos*[2.6] son los agentes biológicos de mayor importancia para la degradación de la madera. En general el ataque de estos agentes se produce cuando la estructura está en servicio, y está relacionado con el grado de exposición al medio ambiente, la durabilidad natural de la madera y su nivel de protección. No obstante, existen insectos que se desarrollan en el árbol y, consecuentemente, luego del aserrado de las piezas de madera estructural ya se revela este tipo de singularidad que se encuentra limitada en los métodos de clasificación por resistencia.

2.1.6 *Otras singularidades*

Las imperfecciones o daños producidos durante el aserrado de las piezas estructurales, tales como la arista faltante o gema, no implican una alteración de la respuesta mecánica del material, pero afectan a las dimensiones de su sección transversal. La reacción de los árboles ante ataques externos, tales como la formación de *bolsas de resina*[2.7] en coníferas y de *kino*[2.8] en los eucaliptos, genera alteraciones que se ponen de manifiesto luego del aserrado de las piezas estructurales y deben ser evaluadas por analogía con alguna singularidad similar ya tipificada.

2.2 ESTRUCTURA INTERNA

A pesar de las diferencias existentes, las características fundamentales de las paredes celulares son comunes a la mayoría de las especies. La sustancia básica que la compone es la celulosa, que se presenta agregada en unidades largas llamadas *fibrillas elementales*, las que, a su vez, se unen para formar las *microfibrillas*. Éstas últimas se recubren por hemicelulosa y se unen entre sí con uniones de hemicelulosas y pectinas. Por otra parte, la lignina, cuya estructura exacta aún a día de hoy es desconocida, se supone se integra a este entramado en formas globulares. El componente que aporta mayor rigidez a la pared celular es la celulosa, cuyo módulo elástico se sitúa en valores superiores a los 30 GPa. Sin embargo, la disposición de las fibrillas está ligeramente desviada respecto del eje axial de la traqueida por lo que, en lugar de formar un compuesto muy rígido, se genera una estructura con una excepcional capacidad de absorción de energía y ductilidad. Mientras que la celulosa y la hemicelulosa son muy hidrofílicas, la lignina es altamente hidrofóbica, jugando un papel crucial en la relativa impermeabilización de la pared celular y su durabilidad. No obstante, los espacios existentes entre las fibrillas elementales pueden ser ocupados por moléculas de agua bajo ciertos gradientes de presión, y consecuentemente una microfibrilla, formada por la unión de varias fibrillas elementales, puede variar su espesor, produciendo los llamados *cambios dimensionales*[2.9] (hinchazón y merma) de la madera.

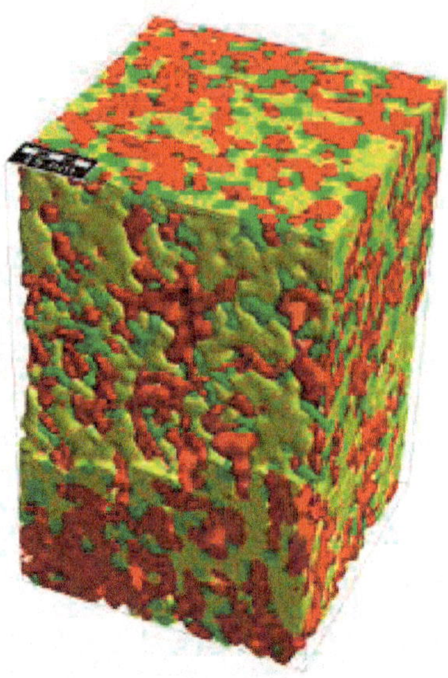

FIGURA 2.2.1 Simulación del pandeo no lineal de un fragmento de pared celular *Picea abies* de origen sueco (microfibrillas, hemicelulosa y lignina) obtenido en la nanoescala mediante crio-microscopía electrónica. La celulosa se representa en rojo, hemicelulosa en verde y lignina en amarillo.

La capa existente entre las células individuales se denomina laminilla media, siendo la que mantiene la cohesión necesaria para formar el tejido y está compuesta fundamentalmente por lignina y pectina. Entre ésta y el espacio interior, denominado lumen, se ubica la pared celular, que posee tres capas denominadas pared primaria, secundaria y terciaria. La pared primaria se encuentra en contacto con la laminilla media y en la misma las microfibrillas se orientan al azar, entrelazándose, siendo su espesor muy delgado. La secundaria se puede descomponer en tres partes bien diferenciadas, una externa muy delgada, con un espesor del orden de décimas de micrómetro, que presenta un promedio de inclinación de las microfibrillas, con respecto al eje de la célula, de entre 50° y 70°. Una parte media que cuenta con un mayor espesor, de varios micrómetros, y con las microfibrillas orientadas mayoritariamente en la dirección longitudinal (de 5° a 20°). Finalmente, una parte interna que no ofrece un orden estricto en su orientación. La pared terciaria se ubica contra el espacio interior de la célula. La Figura 2.2.2 muestra esquemáticamente la organización de las células, donde se puede apreciar la disposición de la laminilla media, en el contorno, y el espacio interior en cada una. Entre ambos, y para una célula en particular, se detalla la estructura de la pared, con sus capas características, de las cuales sobresalen las tres partes que constituyen la capa media, conforme a la descripción efectuada anteriormente.

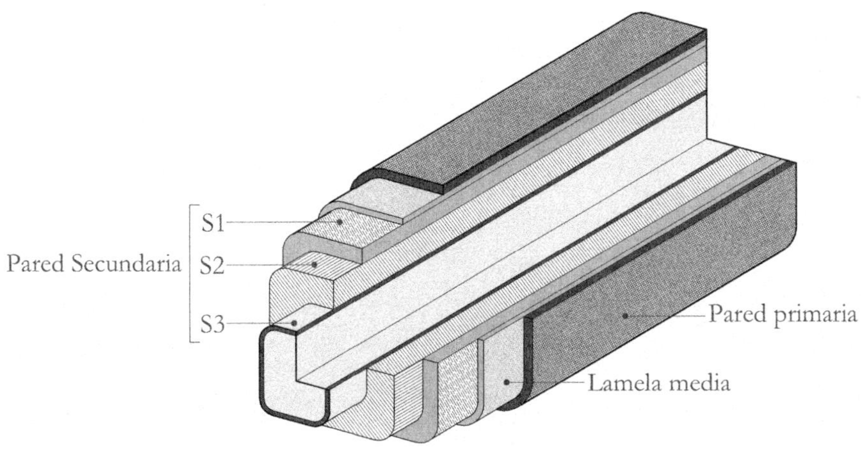

FIGURA 2.2.2 Estructura de una pared celular.

La estructura de la pared celular puede analizarse también desde el punto de vista de su comportamiento estructural; la capa media de la pared secundaria, que bajo esta perspectiva es la más importante, puede absorber los esfuerzos de tracción debido a la orientación predominantemente longitudinal de las microfibrillas que la integran. A su vez, cuando es sometida a esfuerzos de compresión, esta es contenida y arriostrada contra su flexión lateral o pandeo flexional tanto por la capa externa como por la interna, que tienen una mayor inclinación de las fibras.

Las especies frondosas presentan una anatomía más compleja que las coníferas, conteniendo un mayor número de tipos de células que cumplen distintas funciones fisiológicas. En las primeras se pueden diferenciar las fibras que proveen la resistencia mecánica, constituyendo el tejido de sostén, con paredes celulares más gruesas que en las coníferas y longitudes comprendidas entre 1 mm y 1,5 mm. Dentro de este tejido se distribuye un segundo tipo, los vasos conductores, con diámetros variables entre 0,02 mm y 0,5 mm, y que se extienden verticalmente en el árbol apareciendo con distinta distribución según las especies. Aquellos casos donde se distinguen claramente los vasos más grandes en la madera temprana, de los pequeños en la madera tardía, se definen como porosidad anular. Si esa distribución no presenta un cambio brusco se denomina porosidad semianular. Sin embargo, en la mayoría de las especies existe una disposición irregular de los vasos, recibiendo el nombre de porosidad difusa. Un tercer grupo es el constituido por el tejido de almacenamiento o parénquima, que aparece tanto en sentido longitudinal como radial, y su número es mayor que en las coníferas. En Figura 2.2.3 se muestra la típica anatomía observada en coníferas y latifoliadas.

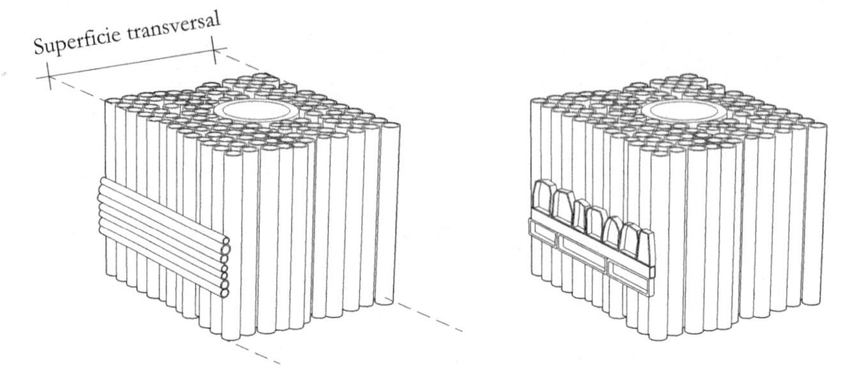

FIGURA 2.2.3 Estructura básica de una especie conífera y una latifoliada.

Las especies de coníferas muestran una estructura más simple, con mayoría de fibras traqueidas, de longitud variable entre 2 mm y 5 mm y esbeltez muy grande, ya que el diámetro es aproximadamente la centésima parte de su longitud. Este tejido, que constituye un porcentaje variable entre el 90% y el 95% del total, cumple la función de dar resistencia y a su vez de transporte de alimento. Se organiza en filas radiales, presentando paredes más gruesas y menores diámetros en la madera tardía (de otoño) que en la temprana (de primavera), originando diferentes densidades; su longitud coincide con la dirección del eje del árbol. El otro grupo es el constituido por el tejido de reserva, el parénquima, que se ocupa de almacenar los elementos nutritivos y se desarrolla fundamentalmente en sentido radial. Los canales de resina son longitudinales y forman cavidades en el tejido.

El crecimiento vertical del árbol ocurre en forma continua, y en su parte central aparece la médula, que en general tiene menor calidad que el resto de la madera. El crecimiento de las capas periféricas del tronco, responsables por el desarrollo horizontal, da lugar a la formación de los anillos anuales de crecimiento. El tejido celular que produce la nueva madera se denomina cambium y está ubicado en la parte externa, recubierto por la cáscara o corteza, siendo el mismo muy delgado. Si se observa a simple vista la sección transversal del tronco, se puede apreciar que ese desarrollo se produce con dos tipos diferentes de tejidos, que responden a la madera generada en primavera, o leño temprano, y a la formada en el otoño, o leño tardío, respectivamente. Ambos sumados, constituyen un anillo anual. La diferencia entre ambos tejidos es más nítida en algunas especies que en otras, pero, en general, los formados en primavera poseen células de paredes más delgadas y mayor lumen, para facilitar el transporte de savia. Por el contrario, los de otoño tienen células con mayor espesor de pared y menores huecos, confiriendo mayor resistencia al material que conforman.

La madera formada en primavera es en general de color más claro y posee menor densidad que la del otoño, precisamente como consecuencia del menor espesor de sus paredes. Si bien es necesario tener en cuenta algunas variables tales como la especie, el clima y las condiciones del suelo donde se desarrolla la planta entre otras, en general existe una relación entre el espesor de los anillos y la densidad. En la mayoría de las coníferas, el espesor del leño tardío, de otoño, se mantiene casi constante y la diferencia se produce en el espesor del leño temprano, por lo cual a un mayor espesor del anillo se corresponde con una menor densidad.

Si se toma el caso de las maderas de especies frondosas con porosidad anular, estas en general se caracterizan por formar anillos de madera de primavera con marcados poros, los vasos conductores, y con espesor casi constante, apareciendo la variación en el leño tardío, y, en consecuencia, a mayor espesor de los anillos corresponde una mayor densidad. Esta circunstancia no se presenta cuando la porosidad es difusa. La relación entre el espesor de los anillos anuales y la densidad, explica la causa por la cual, en la mayoría de las normas de clasificación visual de piezas de madera, se considera al mencionado espesor como un parámetro de importancia, y, en el caso de las coníferas, a menor espesor, mayor calidad de madera.

A su vez, en la medida que el árbol madura y aumenta la cantidad de anillos, se generan dos grandes zonas en su sección transversal. La parte más reciente, la externa, por la cual asciende la savia desde las raíces hacia el extremo superior, se denomina albura. Con el paso del tiempo las células son modificadas, incrustadas con extractivos orgánicos, dando lugar a la formación del duramen en la zona interior. Este es generalmente más denso, menos permeable y más resistente a los ataques de insectos y hongos. Existe por otra parte, una diferencia entre los anillos de crecimiento que se formaron en la época temprana del árbol —habitualmente entre 5 y 20—, con aquellos que ocupan la parte exterior del tronco. A la madera formada por los primeros, se le denomina madera juvenil, en alusión a la edad del árbol cuando ella se constituyó, y al resto se le denomina madera adulta. Particularmente, en las especies de coníferas la madera juvenil cercana a la médula presenta fibras más cortas, con espesores de paredes más delgados y una mayor inclinación de las microfibrillas en la capa media de la pared secundaria. Como consecuencia, se obtiene una menor resistencia y rigidez, y mayores niveles de contracción y expansión que la madera adulta.

En resumen, puede afirmarse que, la estructura de las paredes de las células, la unión de éstas para constituir los tejidos de la madera libre de defectos y las singularidades que presenta en tamaños de uso estructural, representan tres niveles anatómicos fundamentales que es necesario considerar para comprender el comportamiento de este material. En efecto, en el primer nivel se encuentra la explicación a las importantes diferencias experimentadas por la contracción y expansión en dirección transversal respecto de la longitudinal (entre 10 y 20 veces superior para la primera). El segundo nivel ofrece la razón por la cual la rigidez encontrada en dirección longitudinal es entre 20 y 40 veces mayor que en la transversal. El tercer nivel, que considera la presencia de *nudos*[2.10] y otras singularidades que serán descriptas más adelante, explica la enorme diferencia que se encuentra para la resistencia entre una probeta pequeña, libre de defectos, y una de tamaño estructural que no sea de primera calidad. Dicha diferencia es crucial en la caracterización y clasificación de la madera, hasta tal punto que conforma dos enfoques diferentes de diseño estructural: el *método de las tensiones admisibles*, y el *método de las tensiones últimas*. En la literatura inglesa, la madera libre de defectos suele denominarse *clear wood* o simplemente *wood*, mientras que a las piezas mayores con defectos se les denomina *lumber* o *timber*.

En resumen, en la Figura 2.2.4 se ilustra la estructura jerárquica de la madera, desde la estructura visible en el tronco, hasta la organización supramolecular de los constituyentes en la nanoescala.

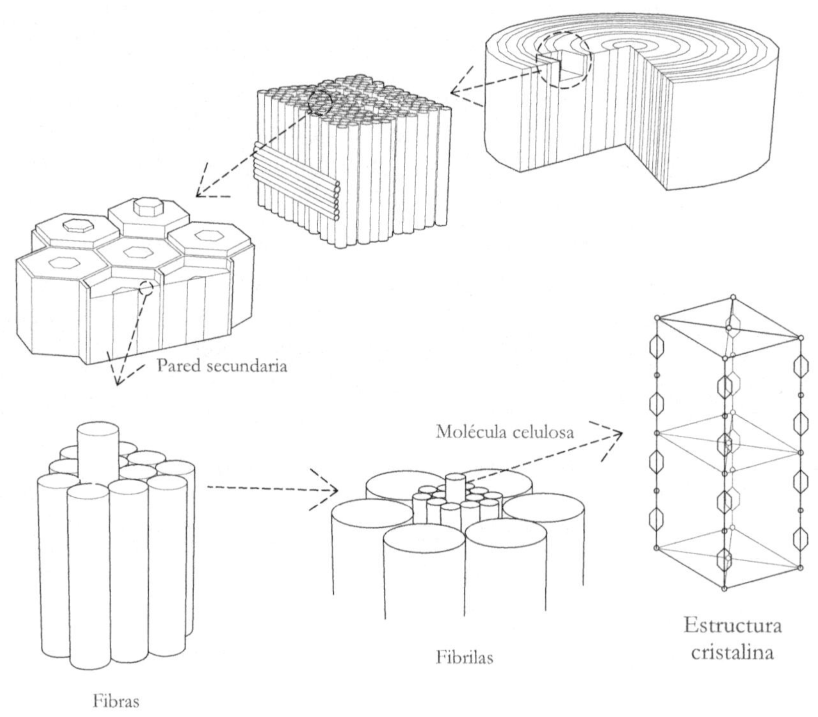

FIGURA 2.2.4 Estructura jerárquica de la madera: desde el tronco hasta la organización molecular.

2.3 PROPIEDADES FÍSICAS DE LA ESTRUCTURA: HUMEDAD Y DENSIDAD

La descripción de la organización interna de la madera presentada en el apartado anterior, permite abordar el análisis de las propiedades físicas más importantes para su uso estructural, como son el contenido de humedad y la densidad aparente. Además de influir sobre el comportamiento mecánico, estas propiedades explican los fenómenos de contracción y expansión, otra propiedad física de consideración en el diseño porque puede ocasionar tensiones internas, así como deformaciones y fisuras.

2.3.1 *Contenido de humedad*

La presencia del agua en la madera se manifiesta ocupando los espacios celulares e intercelulares del leño (*agua libre*), o impregnando las paredes de las células (*agua de impregnación*), pudiendo en ambos casos eliminarse por medios físicos. Existe también la denominada *agua de constitución*, que forma parte de la pared celular y que no se puede ser extraída sin destruir el tejido. En el análisis de las propiedades vinculadas al diseño estructural se hace referencia solamente a las dos primeras.

El contenido de humedad en la madera es definido como el cociente de la masa de agua contenida, removible físicamente, y la masa de la madera seca (anhidra) que la contiene, expresada en porcentaje. Esta última se obtiene por secado en estufa a una temperatura de 103 +/- 2 °C. Se considera que se alcanza esta condición, cuando la diferencia entre dos pesadas sucesivas con intervalos de 6 horas es igual o menor al 5% de la masa de la pieza de madera empleada.

Cuando la madera verde (o con un elevado contenido de humedad) se seca natural o artificialmente, el agua que primero pierde es el agua libre. Mientras esto sucede, no se producen variaciones volumétricas ni alteraciones de importancia en las propiedades mecánicas. Después de la pérdida del agua libre, el agua remanente se ubica en las paredes celulares saturándolas, y por esa razón a ese contenido de humedad se lo conoce como *punto de saturación de las fibras* (PSF). A fines prácticos, y si bien con variaciones entre especies, este punto puede considerarse ubicado entre el 28% y el 32%. Al ser la madera un *material higroscópico*[2.11], su contenido de humedad dependerá en cada caso de la *temperatura* y la *humedad relativa ambiente* (HR). La *humedad de equilibrio interno* (HE) en un determinado clima, se alcanza luego de un tiempo, el cual varía también con las dimensiones de las piezas.

La variación de la HE causada por una variación de HR a una temperatura constante, se le conoce como *isoterma de sorción*. Sucede que en una misma madera esta isoterma no es siempre constante (disminuye con ciclos sucesivos), lo que se conoce como *histéresis de sorción*. También sucede que la HE en ciclos de absorción es aproximadamente 1% inferior a ciclos de sorción. La Figura 2.2.1 ilustra la HE típicamente contenida en la madera para diferentes temperaturas y HR ambientales.

La importancia del PSF deriva de que, a partir del mismo, el agua perdida es extraída de las paredes celulares y por lo tanto estas son modificadas, produciendo variaciones tanto de las dimensiones como del comportamiento resistente y elástico de las piezas. Es decir, que en la medida que disminuye el contenido de humedad por debajo de ese punto, se produce una reducción de las dimensiones y un aumento, en general, en la resistencia y rigidez de la madera. Es imposible que el tenor de humedad alcance el 0% (estado anhidro) en forma natural, pero en climas secos se pueden alcanzar porcentajes de equilibrio inferiores al 10%. El clima denominado normal es el correspondiente a 20 °C de temperatura y 65% de HR ambiente, lo que origina una HE de aproximadamente *12%* en la mayoría de las maderas y es tomada como *humedad de referencia* internacionalmente para la determinación de las propiedades de resistencia y rigidez.

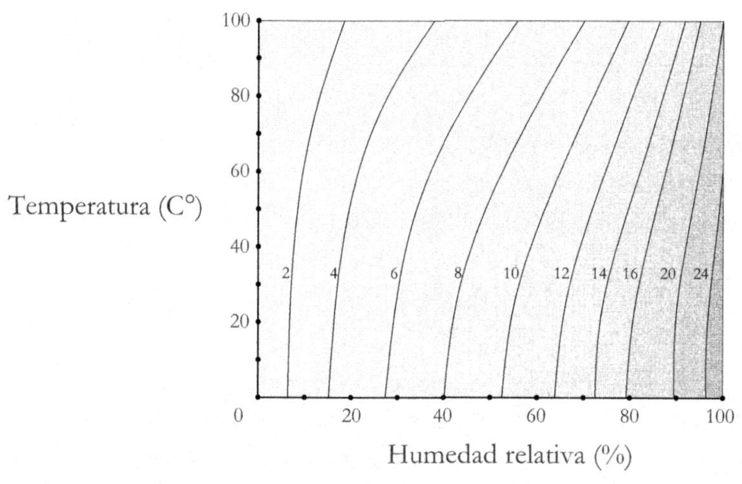

FIGURA 2.3.1 Ilustración de la HE típica de la madera según temperatura y HR (basado en Forest Products Laboratory, FPL, 2010).

En Chile, la medición del contenido de humedad se regula por la norma NCh176/1, la cual contempla tanto el método de secado con estufa, como la determinación por *xilohigrómetro*[2.12] (determinación de la humedad a partir de la variación de conducción eléctrica vía electrodos) y la destilación (determinación por remoción de la humedad con un solvente).

2.3.2 *Densidad aparente*

La densidad del material que constituye las paredes de las células de la madera, excluidos los vacíos, alcanza un valor aproximado de 1500 kg/m³. La *densidad aparente* es definida como el cociente entre la *masa* y el correspondiente *volumen aparente*.

Para la madera, ésta oscila entre valores de 110 kg/m³ y 1300 kg/m³, debido a la influencia de la porosidad. Las especies de elevada porosidad, en general de rápido crecimiento, se acercan al primero, mientras que al segundo se aproximan las maderas tropicales de mayor dureza, ver Figura 2.3.2.1.

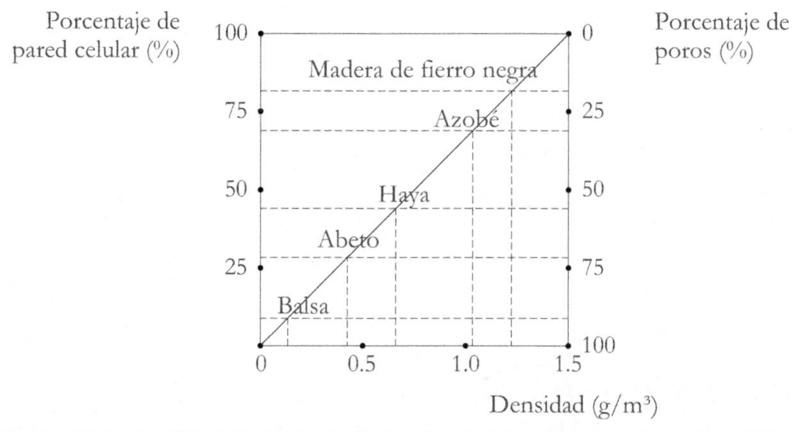

FIGURA 2.3.2.1 Efecto del porcentaje de poros y pared celular en la densidad de la madera (basado en Neuhaus 1994).

La heterogeneidad que caracteriza la anatomía de este material, ya descripta anteriormente, explica en parte la variabilidad que exhibe esta propiedad entre especies, dentro de una especie, de una plantación, de un árbol, e incluso de una pieza estructural.

Teniendo en cuenta que normalmente este material contiene agua, cuya masa se agrega a la de la madera y a su vez produce variaciones en el volumen por debajo del punto de saturación de las fibras, se debe definir siempre el contenido de humedad para el cual se calcula la densidad. En ingeniería estructural esta propiedad se expresa habitualmente para dos valores del contenido de humedad. La denominada densidad en clima normal (referida como *densidad normal*), ya definido anteriormente, es la más importante. La *densidad anhidra*, para la madera secada al horno, suele también emplearse en algunas reglas de diseño.

La densidad aparente está correlacionada positivamente con la mayoría de las propiedades mecánicas de muchos materiales, y la madera, cuya fascinante estructura ha sido diseñada y optimizada por la naturaleza no es una excepción, aunque el nivel de correlación varía para distintas especies y zonas de cultivo. En consecuencia, es un parámetro indicativo de la resistencia y la rigidez adoptado usualmente en investigaciones y en la normativa internacional referida a la clasificación por resistencia y al diseño estructural. La influencia de la densidad en algunas de las propiedades mecánicas más importantes, es ilustrada en la Figura 2.3.2.2.

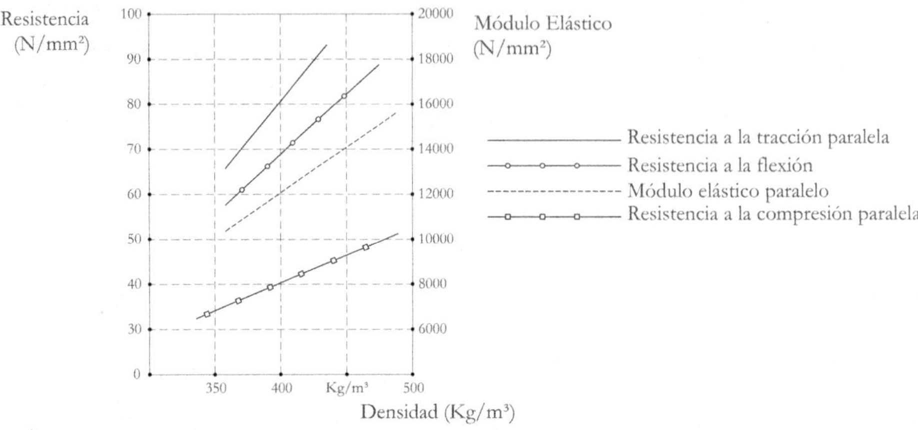

FIGURA 2.3.2.2 Influencia de la densidad en algunas de las propiedades mecánicas más importantes (basado en Neuhaus 1994).

En Chile la medición de la densidad se regula mediante la NCh176/2, la cual además de prestablecer la medición de la densidad normal y la densidad anhidra, una *densidad básica* (relación de masa anhidra y volumen verde) y una *densidad nominal* (relación de masa anhidra y volumen de ensayo, generalmente al 12%). Por otra parte, la determinación de la densidad en paneles de madera se efectúa de acuerdo a la NCh792. Las densidades anhidras y normales de las distintas especies se presentan en el anexo E de la NCh1198, tanto los valores medios como los característicos (percentil del 5%).

2.3.3 *Estabilidad dimensional*

Tal como se presentó, cuando la humedad de la madera disminuye del PSF se producen cambios dimensionales debido a la variación del tamaño de los poros de las paredes celulares. La *hinchazón* se refiere al aumento dimensional debido al incremento de la humedad, mientras que a la contracción se le denomina *merma*. Los cambios dimensionales de estado verde a anhidro en T son habitualmente del orden del 8% para coníferas, mientras que en R las variaciones son alrededor de la mitad. Esto genera tensiones *internas* que pueden llegar a producir deformaciones, fisuras y grietas reduciendo la calidad del producto. De hecho, la equidad de contracciones y dilataciones en R y T es un indicador de poca propensión a la deformación, lo que es muy importante para ciertas aplicaciones tales como ebanistería. Como es lógico, los cambios dimensionales en las direcciones transversales se incrementan con la densidad (mayor porcentaje de paredes celulares). Por otro lado, los cambios en la dirección L son relativamente insignificantes, del orden de 0.1% de madera verde a madera anhidra, aunque pueden llegar a ser hasta el 2% en madera juvenil.

FIGURA 2.3.3 Ilustración de deformaciones típicas tras el secado de la madera de acuerdo a su posición en el tronco (basado en Forest Products Laboratory, FPL, 2010).

En estado seco, los cambios dimensionales tienden a ser cuasi-lineales, así que es posible predecir la diferencia dimensional en cada dirección (Δt) sin más que multiplicar la diferencia de humedad (ΔH) por un *coeficiente de contracción lineal* en L (C_L), R (C_R) y T (C_T):

$$\Delta t_L = t_0 \cdot C_L \cdot \Delta H$$
$$\Delta t_T = t_0 \cdot C_T \cdot \Delta H$$
$$\Delta t_R = t_0 \cdot C_R \cdot \Delta H$$

Los cambios longitudinales se suelen despreciar, aunque pueden jugar un papel importante en piezas con gran contenido de madera juvenil. Estos cambios son un aspecto importante a considerar en el diseño de edificios de mediana altura de entramado ligero. A partir de las contracciones longitudinales, es posible establecer un *coeficiente de contracción volumétrica* que es calculado como la suma de los 3 coeficientes lineales.

En Chile la medición de los coeficientes de contracción se efectúa de acuerdo a las normas NCh176/3, NCh980 y NCh3053. En la determinación de los coeficientes de contracción se contempla además la posibilidad de colapso, lo que genera irregularidades geométricas en algunas especies tras las etapas iniciales de secado por debajo del PSF. Los coeficientes de contracción lineales en R y T de las maderas chilenas se encuentran en el anexo F de la NCh1198.

2.4 LECTURAS ADICIONALES

Argüelles Alvarez R, Arriaga Martitegui F, Martinez Calleja JJ (2000) Estructuras de Madera, Diseño y Cálculo. AITIM, España.

Coronel E. (1994) Fundamentos de las propiedades físicas y mecánicas de las maderas. Santiago del Estero, ITM, España.

Hoffmeyer P (1995) Wood as a building material. In: Timber Engineering STEP 1, pp. A4/1-A4/20, Países Bajos.

Forest Products Laboratory (2010) Wood Handbook, Wood handbook-Wood as an engineering material. General Technical Report FPL-GTR-190, Department of Agriculture, Forest Service, EE.UU.

Neuhaus H (1994) Lehrbuch des Ingenieurholzbaus. Springer Fachmedien Wiesbaden GmbH, Alemania.

LA MADERA COMO MATERIAL DE CONSTRUCCIÓN

En este capítulo se describen brevemente las propiedades fundamentales de la madera, lo que resultará clave para entender los procesos de diseño y construcción.

3.1 COMPARACIÓN FUNDAMENTAL CUANTITATIVA

A diferencia del hormigón o el acero, la madera es un material orgánico y natural, siendo así mucho más variable y heterogéneo. Esto conlleva múltiples implicaciones que se comentarán posteriormente. No obstante, algunas de las diferencias cuantitativas fundamentales se muestran en la Tabla 3.1. El análisis de estas diferencias, resulta útil para comprender las particularidades de la madera como material estructural. Las principales observaciones referentes a la tabla que se detallan a continuación.

La madera es 16 veces más ligera que el acero y 5 veces más ligera que el hormigón. Esto implica que las fuerzas laterales generadas como consecuencia de la acción sísmica son muy inferiores en una construcción con madera.

Tiene una rigidez longitudinal 20 veces inferior al acero y 2 veces inferior al hormigón. Sin embargo, para un volumen de material determinado, cada kilogramo de madera aporta una rigidez específica similar a la del acero, y dos veces superior al hormigón. Esto implica que, por lo general, las construcciones con madera son significativamente más flexibles que las de hormigón y acero.

En probetas libres de defectos, la resistencia longitudinal a tracción del acero es tan sólo 2-3 veces superior a la madera, mientras que la madera resiste unas tracciones 31 veces mayores que el hormigón. En compresión longitudinal, el acero resiste 3 veces más que la madera, y esta 1.5 veces más que el hormigón. En flexión, el acero resiste el doble que la madera, y esta 16 veces más que el hormigón. Por tanto, en términos generales la resistencia longitudinal de la madera es ligeramente inferior al acero y muy superior al hormigón.

TABLA 3.1 Comparación cuantitativa de propiedades de acero, hormigón, y especies madereras mayoritarias

Propiedad	Acero A36	Hormigón H30	Pino Radiata	Abeto Europeo	Abeto Douglas
Manufactura del producto	Laminado	In Situ	Aserrado	Aserrado	Aserrado
Origen	Chile	Chile	Chile	Alemania	EE.UU.
Peso específico (kg/m^3)	7850	2320	480	470	510
Rigidez longitudinal (GPa)	200	23,5	9,5	11	12,5
Rigidez longitudinal específica (MPa/kg/m^3)	25,5	10,1	19,8	23,4	24,5
Resistencia a la tracción longitudinal (MPa)	250	2,9	79	88	103
Resistencia a la tracción longitudinal específica (kPa/kg/m^3)	32	1	165	187	202
Resistencia a la compresión longitudinal (MPa)	152	30	40,5	49	46
Resistencia a la compresión longitudinal específica (kPa/kg/m^3)	19	13	84	104	90
Resistencia a la flexión longitudinal (MPa)	165	4,5	75	70	77
Deformación de cedencia longitudinal en tracción (%)	0,13	0,01	0,83	0,8	0,82
Deformación de cedencia longitudinal en compresión (%)	0,08	0,13	0,43	0,45	0,37
Rigidez perpendicular (GPa)	200	23,5	0,3	0,54	0,9
Resistencia a la tracción perpendicular (MPa)	250	2,9	2,5	3	2
Resistencia a la compresión perpendicular (MPa)	152	30	8,9	6	6
Rigidez al cortante longitudinal (GPa)	79,3	10,2	0,55	0,7	0,925
Resistencia al corte longitudinal (MPa)	144	11, 5	11	7	8

TABLA 3.1 (CONTINUACIÓN)

Propiedad	Acero A36	Hormigón H30	Pino Radiata	Abeto Europeo	Abeto Douglas
Durabilidad (según EN 350)	-	-	No durable o Poco durable	Poco durable	Poco durable o Durable
Impregnabilidad (EN 350, en albura)	-	-	Impregnable	Poco o no impregnable	Poco impregnable
Conductividad térmica, transversal (W/m·K)	51,9	0,9	0,104	0,12	0,14
Coeficiente de difusión de la humedad, transversal (1)	0	$7 \cdot 10^{-10}$	$5 \cdot 10^{-4}$	$5 \cdot 10^{-4}$	$5 \cdot 10^{-4}$
Coeficiente expansión térmico longitudinal (1)	$1,2 \cdot 10^{-5}$	$1,3 \cdot 10^{-5}$	$1,78 \cdot 10^{-5}$	$1,78 \cdot 10^{-5}$	$1,78 \cdot 10^{-5}$
Coeficiente expansión térmico perpendicular (1)	$1,2 \cdot 10^{-5}$	$1,3 \cdot 10^{-5}$	$1,33 \cdot 10^{-4}$	$1,33 \cdot 10^{-4}$	$1,33 \cdot 10^{-4}$
Coeficiente contracción lineal longitudinal (%)	0	$6 \cdot 10^{-2}$	0,15	0,15	0,15
Coeficiente contracción lineal tangencial (%)	0	$6 \cdot 10^{-2}$	6,7	8,2	7,6
Coeficiente contracción lineal radial (%)	0	$6 \cdot 10^{-2}$	3,4	3,9	4,8
Precio* (USD/m³)	11304	311	400	240	450
Precio madera laminada encolada (USD/m³)	-	-	1200	430	-
Precio madera contralaminada (USD/m³)	-	-	1250	500	-

* Los precios indicados son orientativos y se refieren al coste total de ejecución.

En términos específicos, para un volumen determinado, cada kilogramo de madera aporta 6 veces mayor resistencia a la tracción longitudinal que un kilogramo de acero, y 185 veces mayor resistencia que el hormigón. En compresión el aporte específico de la madera es 5 veces superior al acero y 7 veces superior al hormigón. Esto implica que la madera es un material mucho más eficiente para resistir esfuerzos axiales.

La madera es significativamente más flexible; en tracción longitudinal, esta tolera deformaciones elásticas 6 veces superiores al acero y 82 veces superiores al hormigón. En compresión longitudinal la madera es 5 veces más flexible que el acero, y 3 veces más flexible que el hormigón. Este hecho tiene múltiples implicaciones en el diseño. No obstante, es importante notar, que las estructuras de madera toleran deformaciones muy superiores dentro del régimen elástico.

En la dirección perpendicular a las fibras, la madera es muy poco rígida, 40 veces menos que el hormigón y 345 veces menos que el acero. La resistencia a las tracciones perpendiculares de la madera es similar a la del hormigón, lo cual resulta unas 100 veces inferior a la del acero. En compresión, la resistencia de la madera duplica al valor de tracción, no obstante, es 4 veces inferior al hormigón y 22 veces inferior al acero. Por este motivo, en las construcciones con madera se evita en la manera de lo posible, los esfuerzos perpendiculares a la fibra, y es muy importante evaluar su importancia en determinados puntos tales como uniones y *centros de curvatura*[3.1], ya que a diferencia del hormigón la madera se refuerza con mucha menos frecuencia.

Tal como se mostró en el primer capítulo, la madera fue el primer material de construcción empleado masivamente por el ser humano, y por tanto existen estructuras extremadamente longevas, de más de 1400 años, que siguen en funcionamiento en la actualidad. No obstante, y a diferencia del acero, el cual es vulnerable al efecto de la corrosión, la madera como material orgánico es susceptible a la degradación ambiental y biológica. Estos efectos adversos pueden y deben anularse en la medida de lo posible en las fases de diseño y construcción, tal como se detalla en capítulos posteriores. Nótese que el pino radiata tiene una *durabilidad*[3.2] inferior a la madera empleada en Europa y EE.UU., pero es más impregnable y por tanto tiene mayores posibilidades tanto para modificar su resistencia a estos factores externos, como para facilitar el encolado.

La resistividad eléctrica de la madera es superior a la del hormigón, y extremadamente superior a la del acero. Por este motivo, y pese a que la *resistividad térmica*[3.3] disminuye considerablemente al aumentar la humedad, la madera almacena una cantidad muy inferior de electricidad estática.

La conductividad térmica de la madera es 7 veces inferior a la del hormigón, y 410 veces inferior al acero. Por tanto, las necesidades energéticas de una construcción con madera son por lo general inferiores. Por otra parte, su capacidad para aislar favorece su capacidad para resistir al fuego, lo que se detalla posteriormente.

A diferencia del acero, que es un material impermeable, el coeficiente de difusión de la humedad de la madera es drásticamente superior al del hormigón. Por otra parte, la madera es un material higroscópico, lo cual significa que cede humedad cuando el ambiente está seco y absorbe humedad en caso contrario. Esto favorece generalmente el confort de los usuarios y la difusión de humedad mitiga además las condensaciones. No obstante, la humedad influye fuertemente en las propiedades mecánicas y favorece la aparición de hongos por lo que el control de esta variable es un aspecto central en la construcción con madera.

El coeficiente de expansión térmico longitudinal de la madera, es similar al del acero y el hormigón. En la dirección perpendicular a las fibras, la madera se expande 10 veces menos que estos materiales. No obstante, dado que la madera tolera deformaciones considerables en el rango elástico, la mezcla de la madera con acero y hormigón, así como las contracciones debidas a la temperatura, no suelen ser problemáticas y de hecho se suelen despreciar, dado que resultan mucho más críticos los cambios dimensionales debidos a la humedad.

A diferencia del acero, la madera y el hormigón sufren cambios dimensionales debidos a las variaciones de humedad. Los cambios del hormigón se deben fundamentalmente al proceso de fraguado. La madera también tiende a mostrar cambios significativos en el momento de la construcción, si es que las condiciones del sitio difieren considerablemente de la humedad de equilibrio en la madera, pero además cambiará de dimensiones a lo largo de su vida útil debido a las condiciones atmosféricas. De hecho, los cambios dimensionales debidos a la humedad, son muy superiores a las variaciones originadas por la temperatura. En la dirección longitudinal, la madera presenta deformaciones 250 veces superiores al hormigón, y 12.500 veces superiores en la dirección perpendicular a las fibras, lo cual tiene consecuencias importantes. La primera, es que los cambios dimensionales debidos a la temperatura se suelen despreciar en la madera, ya que por un lado tienen poca relevancia en comparación a los cambios de humedad, y por el otro, tratándose de un material flexible, no generan problemas significativos. La segunda es que aquellas piezas estructurales sometidas a cambios de humedad cuya deformación esté restringida, ya sea por estar en contacto con otras piezas, estar encoladas o compuestas con otros materiales, pueden sufrir tensiones importantes derivadas de la humedad, especialmente en la dirección perpendicular a las fibras. Esta dirección es especialmente vulnerable, debido a que los cambios dimensionales son 50 veces mayores que en la dirección longitudinal, y además las diferencias entre los ejes tangencial (T) y radial (R) ocasionan tensiones adicionales. La tercera es que, para obras de cierta envergadura tales como edificios de mediana altura, el uso de dispositivos de control de la deformación[34] puede ser requerido para garantizar la estabilidad dimensional.

Actualmente el precio por metro cúbico de madera aserrada es aproximadamente un 30-35% más costoso que el hormigón, y el kilogramo de madera cuesta un 50-60% menos que el kilogramo de acero. De esta forma, y en términos generales, las construcciones con madera pueden competir en precio respecto de las construcciones con hormigón, aunque esto depende principalmente de la cantidad de armadura en hormigón, uniones metálicas, y nivel de prefabricación de la madera. Convencionalmente se ha considerado que los forjados son menos costosos en hormigón, mientras que la madera puede resultar más competitiva en columnas. Nótese en este sentido, que además del grado de prefabricación, el grado de industrialización de los productos es crucial. En Centroeuropa, donde los procesos de fabricación de la madera laminada encolada (MLE) y la madera contralaminada (CLT) están muy extendidos, el precio puede ser hasta 50% menos costoso que en Latinoamérica. El coste de las *conexiones mecánicas*[3.4], usualmente ejecutadas en acero, también resulta muy relevante en las construcciones con madera y supone parte muy importante del coste total de la construcción. En resumen, el diseño de conexiones estructurales adecuadas y el acceso a productos industrializados, son clave para construir edificaciones con madera que puedan competir en precio con las construcciones de hormigón y acero. Las construcciones más competitivas son sin duda aquellas que mezclan distintos materiales de forma óptima.

3.2 COMPARACIÓN FUNDAMENTAL CUALITATIVA

En esta sección se describe una comparación cualitativa entre los principales sistemas constructivos de madera, y las construcciones con acero y hormigón armado. El resumen de la comparativa se resume en la Tabla 3.2, y las observaciones correspondientes se detallan a continuación:

i. Las estructuraciones de acero y hormigón armado por lo general son más rígidas que las de madera. Dentro de las construcciones con madera, el sistema de madera masiva tiene mayor rigidez, especialmente respecto de las fuerzas laterales.

ii. La *ductilidad*[3.5] depende en gran medida del sistema constructivo, y diseño estructural específico. También se observan diferencias en los *factores de modificación*[3.6] y ductilidades consideradas por los distintos países para los cálculos sísmicos. Pero en general puede considerarse que los sistemas de entramado ligero en madera, hormigones con mucha armadura, y las construcciones con acero, aportan las mayores ductilidades. En segundo lugar, se situarían los entramados pesados de madera con conexiones metálicas convencionales. Por último, las construcciones de madera masiva mostrarían mayor fragilidad con las conexiones actuales. En caso de que las construcciones con madera se ejecutasen con uniones encoladas, la fragilidad de estas sería claramente superior. Existen diferencias muy considerables de ductilidad dentro de cada sistema constructivo con madera, en función del tipo de unión empleada y especialmente su diseño. Las ductilidades típicas de varios tipos de conexiones se detallan en capítulos posteriores.

iii. El coeficiente de amortiguamiento efectivo de los entramados ligeros es por lo general muy superior al resto de construcciones, lo que se debe a la disipación de energía histerética que se produce en cada uno de los miles de clavos que suelen conformar estas construcciones. En regímenes cercanos al *punto de cedencia*[3.7], los entramados ligeros tienen un *damping (amortiguamiento)*[3.8] cercano al 15-20%, mientras que los entramados pesados y madera masiva oscilan entre 10-15%, el hormigón alrededor del 7-10% y el acero entre el 5 y el 7%. El amortiguamiento de la madera resulta muy positivo para reducir las solicitaciones dinámicas en caso de sismo o viento.

iv. A diferencia del acero y el hormigón, la madera es un material inflamable, cuya inflamabilidad se incrementa con la cantidad de superficie expuesta en relación al volumen. De hecho, tal como se detallará posteriormente, la madera forma una capa carbonizada aislante externa en caso de incendio que mantiene el interior relativamente intacto por un tiempo prolongado, lo que lo convierte en un material seguro en caso de incendio. Es por este motivo, que las construcciones con madera masiva y entramado pesado tienen una resistencia al fuego muy superior a los entramados ligeros. Algunos ensayos recientes han demostrado que de ciertas configuraciones de pisos de madera masiva, ofrecen una resistencia superior al hormigón armado. Por otra parte, siendo el acero un muy buen conductor del calor, cuya cedencia disminuye drásticamente con la temperatura, resulta un material muy vulnerable. En muchas construcciones de entramado pesado, las conexiones metálicas son el punto de protección más importante a considerar.

v. Al igual que el hormigón, la madera muestra fenómenos de incremento de la deformación en el tiempo al ser sometida a tensiones prolongadas (*creep*), y disminución de tensiones al someterse a deformaciones prolongadas (*relajación*); ambos aspectos resultan muy importantes para la construcción, y serán detallados en secciones posteriores. Un aspecto muy singular de la madera, es que la *deformación incremental*[3.9] en el tiempo se acentúa notablemente cuando el material se somete a repetidos cambios de humedad. El incremento en el *creep* debido a los cambios de humedad se denomina *creep de mecanosorción*[3.10].

TABLA 3.2 Comparación cualitativa de construcciones de acero y hormigón armado respecto de las principales tipologías constructivas con madera.

Propiedad	Acero	Horm. Armado	Madera		
			Entr. Ligero	Entr. Pesado	Madera Masiva
Rigidez	+ + + +	+ + +	+	+	+ +
Ductilidad*	+ + + +	+ + +	+ + +	+ + +	+ +
Amortiguamiento	+	+ +	+ + + +	+ + +	+ + +
Inflamabilidad	-	-	+ +	+	+
Resistencia al Fuego	+	+ + + +	+	+ +	+ + +
Reología (sin mecanosorción)	-	+ +	+ +	+ +	+ +
Reología (con mecanosorción)	-	+ +	+ + + +	+ + + +	+ + + +
Influencia de humedad	+	+ +	+ + + +	+ + + +	+ + +
Influencia de temperatura	+ + +	+	+ +	+ +	+ +
Influencia del volumen	-	+	+ + +	+ + +	+ +
Trabajabilidad	+	+	+ + + +	+ + +	+ + + +
Prefabricación	+	+	+ + + +	+ + + +	+ + + +
Huella ecológica	+ + +	+ + + +	+	+	+
Aislamiento térmico	+	+ +	+ + + +	+ + + +	+ + + +

* En hormigón depende enormemente de la armadura, y en la madera de las uniones, ya que ambos materiales son frágiles a corte y tracción.

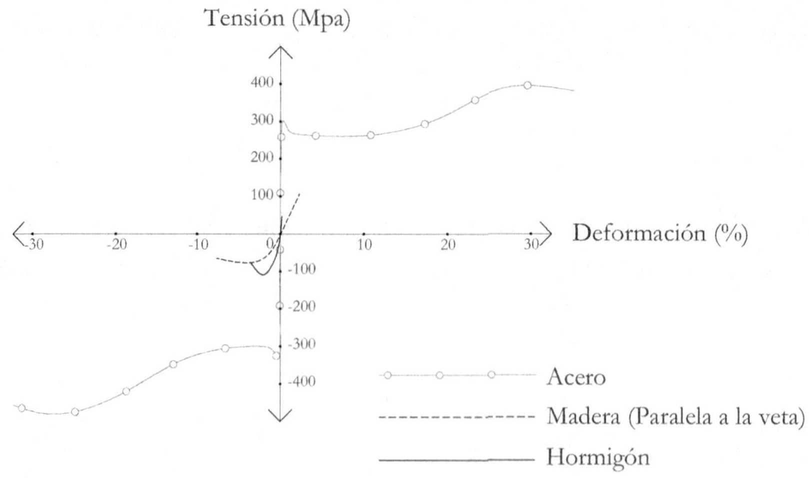

FIGURA 3.2.1 Comparación básica de la curva tensión-deformación en la dirección longitudinal de acero, hormigón y madera.

vi. La humedad tiene cierta relevancia en el acero y hormigón armado debido a fenómenos como la corrosión y la *estabilidad dimensional*(ver 2.9). Sin embargo, la influencia en la madera es mucho mayor. Además de estar relacionada con el ataque de hongos e insectos, fenómenos de mecanosorción y cambios dimensionales significativos, las propiedades mecánicas disminuyen al aumentar el contenido de humedad. Por estos motivos, la humedad es uno de los factores más importantes a considerar en la construcción con madera.

vii. En términos muy generales, las temperaturas y resistencias de la madera menguan al 50% en temperaturas cercanas a los 100 °C. No obstante, la madera es un aislante térmico excepcional, y más aún la capa carbonizada que se forma exteriormente en caso de incendio. Por tanto, aunque las propiedades mecánicas se vean afectadas significativamente por la temperatura, ésta tiene una influencia moderada debido a su aislamiento natural. Esto no ocurre con el acero, cuyas propiedades se reducen drásticamente con la temperatura y además, es un excelente conductor térmico. Curiosamente, la capa carbonizada de madera le otorga a esta un grado muy alto de impermeabilización, lo que la hace mucho más duradera forjando así el método *Shou Sugi Ban* de preservación japonés.

viii. El hormigón y la madera, siendo materiales no homogéneos y cuasi-frágiles, son menos resistentes al incrementarse el volumen de material. Sin embargo, las inhomogeneidades (defectos) de la madera tales como nudos son substancialmente mayores que en el hormigón, y por tanto el *efecto volumen* se torna más importante. La variabilidad material de la madera se aborda empleando procedimientos de caracterización, clasificación y cálculo muy conservativos. No obstante, si los valores mecánicos son medidos en piezas de dimensiones 'convencionales', y se pretenden emplear piezas de dimensiones diferentes, se pueden aplicar coeficientes de seguridad adicionales que consideran los posibles incrementos o disminuciones de resistencia. Las minoraciones o mayoraciones del efecto de volumen también dependen de la homogeneidad del material a emplear. Así, por ejemplo, en la madera aserrada, en donde todos los defectos se encuentran 'enteros' y con continuidad material, el efecto volumen es mucho más elevado que en productos más homogéneos tales como MLE y LVL.

ix. Dado que el material es flexible, ligero, impregnable y fácilmente cortable y perforable, la madera tiene claramente una trabajabilidad y facilidad de prefabricación muy superior al hormigón y al acero. De hecho, una de las particularidades de la madera es la enorme cantidad de tipos de uniones estructurales, libertad de diseño, y constante evolución de sus productos. La trabajabilidad y facilidad en la prefabricación son también una de las claves que explican los tiempos de ejecución records en obras con madera.

x.   Finalmente, el precio ecológico o huella ecológica de la madera es netamente inferior a la del acero o el hormigón. Los estudios indican que la madera obtiene índices al menos 2 veces inferiores en uso de energía fósil, uso de recursos, *índice GWP*[3.11], acidificación, *eutrofización*[3.12], destrucción de la capa de ozono y potencial de smog. De hecho, el hormigón, duplica al menos el impacto de la madera en todos estos aspectos, y en el caso de la destrucción de la capa de ozono y la eutrofización el impacto es alrededor de 5 veces mayor. Por otra parte, la baja conductividad térmica de la madera sienta las bases para poder diseñar viviendas mucho más eficientes energéticamente. Estos hechos tienen repercusiones muy notables, especialmente en países importadores de energía y países que sufren problemas de contaminación, como es el caso de muchos países latinoamericanos pues que se estima que el sector de la construcción es responsable del consumo de 30-40% de energía y 25-35% de emisiones de CO_2 a nivel global. Cabría preguntarse si el uso de la madera resulta ecológico desde el punto de vista de la deforestación. Sin embargo, se ha demostrado durante décadas, que aquellos países en donde más se ha empleado la madera en la construcción, son precisamente los países que más cuidan sus bosques porque mayor valor ha adquirido este recurso. Por otra parte, en países de carácter forestal como los países latinoamericanos, la capacidad de renovación para la construcción con madera está asegurada si esta va acompañada de una gestión forestal sostenible, la cual debe estar siempre garantizada. Otro concepto erróneo consiste en creer que los bosques atentan con los recursos hídricos. De hecho, pese a que los bosques consumen en promedio 18 veces más agua que un suelo desnudo, los árboles ayudan a regular el ciclo del agua, por lo que en terrenos forestales llueve mucho más que en terrenos desérticos; de hecho, la reforestación, es utilizada tradicionalmente como medida contra la sequía en multitud de países.

3.3 ESTRUCTURA IDEALIZADA Y *RESPUESTA MECÁNICA INSTANTÁNEA*[3.13]

Vista la estructura anatómica real de la madera, en este punto es importante introducir una versión más conceptual del material, que resultará muy útil para comprender su desempeño en la construcción. La Figura 3.3.1 muestra una idealización conceptual, y muy simplificada de la madera. Tal como se observa en la figura, en su versión más simplificada, el material puede considerarse como un compuesto de *tubos*, los cuales se corresponden en la realidad con células o fibras. Estos tubos están orientados en 3 *direcciones principales* o *direcciones materiales* que resultan ortogonales a 3 *planos principales*. Nótese que únicamente los 'tubos' longitudinales y radiales tienen fundamento físico, pues existen células orientadas de ese modo, no así los tubos tangenciales que se introducen tan sólo a modo conceptual. La respuesta mecánica instantánea a esfuerzos de tracción y compresión en estas *direcciones principales* se ilustra en la Figura 3.3.2.a. Mientras que la relación constitutiva a esfuerzos cortantes en los *planos principales* se presenta en la Figura 3.3.2.b. Aunque la respuesta mecánica pueda parecer compleja, resulta lógica al relacionar las Figuras 3.3.1 y 3.3.2. A continuación, se describen las propiedades correspondientes a cada una de las direcciones y planos.

Dirección Longitudinal (L) y plano transversal (RT)

La dirección L (también denominada dirección paralela $\|$, y en menor medida dirección X, dirección 1 o 11), está compuesta por un mayor número de tubos que se disponen en la longitudinalmente respecto del eje axial del tronco, es decir perpendiculares a la sección transversal del tronco o plano radial RT (también denominado YZ, 23, 5, 55, 4 o 44). En las coníferas, la mayoría de las fibras L son en realidad unas células alargadas denominadas traqueidas.

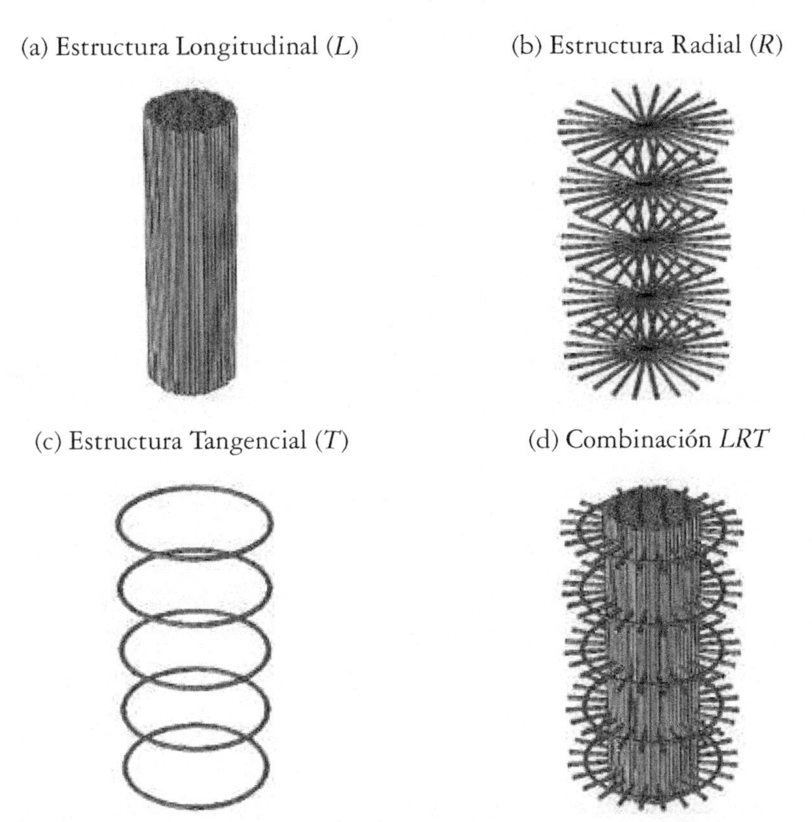

FIGURA 3.3.1 Idealización conceptual de la madera como material de construcción, incluyendo las estructuras (a) longitudinales, (b) radiales, (c) tangenciales y (d) la combinación de las anteriores.

(a) Respuesta a Solicitaciones Axiales

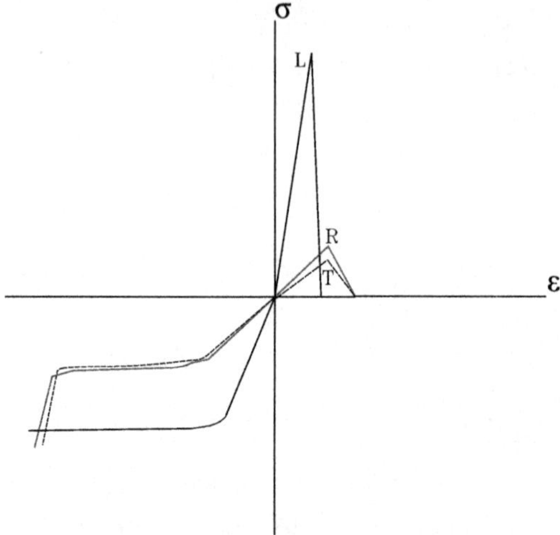

(b) Respuesta a Esfuerzos Cortantes

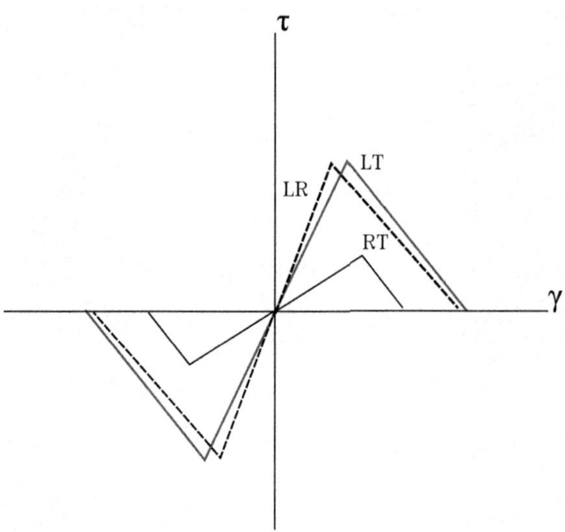

FIGURA 3.3.2 Respuesta instantánea de la madera frente a (a) solicitaciones axiales en las direcciones principales *L*, *R* y *T*, y (b) esfuerzos cortantes en los planos principales *LR*, *LT* y *RT*.

Como es lógico la resistencia mecánica es mayor en esta dirección por lo que en la construcción, la madera se dispone normalmente de tal manera que la dirección *L* coincida con la dirección axial de las piezas estructurales. De ahí que cuando la madera se ensaya a flexión, tracción y compresión en esta dirección, se obtengan las denominadas rigideces y resistencias a flexión (MOE, f_m), tracción (f_t) y compresión paralela (f_c), respectivamente.

Debe ser asumido que la dirección de los *tubos* también presenta una mayor facilidad para la circulación de masa (difusión de la humedad) y energía (conductividad térmica); por otra parte, dada la mayor rigidez y cohesión de la materia, los cambios dimensionales derivados de la humedad y la temperatura son menores en esta dirección, así como los *efectos reológicos*[3.14] en el tiempo (deformación diferida).

Con respecto a la respuesta a las distintas solicitaciones:

i. *Tracción L.* La respuesta a este esfuerzo es la que muestra una mayor rigidez, resistencia y fragilidad. Esto resulta lógico, pues corresponde a tratar de *estirar* los *tubos L*, en donde se encuentra la mayor densidad material. La rotura en esta dirección resulta especialmente frágil, ya que corresponde a cortar longitudinalmente los *tubos L*.

ii. *Compresión L.* A diferencia de la tracción, la compresión resulta ligeramente menos rígida, y a grandes valores de carga, se comienza a producir el pandeo de los *tubos L*, lo que se traduce en una respuesta plástica y muy dúctil (relación entre la deformación última y la de cedencia).

iii. *Cortante RT.* Este cortante produce la deformación romboidal del plano radial, lo que genera una *rodadura* o desplazamiento transversal de las fibras *L*. La resistencia a la rodadura es habitualmente inferior a la resistencia por deslizamiento. No obstante, es más habitual hablar de la resistencia al corte longitudinal, debido a que este tipo de solicitaciones es más habitual. Los *coeficientes mayor* (υ_{RT}) *y menor* (υ_{TR}) *de Poisson*[3.15] en este plano no son muy dispares, ya que las propiedades en las otras direcciones son relativamente similares.

Dirección Radial (R) y plano tangencial (LT)

La dirección *R* (denominada también *Y*, *2* o *22*) se compone de un número menor de *tubos*, que se disponen radialmente respecto del eje axial del tronco (*médula*) y son por tanto *ortogonales* (perpendiculares) respecto de *L*. El plano perpendicular a cada uno de esos tubos, resulta ser la superficie de un *cilindro*, denominado *plano tangencial LT* (*XZ*, *13*, *6*, *66*, *5* o *55*). Físicamente estos tubos representan mayormente los radios leñosos.

Ya que la proporción de fibras en esta dirección es muy inferior que en la dirección *L*, la rigidez y resistencia son lógicamente inferiores. Por el mismo motivo y de forma opuesta, la rigidez y resistencia cortante en *LT* es muy superior a *RT*. La difusión de fluidos y calor también es inferior que en el eje *L*, mientras que los cambios dimensionales y la respuesta reológica son mayores por mostrar una estructura 'más suelta'.

i. *Tracción R*. Como es lógico, la menor densidad material provoca que la rigidez y resistencia en esta dirección sean muy inferiores respecto de *L*. Esta menor densidad material presenta sin embargo la ventaja de que en lugar de producirse un *fallo en bloque*[3.16] en régimen de altas tensiones, como sucede en *L*, se producen roturas progresivas de las fibras *R* que se intercalan con los tubos *R* vecinos por fenómenos denominados de *puenteado*, lo que provoca que la fragilidad en esta dirección sea muy inferior a *L*.

ii. *Compresión R*. Obviamente la compresión también resulta menos rígida y resistente que en *L*, y análogamente también muestra una rigidez ligeramente inferior a la tracción. Sin embargo, la resistencia a compresión es significativamente mayor a la tracción, ya que en lugar de romper los tubos *R*, el fallo se comienza a producir por el *pandeo lateral (abolladura)*[3.17] de los tubos *L*. De hecho, este pandeo provoca 2 fases o ramas de plastificación bien diferenciadas, la primera es la rama de *pandeo* y se corresponde con *aplastar* lateralmente los tubos *L* hasta que las paredes de un mismo tubo *toquen* entre sí. A partir de ese momento se genera la segunda rama de *densificación* en la cual los tubos ya no son huecos —perdieron el hueco o *lúmen*—, y es necesario comprimir o *densificar* el material en sí, lo cual requiere un esfuerzo significativamente mayor, y de ahí el aumento de rigidez. Nótese que el término *madera densificada*[3.18], corresponde precisamente a ejercer voluntariamente esta deformación plástica para aprovechar las características que adquiere el material densificado (principalmente dureza, resistencia y rigidez al precio de la fragilidad).

iii. *Cortante LT*. Se refiere a ejercer una deformación romboidal del *plano tangencial*, por lo que produce tanto el *deslizamiento longitudinal* (corte longitudinal) como la *cortadura transversal* de las fibras *L*. Sin embargo, la rotura se suele producir como consecuencia del deslizamiento, ya que este valor se estima que habitualmente es del 30% inferior a la cortadura. Por este motivo, es muy complicado medir la resistencia de la madera a la cortadura transversal. Todos los esfuerzos cortantes generan roturas relativamente menos frágiles que las tracciones longitudinales. Dado que las rigideces de L y R son elevadas, los coeficientes mayor (υ_{LT}) y menor (υ_{TL}) de Poisson tienen a ser muy diferentes.

Dirección Tangencial (T) y plano longitudinal (LR)

La dirección *T* (denominada también *Z*, *3*, o *33*) tiene una densidad de tubos normalmente inferior a *R*. Pese a que las resistencias en esta dirección tienden a ser similares a *R*, *T* suele ser menos rígida y con mayores efectos reológicos y los dimensionales que *R*. La resistencia a la difusión de humedad y propagación de calor es también mucho mayor que en *L*. Los *tubos T* se disponen *cilíndricamente* respecto de los *tubos R*, y por tanto resultan perpendiculares a *R* y *L*. El plano que corta perpendicularmente la sección transversal de los *tubos* es el *plano longitudinal LR* (*XY, 12, 4, 44, 6* o *66*).

i. *Tracción T.* Similar a R, con la salvedad que la densidad material suele ser inferior, y por tanto la resistencia y rigidez suelen ser también menores.

ii. *Compresión T.* Análogamente, la resistencia y rigidez suele ser ligeramente inferior a R.

iii. *Cortante LR.* Es similar al *LT*, con la excepción de que produce la deformación del plano longitudinal., y habitualmente la rigidez es sensiblemente superior. Los coeficientes ν_{LR} y ν_{RL} también presentan grandes diferencias

3.4 RESUMEN Y SIMPLIFICACIÓN DE LA RESPUESTA MECÁNICA INSTANTÁNEA

De acuerdo a la sección anterior, la estructura global puede ser considerada como un entramado de 3 tipos de *tubos* que son mutuamente ortogonales, y en donde uno de ellos está dispuesto radialmente, y otro cilíndricamente. Intuitivamente, resulta lógico pensar que la mayoría de propiedades de la madera variarán según esta disposición direccional, y es por este motivo que la madera es en realidad un material *cilíndricamente ortótropo*[3.19].

Esta estructura es especialmente eficiente y efectiva para resistir cargas en L, ya que existe una gran densidad de *tubos* —con la masa adecuadamente distribuida— que se encuentran arriostrados en R y T. En cierta manera, estos *tubos* pueden concebirse como columnas huecas de hormigón con una armadura helicoidal, donde el hormigón representaría un conjunto de azúcares tales como *hemicelulosa* y *lignina,* y la armadura estaría compuesta por *microfibrillas* extremadamente resistentes de *celulosa.* La conformación helicoidal de la armadura confiere a la madera una excepcional capacidad de deformación y absorción de energía.

De forma resumida, las propiedades en las distintas *direcciones materiales* se muestran en la Tabla 3.4.

Tal como se observa en la Tabla 3.4, las diferencias entre R y T son muy inferiores a las diferencias respecto de L, y por ello habitualmente la *ortotropía* de la madera se simplifica como un material *transversalmente isótropo*, de modo que $R = T$. Así, L pasa a denominarse *eje paralelo a las fibras, eje longitudinal* o simplemente *dirección de las fibras* y se denota como $\parallel$ (también *0* o *x*), mientras que los otros dos ejes se denominan únicamente como *dirección perpendicular a las fibras* o *dirección transversal,* que se denota como $\perp$ (también *90,* o *y-z*). En ciertas normas y literatura especializada, así como también en el presente libro, la dirección de la fibra se en las ilustraciones se denotará con el símbolo $\rightleftharpoons$.

TABLA 3.4 Resumen de propiedades en las direcciones y planos principales.

Propiedad	Dirección Principal		
	L	R	T
Rigidez	+ + +	+ +	+
Resistencia	+ + +	+	+
Cambios dimensionales	+	+ +	+ + +
Reología	+	+ +	+ + +
Plasticidad en compresión	_	_/	_/
Fragilidad en tracción	+ + +	+	+
Transporte humedad	+ +	+	+
Transporte calor	+ +	+	+
Plano principal perpendicular	RT	LT	LR
Rigidez cortante	+	+ +	+ + +
Resistencia cortante	+	+ +	+ +
Fragilidad cortante	+	+	+
Diferencia de coef. Poisson	+	+ + +	+ +

3.5 LEYES ELÁSTICAS CONSTITUTIVAS DE LA MADERA

Existen 4 relaciones elásticas constitutivas con las que se puede describir el comportamiento mecánico instantáneo de la madera, esto es la relación entre tensiones y deformaciones. Cuanto más compleja es una ley constitutiva, mayor es la precisión que ofrece, pero menor es su campo de aplicación. A continuación, se detallan las 4 leyes por precisión decreciente o aplicabilidad creciente:

Modelo de ortrotropía cilíndrica

Dado que la disposición de los ejes T y R 'gira' alrededor del plano transversal del árbol (formando la estructura radial del tronco), se dice que la madera presenta una ortotropía cilíndrica, lo cual responde a la definición espacial de un sistema de coordenadas cilíndrico en el que L es el eje de coordenada vertical z, R es el eje de coordenada radial ρ y T se corresponde con el eje de coordenada azimutal φ, ver Figura 3.5.

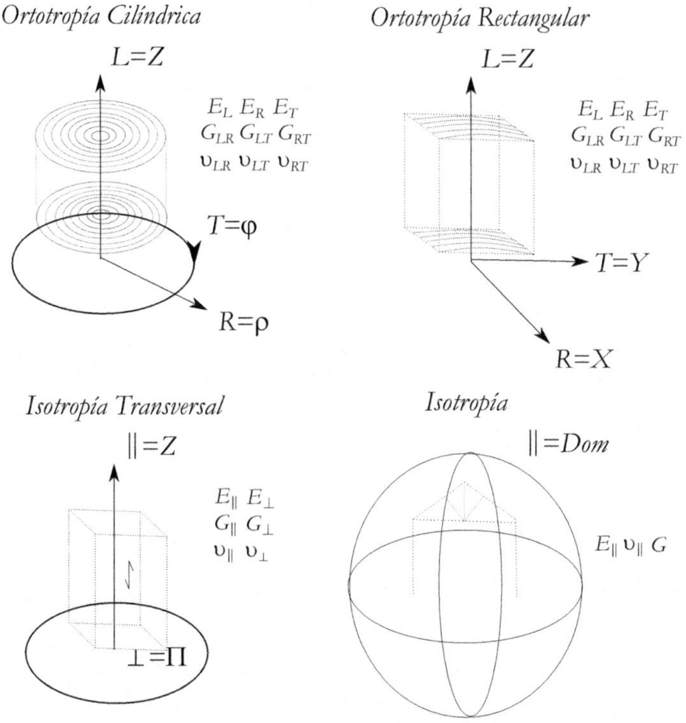

FIGURA 3.5 Los 4 posibles modelos elásticos de la madera, sus aplicaciones y sus constantes elásticas.

Pese a que este es el modelo elástico más preciso, tan sólo se aplica en investigación y en casos muy concretos porque requiere conocer la posición de la médula en cada una de las piezas, lo cual resulta imposible desde el punto de vista práctico. Su aplicación resulta sin embargo especialmente interesante en problemas en los que la diferencia entre los ejes R y T resulta esencial en la respuesta mecánica, como por ejemplo el cálculo de tensiones derivadas por cambios de humedad.

Para definir completamente este modelo elástico son necesarias al menos *9 constantes elásticas independientes*: E_L, E_R, E_T, G_{LR}, G_{RT}, E_{LT} y 3 coeficientes de Poisson, uno para cada plano (*LR*, *RT* y *LT*). Como las propiedades elásticas de un material se describen a través de la matriz de coeficientes C_{ij} y ésta es simétrica, se obtiene que la relación entre los coeficientes de Poisson menores y mayores y los módulos elásticos, es constante. De ahí, que los 3 coeficientes de Poisson se puedan definir indistintamente como mayores o menores. De forma adicional a los 9 parámetros elásticos, también se precisa definir el sistema de coordenadas cilíndrico que definirá la orientación de los ejes materiales de la pieza de madera. El sistema debe cumplir la condición de que la coordenada radial (ρ) coincida con el eje R, la coordenada azimutal (φ) con el eje T, y la coordenada vertical (z) con el eje L. Los 6 módulos de rigidez suelen mostrar relaciones relativamente definidas entre sí para las distintas especies de *coníferas* y *frondosas* (*latifoliadas*).

Pese a que la normativa chilena solo especifica el módulo de elasticidad longitudinal E_L., el anexo B de la NCh1198 establece unas relaciones elásticas que pueden ser aplicadas para aproximar el resto de módulos de Young, y módulos de cortante tal como se muestra en la siguiente tabla.

TABLA 3.5 Rigideces elásticas en relación al módulo elástico longitdudinal contemplados por la norma chilena NCh1198.

$E_R \approx 0{,}08E_L$	Para especies coníferas	$E_R \approx 0{,}14E_L$	Para especies latifoliadas
$E_T \approx 0{,}05E_L$	Para especies coníferas	$E_T \approx 0{,}08E_L$	Para especies latifoliadas
$G_{LT} \approx 0{,}065E_L$	Para especies coníferas	$G_{LT} \approx 0{,}07E_L$	Para especies latifoliadas
$G_{LR} \approx 0{,}065E_L$	Para especies coníferas	$G_{LR} \approx 0{,}1E_L$	Para especies latifoliadas
$G_{RT} \approx 0{,}006E_L$	Para especies coníferas	$G_{RT} \approx 0{,}032E_L$	Para especies latifoliadas

Modelo ortotrópico (ortotropía rectangular)

La ortotropía rectangular consiste en ignorar la naturaleza cilíndrica del material y considerar simplemente 3 ejes mutuamente perpendiculares entre sí, lo cual supone identificar los ejes materiales de la madera L, R y T con los tres ejes de un sistema de coordenadas cartesiano convencional, esto es x, y y z respectivamente. La relación constitutiva se define como:

$$
\begin{pmatrix} \varepsilon_L \\ \varepsilon_R \\ \varepsilon_T \\ \gamma_{LR} \\ \gamma_{RT} \\ \gamma_{LT} \end{pmatrix} =
\begin{pmatrix}
\dfrac{1}{E_L} & \dfrac{-\nu_{RL}}{E_R} & \dfrac{-\nu_{TL}}{E_T} & 0 & 0 & 0 \\[2mm]
\dfrac{-\nu_{LR}}{E_L} & \dfrac{1}{E_R} & \dfrac{-\nu_{TR}}{E_T} & 0 & 0 & 0 \\[2mm]
\dfrac{-\nu_{LT}}{E_L} & \dfrac{-\nu_{RT}}{E_R} & \dfrac{1}{E_T} & 0 & 0 & 0 \\[2mm]
0 & 0 & 0 & \dfrac{1}{G_{LR}} & 0 & 0 \\[2mm]
0 & 0 & 0 & 0 & \dfrac{1}{G_{RT}} & 0 \\[2mm]
0 & 0 & 0 & 0 & 0 & \dfrac{1}{G_{LT}}
\end{pmatrix}
\begin{pmatrix} \sigma_L \\ \sigma_R \\ \sigma_T \\ \tau_{LR} \\ \tau_{RT} \\ \tau_{LT} \end{pmatrix}
$$

Donde igualmente por simetría se establece que:

$$\frac{v_{LR}}{E_L} = \frac{v_{RL}}{E_R} \ ; \ \frac{v_{RT}}{E_R} = \frac{v_{TR}}{E_T} \ ; \ \frac{v_{LT}}{E_L} = \frac{v_{TL}}{E_R}$$

Este modelo tan sólo resulta preciso y útil cuando se pretenden abordar 2 situaciones: (i) el cálculo de tableros y otros productos derivados de la madera, debido a que existe una dirección de producción y otra perpendicular de prensado, y por tanto suelen mostrar propiedades rectangularmente ortótropas. (ii) El caso de piezas de madera con anillos de crecimiento paralelos o perpendiculares a una de las caras, es decir cuando en la sección perpendicular de un madero puede asumirse que el radio de los anillos tiende al infinito (carecen de curvatura); sin embargo, en la práctica suele acontecer que la diferencia entre los dos ejes débiles de muchos tipos de tableros no es elevada, o los anillos de crecimiento se aprecian efectivamente como círculos, por lo que la aplicabilidad del modelo es muy reducida.

Los parámetros necesarios para la definición de este modelo elástico son los mismos que para el caso de ortotropía cilíndrica. La única diferencia reside en que en el anterior es necesario definir un sistema de coordenadas cilíndrico, mientras que en el presente modelo se debe definir un sistema rectangular o cartesiano (x, y, z), el cual se corresponda adecuadamente con la orientación material de la pieza.

Modelo de isotropía transversal

Dado que habitualmente se desconoce la posición de los anillos y la médula, y/o las diferencias mecánicas entre dos de los ejes suelen ser mucho menores que las diferencias respecto del tercer eje, lo habitual es tomar la simplificación de que $T = R$. Esto simplifica enormemente el cálculo sin perjudicar mucho la precisión. De este modo se habla de un único eje paralelo a las fibras ($\parallel$ o 0), sobre el que se pueden generar esfuerzos cortantes paralelos a las fibras y un plano transversal, formado por ejes perpendiculares a las fibras en donde se pueden generar cortantes transversales y de rodadura ($\perp$ o 90). Las relaciones transversales se obtienen fácilmente a partir de las 9 constantes elásticas ortótropas:

$$E_{\parallel} = E_L$$

$$E_{\perp} = \frac{E_R + E_T}{2}$$

$$v_{\parallel} = \frac{v_{LR} + v_{LT}}{2}$$

$$\nu_\perp = \nu_{RT}$$

$$G_\parallel = \frac{G_{LR} + G_{LT}}{2}$$

$$G_\perp = \frac{E_\perp}{2(1 + \nu_\perp)}$$

Nótese que las constantes elásticas independientes se redujeron *de 9 a 5* ($E_\parallel$, $E_\perp$, $\nu_\parallel$, $\nu_\perp$ y $G_\parallel$), debido a que el módulo cortante transversal puede ser calculado a partir de las otras constantes. De forma alternativa, también es posible fijar $G_\perp$ como el *módulo de rodadura*[3,20] y calcular a partir de este el coeficiente $\nu_\perp$, sin embargo esto no se recomienda para poder cumplir con criterios de estabilidad elástica. Por tanto, los parámetros necesarios para este modelo, son 5 constantes elásticas y la dirección de las fibras, la cual es normalmente conocida.

Ejemplo: calcular las propiedades transversalmente isótropas de Douglas Fir (*Pseudotsuga menziesii*) de origen norteamericano a partir de las relaciones elásticas. Solución: $E_\parallel$=10800 N/mm² $E_\perp$=637.2 N/mm² $\nu_\parallel$=0.37 $\nu_\perp$=0.39 $G_\parallel$=766.8 N/mm² $G_\perp$=229.3 N/mm².

Dada la simplicidad, aplicabilidad y relativa precisión del modelo, este es sin duda el modelo más empleado y el que suele aplicar en el cálculo de todo tipo de productos y estructuras.

Modelo isótropo

El modelo isótropo es el modelo elástico más sencillo e inexacto el cual consiste en suponer que las propiedades del material son idénticas en todas las direcciones. Aunque el modelo pueda parecer muy impreciso, puede ser útil en determinadas situaciones. En concreto el modelo isótropo se puede emplear en caso modelar estructuras conformadas por elementos que están fundamentalmente sometidos a esfuerzos longitudinales. Dado que las propiedades de un material isótropo no dependen de la dirección considerada, los parámetros elásticos se reducen a tres E, G y ν, de los cuales, *dos son independientes* y el tercero puede ser calculado a partir de los otros dos.

$$G = \frac{E}{2(1 + \nu)}$$

$$\nu = \frac{E}{2G} - 1$$

Normalmente para piezas con esfuerzos axiales, es aconsejado tomar $E = E_{\parallel}$, $\nu = \nu_{\parallel}$ y calcular G a partir de E y ν, porque de otro modo ν adopta valores irrealistas. Pese a esto último, algunos programas estructurales tienen la opción de considerar E, G y omitir el coeficiente de Poisson.

Ejemplo: calcular las propiedades isótropas de douglas fir (*Pseudotsuga menziesii*) de origen norteamericano para piezas sometidas a esfuerzos axiales. Solución: $E = 10800$ N/mm², $\nu = 0.37$ y $G = 3940$ N/mm².

CAPÍTULO 4

PRODUCTOS DE INGENIERÍA DE MADERA

PRINCIPALES CONTRIBUIDORES: VANESA BAÑO (UNIV. DE LA REPÚBLICA,
URUGUAY) Y LAURA MOYA (UINV. ORT, URUGUAY)

4.1 INTRODUCCIÓN

Los productos de madera aptos para su uso estructural, denominados habitualmente como *madera estructural*, pueden clasificarse en dos grandes grupos: productos de madera sólida, sin ingeniería, y productos de ingeniería de la madera (*Engineered Wood Products*-EWP). Estos últimos son productos de madera cuya elaboración ha incorporado cierto grado de ingeniería, lo cual habitualmente comprende el uso de madera aserrada, chapas, fibras, virutas o partículas de madera, las cuales son unidas con adhesivos estructurales o mediante otros medios de fijación. En esta sección se detallan las principales características de ambas familias de productos estructurales.

La característica esencial de estos productos es que poseen aptitudes mecánicas y de densidad conocidas, que los convierten en elementos aptos para su uso estructural. Además de dicha aptitud estructural, la calidad geométrica y el contenido de humedad son aspectos imprescindibles a tener en cuenta, como por ejemplo para poder garantizar su capacidad frente a inestabilidad frente al pandeo, estabilidad dimensional, calidad de las terminaciones y lograr, hasta donde sea posible, constancia de sus propiedades mecánicas en el tiempo. Un aspecto muy importante de estos productos es su *grado de homogeneidad*. Por lo general puede asumirse que cuanto menor sea el tamaño de la partícula, pieza o laminación de madera que compone un producto, mayor será su homogeneidad estructural, por lo que uno podrá esperar una dispersión inferior de los valores físicos y mecánicos.

Generalmente estos productos son regulados mediante especificaciones establecidas en documentos técnicos o normas, y se garantizan a través de certificados, sellos o rotulados de calidad estructural. Dichos sellos brindan información, entre otras cosas, de la especie de madera, de la calidad visual y de su clase resistente o grado estructural, asociado a los valores característicos de sus propiedades mecánicas. Otros datos adicionales pueden incluir el tipo de tratamiento químico y la procedencia de origen.

4.2 PRODUCTOS DE MADERA SÓLIDA

Los productos de madera sólida son:

i.   Los rolos o los fustes de los árboles descortezados. Consisten en la utilización directa del elemento primario de soporte de los árboles. Dado que todas las fibras tienen continuidad, normalmente ofrecen alta resistencia mecánica.

ii. La madera cilindrada, que son los fustes cilindrados a un diámetro constante en toda su longitud.

iii. La madera aserrada, que son piezas sección rectangular, cortadas del fuste del árbol.

La Figura 4.2 muestra la nomenclatura para denominar estructuralmente las distintas partes de una pieza de madera de sección rectangular.

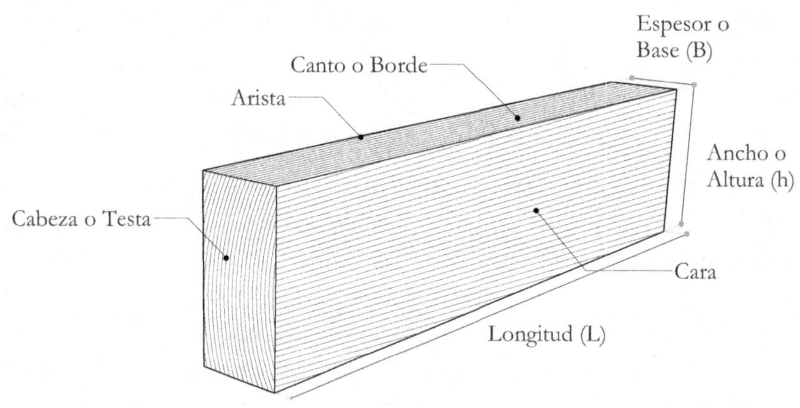

FIGURA 4.2 Denominación de los elementos de una pieza estructural de madera aserrada.

Las dimensiones comerciales más comunes de piezas de madera aserrada tienen un espesor (*b*) que varía entre 25 y 100 mm, un canto o altura (*h*) entre 50 y 210 mm, y una longitud (*L*) de 2 a 6 metros aproximadamente. En Chile, la norma NCh2824 establece las dimensiones comerciales de pino radiata, tanto con madera aserrada en bruto (Tabla 4.2.1.) como para madera cepillada (Tabla 4.2.2); esto es un proceso de lijado que ofrece una geometría y superficie con mejor acabado. Por otra parte, la NCh174 establece las dimensiones comerciales del resto de especies en lo relativo a madera aserrada en bruto (Tabla 4.2.3) y madera cepillada (Tabla 4.2.4). Los tamaños más habituales de las piezas empleadas en la construcción ligera son 2"·4" y 2"·6". Finalmente, la NCh2122 establece las dimensiones de postes de pino radiata según su clase resistente (Tabla 4.2.5). Es importante notar que, en la práctica, se observan desviaciones importantes respecto de las tablas anteriores. En concreto es muy habitual que el espesor de las piezas varía entorno a unos pocos milímetros según el productor, también es importante que varias de las dimensiones proporcionadas en las tablas no están disponibles comercialmente. Es por ello, que en la actualidad las tablas de dimensiones de la NCh se están actualizando para reflejar de la mejor manera posible la realidad del mercado.

TABLA 4.2.1 Dimensiones comerciales de pino radiata aserrado en bruto, NCh2824. Madera aserrada en bruto de Pino radiata. Dimensiones efectivas según NCh 2824, H=12%

Ancho [mm]	2" 45	2 ½" 57	3" 69	3 ½" 82	4" 94	5" 118	6" 142	7" 166	8" 190	9" 214	10" 235
Espesor [mm]											
½" 10	*	*	*								
¾" 17	*	*	*	*							
1" 21	*	*	*	*	*	*	*	*	*		
1 ½" 36	*	*	*	*	*	*	*	*	*		
2" 45	*	*	*	*	*	*	*	*	*		
2 ½" 57		*	*	*	*	*	*	*	*	*	*
3" 69			*	*	*	*	*	*	*	*	*
3 ½" 82				*	*	*	*	*	*	*	*
4" 94					*	*	*	*	*	*	*

TABLA 4.2.2 Dimensiones comerciales de pino radiata cepillado, NCh2824.
Madera cepillada de Pino radiata. Dimensiones efectivas según NCh 2824, H=12%

Ancho [mm]	2" 41	2 ½" 53	3" 65	3 ½" 78	4" 90	5" 114	6" 138	7" 162	8" 185	9" 210	10" 230
Espesor [mm]											
½" 8	*	*	*								
¾" 14	*	*	*	*							
1" 19	*	*	*	*	*	*	*	*	*		
1 ½" 33	*	*	*	*	*	*	*	*	*		
2" 41	*	*	*	*	*	*	*	*	*		
2 ½" 53		*	*	*	*	*	*	*	*	*	*
3" 65			*	*	*	*	*	*	*	*	*
3 ½" 78				*	*	*	*	*	*	*	*
4" 90					*	*	*	*	*	*	*

Largos nominales: 2,40m; 3,00m; 3,20m; 3,60m; 4,00m; 4,80;
Tolerancias: +2mm

TABLA 4.2.3 Dimensiones comerciales de especies distintas al pino radiata aserradas en bruto según NCh174.

Madera aserrada en bruto, excepto Pino radiata. Dimensiones efectivas según NCh 174, Of2007, H=12%

Ancho [mm]	2" 50	3" 75	4" 100	5" 125	6" 150	7" 175	8" 200	9" 225	10" 250	11" 275	12" 300
Espesor plgd [mm]											
½" 12	*	*	*								
¾" 19	*	*	*	*							
1" 25	*	*	*	*	*	*	*	*	*		
1 ½" 38	*	*	*	*	*	*	*	*	*		
2" 50	*	*	*	*	*	*	*	*	*		
3" 75		*	*	*	*	*	*	*	*	*	*
4" 100			*	*	*	*	*	*	*	*	*
5" 125				*	*	*	*	*	*	*	*
6" 150					*	*	*	*	*	*	*
8" 200							*	*	*	*	*
10" 250									*	*	*

TABLA 4.2.4 Dimensiones comerciales de especies distintas al Pino radiata cepilladas según NCh174.

Madera cepillada excepto Pino radiata. Dimensiones efectivas según NCh 174, H=12%

Ancho [mm]	2" 45	3" 70	4" 90	5" 115	640 150	7" 165	8" 190	9" 215	10" 240	11" 265	12" 290
Espesor plgd [mm]											
½" 9	*	*	*								
¾" 12	*	*	*	*							
1" 20	*	*	*	*	*	*	*	*	*		
1 ½" 30	*	*	*	*	*	*	*	*	*		
2" 45	*	*	*	*	*	*	*	*	*		
3" 70		*	*	*	*	*	*	*	*	*	*
4" 90			*	*	*	*	*	*	*	*	*
5" 115				*	*	*	*	*	*	*	*
6" 140					*	*	*	*	*	*	*
8" 190							*	*	*	*	*
10" 240									*	*	*

Largos nominales: 1,20 a 6,00m con incrementos de 0,30m, incluyendo 3,20m.
Sobredimensión: 5 cm

TABLA 4.2.5 Dimensiones habituales de postes de Pino radiata según NCh2122.
NCh 2122 Dimensiones de postes de Pino radiata por clases
(dimensiones derivadas considerando $MR_{f.prom} = 52MPa$)

Clase		4	5	6	7	9
Carga máxima resistida a 60 cm del extremo superior del poste [N] (kgf)		10.689 (1.090)	8.453 (862)	6.669 (680)	5.334 (545)	3.295 (336)
Dimensiones del poste	Perímetro extremo superior	534	483	430	380	380
	Diámetro extremo superior	170	154	137	121	121
Longitud del poste	Distancia entre la Línea de Tierra y el extremo inferior	Perímetro C y diámetro mínimo ø medidos a 1,85 m del extremo inferior del poste (mm)				
m	m	mm	mm	mm	mm	mm
6,0	1,20	C = 616 ø = 196	C = 570 ø = 181	C = 526 ø = 167	C = 489 ø = 156	C = 416 ø = 132
7,5	1,50	C = 692 ø = 220	C = 640 ø = 204	C = 591 ø = 188	C = 549 ø = 175	C = 467 ø = 149
8,0	1,56	C = 714 ø = 227	C = 660 ø = 210	C = 610 ø = 194	C = 566 ø = 180	C = 482 ø = 153
8,5	1,61	C = 734 ø = 234	C = 679 ø = 216	C = 627 ø = 200	C = 583 ø = 185	C = 496 ø = 158
9,0	1,66	C = 754 ø = 240	C = 697 ø = 222	C = 644 ø = 205	C = 598 ø = 190	C = 509 ø = 162
9,5	1,71	C = 772 ø = 246	C = 714 ø = 227	C = 660 ø = 210	C = 613 ø = 195	C = 522 ø = 166
10,0	1,76	C = 790 ø = 251	C = 731 ø = 233	C = 675 ø = 215	C = 627 ø = 200	C = 534 ø = 170
10,5	1,81	C = 807 ø = 257	C = 746 ø = 238	C = 690 ø = 219	C = 640 ø = 204	C = 545 ø = 174
11,0	1,83	C = 823 ø = 262	C = 761 ø = 242	C = 703 ø = 224	C = 653 ø = 208	C = 556 ø = 177
11,5	1,83	C = 839 ø = 267	C = 776 ø = 247	C = 217 ø = 228	C = 666 ø = 212	C = 567 ø = 180
12,0	1,83	C = 854 ø = 272	C = 790 ø = 251	C = 730 ø = 232	C = 678 ø = 216	C = 577 ø = 184

4.3 PANELES TIPO BRETTSTAPEL

El sistema *Brettstapel*, fue inventado por el Ing. Julius Natterer en la década de los 70 en Suiza, de modo que, al igual que en el caso del CLT, es en Centroeuropa donde más se ha desarrollado este sistema, habitualmente utilizando madera de picea y de abeto con bajas propiedades mecánicas. Este tipo de paneles se conforman a partir de piezas de madera aserrada colocadas de canto conectadas por las caras mediante fijación mecánica. Los fabricantes pueden producir paneles de hasta 12-15 m de longitud, siendo las longitudes más comunes de 6-7 m, y con espesores de hasta 240 mm aproximadamente. Junto con forjados de glulam, CLT, mass LVL y mass Plywood, el Brettstapel constituye un método de construcción *mass timber*.

En función del tipo de conexión se denominan: i) *Nailed Brettstapel o Nail Laminated Timber (NLT)*, cuya fijación entre tablas se realiza a través de clavos; y ii) *Dowel Brettstapel* o Dowel Laminated Timber (DLT), Fig. 4.5.e, realizado totalmente en madera y que utiliza conectores de madera de latifoliada (principalmente haya) como pasadores insertos perpendicularmente a las tablas de madera. Para ello se realiza un pre-taladro en las tablas, con un contenido de humedad entre el 12 y el 15%, y se introducen los pasadores a un contenido de humedad del 8% aproximadamente. El panel queda unido sólidamente cuando la madera hincha hasta alcanzar la humedad de equilibrio con el ambiente. Con el fin de mejorar el comportamiento de conexión cuando los paneles estaban sujetos a fuertes variaciones de T^a y HR, se desarrollaron paneles con conectores colocados de forma oblicua (incremento substancial de la rigidez). Este tipo de paneles muestra la desventaja respecto del CLT, de que lógicamente resultan mucho más efectivos en la dirección longitudinal de las piezas, y también por este motivo, no resultan ser tan estables dimensionalmente.

4.4 PRODUCTOS DE CHAPAS DE MADERA

Madera microlaminada (LVL)

La madera microlaminada (LVL-*Laminated Veneer Lumber*), Fig. 4.4.a, es un producto fabricado a partir del encolado y prensado de chapas de madera, de 3 mm de espesor aproximadamente, que en la mayoría de los casos se orientan paralelamente, aunque existen variantes diferentes como por ejemplo, láminas de LVL dispuestas perpendicularmente (XLVL). Las chapas son obtenidas a partir del *debobinado de trozas*[4.1] y se secan y clasifican estructuralmente previo a la fabricación del producto final. Los elementos que se pueden obtener a partir de la madera microlaminada son, principalmente, vigas, paneles y *studs o pies derechos*[4.2]. Los espesores habituales de las vigas varían entre 27 y 90 mm y el canto entre 200 y 600 mm. En los últimos tiempos también se ha introducido el concepto de *mass LVL*, que análogamente al CLT, consiste en fabricar muros de gran canto, pero en este caso mediante el encolado de láminas de pequeño espesor. Los supuestos beneficios que permite este sistema frente al CLT, son que permite ajustar más finamente la cantidad de madera a emplear, aunque el precio se encarece debido a la mayor cantidad de adhesivo.

En general el LVL es considerado como un producto de una calidad muy elevada. Las laminaciones normalmente tienen un grado de defectos muy bajo, y los acabados de fabricación suelen ser excelentes, por lo que las propiedades mecánicas son tremendamente elevadas. En algunos países, el LVL es una buena alternativa para dar uso a especies que no son tan habitualmente empleadas con fines estructurales debido a que las laminaciones son muy finas, lo que permite el uso de troncos más irregulares, pequeños, con mayor dificultad de secado, etc. Un ejemplo se encuentra en Alemania, donde tienen una gran disponibilidad de haya; en los últimos tiempos se está impulsando la comercialización de LVL de haya, el cual tiene propiedades mecánicas realmente sobresalientes. Por ejemplo, si bien la resistencia última al aplastamiento perpendicular de la madera común con fines de diseño se puede estimar entorno a los 3 N/mm^2, la resistencia del LVL de haya puede llegar a los 18 N/mm^2.

En Latinoamérica, el LVL tiene una presencia muy minoritaria. Sin embargo, este producto, al igual que otros productos de ingeniería de madera con mayor elaboración, podría adquirir un mayor protagonismo en el futuro si se incrementase el grado de industrialización. Por lo general los productos más homogéneos como el LVL, y también aquellos más masivos como el CLT, permiten emplear madera de una calidad de partida relativamente baja. Este es el caso de muchas maderas de rápido crecimiento en Latinoamérica; existe una gran disponibilidad y renovación del recurso, como para generar *mass timber*, y las maderas tienen habitualmente resistencias ligeramente inferiores a los ejemplares homólogos de climas más fríos.

Tableros de contrachapado (terciado o plywood)

Los tableros contrachapados (*plywood,* multilaminado o terciado), Figura 4.4.b, al igual que el *LVL*, son productos fabricados a partir del encolado de chapas de debobinado de fustes de madera, pero que, en este caso, se encolan de modo que la orientación de la fibra de cada chapa con respecto a la contigua sea de forma ortogonal. Las medidas de estos productos son de 1,22 x 2,44 m^2 de superficie y los espesores varían habitualmente entre 3 y 36 mm. De forma similar al mass LVL también es posible fabricar *mass Plywood*, siendo su estructura muy similar al CLT, pero con menor espesor de lámina. De forma progresiva, el terciado ha ido perdiendo protagonismo frente al OSB para la ejecución de muros de corte de entramado ligero, debido fundamentalmente al menor precio de este último. El uso del terciado en la actualidad suele estar asociado a aplicaciones donde se requiere una mejor calidad visual, puesto que sus propiedades mecánicas son bastante parecidas a las del OSB.

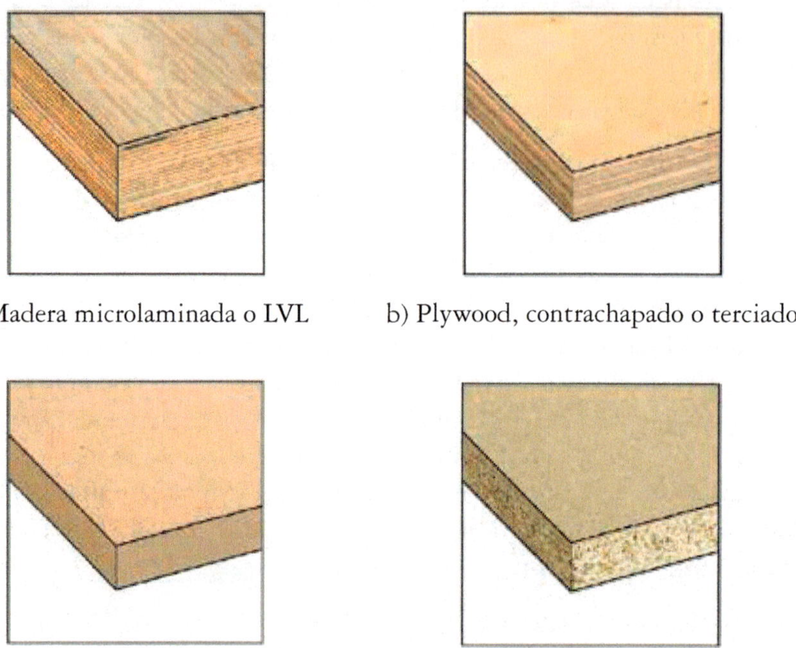

a) Madera microlaminada o LVL

b) Plywood, contrachapado o terciado

c) MDF / HDF

d) Tableros de partículas

FIGURA 4.4 Productos fabricados a partir de chapas, fibras y partículas de madera.

4.5 PRODUCTOS DE MADERA ENCOLADA

Se consideran productos de madera encolada estructurales, a aquellos que están formados por la unión, mediante un *adhesivo estructural* [ver 1.9], de piezas de madera aserrada. La característica básica de tal adhesivo estructural, no es otra que la de garantizar que, para un determinado rango de temperaturas y humedades, la rotura mecánica siempre se producirá antes en la madera que en el plano del adhesivo; es decir, como diseñadores podemos suponer que la limitación de resistencia está dada por la madera y no por la resistencia a la delaminación del adhesivo. Es por tanto fundamental, que estos productos tengan un certificado que garantice dicha propiedad de acuerdo al estándar y uso con condiciones ambientales correspondientes. Otra circunstancia que es básica conocer a priori, es que las uniones con adhesivo requieren en la gran mayoría de los casos de un alto grado de perfección para ser efectivas. Es decir, se requiere siempre que la limpieza, preparación de superficies, aplicación, prensado y curado satisfaga estrictamente lo indicado por el fabricante, de otro modo la unión pierde súbitamente su efectividad estructural. Es por ello que el *control de calidad* resulta crucial para este tipo de uniones.

El encolado suele darse en dos planos de las piezas: en las testas, muy habitualmente mediante una unión dentada (*finger joint*), aunque otros tipos de uniones también son posibles, y en las caras. Existen principalmente tres familias de adhesivos estructurales: de naturaleza fenólica y aminoplástica (MUF, MF, PRF, UF, etc.); de poliuretano monocomponente de curado en húmedo (PUR) y aquellos basados en isocianato y polímeros de emulsión (EPI).

Las características más importantes de los adhesivos estructurales se resumen a continuación:

i. *Fenólicos y aminoplásticos* (MUF, MF, UF, PRF, PF, RF): color transparente (MUF, MF, UF) y oscuro (PRF, PF, RF), muy alta resistencia mecánica, muy elevada rigidez, bajo precio (aproximadamente 4,4 USD/kg), uso exterior (RF, PRF, PF), semi-exterior (MF, MUF) e interior (UF). Toxicidad debida a la emisión de formaldehido (cancerígeno), especialmente MF, MUF y UF cuando se encuentran sometidos a ambientes de altas temperaturas y humedades. Las emisiones de estos compuestos se encuentran cada vez más normadas y restringidas. MF, MUF y UF prácticamente no sufren creep. RF, PRF y PF presentan muy poca tolerancia al error de fabricación, lo que significa que la preparación de superficies, grados de humedad, aplicación y curado deben seguir protocolos muy estrictos, para poder lograr encolados con la resistencia estructural esperada. Tiempos de prensado prolongados.

ii. *Poliuretano* (PUR): color transparente, menor resistencia mecánica, mayor precio (aproximadamente 10,7 USD/kg), cura en condiciones húmedas, menores tiempos de prensado, no es tóxico.

iii. *Isocianato y polímeros de emulsión* (EPI): los más comunes suelen ser acetatos de vinilo (PVA), color transparente, alta resistencia mecánica, precio intermedio (aproximadamente 7,7 USD/kg), usualmente poco resistentes a la humedad y altas temperaturas - aplicación interior, muy bajos tiempos de fabricación y prensado, fácilmente trabajable.

Adicionalmente, en algunas aplicaciones tales como refuerzos, se emplean también resinas epoxi, ya que resultan muy fáciles de trabajar y admiten una relativa alta tolerancia al error por lo que es bastante habitual aplicar estos productos en obra, donde es mucho más complicado asegurar las condiciones de aplicación que en planta. Las propiedades mecánicas de estos adhesivos son las más elevadas, pero el coste resulta también muy alto. Finalmente, es importante mencionar que en la actualidad se están ensayando y mejorando adhesivos con base natural, tales como la lignina, que ofreciendo buenas características mecánicas no resultan tóxicos en absoluto y son ecológicamente sustentables. Incluso en la actualidad, algunas investigaciones han tratado de encolar la madera sin adhesivo, lo que se consigue mediante ciertos procesos químicos de polarización.

Los productos estructurales de madera encolada fabricados a partir de tablas de madera aserrada son:

i.   Madera maciza con empalmes por unión dentada (*finger-joint*).

ii. Madera maciza encolada (MME).

iii. Madera laminada encolada (MLE).

iv. Madera contralaminada (CLT).

Ver una ilustración de estos productos en la Figura 4.5.

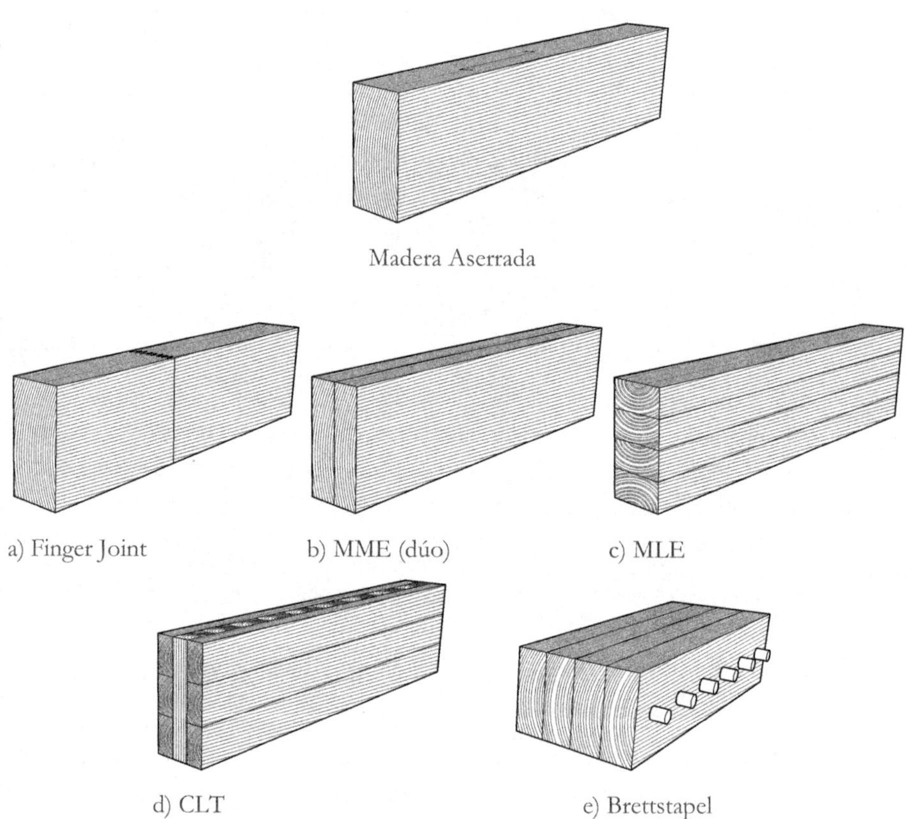

FIGURA 4.5 Productos de madera estructural a partir de tablas de madera aserrada, nótese que el **CLT** y el **Brettstapel** son a su vez considerados productos madera masiva.

Madera maciza con empalmes por unión dentada

La madera maciza con empalmes por unión dentada (*finger joint*) en sus testas, permite conseguir piezas de madera aserrada de sección rectangular y de la longitud deseada, sin estar limitado por la altura del árbol o longitud de la troza. Se consideran piezas de madera aserrada y se clasifican estructuralmente como tal.

Madera maciza encolada (MME)

La madera maciza encolada se conforma por 2 a 5 láminas de madera aserrada de entre 25 y 85 mm de espesor aproximadamente, con las fibras orientadas de forma paralela, y encoladas por las caras. La orientación de las láminas de madera aserrada es en forma vertical, tal y como se muestra en la Figura 4.5.b, con cantos de hasta 250 mm aproximadamente y longitudes de hasta 12-16 m. Cada una de las láminas puede estar formada por varias piezas de madera aserrada unidas por las testas mediante unión dentada. Las piezas de madera maciza encolada más comunes son las conformadas por dos o tres láminas, denominadas "Dúo" y "Trío" respectivamente y, comparado con las piezas de madera aserrada, presentan como principal ventaja una mayor estabilidad dimensional. Se clasifican estructuralmente como si de piezas de madera aserrada se tratase, y son comúnmente usadas en Europa como elementos secundarios de las cubiertas (cabios y correas), aunque no son productos muy comunes en Latinoamérica.

Madera laminada encolada (MLE)

La madera laminada encolada (MLE), también conocida como *glulam* en inglés (*glued laminated timber*), Figura 4.5.c, se define como un elemento estructural constituido por un mínimo de dos láminas de madera aserrada con la dirección paralela a la fibra, y encoladas entre sí por la cara con adhesivos estructurales; comúnmente, las láminas tienen espesores (t) que varían entre 6 y 45 mm. Muy habitualmente dichas láminas se orientan horizontalmente, lo que es denominado *laminación horizontal*, aunque también es posible disponer las láminas según su eje fuerte de inercia, refiriéndose en tal caso a una *laminación vertical*. Cada una de las láminas puede estar unida en las testas mediante uniones dentadas o *finger-joints* para conseguir la longitud deseada. Las secciones habituales tienen anchuras que varían entre 70 y 250 mm aproximadamente, y cantos de hasta 2 metros o más. Las longitudes estándar de las piezas rectas suelen ser de 13 m, aunque, dependiendo de las instalaciones del fabricante, se fabrican piezas de mayor tamaño (hasta 32 m. aproximadamente) y también piezas con curvatura, lo que se consigue encolando las láminas con cierto grado de humedad y temperatura sobre moldes curvados. El radio de curvatura define el espesor de lámina a utilizar, de modo que, a mayor curvatura menor espesor de lámina. Tal como se mostrará en secciones posteriores, la curvatura influye en las propiedades mecánicas, principalmente cuanto mayor sea la curvatura, mayores son las tensiones residuales que a priori tendremos en el miembro estructural, y también mayores serán los riesgos por tensiones no paralelas.

Dado que la MLE se emplea muy habitualmente en flexión, es relativamente normal emplear láminas de mayor calidad en los bordes flexotraccionados y flexocomprimidos. En este caso se suele referir a MLE *no homogénea* o *combinada* para distinguirla de la MLE *homogénea*, en la cual todas sus láminas tienen la misma calidad estructural. Además, las láminas de calidad superior pueden incluso no ser de la misma especie lo que se denomina como MLE *híbrida*. Este último tipo de productos híbridos habitualmente debe de tener condiciones de control de humedad muy estrictas tanto en fabricación como en servicio, debido ello a que las tensiones internas generadas por diferentes coeficientes de contracción pueden llegar a ser importantes.

Las ventajas de la MLE frente a la madera aserrada radican en una menor influencia de defectos (homogeneidad), y por tanto resistencia superior, mayor sección y longitud de piezas que se pueden fabricar y versatilidad de formas (curvaturas). La menor influencia de defectos es debida principalmente a 2 circunstancias:

a)   Las láminas suelen seleccionarse y recortarse para contener menor cantidad de defectos, o incluso en algunos casos madera totalmente limpia. Esto es posible debido a que las laminaciones longitudinales (finger joints) permiten emplear pequeños trozos de madera.

b)   Aun cuando la cantidad de defectos pudiese ser igual que en la madera aserrada, estos muestran una *continuidad* muy limitada. Es decir, las interrupciones en la rectitud de la fibra se producen de forma más discreta, porque hay bastantes posibilidades de que los nudos de tamaño considerable sean recortados por una laminación, por lo que las zonas de baja rigidez y resistencia se encuentran más localizadas que en la madera aserrada; en otras palabras, la MLE puede considerarse como un producto más homogéneo.

Estas ventajas, unidas con la buena relación resistencia-peso propia de la madera, hacen que sean elementos muy competitivos con otros materiales (como el hormigón y el acero) cuando hay que salvar grandes luces, como por ejemplo cubiertas de edificios públicos o industriales.

Aunque la MLE se suele emplear como elemento tipo viga, en tiempos recientes también se ha empleado para conformar placas de forjado. En estos casos varias vigas de MLE son dispuestas según su eje débil de inercia y encoladas paralelamente. Dada la gran cantidad de madera empleada en este sistema constructivo, cuando la glulam se emplea de esta forma uno se refiere a ella como una técnica de *mass timber* (madera masiva).

Madera contralaminada (CLT)

Los paneles de madera contralaminada son conocidos internacionalmente como CLT (*Kreuzlagenholz*, *Brettsperrholz*, *Cross Laminated Timber*, *CrossLam* o *Xlam*). Normalmente están conformados por tablas de madera aserrada de espesores entre 20 y 40 mm, vinculadas entre sí mediante adhesivos estructurales y colocándose en capas superpuestas unas sobre otras, de modo que la dirección de las tablas en cada capa es perpendicular a la anterior, Figura 4.5.d. Las tablas pueden estar vinculadas entre sí únicamente mediante las caras, o las caras y los bordes. La mayoría de los paneles están formados por 3, 5 o 7 capas, aunque pueden ser más, siendo simétricos desde la capa central. Los espesores de panel varían en función del espesor de la tabla y de la cantidad de capas, situándose habitualmente entre los 51 y los 400 mm. El ancho y el largo del panel se define en función de cada proyecto, y depende de la capacidad de prensado de la industria que lo fabrica, siendo las dimensiones máximas actuales aprox. 3.5 · 18 m. Esto genera un producto de ingeniería en madera sólido que permite su utilización en forjados, cubiertas y muros de carga en edificación. Generalmente, estos paneles se realizan con madera de coníferas, provenientes de bosques con *gestión silvícola*[4.3] para su explotación comercial. Estas especies son seleccionadas debido a su facilidad de mecanización y a su bajo costo, aspecto fundamental para la competitividad del sistema ya que utiliza un gran volumen de madera.

Aunque la mayoría de CLT se produce por encolado, existen también otras variantes. Así, por ejemplo, existe CLT cuyas capas se unen mediante clavos, pasadores y pernos, estos dos últimos pudiendo incluso ser producidos a partir de una madera de mayor calidad, habitualmente una frondosa como el haya. El CLT unido mediante conectores mecánicos se caracteriza por tener una rigidez considerablemente inferior al encolado, y también por disponer capas diagonales que tratan de arriostrar los conectores, limitando la caída de rigidez. Es relativamente habitual observar CLT con espesores no constantes, especialmente cuando se espera que el esfuerzo mayoritario ocurra en una dirección; en ocasiones hasta el 80% del material puede estar dispuesto axialmente en muros, mientras que el 20% se dispone horizontalmente. En cualquier caso, al igual que en el resto de compuestos laminados (*teoría clásica de laminación*), la disposición de láminas idealmente debe ser *simétrica* (las capas y espesores muestran simetría de espejo respecto centro geométrico) y *balanceada* (la angulación de cada lámina de la parte superior tiene su contraparte en la zona inferior). La simetría permite desacoplar la respuesta del plano respecto de los esfuerzos a flexión, esto significa que un esfuerzo de flexión apenas produce deformación en el plano y viceversa. Por su parte, el balanceado permite desacoplar la respuesta axial respecto de la cortante; el CLT no sufrirá deformación de cortante al solicitarse axialmente y viceversa. Además, el balanceado tiende a desacoplar también la flexión de la torsión, de modo que un momento flector tan sólo tiende a producir un pequeño momento torsor. En definitiva, la estabilidad mecánica es claramente superior con simetría y balanceado, y por ello, el número de capas tiende a ser impar lo que ocurre habitualmente con otras configuraciones de productos de ingeniería 'por capas', tales como el terciado (ver secciones posteriores), aunque lógicamente se observan excepciones a esta regla.

Es también relativamente habitual emplear una capa de hormigón de aproximadamente unos 4 cm sobre el CLT para mejorar las propiedades de aislamiento acústico y vibraciones. En este caso el hormigón puede estar conectado al CLT mediante encolado o algún tipo de conector mecánico capaz de transmitir los esfuerzos cortantes, muy habitualmente tornillos dispuestos con una inclinación de 45°, los cuales tienden a ser prefabricados y mecanizados antes de aplicar la mezcla de hormigón en obra.

Una de las principales ventajas del CLT reside en una elevada rigidez lateral, lo que permite la realización de edificaciones de mediana a gran altura, cumpliendo con los restrictivos límites de desplazamiento entre piso o *drift* que se estipulan en la mayoría de normativas internacionales. Por otra parte, la influencia de los defectos es incluso menor que en la MLE dada la gran masividad del producto, por lo que en principio es posible emplear maderas de inferior calidad, especialmente en las capas centrales; este aspecto podría ser muy importante para países productores de especies de rápido crecimiento, tales como los países de Latinoamérica. La masividad también le atribuye a este producto una resistencia al fuego muy elevada —se han reportado resistencias de hasta 150 minutos sin perder la integridad estructural. Finalmente, a diferencia de la madera maciza y la MLE, el CLT muestra una gran estabilidad dimensional ya que los cambios dimensionales transversales de una lámina son contrarrestados por la estabilidad longitudinal de la lámina vecina.

4.6 Productos de fibras y partículas de madera

Tableros de fibras

Los tableros de fibras, Figura 4.4.c, están fabricados a partir de fibras de madera, mediante un proceso mecánico de desfibrado. Se clasifican, en función de su densidad, en tableros de densidad media (MDF, *Medium Density Fibreboard*), con una densidad aproximada de 600 Kg/m³, o tableros de alta densidad (HDF, *High Density Fibreboard*), con una densidad mayor a 800 Kg/m³. Los MDF son fabricados a partir de la unión de las fibras mediante adhesivos y un proceso de prensado en caliente, y sus aplicaciones están asociadas a la carpintería y mobiliario principalmente. Los HDF se caracterizan por no usar adhesivos en su proceso de fabricación, sino que las fibras se entrelazan a través de sus propiedades termoplásticas mediante el prensado. Las aplicaciones son más diversas: mobiliario, industria del automóvil, juguete o calzado, aislamiento, etc. Finalmente, también existen paneles "blandos" de fibras de madera (LDF, *low density fiberboard*), cuyas densidades se sitúan en torno a los 100-200 kg/m³. Al igual que los anteriores, estos paneles no emplean adhesivos en el proceso de fabricación. Sus principales aplicaciones son como elemento aislante, ya que sus propiedades térmicas son parecidas a las de los materiales derivados del petróleo que se emplean más habitualmente. El uso de este tipo de paneles de aislamiento es muy habitual en Centroeuropa.

Tableros de partículas

Los tableros de partículas, Figura 4.4.d, están formados por varias capas de partículas de madera de unos pocos mm de espesor y longitudes de hasta 30 mm, secas y posteriormente encoladas y prensadas. Los espesores habituales del tablero varían entre 3 y 50 mm. El uso de prensas continuas permite obtener cualquier longitud, quedando limitada la anchura a la de la prensa. La densidad habitual ronda los 650 Kg/m³.

Los tableros de partículas se clasifican en 7 tipos, siendo los P1, P2 y P3 tableros no estructurales, y entre P4 y P7 los tableros estructurales para diferentes usos en función de la humedad ambiente. Si bien las propiedades mecánicas de estos productos son muy homogéneas, se pierde la calidad de "fibra" por lo que las resistencias son mucho más bajas que un tablero de terciado o OSB. La ventaja de estos productos radica principalmente en su precio, y la ventaja de poder emplear maderas y trozos de madera de baja calidad, incluso madera reciclada.

4.7 PRODUCTOS DE VIRUTAS DE MADERA

Parallel strand lumber (PSL), Laminated strand lumber (LSL) y Oriented strand lumber (OSL)

Los PSL, Figura 4.7.a, son productos formados por virutas de madera, con una relación longitud-espesor de aproximadamente 300, orientadas de forma paralela, encoladas y prensadas, para formar vigas, postes y otros elementos estructurales. Las secciones habituales de las vigas cuentan con anchuras de hasta 180 mm y cantos de hasta 500 mm aproximadamente.

En función de la relación longitud-espesor de las virutas, se definen otros productos similares, como son el LSL (Laminated Strand Lumber) cuya relación es de aproximadamente 150, y el OSL (Oriented Strand Lumber) con una relación de 75, Figuras 4.7.b y 4.7.c, respectivamente. Estos tres productos, junto con el LVL, suelen ser agrupados en literatura de habla inglesa como *structural composite lumber* (SCL).

Tableros de virutas orientadas (OSB)

Los tableros **OSB** (*Oriented Strand Board*), Figura 4.7.d, están formados por varias capas de virutas de madera, orientadas de tal modo que, en cada capa, las virutas estén orientadas (aproximadamente) de forma ortogonal a la siguiente capa. Las virutas se encolan con adhesivos y se prensan en caliente para conformar el tablero. Las dimensiones habituales son 1,22 x 2,44 m y los espesores oscilan entre 6-28 mm. Su densidad varía con la especie de madera utilizada, pero suele rondar los 650 Kg/m³. Existen cuatro tipos de tableros OSB, siendo los comprendidos entre los tipos 2 y 4 los considerados estructurales y variando su aptitud en función del contenido de humedad ambiental donde se coloquen. Los usos más comunes son como cerramientos de paredes y cubiertas.

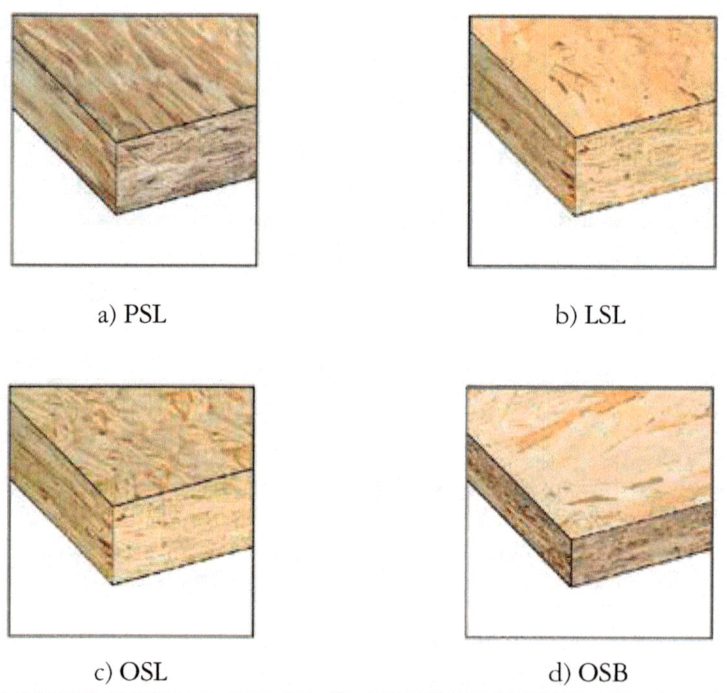

FIGURA 4.7 Productos fabricados a partir de virutas de madera.

4.8 PRODUCTOS COMPUESTOS

Existen multitud de productos compuestos de madera y celulosa. Tal como resulta habitual en cualquier tipo de material compuesto, la composición de diferentes materiales dentro del mismo producto se fundamenta en aprovechar las principales ventajas de cada producto. Por ejemplo, en la fabricación de vigas en I es habitual combinar el OSB en el alma por su gran resistencia al corte, con el LVL por su gran resistencia axial en las alas. En los productos de ingeniería de madera, dichas combinaciones son muy factibles debido a la facilidad de unión ya sea mediante encolado o uniones mecánicas. En el libro *"Conceptos avanzados del diseño estructural con madera. Parte I"* se dedica un capítulo al diseño y cálculo de algunos de los elementos compuestos más habituales.

Nótese que existe una gran cantidad de elementos compuestos, y las combinaciones posibles son prácticamente infinitas. En esta sección se describen brevemente únicamente las combinaciones más comunes desde el punto de vista material, una descripción más detallada de los productos compuestos se detalla expone en el capítulo referente a la construcción.

Vigas I

Las *vigas I (I-joists)*[4.4] están compuestas habitualmente por alas de madera aserrada o LVL y alma de contrachapado o OSB, entre otros. Los anchos de viga varían entre 38 y 89 mm y los cantos entre 241 y 508 mm aproximadamente, con longitudes habituales hasta 20m, ver una ilustración en Figura 4.8.a.

Compuestos madera-hormigón

Denominados en inglés como *timber-concrete composites* son elementos estructurales que combinan la madera y el hormigón para la creación de un compuesto que, en la mayoría de los casos, trabaja solidariamente, ver Figura 4.8.b. En su conformación pueden usarse vigas de madera aserrada u otros productos de ingeniería de madera, unidos mediante conectores metálicos, a una capa de compresión de hormigón. Son principalmente usados en forjados, aunque también pueden usarse en muros.

Wood plastic composites (WPC, compuestos de madera-plástico)

Los compuestos de madera plástico suelen estar formados por aproximadamente 50% de restos de aserrín mezclados con un 40% de termoplástico y 10% de agentes químicos, fundamentalmente compatibilizadores que mejoran la adhesión de la madera al plástico y substancias que facilitan la manufactura. Los termoplásticos, a diferencia de los plásticos termoestables, son plásticos que reblandecen con la acción del calor y se endurecen al enfriar de forma reversible, lo que permite fundirlos y mezclarlos con los restos de madera para su fabricación mediante procesos de inyección, extrusión y compresión en moldes. El plástico puede ser normal (derivado del petróleo), reciclado o bioplástico (extraído de aceites vegetales), siendo estos 2 últimos mucho más sustentables. Las propiedades positivas por las cuales se emplean estos productos son básicamente durabilidad y estabilidad dimensional superior. Siendo las principales aplicaciones la elaboración de elementos de fachada, elementos muy expuestos, pasarelas en ambiente marino e incluso piezas interiores de automóviles.

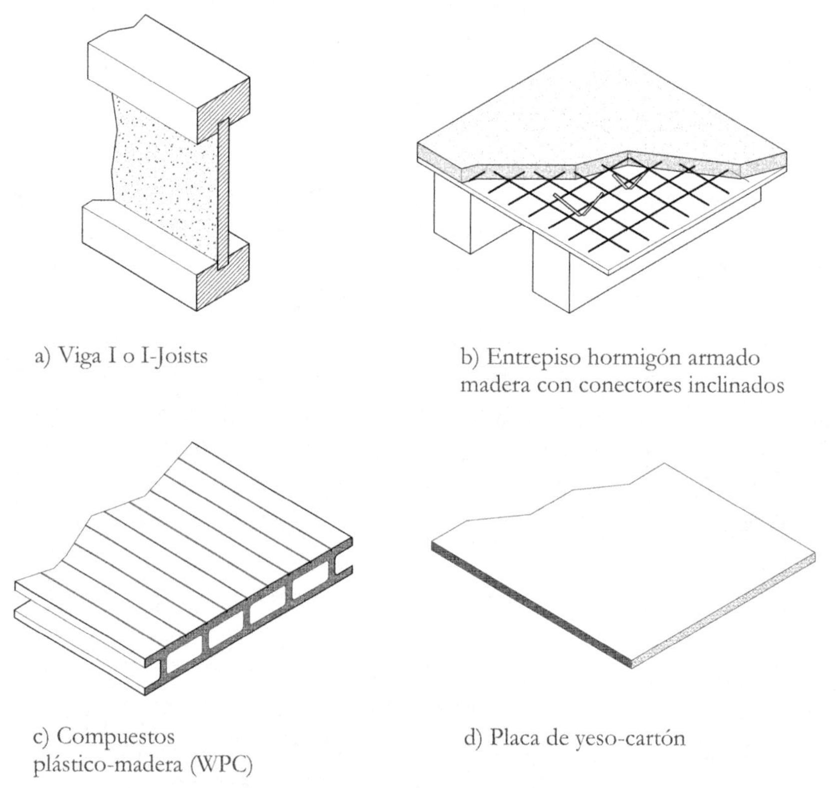

a) Viga I o I-Joists

b) Entrepiso hormigón armado
madera con conectores inclinados

c) Compuestos
plástico-madera (WPC)

d) Placa de yeso-cartón

FIGURA 4.8 Principales productos compuestos de ingeniería de madera habitualmente empleados en la construcción.

Las principales desventajas de los WPC son una pronunciada reología (creep) propia de los termoplásticos (muy sensibles a la temperatura) y reducida capacidad estructural, por lo que su uso en la práctica es mayormente no-estructural o semi-estructural. La capacidad estructural puede ser incrementada sustancialmente al emplear fibras en lugar de aserrín, producto que habitualmente es más referenciado con el término compuestos reforzados con fibras naturales (*Natural Fiber Reinforced Polymers, NFRP*) en lugar de WPC, aun cuando las fibras que se emplean son de madera. La determinación de las propiedades físicas y mecánicas de estos compuestos se realiza en Chile según la norma NCh3177:2008.

Natural Fiber Reinforced Polymers (NFRP, compuestos reforzados con fibras naturales)

Estos compuestos son similares a los anteriores, con la excepción de que los compuestos celulósicos suelen ser fibras en lugar de partículas y el polímero suele ser de tipo de epoxi. Pese a que se pueden emplear fibras de madera, es muy habitual emplear fibras de otros vegetales de gran disponibilidad y resistencia tales como el lino o el cáñamo. El precio y las prestaciones mecánicas de estos compuestos son superiores a los anteriores. Las aplicaciones estructurales de este tipo de fibras son predominantemente en ingeniería mecánica (p.ej. para fabricación de partes de vehículos), pero no tanto en ingeniería civil, aunque también han sido probados efectos positivos en infraestructura, como por ejemplo para el refuerzo de estructuras de hormigón.

Placas de yeso cartón (drywall, gypsum board, durlock, volcanita)

Es un compuesto no estructural que habitualmente consiste en un elemento tipo sándwich formado por una placa de yeso laminado (interno), el cual resiste relativamente bien las compresiones, y dos capas (externas) de celulosa que aportan flexibilidad a flexión. Una variante también posible es en lugar de formar un material por capas, constituir un compuesto de yeso con fibras de celulosa. En estructuras de madera se emplea fundamentalmente para el revestimiento (interior y en la mayoría de países también exterior) con el fin de aportar resistencia al fuego. La resistencia al fuego de este compuesto es, relativamente a su espesor, muy elevada si se instala sin fisuras (encapsulado), debido a que no es un compuesto inflamable y las moléculas de agua incluidas en la estructura química del sulfato de calcio se evaporan al reaccionar al fuego, lo que otorga una resistencia prolongada a las altas temperaturas. Este producto presenta la desventaja de que admite mucha menor deformación que la madera y es extremadamente frágil, por lo que en zonas sísmicas se han reportado grandes costos de reparación no estructural debida a la falla del yeso cartón (en ocasiones los costos asociados representan más del 90% de la reparación). Sin duda, el aporte de este producto en la rigidez del entramado ligero, y el precio total de la construcción es un aspecto notable a considerar.

CAPÍTULO 5

CLASIFICACIÓN Y CARACTERIZACIÓN

CON LA COLABORACIÓN DE: JUAN CARLOS PITER Y ROCÍO RAMOS (UTN, ARGENTINA), VANESA BAÑO (UNIV. DE LA REPÚBLICA, URUGUAY) Y LAURA MOYA (UINV. ORT, URUGUAY)

5.1 CLASIFICACIÓN DE LA MADERA

A diferencia de la clasificación relacionada con aspectos estéticos, la clasificación por resistencia se fundamenta en determinar la influencia que distintas singularidades y otros defectos ejercen sobre las propiedades mecánicas del material, esto es, sobre la estructura idealizada de la madera que se presentó en la Sección 3.3. Por tanto, la medición de estos parámetros es realizada con el objetivo primordial de determinar su influencia en la resistencia. Este proceso conduce a dividir una población de madera en *clases de resistencia*[5.1], o grupos de dist

inta calidad, sobre la base de un análisis individual de cada pieza estructural, el cual puede ser *visual o mecánico*. La inspección evalúa el nivel de los parámetros adoptados, y en función de los límites establecidos permite asignar cada pieza a una determinada clase resistente, la cual queda definida por la sección más débil de la pieza, ver Figura 5.1. En consecuencia, si las anomalías que determinan la sección más débil son eliminadas, los trozos de menor longitud en que queda dividida la pieza inicial podrían asignarse a una clase resistente superior que la que le correspondería inicialmente.

Viga de madera con nudos

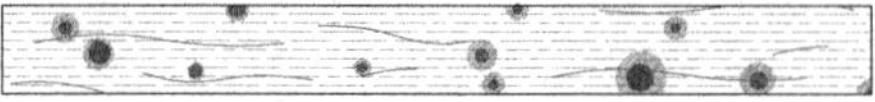

Variación hipotética de resistencia a la flexión

Variación ideal de resistencia a la flexión

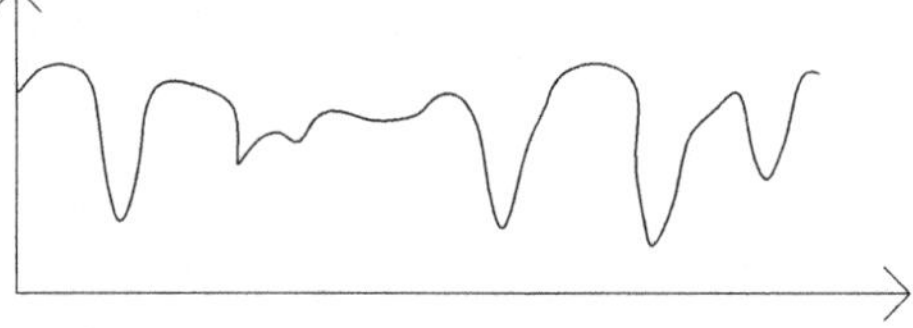
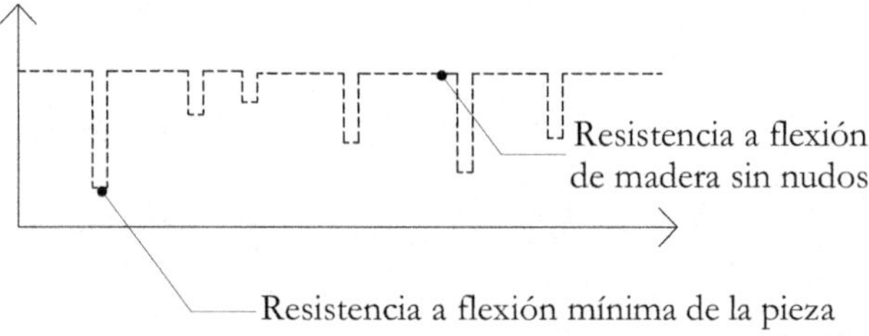

FIGURA 5.1 Principio de clasificación mecánica de la madera según su resistencia a flexión. Cada uno de los distintos tramos de madera que conforman una pieza estructural contiene su propia resistencia y rigidez; la clasificación de la pieza se realiza de acuerdo al tramo que presenta la menor resistencia (basado en Thelandersson y Larsen 2003).

Los conceptos de diseño estructural modernos, basados en los *estados límite últimos de resistencia y de servicio*[5.2], requieren del conocimiento preciso de los *valores característicos* de las propiedades mecánicas del material, ver detalles en el Capítulo 7. La consideración de una población de madera aserrada sin clasificar conduce a la obtención de valores característicos muy bajos, como consecuencia de la alta dispersión natural de sus propiedades. Por el contrario, la división de la población original en clases, que constituyen sub-poblaciones de características más homogéneas, permite sacar provecho de las piezas de mayor calidad y a su vez aumentar la confiabilidad. Razones técnicas y económicas son, entonces, las que justifican la clasificación por resistencia de este material.

Asociada a la modernización de los conceptos de diseño y a la conformación de grandes bloques culturales y económicos, existe actualmente una fuerte tendencia para adoptar criterios técnicos de equivalencia internacional. Un claro ejemplo en este sentido es el desarrollo de las normas europeas, las cuales, para el caso particular de las estructuras de madera, acompañan a los criterios de diseño adoptados por el

Eurocódigo 5. La norma EN 338 establece un sistema internacional de clases resistentes que permite insertar grados de calidad de distintas especies y procedencias, con la condición de que se satisfagan determinados requisitos generales adoptados por el sistema.

Existen dos sistemas de clasificación por resistencia de madera aserrada y MLE para uso estructural: el visual y el mecánico. Los países con mayor tradición en la temática han desarrollado a través del tiempo sus propios métodos, basados la experiencia y conocimiento de las especies utilizadas. Las máquinas de clasificación permiten evaluar parámetros no percibidos visualmente, e incorporan mayor precisión y velocidad al proceso. Las numerosas normas de clasificación redactadas en las últimas décadas presentan métodos que difieren en los parámetros considerados y/o en la forma de medirlos, pues recogen experiencias propias de cada país o región, y a su vez se orientan a distintas especies y zonas de cultivo.

El fundamento de los métodos adoptados por las normas se encuentra en la existencia de una correlación conocida entre los parámetros adoptados y las propiedades mecánicas. Cuanto más estrecha es esta relación, más eficiente es el método, pues permite dividir con mayor precisión la población inicial en sub-poblaciones constituidas por los distintos grados de calidad elegidos. Para cada uno de ellos es posible entonces determinar los valores característicos de resistencia, rigidez y densidad, los que adquieren niveles más elevados en las clases con límites más exigentes para los parámetros, o sea, con aptitud superior. No obstante, la complejidad del proceso y la cantidad de grados de calidad deben ser evaluadas convenientemente para posibilitar una aplicación real y eficiente de los métodos en los procesos productivos, en la comercialización y en la utilización del material. Carece de sentido entonces, establecer un número elevado de clases si no se cuenta con un método que:

i. Se base en parámetros altamente eficientes.

ii. Sea aplicable en forma simple.

iii. Produzca un elevado rendimiento económico del material, es decir que la producción quede equilibradamente incluida en las distintas clases.

iv. En el caso de la clasificación visual, se cuente con personal especializado que sea capaz de aplicar el método con precisión, rapidez y rigurosidad.

Pese a lo anterior, la realidad actual es que las normas de clasificación son relativamente rudimentarias y están basadas en conceptos muy antiguos. Esto no es de extrañar, pues siempre es complicado implementar innovaciones tecnológicas en industrias tan tradicionales como la de la construcción, y la clasificación de la madera es sin duda un buen ejemplo de ello. Los coeficientes de correlación de las resistencias a flexión y tracción respecto de la presencia de nudos, el módulo elástico y la densidad típicamente muestran correlaciones en el rango de $R^2 = 0{,}4$ a $R^2 = 0{,}65$, por lo que existe gran dispersión de los valores mecánicos. Existe potencial para mejorar esta eficiencia y se siguen generando internacionalmente múltiples investigaciones al respecto. Una posibilidad de mejora consistiría en aplicar nuevas tecnologías tales como la *medición de fibra integral*[5.3], esto es determinar la desviación de la fibra en toda la pieza. De hecho, este tipo de tecnologías se aplica actualmente en clasificadoras industriales de productos de gran valor tales como LVL o terciado. Pero la aplicación de tales tecnologías para la clasificación estándar de madera maciza y MLE, requiere por un lado una inversión considerable, y por el otro la creación de normas más sofisticadas, así que por el momento el método más empleado es método tradicional de clasificación visual, mediante el cual un inspector experto emplea alrededor de 2 a 4 segundos en clasificar una pieza. Por otro lado, debe también notarse que la tendencia internacional es la de emplear cada vez menos madera maciza y más productos laminados y derivados de la madera, lo que reduce considerablemente la heterogeneidad del material, y por ende la dispersión de datos, y la necesidad de desarrollar normas de clasificación más sofisticadas.

5.1.1 *Clasificación visual*

La clasificación visual por resistencia se ha basado en la tradición y la experiencia hasta finales del siglo diecinueve, aprovechando los conocimientos regionales de las especies y sus anormalidades más importantes. Las primeras reglas detalladas se elaboraron en la década de 1920 en Estados Unidos de Norteamérica, y en la de 1930 en varios países europeos. La evolución posterior ha ido acompañada de la redacción de rigurosas normas por parte de los países que más utilizan este recurso, tanto para especies frondosas como para coníferas.

La eficiencia y rapidez de estos métodos están influidas decisivamente por la pericia de la persona que realiza la tarea. En unos pocos segundos, el clasificador debe observar las cuatro superficies de una pieza aserrada y decidir el grado de calidad al que la asignará, conforme a los límites que para los parámetros visuales se establecen en el método adoptado. Los parámetros normalmente considerados se relacionan a las singularidades ya descriptas anteriormente; en resumen, todo aquello que altera la estructura idealizada (ver sección 3.3):

i.   Características ligadas al crecimiento del árbol o a los procesos de producción, tales como nudos, desviación de las fibras, espesor de los anillos de crecimiento, médula o material juvenil adyacente a la misma, madera de reacción y fisuras, entre otros.

ii. Deterioros causados por ataques biológicos, como hongos e insectos.

iii. Defectos especiales, tales como reducciones de la sección transversal producidas durante el aserrado.

iv. Desviaciones de la geometría prevista.

Parámetros visuales

La nudosidad es un parámetro de gran importancia en este tipo de procesos, y expresa la relación entre el tamaño del nudo mayor (o del mayor agrupamiento) y las dimensiones de la sección transversal de la pieza. Como se describió anteriormente, los nudos desplazan y desvían las fibras de la pieza estructural. Existen diversos criterios para expresar la nudosidad, pero todos persiguen el propósito de dimensionar con la mayor sencillez y precisión posibles, la pérdida de capacidad mecánica que origina esa anomalía. Los criterios más usuales son los siguientes:

i. Tamaño del nudo en relación a la dimensión de la superficie en la cual se manifiesta.

ii. Relación entre la proyección del nudo sobre la sección transversal y el área de ésta (comúnmente denominada *Knot Area Ratio: KAR*).

iii. En algunas normas, consideran específicamente además de lo anterior, cuál es la relación de la proyección de los nudos y la sección transversal de la madera, pero únicamente en las zonas próximas a los bordes (habitualmente h/4 inferior y superior). Esta diferenciación se hace porque la caracterización de la madera se basa a menudo en la resistencia a flexión, y los bordes traccionados y comprimidos son las partes más tensionadas; por ende, las partes donde la aparición de un nudo es más crítica. La proporción de nudos en las zonas de borde se denomina habitualmente como *Margin KAR*, ver una ilustración en la Figura 5.1.1.

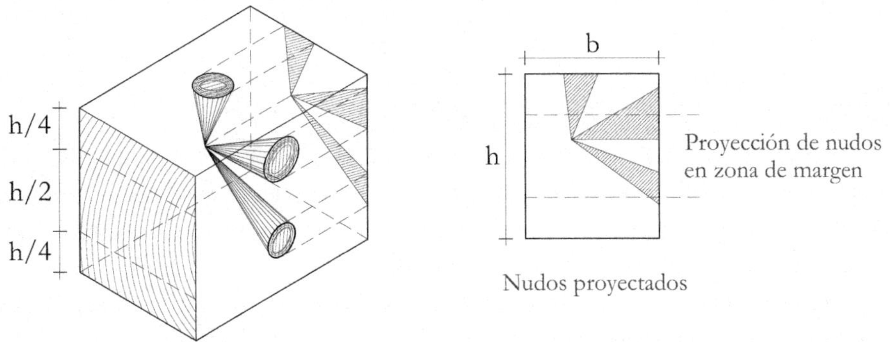

FIGURA 5.1.1 Evaluación de la nudosidad. Habitualmente se considera un fragmento de la pieza de madera (aprox. 10-20 cm), y se proyecta el área de los nudos en la sección transversal. La relación de la proyección total de los nudos respecto del área transversal se denomina **KAR** y la proyección en las zonas de margen (habitualmente ±h/4) se denomina *Margin* **KAR**.

Es de destacar que la influencia negativa de la nudosidad sobre las propiedades mecánicas, es usualmente más importante en las coníferas que en las frondosas, en piezas de menor escuadría, y también varía con las especies. A su vez, existen particularidades que surgen de los análisis de correlación que soportan el método adoptado. Dentro de éstas se pueden citar distintas formas de considerar la nudosidad que se manifiesta en una arista, la acumulación de este parámetro en una determinada longitud de la pieza estructural, entre otros. No obstante, en todos los casos se especifica el límite superior correspondiente a cada clase resistente.

La desviación de las fibras, es un parámetro que puede apreciarse visualmente observando las fisuras de contracción o el desarrollo longitudinal de los anillos anuales sobre la superficie. También puede determinarse por medio de un *trazador*, que es un instrumento consistente en una manivela con una manija articulada en un extremo, y una aguja en el otro. La inclinación respecto del eje longitudinal de la pieza se considera solamente en forma general, descartándose las desviaciones locales alrededor de los nudos, pues su influencia sobre las propiedades mecánicas es considerada a través de la nudosidad. La desviación se expresa y limita para cada clase relacionando el valor de la inclinación respecto del eje longitudinal de la pieza con la longitud en la cual se produce. Generalmente su correlación negativa con la resistencia es menor a la que presenta la nudosidad.

El espesor de los anillos de crecimiento anual, se registra en dirección radial en los extremos de la pieza estructural. Para este fin no se considera la zona contenida en un radio que usualmente mide 25 mm a partir del eje de crecimiento o médula. Desde que a un mayor espesor del anillo corresponde una menor densidad, y que ésta exhibe generalmente una correlación positiva con las propiedades mecánicas, la restricción para cada clase resistente se establece fijando un límite superior para el espesor promedio o para el mayor anillo, o una cantidad máxima de anillos en un radio determinado. La consideración de este parámetro es de mayor importancia en las coníferas que en las frondosas, aunque aún en las primeras su correlación con la resistencia es variable entre especies y procedencias.

La presencia de médula o material adyacente a la misma (madera juvenil), habitualmente no es admitida en los grados superiores y menos en especies de rápido crecimiento, ya que afecta significativamente las propiedades mecánicas, ver detalles en Sección 6.4.2. La cantidad de madera de reacción es normalmente limitada en su proporción respecto de la madera normal. Las fisuras son restringidas en su longitud. Usualmente, el límite de esta anomalía se establece considerando:

i. Si es pasante (interrumpe completamente la sección).

ii. La ubicación (si alcanza el extremo).

iii. La clase resistente, siendo más estricto en la madera de mayor calidad. La arista faltante, así como otros defectos originados en la producción, se limita fijando un porcentaje máximo de la zona afectada respecto de la longitud de la pieza y de la dimensión transversal donde se manifiesta.

Aunque las deformaciones no afectan generalmente las propiedades mecánicas, estas son limitadas por razones de índole constructiva y también debido a las premisas sobre las que se establecen los coeficientes de inestabilidad (pandeo y vuelco lateral-torsional, ver capítulo 8). Dentro de las mismas se puede citar el abarquillado, que consiste en la máxima deformación respecto la mayor dimensión transversal de la pieza, el combado, el encorvado y la torcedura se expresan y limitan sobre la longitud total de la pieza o considerando su mayor valor sobre una longitud de 2 m. En particular, las deformaciones cobran importancia en las piezas sometidas a esfuerzos de compresión (riesgo de inestabilidad), ya que dan lugar a excentricidades y por tanto esfuerzos de segundo orden. En consecuencia, las restricciones adoptadas por las normas de clasificación, suelen estar en línea con el criterio de las reglas de diseño, que fijan valores máximos en función del criterio adoptado para el cálculo estructural.

Los deterioros causados por ataques biológicos, como hongos e insectos, se encuentran limitados en función de su tipo e intensidad. En general no se permiten piezas con ataques de hongos xilófagos, pero suelen ser aceptadas las que manifiestan presencia de hongos poco influyentes en las propiedades mecánicas tal como la mancha azul que se detalla en capítulos posteriores. El ataque de insectos normalmente se limita fijando un valor máximo para los orificios. Sin embargo, las normas no admiten este tipo de ataque en aquellos casos en los cuales no resulta posible evaluar la magnitud de la afección a través del orificio visible en la superficie de la pieza.

Algunas características de los métodos visuales

La cantidad de clases resistentes contempladas en los métodos visuales varía en función de diversos factores, tales como la tradición de cada país, las especies involucradas y la precisión de los parámetros adoptados. Para algunas especies de rápido crecimiento cultivadas sin prácticas silvícolas adecuadas, es usual que se adopte una clase estructural y el resto del material se descarte para ese fin por estar afectado por importantes anomalías. Por otro lado, en países con una fuerte tradición en el uso de este recurso, es frecuente que los métodos permitan asignar piezas estructurales de una determinada especie (o grupo de especies) a un número de clases resistentes superior a 3.

Los límites de los parámetros en cada clase se pueden establecer luego de analizar la correlación existente entre ellos (variables independientes), y las propiedades mecánicas (variables dependientes). Para las singularidades expresables cuantitativamente, como la nudosidad, la estrechez de su relación con la resistencia y la rigidez se puede expresar adecuadamente a través del *coeficiente de correlación de Pearson*[5.4], y mediante un análisis de regresión lineal simple, es posible fijar los límites necesarios para alcanzar los valores mecánicos requeridos en cada clase. Para aquellas características visuales que se expresan cualitativamente, destacando su presencia o ausencia como es el caso de la médula, su relación con las propiedades mecánicas se analiza para el grupo de piezas que la poseen, independientemente de las piezas que no poseen esta singularidad. Dos aspectos tienen destacada importancia en el diseño de un método de clasificación visual por resistencia y el establecimiento de los límites para cada grado: (i) el alcance de valores característicos que permitan un buen desempeño para cada clase en la combinación especie/procedencia analizada, y (ii) el logro del mejor aprovechamiento posible para el material, evitando que un porcentaje elevado del mismo sea rechazado o destinado a la clase inferior.

Existen normas que proporcionan los valores característicos de resistencia, rigidez y densidad de cada clase resistente junto al método de clasificación visual. No obstante, en numerosos casos el sistema suele completarse a través de un conjunto de normas relacionadas entre sí, que puede tener alcance nacional o internacional, como el establecido en la norma europea EN 338.

Como se expresó anteriormente, las normas establecen que cada pieza debe ser clasificada de acuerdo a su sección más débil. No obstante, hay que considerar la eventualidad que las mismas sean aserradas o cepilladas posteriormente, disminuyendo la sección transversal, lo cual puede alterar su condición en sentido desfavorable. Esta última circunstancia obliga a reclasificar las piezas que hayan sufrido alteraciones luego de su clasificación. Cualquiera sea el método, al estar influenciado el comportamiento del material por sus propiedades físicas, como el contenido de humedad que afecta el tamaño de las fisuras, las normas establecen las condiciones en que se debe efectuar el procedimiento con el fin de que los resultados sean comparables.

Clasificación visual en Chile

Los aspectos principales de los métodos de clasificación visual en Chile se resumen a continuación. Principalmente se emplean 3 clasificaciones visuales, las cuales se diferencian de acuerdo a las especies involucradas. El resultado de estas clasificaciones consiste en asignar un determinado *grado estructural* a cada pieza de madera perteneciente a casi cualquier especie habilitada para uso estructural:

1) NCh1207. Se aplica en pino radiata. Establece 3 grados por orden de calidad decreciente: selecto (GS), primero (G1) y segundo (G2). El marcado debe incluir empresa o persona que clasifica, grado estructural y organismo controlador. Los aspectos que se emplean para la evaluación son:

    i. Nudosidad. No se consideran nudos inferiores a 5mm. Se estiman 3 parámetros. RANT, consiste en estimar el porcentaje de área de nudos proyectados sobre el total del área transversal de la pieza (similar a KAR).

Para ello se toma el segmento de longitud igual al canto de pieza que resulte más desfavorable. RANB similar al anterior, pero el porcentaje se determina en el cuarto superior e inferior del área transversal (similar a Margin KAR). RAN1 estima el porcentaje sobre el área total del nudo individual más desfavorable.

ii. Inclinación de fibra global.

iii. Médula.

iv. Arista faltante.

v. Bolsas de resina y corteza.

vi. Fisuras (grietas y rajaduras).

vii. Alabeos (deformaciones geométricas) incluyendo arqueadura (deformación sobre eje débil), encorvadura (eje fuerte) y torcedura (torsión) medidas sobre 3 metros, además de acanaladura (doblamiento).

viii. Madera de compresión, pudrición y daños físicos no se aceptan. Se acepta *mancha azul*[5.5] insuficiente para oscurecer el grano.

2) NCh1970/1. NCh1970/1:2017. Se aplica a las especies frondosas. Establece 2 grados de calidad: N°1 y N°2. El marcado debe incluir especie de madera, identificación de norma de clasificación, grado estructural, estado verde o seco y productor.

3) NCh1970/2. Se aplica a las especies coníferas distintas del pino radiata, estableciendo análogamente a la NCh1970/1:2017 2 grados de calidad: N°1 y N°2. Es similar al método en frondosas, aunque a diferencia de la anterior, también considera la madera juvenil y el espesor de anillos.

Los grados estructurales (GS a G2) son suficientes para determinar las tensiones admisibles de pino radiata en condición seca. Para determinar las tensiones admisibles del resto de especies, es necesario especificar además el *agrupamiento de la especie* correspondiente, el cual se detalla en la NCh1989 y anexo A de la NCh1198 (nota: esta última, solo contiene el agrupamiento de las maderas crecidas en Chile, las que se encuentren entre los grupos E2 a E6 y ES2 a ES6). En total existen 14 agrupamientos de especie, los cuales vienen ordenadas por desempeño mecánico decreciente de E1 a E7 para estado verde, y ES1 a ES7 para estado seco. Pese a que el agrupamiento de las especies convencionales se detalla en la NCh1989 y el anexo A de la NCh1198, la NCh1989 detalla también un proceso de determinación de agrupamiento para especies no convencionales, el cual puede realizarse a partir de la medición de las propiedades mecánicas, o bien a partir de la densidad normal si es que las propiedades mecánicas son desconocidas.

Existe una clasificación visual adicional que se emplea para determinar la calidad de las laminaciones horizontales de MLE de pino radiata. Esta clasificación, que se lleva a cabo siguiendo criterios similares a las anteriores, se detalla en la NCh2150 y permite establecer un grado de calidad superior (A) y otro inferior (B). Cabe destacar que esta clasificación también limita el contenido de humedad de la madera al 19%, ya que, al tratarse de un producto encolado, la disparidad de humedades durante el ensamblado puede generar fuertes tensiones que repercutan negativamente en la calidad del producto.

Finalmente, Chile también dispone de clasificaciones visuales para valorizar especies nativas de bosques secundarios lo cual se describe en las normas NCh1969, NCh3223:2010, NCh3226:2010 y NCh3222. En este punto, es importante notar, que muchos pequeños productores no han podido aplicar prácticas silvícolas adecuadas durante el proceso de producción, por lo que, desafortunadamente, existe una gran proporción de descartes, es decir, madera que no es apta para uso estructural por no cumplir con las condiciones mínimas establecidas para un grado estructural G2 o N°2. Por tanto, la mejora de la productividad y calidad de los productos estructurales de madera tiene una estrecha dependencia del propio proceso de selección de plantas en viveros, cultivo, producción y cosecha, es decir, la calidad de la madera parte desde el mismo momento en el que un productor elige un ejemplar para su cultivo.

5.1.2 *Clasificación mecánica*

Con el fin de mejorar la precisión de los métodos visuales de clasificación por resistencia, ya en la década de 1960 fueron desarrollados procesos mecánicos en Australia, Estados Unidos, Reino Unido, entre otros con extensa tradición en la temática. Si bien estos procesos requieren una inversión inicial mucho mayor, convenientemente ajustados presentan ventajas tanto desde el punto de vista de la confiabilidad, pues eliminan errores humanos, como del rendimiento. En este sentido debe señalarse que las máquinas pueden clasificar más de 100 m lineales de tabla por minuto. Por su parte, permiten emplear parámetros mejor correlacionados con las propiedades resistentes que aquellos que se detectan en la clasificación visual. No obstante, a consecuencia del nivel de las inversiones requeridas, su empleo puede justificarse únicamente si existen volúmenes importantes de material para clasificar. Los métodos mecánicos de clasificación por resistencia han adquirido un desarrollo importante para su aplicación a las tablas destinadas a la construcción de madera laminada encolada estructural.

Existen diversos tipos de máquinas de clasificar, desde las que consideran el módulo de elasticidad como parámetro único, hasta las que incorporan también la densidad y la nudosidad, formando un conjunto de variables independientes que mejoran la predicción de la resistencia respecto de la obtenida en forma individual. Además de aumentar la velocidad y precisión, disminuyendo la probabilidad de que se produzcan errores humanos, los métodos mecánicos de clasificación por resistencia tienen como objetivo alcanzar grados de calidad más elevados que los alcanzables a través de los métodos visuales, lo cual permite aumentar la competitividad de este material con relación a otros materiales. La variabilidad de los resultados obtenidos es menor, y en consecuencia los valores característicos de las propiedades mecánicas y de densidad son más confiables y aptos para ser empleados en los modernos métodos de diseño.

Parámetros mecánicos

En el estado actual del conocimiento, el módulo de elasticidad es el parámetro individual más estrechamente relacionado a la resistencia, pero la combinación del mismo con la nudosidad y la densidad conforma un parámetro combinado que puede aumentar aún más dicha correlación. La relación entre el módulo de elasticidad y la resistencia, expresada en forma de coeficientes de correlación, puede alcanzar valores del nivel de 0,8 para madera libre de defectos (clear wood). La combinación del módulo de elasticidad con la densidad y la nudosidad permite aún superar ese valor. Tanto la consideración de un distinto número de parámetros como la forma de registrarlos, ha dado origen al diseño y construcción de distintos modelos de máquinas de clasificar, que a su vez han evolucionado a través de las últimas décadas y se encuentran en uso en distintos países.

Algunas características de los métodos mecánicos

El módulo de elasticidad puede determinarse flexionando la pieza bajo una carga constante y midiendo la deformación producida, o adoptando una deformación constante y registrando la fuerza necesaria para lograrlo, ver Figura 5.1.2. Conociendo las dimensiones de la sección transversal y la separación entre apoyos, la obtención del módulo de elasticidad es inmediata. Este principio de deformación de tramos relativamente pequeños, comprendidos entre 0,5 m y 1,2 m, fue el adoptado en primera instancia por las clasificadoras mecánicas. Las máquinas de este tipo, denominadas máquinas de flexión (*bending machine*), son alimentadas continuamente con piezas de madera, a las que someten a la deformación descripta alrededor del eje de menor momento de inercia (requiriendo menores fuerzas). La clasificación se realiza tomando en consideración el menor valor del módulo de elasticidad registrado, que es el promedio en el tramo flexionado, lo que origina un marcado automático de la pieza con la clase resistente a la que pertenece.

La determinación del módulo de elasticidad, actuando como parámetro de clasificación, puede efectuarse también por medio de otros métodos, como vibraciones, ultrasonidos o propagación de ondas inducidas por un impacto. Numerosas investigaciones se han llevado a cabo empleando la técnica dinámica de la frecuencia fundamental de vibración, para determinar las propiedades elásticas de la madera, tanto en probetas libres de defectos (*wood*) como en piezas de tamaño estructural (*timber*), y obtenidos de especies de coníferas y frondosas. El procedimiento consiste en producir una excitación en la pieza por medio de un impacto, que puede ser longitudinal o flexional, y posteriormente analizar el espectro de las vibraciones para obtener la frecuencia fundamental o resonante; lógicamente cuánto más rígida sea la pieza, con mayor frecuencia vibrará. Conociendo además la densidad de la madera y su geometría, es posible calcular el módulo de elasticidad paralelo a las fibras a través de la solución de los valores propios de un sólido con vibración libre. La incorporación de este procedimiento a los procesos mecánicos de clasificación ha dado origen distintos tipos de máquinas clasificadoras.

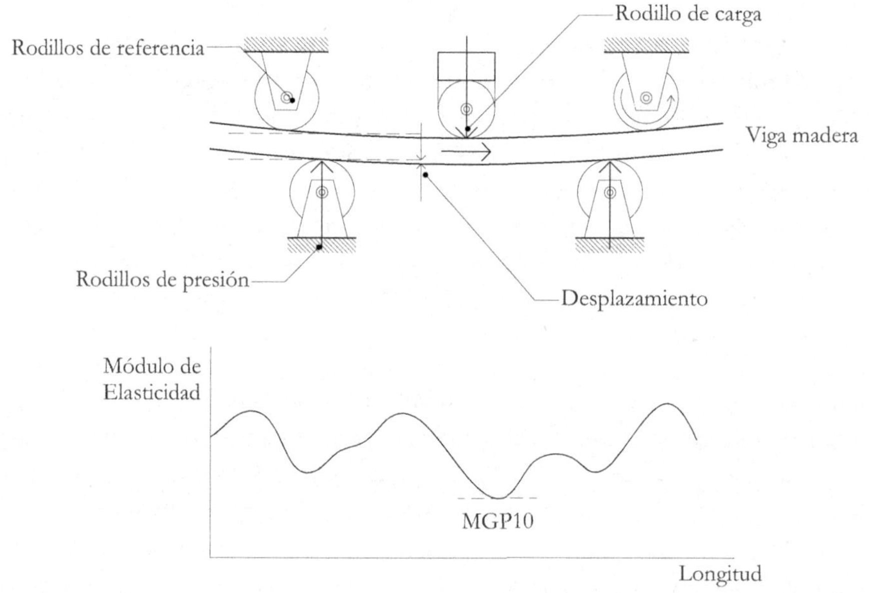

FIGURA 5.1.2 Ilustración de la clasificación mecánica según la medición continua de rigidez de una pieza estructural, la cual se obtiene en este caso a partir de aplicar una carga con un rodillo de carga y medir la deformación correspondiente.

La diferencia entre ambas formas de obtener el módulo de elasticidad radica en dos aspectos. El primero se refiere a que en el problema de vibración (dinámico), el resultado indica un valor promedio de la rigidez a lo largo de toda la pieza, mientras que en el ensayo mecánico (no destructivo), el valor se corresponde únicamente con el tramo flexionado, el cual, como ya se expresó anteriormente, tiene una longitud reducida, y por lo tanto posibilita la obtención del menor módulo elástico de una pieza. Por otra parte, el método de vibración permite el análisis de piezas sin limitaciones para las dimensiones de la sección transversal. En cambio, las máquinas que flexionan los cuerpos encuentran una restricción en el tamaño de las secciones pues para grandes dimensiones pueden originarse daños ante la necesidad de aplicar fuerzas importantes. Es interesante mencionar, que investigaciones recientes en Chile han demostrado que de hecho, más que la frecuencia de vibración natural, la razón de amortiguamiento referida a la tasa de decaimiento de la vibración libre, es un parámetro que se relaciona mejor con la calidad de la madera lo cual, podría estar relacionado con que las variaciones de rigidez puntuales provocadas por los nudos conllevan un incremento de la importancia de los modos de vibración superiores, y que por tanto incrementan el tiempo de decaimiento.

La adición de otros parámetros al proceso mecánico, como la nudosidad y la densidad aparente actuando en forma combinada con el módulo de elasticidad, ha sido también llevada a la práctica. A través de la técnica del análisis de *regresión lineal múltiple*[5.6] es posible determinar el modelo que mejor interpreta la relación entre las variables predictivas (los parámetros), y la dependiente (la resistencia). Las modernas máquinas de clasificar que registran y combinan varios parámetros, se diferencian básicamente en la técnica de medición que emplean para registrar dichos parámetros. El módulo de elasticidad puede efectuarse por deformación de la pieza o dinámicamente, como se expresó en los párrafos anteriores. La nudosidad puede registrarse ópticamente, utilizando cámaras, mediante escaneado total de densidad empleando rayos X (los nudos tienen una densidad significativamente mayor), o a través de mediciones de fibra superficiales, las cuales se aprovechan del denominado *efecto traqueida*. Este efecto consiste en proyectar con un puntero láser la superficie de madera y medir los ejes de la elipse que sobre esta se proyecta. La relación de los ejes se puede relacionar directamente con la dirección de la fibra. Por otra parte, la densidad puede calcularse a través de la determinación de la masa y el volumen o mediante radiaciones.

Teniendo en cuenta que las máquinas no pueden registrar todas las singularidades, en ocasiones se realiza una inspección visual adicional al proceso mecánico con la finalidad de detectar la presencia de defectos tales como fisuras y desviaciones de la geometría. Las normas contemplan todos estos aspectos y también los referidos al ajuste y control de máquinas y procesos. La mayor precisión y la posibilidad de obtener clases resistentes superiores son ventajas que ofrece la clasificación mecánica en comparación con la visual. No obstante, es necesario tener en cuenta un necesario equilibrio entre la inversión económica requerida y la cantidad de material a clasificar. A su vez, el estudio de distintos modelos de clasificación utilizando parámetros individuales o combinados, permite analizar si el incremento de parámetros y la consecuente mayor inversión y complejidad se ven reflejados adecuadamente en los rendimientos obtenidos. Estas investigaciones previas, que tienen por base el estudio de correlación entre los parámetros y la resistencia, deben de culminar posteriormente en la selección de la máquina adecuada y en un apropiado ajuste y control del proceso.

Clasificación mecánica en Chile

En Chile, la clasificación mecánica de madera maciza de pino radiata se contempla en la NCh1198, pudiendo adoptar las clases resistentes C24 y C16 de acuerdo a la normativa europea EN338 y MGP10 y MGP12 de acuerdo a la normativa australiana. La clasificación mecánica de las laminaciones horizontales de MLE de pino radiata, se estipula en la NCh2150, pudiendo establecer 2 grados de calidad A (superior) y B (inferior), que se determinan de acuerdo al módulo de elasticidad aparente medido mediante métodos no destructivos según la NCh2149. Sin embargo, y pese a que diversas investigaciones han demostrado potenciales incrementos de la eficiencia mediante clasificación mecánica, ésta no suele emplearse en la práctica debido a su costo. Por lo general se aplica la clasificación visual.

5.2 CARACTERIZACIÓN: ENSAYOS MECÁNICOS

Una vez clasificada la madera, las propiedades físicas y mecánicas se determinan experimentalmente. Las propiedades mínimas imprescindibles a determinar mediante ensayos varían en cada país. Por ejemplo, en Uruguay, basta con determinar la resistencia a flexión, el módulo de elasticidad paralelo a la fibra y la densidad. En Chile, se emplea además la resistencia a compresión paralela. El resto de propiedades mecánicas puede determinarse mediante fórmulas empíricas o relaciones de resistencia a partir de esos valores.

Por lo general, los ensayos pseudo-estáticos deben realizarse en un período de tiempo determinado, asegurando que se produzca la rotura de las probetas en un tiempo aproximado de *300±120 s*, ver detalles en Sección 6.3, considerando la aplicación de una carga instantánea y evitando así la disminución de los valores debido a los efectos asociados a la duración de la carga.

5.2.1 *Muestreo*

El procedimiento general de muestreo consiste en tomar muestras de la población de madera clasificada visual o mecánicamente. Cada muestra debe ser representativa de la población y debe representar la procedencia de la madera, las dimensiones y la calidad visual o mecánica. Se tiene en cuenta, además, cualquier otra variación conocida que influya en las propiedades mecánicas, como pueden ser la zona de crecimiento, el aserradero, el tamaño del árbol o el método de transformación mecánica. Cada muestra debe tener unas dimensiones comunes, provenir de una única procedencia y contener un mínimo de aproximadamente 40 probetas (depende del país), teniendo en cuenta que los valores característicos para las muestras pequeñas o poco numerosas son penalizados mediante coeficientes correctores.

Inicialmente los ensayos se realizaban sobre probetas de pequeñas dimensiones y libres de singularidades (sin nudos, con fibra recta, etc.), lo que habitualmente se refiere como *madera libre de defectos o madera limpia* (*clear wood* o simplemente *wood*). En la década de los 70, Madsen, en un proyecto colaborativo entre la industria maderera estadounidense y el Forest Products Laboratory de Madison-Wisconsin (FPL), propuso la realización de ensayos sobre elementos de tamaño estructural real, con el objetivo de considerar la influencia de las singularidades propias de la madera en las propiedades mecánicas. A este tipo de madera se refiere habitualmente como *madera estructural* (*timber* o *lumber*). Así, las propiedades mecánicas de la madera caracterizada a partir de probetas de tamaño estructural son menos elevadas que las de la madera caracterizada a partir de ensayos de pequeñas probetas, ver una ilustración del ensayo de compresión paralela sobre probetas limpias y probetas estructurales en la Figura 5.2.1. A modo de ejemplo, en la Tabla 5.2.1. se muestran las propiedades de diseño de Douglas Fir No.1/2 en la normativa de Canadá para wood y timber.

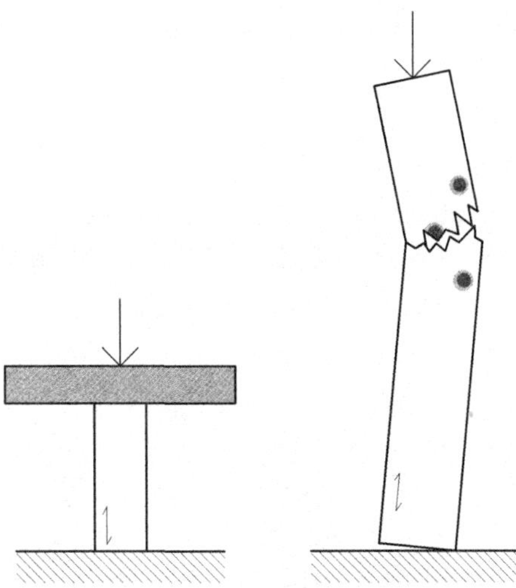

FIGURA 5.2.1 Ensayos de compresión paralela en pequeñas probetas de madera libre de defectos (*wood*) y piezas de madera de tamaño estructural (*timber*).

A día de hoy, sólo algunos países, como Brasil o Chile, mantienen en su normativa de caracterización la realización de ensayos en pequeñas probetas libres de defectos. En el caso de Brasil, estos ensayos se realizan en especies latifoliadas, principalmente tropicales, debido a que la incidencia de las singularidades en las propiedades mecánicas es muy baja. Por su parte en Chile, pese a disponer normativa relativa a ensayos de piezas estructurales, se siguen empleando los ensayos en probetas pequeñas con el fin de asignar las tensiones admisibles que se emplean en el cálculo, ver más detalles en el Capítulo 7.

TABLA 5.2.1 Resistencias de diseño de Douglas Fir No1/2 en la normativa de Canadá según el tamaño de la probeta considerada.

Resistencia de diseño	Wood (MPa)	Timber (MPa)
Tracción paralela (f_t)	20	6
Compresión paralela (f_c)	18	14
Tracción perpendicular (f_{tp})	1	1
Compresión perpendicular (f_{cp})	8	8
Flexión (f_b)	30	10
Cortante longitudinal (f_v)	1	1

5.2.2 *Caracterización en Chile*

5.2.2.1 *Determinación de las propiedades fundamentales*

La normativa NCh968 establece las condiciones de muestreo y acondicionamiento de probetas para la determinación de características físicas y mecánicas, indicando el modo en el que las probetas deben ser seleccionadas y acondicionadas, así como el número mínimo de ejemplares a caracterizar. Adicionalmente, la NCh969 establece las condiciones generales de los ensayos mecánicos, lo que incluye la precisión, velocidad y calibración de equipos, así como las condiciones de temperatura y humedad estándares necesarias en el laboratorio.

El estándar chileno emplea el método de las tensiones admisibles, las cuales se obtienen a partir de la medición de las propiedades fundamentales sobre probetas pequeñas libres de defectos, siguiendo un procedimiento análogo a la normativa norteamericana ASTM D143; ver más detalles en Capítulo 7. En concreto, para la determinación de tensiones admisibles básicas se precisa determinar el valor medio de:

i. La resistencia a flexión, $\overline{R}_f$ y el módulo elástico a flexión, $\overline{E}_f$, medidos de acuerdo a la NCh 987. El test consiste en un ensayo a flexión común a 3 puntos realizado en probetas limpias de 50·50·750 mm (o 25·25·410mm en árboles de poco porte) sobre una luz de 700 mm tal como se muestra en la Figura 5.2.2.1.1. Durante todo el ensayo se mide la aplicación de carga y la deflexión máxima en el punto medio hasta la rotura, posteriormente se mide la densidad y humedad en una rebanada próxima a la rotura de acuerdo a

NCh176. A partir de la carga medida en el límite de proporcionalidad (P_{lp}) y la carga máxima (Q) se determina la resistencia al límite de proporcionalidad (f_{lp}) y el módulo de rotura en flexión (R_f), respectivamente:

$$f_{lp} = \frac{3P_{\ell p} \cdot L}{2b\,h^2}$$

$$R_f = \frac{3Q \cdot L}{2b\,h^2}$$

El módulo elástico a flexión ($E_f = E$) se determina considerando la deflexión hasta el límite de proporcionalidad (δ_{lp}):

$$E_f = \frac{P_{\ell p} \cdot L^3}{4 \cdot \delta_{\ell p}\,bh^3}$$

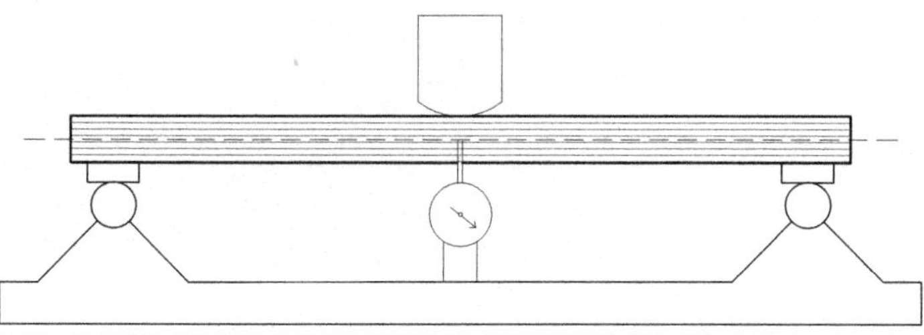

FIGURA 5.2.2.1.1 Ensayo de flexión a tres puntos sobre pequeñas probetas descrito en la NCh987, lo que permite determinar los valores medios del módulo elástico longitudinal y la resistencia a la flexión.

ii. La resistencia a la compresión paralela, $\overline{R}_c$, la cual se obtiene según la NCh 973. El ensayo consiste en una compresión axial simple aplicada sobre probetas limpias de 50·50·200 mm (o 25·25·100mm en árboles de poco porte), ver una ilustración en la Figura 5.2.2.1.2. De forma similar a la flexión, el registro de carga y deformación, en los 150 mm centrales, es constante hasta la rotura, momento en el cual se extrae una rebanada para medición de densidad y humedad. El test se considera válido si la rotura no se produce en los extremos de la probeta. Análogamente al caso anterior, tras el ensayo es posible determinar la resistencia a la compresión en el límite de proporcionalidad ($f_{c,lp}$), la resistencia a la rotura (R_c) y el módulo elástico (E_c):

$$f_{c,lp} = \frac{P_{lp}}{\overline{a} \cdot \overline{e}}$$

$$R_c = \frac{Q}{\overline{a} \cdot \overline{e}}$$

$$E_c = \frac{P_{lp} \cdot L}{\sigma_{lp} \cdot \overline{a} \cdot \overline{e}}$$

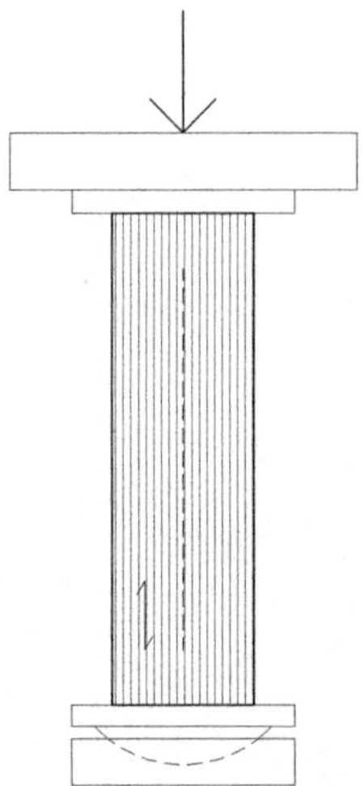

FIGURA 5.2.2.1.2 Ensayo de compresión longitudinal sobre pequeñas probetas descrito en la NCh973, lo que permite determinar los valores medios la resistencia a la compresión longitudinal.

5.2.2.2 *Determinación de las tensiones admisibles medias*

A partir de $\overline{R}_f$, $\overline{E}_f$ y $\overline{R}_c$ la NCh1989 establece un procedimiento de *agrupamiento de especies* que permite determinar los *valores medios de las tensiones admisibles medias* que posteriormente se emplearán en el diseño estructural, ver detalles en el Capítulo 7. El procedimiento de asignación consta de 2 pasos:

i. Determinar el agrupamiento inicial de especie que le corresponde a cada uno de los 3 valores fundamentales (resistencia a flexión y compresión paralela, y módulo elástico) de forma individual. Este agrupamiento inicial se realiza sobre 7 grupos de calidad descendiente para madera seca (desde ES1 hasta ES7), Tabla 5.2.2.2.1 y 7 grupos de calidad para madera verde (desde E1 hasta E7), Tabla 5.2.2.2.2.

ii. Si los agrupamientos obtenidos para cada una de las 3 propiedades de forma individual no son coincidentes, la asignación final de agrupación se realiza dándole prioridad a $\overline{R}_f$ y $\overline{E}_f$, de acuerdo a la siguiente Tabla 5.2.2.2.3.

TABLA 5.2.2.2.1 Agrupamiento inicial de especies en estado seco según valores individuales y medios de la resistencia a la flexión, compresión longitudinal y módulo elástico (NCh1989).

Propiedad	Grupo y valor mínimo en MPa para la media de la propiedad que se indica						
	ES1	ES2	ES3	ES4	ES5	ES6	ES7
$\overline{R_f}$	130	110	94	78	65	55	45
$\overline{E_f}$	19 860	16 160	13 200	10 250	7 850	6 000	4 150
$\overline{R_c}$	77	65	55	46	38	32	26

TABLA 5.2.2.2.2 Agrupamiento inicial de especies en estado verde según valores individuales y medios de la resistencia a la flexión, compresión longitudinal y módulo elástico (NCh1989).

Propiedad	Grupo y valor mínimo en MPa para la media de la propiedad que se indica						
	E1	E2	E3	E4	E5	E6	E7
$\overline{R_f}$	86	73	62	52	43	36	30
$\overline{E_f}$	16 300	13 100	10 500	8 100	5 900	4 300	2 800
$\overline{R_c}$	40	34	29	24	20	17	14

TABLA 5.2.2.2.3 Agrupamiento final de especie de acuerdo al agrupamiento inicial correspondiente a cada una de las tres propiedades fundamentales en caso de que este último no sea coincidente (NCh1989).

Grupo determinado según			Asignación final
$\overline{R_f}$	$\overline{E_f}$	$\overline{R_c}$	
x	x	x - 1	x
x	x	x + 1	x
x	x - 1	x	x - 1
x	x + 1	x + 1	x
x	x - 2	x - 1	x - 1
x	x + 2	x + 1	x + 1
x	x + 1	x	x

De forma alternativa, la NCh1989 establece un procedimiento alternativo de agrupamiento de especies basado en la densidad para aquellas maderas de las cuales no se conocen las 3 cualidades fundamentales. Este método simplificado tan sólo requiere la determinación de la densidad normal tal como se muestra en la Tabla 5.2.2.2.4.

A partir del agrupamiento de especies y los correspondientes grados de calidad visuales o mecánicos, es posible obtener las *tensiones básicas admisibles* en la NCh1198, las cuales constituirán los valores básicos empleados en el cálculo. Para ello debe aplicarse lo establecido en la Sección 5.1.1 para especies distintas del pino radiata. No obstante, el procedimiento que se realiza "por debajo" de todas esas tabulaciones normalizadas, consiste en calcular las tensiones básicas características a partir de los valores medios, lo que se detalla en el Capítulo 7.

TABLA 5.2.2.2.4 Agrupamiento alternativo basado en la densidad para especies cuyas tres propiedades fundamentales son desconocidas (NCh1989).

Madera en estado verde						
Grupo	E1	E2	E3	E4	E5	E6	E7
Densidad normal*) (kg/m³)	1 320	1 040	820	630	480	370	280
Madera en estado seco						
Grupo	ES1	ES2	ES3	ES4	ES5	ES6	ES7
Densidad normal*) (kg/m³)	1 170	940	770	610	480	390	300

*) Basada en la masa y volumen determinados a una humedad de 12%

5.2.2.3 *Ensayos mecánicos adicionales*

Adicionalmente a las propiedades fundamentales, existen lógicamente otros ensayos para determinar las propiedades mecánicas relevantes para el diseño. Así, por ejemplo, la normativa chilena regula la aplicación de los ensayos sobre probetas pequeñas libres de defectos que se ilustran y resumen en las Tablas 5.2.2.3.1-2.

TABLA 5.2.2.3.1 Resumen de ensayos mecánicos adicionales normalizados en Chile sobre probetas pequeñas y libres de defectos.

Ensayo	Norma	Tamaño de probeta	Observación	Ecuaciones
Compresión perpendicular	NCh974	50x50x150mm	La carga se detiene a los 2.5mm (la densificación continuaría)	$f_{cn,lp} = \dfrac{P_{lp}}{z.\bar{a}}$ $R_{cn} = \dfrac{Q}{z \cdot \bar{a}}$
Tracción perpendicular	NCh975	50x50x63mm (en "I")	Se realiza en T y R	$R_{tn} = \dfrac{Q}{l \cdot \bar{a}}$
Cortante paralelo	NCh976	50x50x65mm	Se realiza en LT y LR	$R_v = \dfrac{Q}{h \cdot \bar{e}}$
Clivaje	NCh977	50x50x95mm (en "C")	Mide la fuerza necesaria por unidad de longitud para falla de modo I (perpendicular a la fibra)	$R_{cl} = \dfrac{Q}{a}$
Dureza	NCh978	50x50x150mm	Método Janka: penetración bola de acero en caras (dureza perp.) y extremos (dureza paralela).	Q (parelela) Q_p (perpendicular)
Extracción de clavo	NCh979	Diamétro 2.5 mm, penetración 32 mm	8 en caras (perpendicular) y 2 en extremos (paralela)	Q (parelela) Q_p (perpendicular)
Impacto (tenacidad)	NCh986	20x20x280mm	Método FLP: rotura por tirante mediante cadeneta accionada por péndulo. Se mide la energía absorbida en impacto a través del trabajo mecánico.	$T = P.L(\cos\alpha_2 - \cos\alpha_1)$

TABLA 5.2.2.3.2 Resumen ilustrativo de ensayos mecánicos normalizados en Chile sobre probetas pequeñas y libres de defectos.

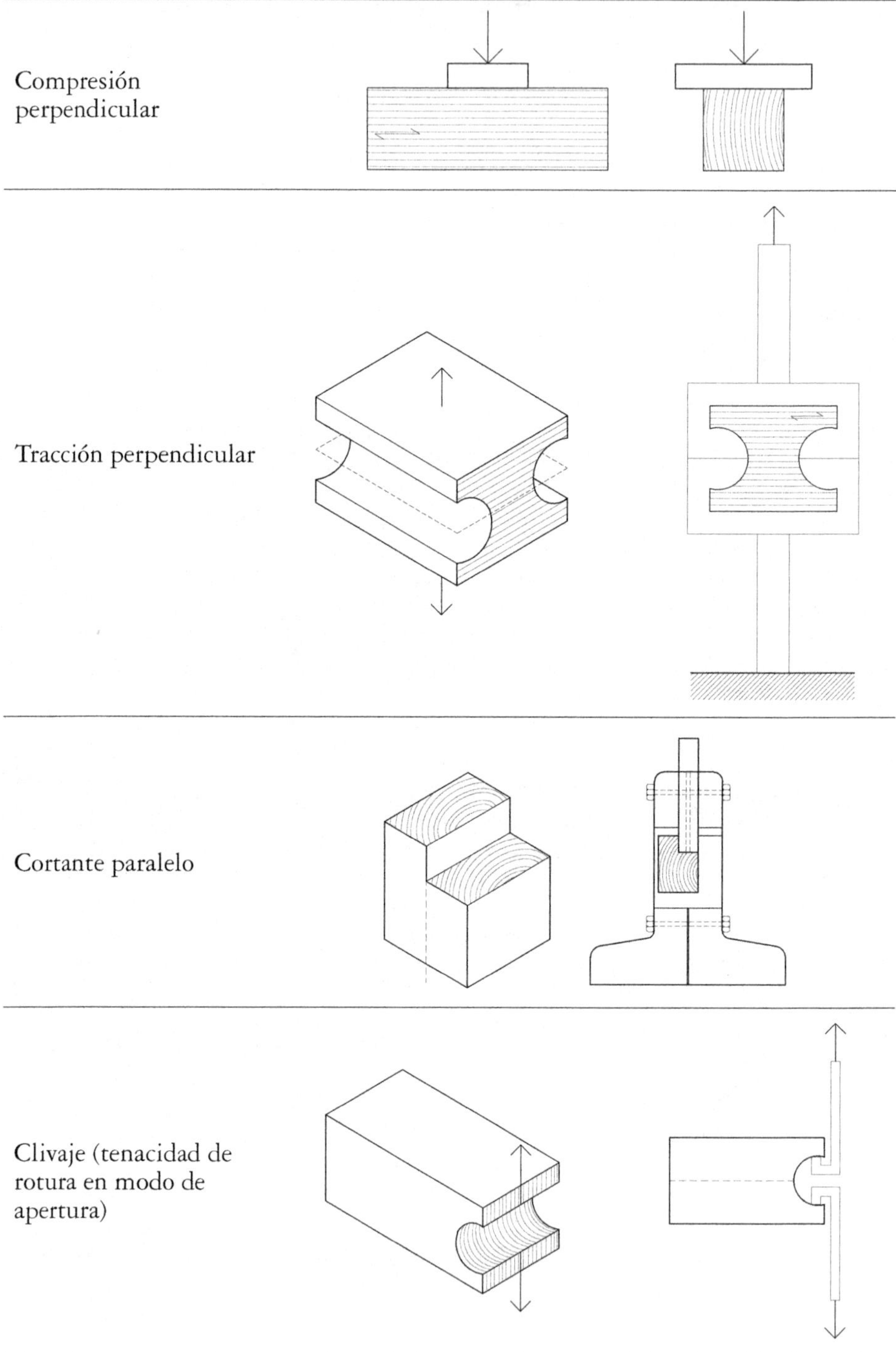

TABLA 5.2.2.3.2 (CONTINUACIÓN)

Dureza

Extracción de clavo

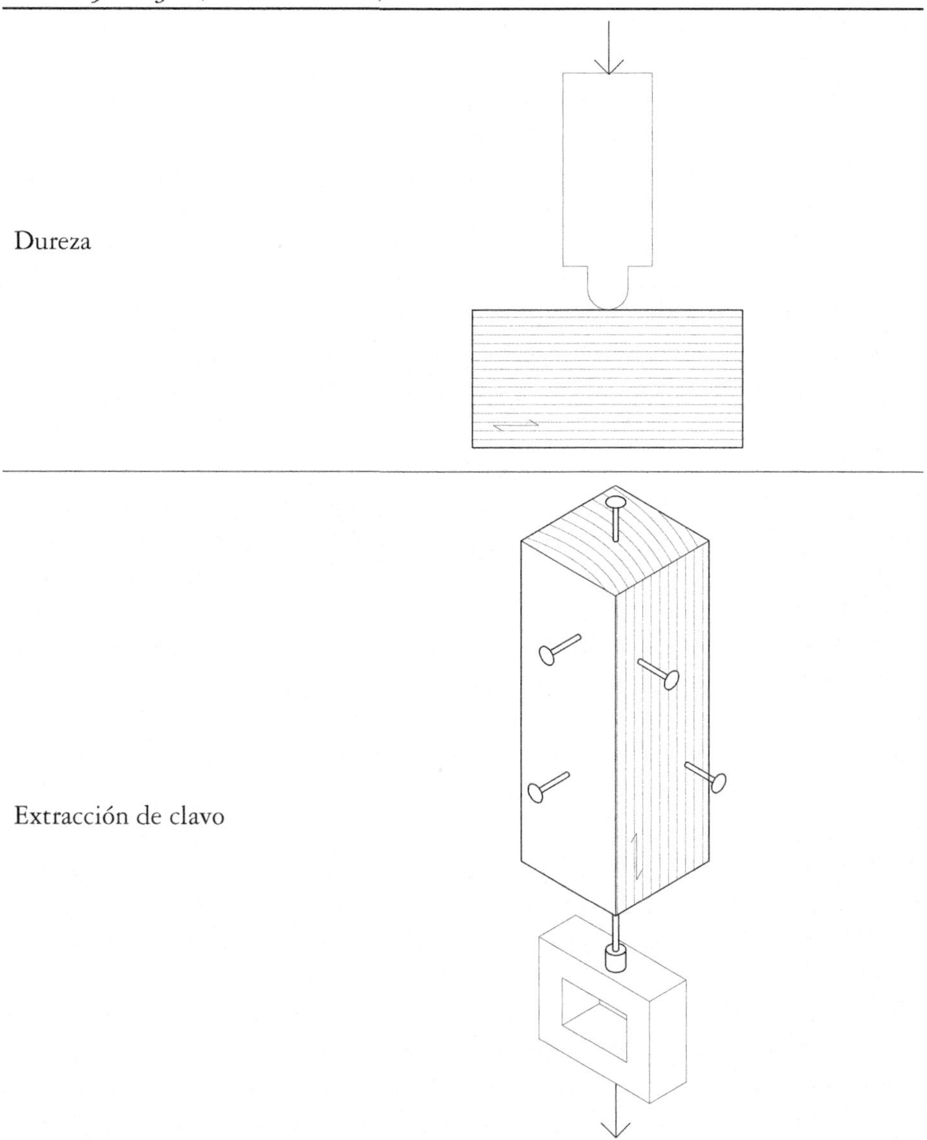

Adicionalmente, la normativa chilena también especifica la medición de tenacidad frente a impacto (según método FPL), y medición de propiedades mecánicas de elementos de tamaño estructural mediante la NCh 3028/1 (similar a ASTM D198) y su correspondiente evaluación de valores característicos de acuerdo a NCh 3028/2 (similar a ASTM D1990 y D2915).

5.2.5 *Resumen de los parámetros fundamentales de cálculo en Chile, EE.UU. y Europa*

En resumen, la nomenclatura empleada para definir los parámetros resistentes que constituyen la base fundamental para el diseño estructural con madera en Chile, se resumen en la Tabla 5.2.5. No obstante, tal como se resume en el Capítulo 7, y es detallado en profundidad en el libro *"Conceptos avanzados del diseño estructural con madera. Parte I"*, resulta muy conveniente en este punto comparar la nomenclatura de los parámetros que análogamente se emplean en EE.UU. y Europa, lo cual se detalla también en la Tabla 5.2.5.

TABLA 5.2.5 Nomenclatura habitual empleada en Chile, EE.UU. y Europa para referirse a los valores esenciales de resistencias y rigideces empleadas en el cálculo, ver detalles en Capítulo 7 acerca de la aplicación de estos parámetros.

Propiedad	Nomenclatura		
	Chile	EE.UU.	Europa
Módulo elástico longitudinal	E, E_L, E_f	E	E, MOE
Módulo elástico perpendicular	-	-	E_{90}
Módulo de cortante longitudinal	G	-	G
Módulo de cortante en rodadura	-	-	$G_r = G_{roll}$ *
Resistencia a la flexión	F_f	F_b	f_m, MOR
Resistencia a la compresión paralela	F_{cp}	F_c	$f_{c,0}$
Resistencia a la compresión perpendicular	F_{cn}	$F_{c\perp}$	$f_{c,90}$
Resistencia a la tracción paralela	F_{tp}	F_t	$f_{t,0}$
Resistencia a la tracción perpendicular	F_{tn}	F_{rt}	$f_{t,90}$
Resistencia al cortante paralelo	F_{cz}	F_v	$f_{v,0}$
Resistencia al cortante de rodadura	-	F_s	$f_r = f_{roll}$ *

* Pueden encontrarse otras nomenclaturas

5.2.6 *Lecturas Adicionales*

Thelandersson S y Larsen HJ (2003) Timber engineering. John Wiley & Sons, Londres, Reino Unido.

CAPÍTULO 6

FACTORES QUE INFLUYEN EN EL DESEMPEÑO MECÁNICO

6.1 EFECTO DE LAS VARIABLES FÍSICAS

6.1.1 *Temperatura*

Las resistencias, rigideces y ductilidad de la madera disminuyen al aumentar la temperatura. Aunque la temperatura influye en cada propiedad mecánica de una forma particular, ver Tabla 6.1.1, en términos generales, se puede asumir que un incremento o reducción de 100 °C respecto de las condiciones estándar, conduce a pérdidas o ganancias de resistencia y rigidez cercanas al 50%, respectivamente, ver Figura 6.1.1. No obstante, en las condiciones de servicio típicamente asumidas en las estructuras de madera, lo que se corresponde a temperaturas en torno a 20 °C, las variaciones mecánicas son habitualmente inferiores al 5%, y por este motivo la influencia de la temperatura rara vez se suele considerar. Además, un incremento de temperatura se suele asociar a una menor humedad ambiental lo que, de forma opuesta, produce un incremento de las resistencias. Los efectos de los incrementos de temperatura en las propiedades mecánicas son reversibles siempre y cuando, la temperatura no supere los 67 °C. A partir de esa temperatura la madera sufre pérdidas irreversibles.

En caso de exposición a incendio, la madera comienza a degradarse térmicamente y convertirse en carbón a temperaturas cercanas a los 300 °C mediante una reacción denominada *pirolisis*[6.1]. Las propiedades mecánicas del carbón son prácticamente nulas, por lo que la parte carbonizada de la sección se desprecia, dando lugar al método de cálculo de *la sección reducida*, que se detallará en capítulos posteriores.

La normativa chilena contempla un *factor de reducción de temperatura* de las *tensiones admisibles* en piezas de madera (K_T) y uniones (K_{UT}) cuando, de forma extraordinaria, la madera se somete prolongadamente a temperaturas superiores a 67 °C.

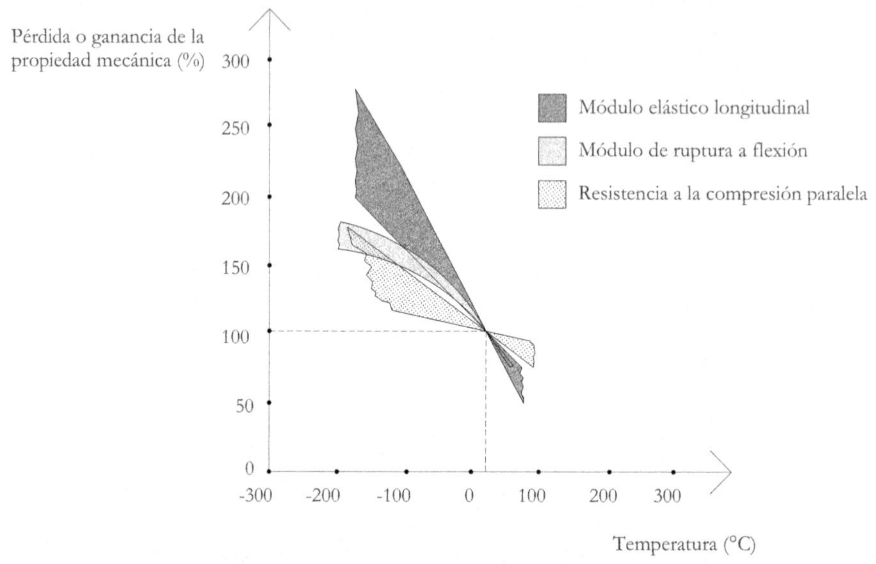

FIGURA 6.1.1 Variación relativa de propiedades mecánicas debido a variaciones de la temperatura (basado en Forest Products Laboratory, FPL, 2010).

TABLA 6.1.1 Influencia de la temperatura en diferentes propiedades mecánicas (basado en Forest Products Laboratory, FPL, 2010).

Propiedad	Humedad de la madera (%)	Variación relativa de propiedad al variar la temperatura respecto de 20 °C	
		-50 °C (%)	+50 °C (%)
Módulo elástico longitudinal	0	+11	-6
	12	+17	-7
	>PSF	+50	-
Módulo elástico perpendicular	6	-	-20
	12	-	-35
	≥20	-	-38
Módulo elástico de cortante	>PSF	-	-25
Resistencia a la flexión	≤4	+18	-10
	11-15	+35	-20
	18-20	+60	-25
	>PSF	+110	-25
Resistencia a la tracción paralela	0-12	-	-4
Resistencia a la compresión paralela	0	+20	-10
	12-45	+50	-25
Resistencia al cortante longitudinal	>PSF	-	-25
Resistencia a la tracción perpendicular	4-6	-	-10
	11-16	-	-20
	≥18	-	-30
Resistencia a la compression perpendicular	0-6	-	-20
	≥10	-	-36

6.1.2 *Influencia de la humedad*

Las variaciones del contenido del *agua de impregnación* (contenido de humedad de las paredes celulares) modifican substancialmente las propiedades mecánicas de la madera, de ahí que estas propiedades sean comúnmente referidas a un cierto contenido de humedad de la madera tal como se detalló en el capítulo 2. Al incrementar el contenido de humedad respecto de la humedad de referencia, la madera pierde rigidez y resistencia. En términos generales las pérdidas son alrededor del 50% para contenidos de saturación del 30%, mientras que las ganancias son alrededor del 20% para humedades próximas a 0%. Algunas propiedades tales como la resistencia a la flexión sufren pérdidas muy elevadas al incrementar el contenido de humedad, ver Figura 6.1.2.

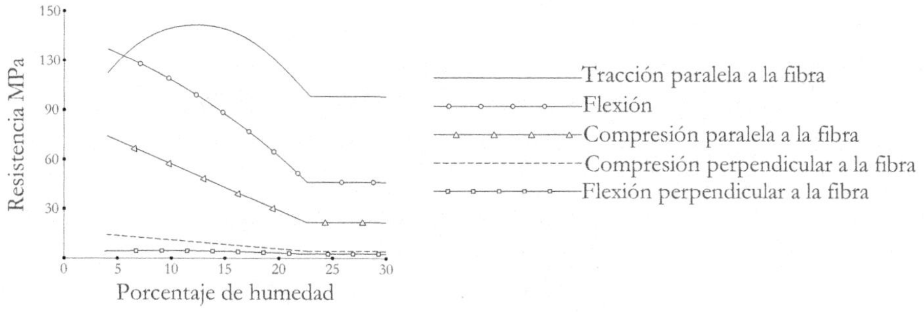

FIGURA 6.1.2 Variación relativa de resistencias de madera limpia debido a variaciones de humedad (basado en Forest Products Laboratory, FPL, 2010).

Todas las normativas internacionales consideran explícitamente la humedad ya que, por lo general, las construcciones podrán verse sometidas a cambios significativos durante su vida útil. Así, la normativa chilena considera la humedad durante la construcción (H_C) y la humedad en servicio (H_S) para la determinación de las *tensiones admisibles* correspondientes, además de un *factor de reducción de humedad* (K_H) y de reducción de humedad para uniones (K_{UH}). Todo ello se detallará en capítulos posteriores.

6.1.3 *Densidad y espesor de anillos*

El incremento de densidad tiene un efecto positivo en la rigidez y resistencias de la madera. Este efecto difiere en las distintas especies, pero por lo general muestra un comportamiento lineal tal como presentó en las Figuras 2.2.2.1 y 2.2.2.2. En algunas especies como el abeto europeo, los ejemplares más densos pueden tener resistencias y rigideces hasta un 30-40% superiores que los ejemplares menos densos. Dado que la densidad de la madera se relaciona inversamente con el espesor de anillos en las coníferas, se suele considerar que ejemplares con gran espesor de anillos tienen menores prestaciones mecánicas, ver detalles en el capítulo 2. Esto resulta muy relevante en Latinoamérica, pues las especies madereras tienden a mostrar tasas de crecimiento muy superiores a los países nórdicos y por lo tanto los anillos tienden a ser más gruesos. En Chile, por ejemplo, el pino radiata tiene una tasa de crecimiento 4 veces superior a Canadá o Escandinavia y 3 veces superior a Austria. Especies preciosas como el guayaco latinoamericano, pueden presentar hasta un 90% de pared celular y tan sólo un 10% de poros. Mientras que otras especies nativas de este continente tales como la balsa, pueden tener hasta un 90% de poros.

En Chile, pese a que uno no tiene que emplear directamente la densidad para determinar las propiedades mecánicas de las especies más comunes, sí es necesaria para determinar muchas propiedades de suma importancia en el diseño. Por ejemplo, la densidad se emplea para determinar la tensión admisible a la tracción perpendicular (según anexo B de NCh1198, a partir de densidad característica de anexo E), resistencia al aplastamiento en uniones mecánicas, la resistencia a la extracción de conectores y las características del pretaladrado de *tirafondos*[6.2]. La densidad también puede ser empleada según la NCh1989 para la determinación de agrupamiento de especies no convencionales, y por ende la determinación de sus tensiones admisibles. La clasificación mecánica de acuerdo a la EN338 puede emplear la densidad para la determinación de las clases resistentes. Finalmente, el espesor de anillos en un parámetro importante en la clasificación visual de acuerdo a la NCh1970/2.

6.2 Influencia del volumen

Dado que la madera no es homogénea y puede considerarse como un material cuasi-frágil, su resistencia mecánica depende del volumen de material considerado, pues se asume que la probabilidad de fallo debida a un defecto o zona débil se incrementa al incrementar el volumen. Este concepto es comúnmente denominado *efecto tamaño* o *efecto volumen*. Análogamente al caso de la humedad, las resistencias de la madera también son referidas a ciertos *tamaños de referencia*, los cuales son modificados en función del tamaño de las piezas. En general, el efecto volumen disminuye con la homogeneidad de la estructura del material. Así, por ejemplo, el efecto volumen en madera aserrada, MLE, LVL, y tableros de partículas muestra una influencia decreciente.

La normativa chilena contempla un *factor de modificación por altura* (K_{hf}) que modifica la tensión de diseño en piezas macizas de pino radiata con altura superior a 90mm, o anchura/altura superior a 50 mm en el resto de especies. Este factor también se aplica para modificar el módulo elástico en la comprobación de servicio para piezas superiores a 180mm. También incluye un *factor de modificación por volumen* (K_V), que es empleado para modificar las tensiones admisibles de MLE con dimensiones diferentes de $6400 \cdot 300 \cdot 135$ mm.

6.3 EFECTO DEL TIEMPO

6.3.1 *Efecto de la duración de la carga o ratio de deformación*

Se observa que la resistencia y rigidez de la madera es muy superior si una carga es aplicada rápidamente (esto es, una *tasa de deformación alta*), como por ejemplo durante un impacto, en comparación a solicitaciones que se aplicaron de forma prolongada en el tiempo (*tasa de deformación baja*). Por ejemplo, la madera puede fallar con una carga de flexión correspondiente al 60% del agotamiento observado con una carga de corta duración, si la solicitación se aplica permanentemente durante 10 años. Es por este motivo, que las resistencias y rigideces de la madera también deben de ser medidas en un *tiempo de referencia* y modificarlas en función de *la duración de la carga*. Así, los ensayos mecánicos de la madera tienden a durar únicamente 3-5 minutos para evitar el efecto reológico. Vemos por tanto que las propiedades de la madera deben siempre medirse con una humedad, temperatura y tiempo de referencia. Aquí debe notarse que la duración de 3-5 minutos tan sólo es limitante en caso de que la carga aplicada sea pseudo-estática; en caso de cargas cambiantes, lógicamente el efecto del tiempo pierde relevancia por lo que los ensayos pueden tener mucha mayor duración.

La normativa chilena especifica las propiedades mecánicas medidas en laboratorio para un tiempo normalizado de carga de 10 años. Es decir, si uno considera una carga con una duración inferior a 10 años, las propiedades deben incrementarse, mientras que para periodos superiores deben minorarse. Nótese que las minoraciones son muy inferiores a las mayoraciones, debido a que, para una carga de aproximadamente 50 años, las propiedades decrecen entorno al 5%, mientras que para el caso de un sismo pueden incrementarse en un 60%. Dichas alteraciones de la resistencia se contemplan en la normativa mediante un *factor de modificación por duración de la carga* (K_D); esto se detallará con más profundidad en apartados sucesivos.

6.3.2 *Deformación diferida (creep) y relajación*

Como la mayoría de los materiales orgánicos, la madera muestra cierto comportamiento *fluido*; es decir, pese a que se trata de un sólido tiene tendencia a mostrar ciertas cualidades que se asemejan a las propiedades de los fluidos. En concreto, la madera tiende a *fluir* y *relajarse* con el tiempo; es decir, muestra un *comportamiento viscoelástico* nada despreciable. A continuación, se detallan estos 2 fenómenos con más detalle:

i. **Fluencia o deformación diferida** *(creep)*. Al someterse a tensiones constantes, la madera aumenta su deformación en el tiempo, lo que se conoce como *deformación diferida* (δ_t), la cual puede relacionarse con la *deformación instantánea*

(δ_0) mediante un *factor de creep* (δ_t/δ_0). Asumamos por ejemplo el caso de una viga de piso sometida a una carga permanente. Al iniciar la construcción, dicha viga deflectará elásticamente de forma directamente proporcional a su rigidez a flexión, produciendo una flecha elástica (instantánea), δ_0. Sin embargo, con el paso del tiempo la viga tenderá a fluir, pudiendo observarse una deflexión mayor viscoelástica, δ_t. Si en un momento dado, la carga permanente fuese por algún motivo retirada, la viga no volvería a ser completamente recta, debido a que parte de la deformación adicional que experimentó fue viscosa, no elástica. Cuanto mayor sea la deflexión que se observa de forma diferida respecto de la deformación inicial, más grande se asume el factor de creep, pudiendo alcanzar valores de hasta 2 o 3 en madera seca si esta se somete a cambios de temperatura, y especialmente cambios de humedad. En efecto, las variaciones de humedad son tan importantes en la fluencia de la madera, que se distingue un *creep* de *mecanosorción* como aquella parte adicional de la deformación diferida que se produce respecto del caso en que la madera fluye sin cambio alguno de humedad. Así, no es de extrañar que la madera verde, la cual contiene mucha humedad, es especialmente vulnerable a fluir; de hecho, el factor de creep, puede llegar a alcanzar valores de hasta 6 durante el secado. El creep depende también del esfuerzo considerado, el nivel de carga y la dirección de la fibra. Los fenómenos de creep son especialmente altos en torsión y cortante, niveles de carga altos y dirección perpendicular a la fibra, ver Figura 6.3.2. Por lo general, la deformación diferida es relativamente similar entre las distintas especies.

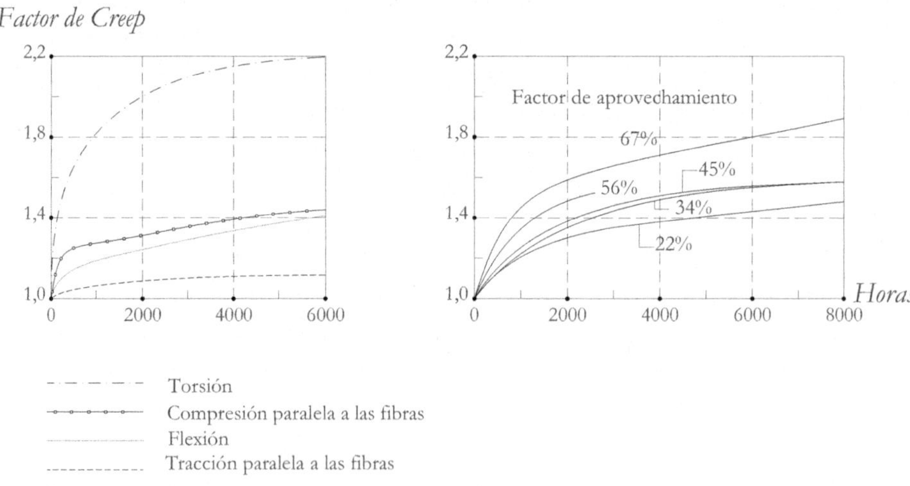

FIGURA 6.3.2 Influencias sobre el factor de creep: (izquierda) del tipo de esfuerzo y (derecha) el factor de aprovechamiento o utilización, esto es, cuán grande la tensión se aproxima a la tensión última (basado en Neuhaus 1994).

El código chileno NCh1198 tan sólo estipula el creep en la comprobación de flecha, en caso de que las cargas permanentes supongan más del 50% de la carga total. En tal caso se considera un factor de creep (ρ) adicional a la deformación instantánea. La fluencia de corte se supone el doble de la fluencia axial.

ii. **Relajación.** Con deformaciones constantes, las tensiones decrecen con el tiempo, lo que se denomina *relajación de tensiones*. Tómese como ejemplo un bloque de madera encolado en todas sus caras y bordes, a un material inerte. Asumamos que posteriormente sometemos la pieza de madera a un secado drástico. Bajo estas circunstancias, la madera tendería a contraerse, es decir sería sometida a una deformación constante en el tiempo. De hecho, si estimamos la deformación por contracción, uno podría asumir que la tensión en la madera será el producto de dicha deformación por la rigidez correspondiente. Sin embargo, sucede que en la realidad que las tensiones son muy inferiores a las tensiones teóricas elásticas, especialmente si el secado fue progresivo en el tiempo. Esto se debe a que la madera tiende a relajarse.

A diferencia de la fluencia y la duración de la carga, la relajación ha sido un fenómeno mucho menos estudiado en la madera. Esto se debe a que el efecto de la relajación es por lo general favorable, mientras que la duración de la carga y la fluencia son desfavorables; el primero supone que el material cada vez ofrece menos resistencia, y el segundo puede provocar efectos de segundo orden, y especialmente, perjudica la serviciabilidad estructural. En esencia, lo que se sabe de la rejalación, es que exhibe un comportamiento relativamente análogo a las curvas de creep, y, al igual que este, incrementa con variaciones de temperatura y humedad. Con una deformación constante, las tensiones pueden llegar a reducirse hasta un 70% en unos pocos meses. Sin embargo, los códigos se sitúan del lado conservador en este sentido y no consideran los efectos de la relajación.

6.3.3 *Fatiga*

La madera, al igual que el acero y el hormigón, también sufre efectos de *fatiga*[6.3], esto es acumulación de daño a nivel microscópico tras repetidos ciclos de carga en el tiempo que pueden llevar a roturas prematuras muy por debajo de la capacidad de agotamiento.

El efecto de la fatiga en la madera es similar al observado en el hormigón y el aluminio, es decir, la madera no suele mostrar un límite de fatiga bien definido, sino que la resistencia tiende a ser ínfima para repeticiones infinitas. No obstante, en la mayor parte de textos, suele asumirse como número de referencia 30 millones de repeticiones, ya que a partir de ese punto el decaimiento de resistencia es menos acusado para la mayoría de esfuerzos. En ese punto, la mayoría de resistencias de la madera toman valores alrededor de un 40-50% de las resistencias medidas para carga pseudo-estática en el laboratorio. Por otro lado, el acero, empleado en la mayoría de uniones de madera, muestra un comportamiento a fatiga con un límite bien definido, en torno a 1 millón de repeticiones, punto a partir del cual la resistencia no disminuye más allá del 60% de los valores medidos en el laboratorio para ensayos pseudo-estáticos.

Lo que sí es común para todos estos materiales, es que las pérdidas por fatiga suelen ser despreciables para un número menor de que se observan decrecimientos 10.000 o 100.000 repeticiones, motivo por el cual la fatiga suele ser despreciada en los cálculos con madera. Sin embargo, debe notarse que el efecto de la fatiga sí se considera en algunos códigos para ciertos casos particulares. Por ejemplo, el Eurocódigo 5 considera la fatiga para el diseño de puentes de madera.

6.3.4 *Envejecimiento*

Si la madera se encuentra protegida de la degradación y pudrición, prácticamente no sufre ningún efecto adicional de envejecimiento más allá de las influencias temporales anteriormente nombradas. Los ensayos han mostrado que las maderas protegidas no muestran prácticamente ninguna reducción de las propiedades mecánicas tras varios siglos por lo que no se incluye en las normas de construcción.

6.4 Efecto de las características anatómicas

6.4.1 *Efecto de las singularidades*

Tal y como ya ha sido introducido en el capítulo 2, toda aquella alteración que modifica la estructura idealizada de fibras "rectas", se consideran defectos, pues disminuyen las propiedades mecánicas. La reducción de la resistencia provocada por nudos en piezas en compresión, puede llegar a ser del orden del 10% y 20% para piezas con mediana y gran cantidad de nudos, respectivamente. Sin embargo, estas reducciones pueden llegar a ser del orden de 50 y 85% para piezas sometidas a tracción. El modo de considerar estas reducciones en la normativa, está basada en la clasificación de la madera.

6.4.2 *Madera juvenil*

Los primeros 5-20 anillos que el árbol constituyó son considerados como madera juvenil, la cual tiene unas propiedades mecánicas considerablemente inferiores a la madera madura. La influencia de esta madera no solo supone una disminución de resistencia; algunos aspectos como la densidad, porcentaje de madera tardía y cambio dimensionales transversales son muy inferiores, mientras que el contenido de humedad, fibra helicoidal y cambios dimensionales longitudinales aumentan substancialmente; ver una variación más detallada de la influencia de la madera juvenil en la Figura 6.4.2.

En muchas normativas como la chilena, la madera juvenil no se considera explícitamente (aunque sí la presencia de nudos). En especies de rápido crecimiento típicamente cultivadas en Latinoamérica, la madera juvenil normalmente tiene una presencia notable en el porcentaje total de madera, especialmente con turnos de corta reducidos, por lo que este es un aspecto fundamental a tener en cuenta.

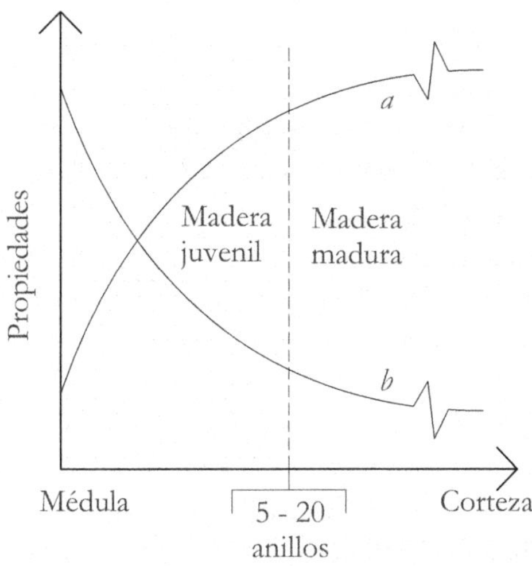

FIGURA 6.4.2 Influencia de la madera juvenil. Las paredes son menos gruesas, por lo que se observa una (a) disminución de densidad, menor resistencia, y mayor estabilidad dimensional transversal. En contraposición, tiende a (b) incrementarse la inestabilidad dimensional longitudinal, el contenido de humedad y la desviación global de fibra en espiral (basado en Forest Products Laboratory, FPL, 2010).

6.4.3 *Pudrición y degradación*

La degradación por mohos y hongos de mancha azul no resulta muy dañina, debido a que estos hongos se alimentan más bien de componentes que no tienen una función estructural en la pared celular. Las pérdidas de resistencia en flexión tienden a ser del orden del 1 al 5%. Sin embargo, tras la degradación de estos componentes, la madera es más propensa a recibir hongos de descomposición, los cuales consumen partes de la celulosa estructural en la pared celular. Cuando la degradación por este tipo de hongos aún no resulta perceptible, la madera puede haber perdido ya alrededor del 10% de la resistencia. Para cuando la pudrición es evidente, el material puede haber reducido su resistencia hasta en un 80% o más. Los códigos de construcción no incluyen un factor de modificación por efecto de la pudrición y degradación, porque se entiende que, si la construcción está correctamente ejecutada y la madera bien protegida, no existe riesgo de pudrición. Además, tampoco se acepta la comercialización de madera con ningún grado de pudrición más allá de la mancha azul. Todos estos aspectos serán detallados en capítulos posteriores.

6.5 Efecto de la durabilidad

6.5.1 *Tratamientos químicos*

Es relativamente habitual emplear tratamientos químicos para proteger la madera, fundamentalmente frente a los efectos climáticos, degradación biológica y resistencia al fuego. El efecto que los tratamientos químicos tiene en las propiedades mecánicas es muy variable. Por ejemplo, preservantes como los creosotados y el pentaclorofenol disueltos en aceites, prácticamente no influyen en las propiedades mecánicas. Sin embargo, preservantes hidrosolubles a base de cromo, cobre, arsénico y amonio disminuyen las propiedades mecánicas y favorecen la corrosión de los elementos metálicos de las uniones. El grado en el que disminuye la resistencia depende de la intensidad (profundidad) del tratamiento, así por ejemplo para proteger la madera frente a ambiente marino, ésta suele ser tratada con mucha profundidad, por lo que el uso de *preservantes*[6.4] puede disminuir la resistencia a flexión hasta un 10%. Durante la aplicación se suele aplicar un calentamiento, en el cual es necesario controlar la temperatura para no producir reducciones adicionales de las propiedades mecánicas. Los tratamientos ignífugos, que son habitualmente aplicados mediante *ciclos de presión y vacío*[6.5], también tienden a generar disminuciones de las propiedades mecánicas.

La normativa chilena contempla todas estas modificaciones con un *factor de modificación por tratamiento químico* (K_Q), el cual reduce las tensiones admisibles alrededor del 10%. Asimismo, en el caso de los tratamientos ignífugos, las reducciones deben ser avaladas por el fabricante.

6.6 Efecto de desangulación carga-dirección de fibra

El ángulo que forma la carga y la dirección de la fibra es comúnmente denominado como *desangulación*. Como es lógico, dada la marcada naturaleza ortotrópica de la madera, dicha desangulación provoca variaciones significativas en la resistencia y rigidez. La mayoría de los códigos internacionales, incluido el código chileno, fundamentan este efecto con una fórmula bien conocida en la madera, denominada *ecuación de Hankinson*, la cual permite determinar la resistencia específica respecto cualquier desangulación (f_α) en función del ángulo carga-fibra (α), la resistencia longitudinal (f_0) y la resistencia perpendicular (f_{90}) de la especie considerada.

$$f_\alpha = \frac{f_0 \cdot f_{90}}{f_0 \cdot sen^2(\alpha) + f_{90} \cdot cos^2(\alpha)}$$

Dadas las típicas relaciones entre resistencia paralela y perpendicular a diversos esfuerzos, la fórmula de Hankinson entrega aproximadamente las predicciones presentadas en la Figura 6.6.1.

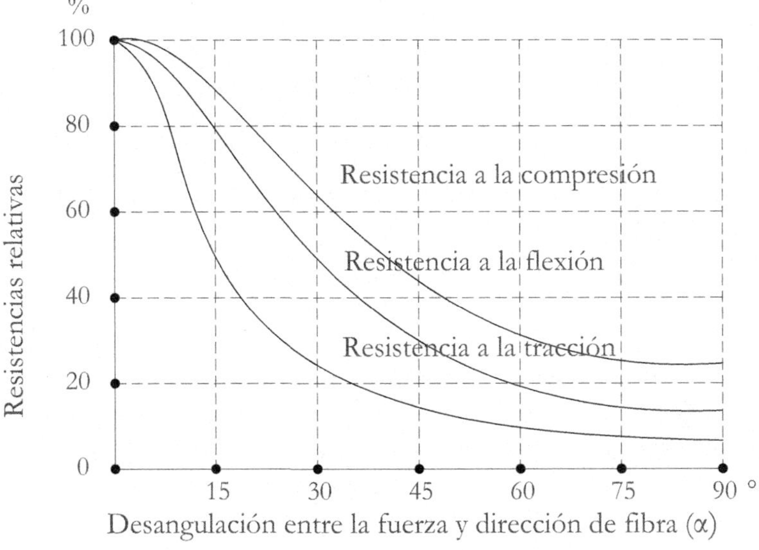

FIGURA 6.6.1 Típicas predicciones de resistencia frente a diferentes esfuerzos según la desangulación entre la carga y la fibra de acuerdo a la fórmula de Hankinson.

De forma análoga a las resistencias, los módulos de rigidez desangulados (E_α) también pueden predecirse de acuerdo a la fórmula de Hankinson. Algunos países aplican sin embargo de acuerdo a la siguiente ecuación, lo cual se ajustaba mejor a los resultados experimentales:

$$E_\alpha = \frac{E_0 \cdot E_{90}}{E_0 \cdot sen^3(\alpha) + E_{90} \cdot cos^3(\alpha)}$$

Dadas la típica relación de rigidez paralela y perpendicular del módulo elástico para coníferas y latifoliadas, la representación de la rigidez desangulada de acuerdo a la expresión cúbica de Hankinson, se representa en la Figura 6.6.2.

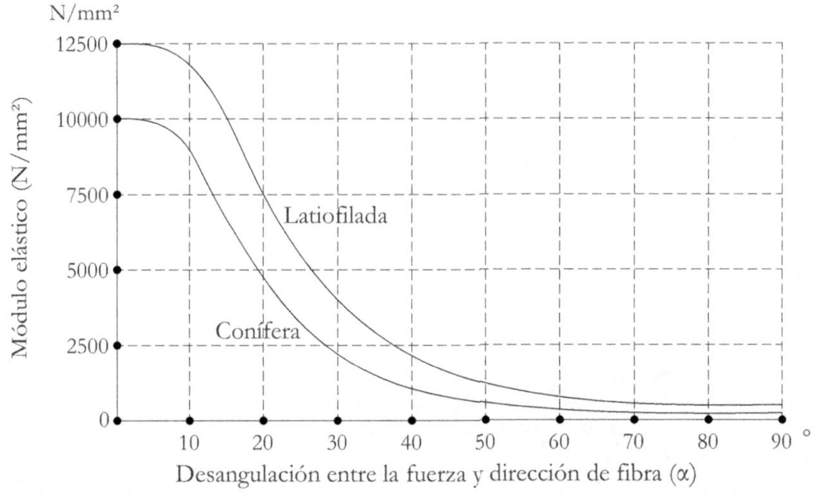

FIGURA 6.6.2 Típico módulo elástico desangulada para coníferas y latifoliadas según la expresión cúbica de Hankinson (basado en Neuhaus 1994).

Nótese que la fórmula de Hankinson resulta útil para la mayoría de situaciones prácticas de diseño. No obstante, para estados de tensión complejos, como por ejemplo cuando existen en un mismo punto tensiones axiales y cortantes, se emplean en la madera multitud de *criterios de rotura*, lo que se detalla en el libro *"Conceptos avanzados del diseño estructural con madera. Parte II"*.

6.7 EFECTO DE COLABORACIÓN EN GRUPO (REDUNDANCIA)

Cuando varios elementos de madera se disponen paralelamente con poca separación y se conectan transversalmente por otro elemento formando un sistema continuo de transmisión de carga, se asume que la carga de los elementos más cargados puede transmitirse a los menos solicitados, por lo que aumenta la resistencia a flexión del conjunto. Esto se debe a que normalmente los elementos menos rígidos tienen una menor resistencia, y por tanto la mayor parte de la carga se transmitirá a los elementos más resistentes, mejorando así la resistencia global del conjunto, ver una ilustración en la Figura 6.7. Además de esto mencionado, en caso de fallo, parte de la carga de los elementos dañados se podrá transmitir a elementos menos solicitados. Esta *redundancia*[6.6] estructural, es un rasgo característico de estructuras de madera, especialmente de entramados ligeros. Algunos de los elementos que suelen beneficiarse del *trabajo en grupo* suelen ser las correas de cubierta y envigados de forjados. La normativa chilena contempla este efecto colaborativo y establece un *factor de modificación por trabajo conjunto en flexión* (K_C).

Esta situación también puede darse en ciertas circunstancias bajo cargas axiales. De esta forma, la normativa europea permite emplear el factor de mayoración por trabajo en conjunto, también en el caso de tracciones sobre losas con elementos encolados o unidos mecánicamente.

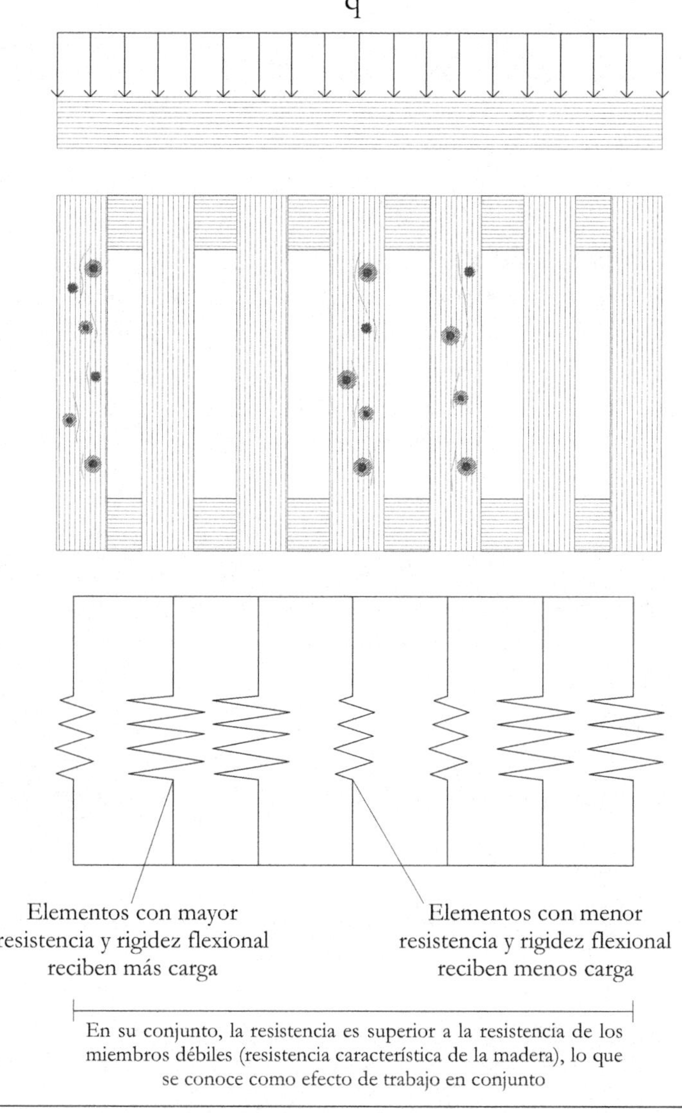

FIGURA 6.7 Ilustración del efecto positivo de colaboración en flexión.

6.8 EFECTO DE LA INESTABILIDAD

6.8.1 *Por pandeo*

Las piezas sometidas a solicitaciones de compresión y cuya deflexión respecto del eje axial no se encuentre impedida, son susceptibles a sufrir fenómenos de inestabilidad por pandeo mostrando un desempeño mecánico por debajo de lo esperado, especialmente si su relación de esbeltez mecánica es elevada (ver más detalles en el capítulo 8). Este hecho se suele contemplar en la normativa mediante la aplicación de coeficientes de minoración de tensiones admisibles o resistencias.

La normativa chilena define por tanto un *factor de modificación por esbeltez* (K_λ), que minora la tensión admisible a compresión paralela de piezas simples, como un *factor de modificación por esbeltez efectivo* ($K_{\lambda\,ef}$) para considerar el pandeo de piezas compuestas.

6.8.2 *Por vuelco lateral-torsional*

Las partes flexocomprimidas de piezas sometidas a flexión son, análogamente a las piezas comprimidas, susceptibles a sufrir fenómenos de *inestabilidad por vuelco lateral-torsional* o *volcamiento*, especialmente si la relación entre la altura y el grosor de la sección es elevada. Por tanto, en piezas flexionadas sin restricciones de movimiento lateral, es posible observar capacidades de carga bastante menores a lo esperado. Este hecho se recoge de distinta forma en la normativa internacional, ver más detalles en el Capítulo 8.

El código chileno estipula un *factor de modificación por volcamiento* ($K_{\lambda v}$) que permite incluir el riesgo de volcamiento al disminuir la tensión admisible en flexión. Alternativamente a este factor, también es posible omitir el riesgo de vuelco lateral cumpliendo con una serie de especificaciones de apoyos laterales para distintas esbelteces de la sección transversal.

6.9 EFECTOS DEBIDOS A LA *CONCENTRACIÓN DE TENSIONES*[6.7]

6.9.1 *Rebajes (entalladuras)*[6.8]

Es relativamente habitual tallar rebajes en los apoyos de vigas de MLE de grandes luces, ya sea por disposiciones constructivas o solicitaciones inferiores a la zona central. En estos casos, especialmente cuando los rebajes son inferiores y tienen ángulos poco suavizados, se generan concentraciones de tensiones oblicuas respecto de la fibra, causando un desempeño mecánico inferior al esperado.

Esto se recoge en la normativa chilena mediante un *factor de modificación por rebaje inferior recto* (K_r), *factor de modificación por rebaje inferior inclinado* (K_{ri}) y un *factor de modificación de rebaje superior* (K_{rs}), los cuales disminuyen las tensiones admisibles en flexión.

6.9.2 *Perforaciones*

Determinadas circunstancias tales como la inclusión de instalaciones de servicios o la ejecución de algunos tipos de conexiones, como por ejemplo conectores tipo anillo o tipo clavija, requieren la realización de perforaciones en piezas de madera. Estos agujeros, además de reducir la *sección eficaz* o *sección transversal neta*, generan concentraciones de tensiones oblicuas que reducen el desempeño mecánico por debajo de lo esperado, especialmente frente a esfuerzos de tracción y cortante, ver más detalles en el Capítulo 8.

El código chileno considera un *factor de modificación por concentración de tensiones* (K_{ct}), el cual minora las tensiones admisibles de piezas perforadas solicitadas a tracción.

6.9.3 *Concentración de compresión perpendicular*

Cuando una pieza de madera se somete a compresiones perpendiculares a la fibra en zonas cercanas a la *testa*[6.9], o bien cuando se producen compresiones perpendiculares simultáneas en zonas próximas, se generan concentraciones de tensiones perpendiculares a la fibra que reducen el desempeño mecánico respecto de la situación en que éstas se producen de forma aislada y lejos de las testas.

Este hecho se recoge en el código chileno mediante un *factor de modificación por aplastamiento* o *compresión normal* (K_{cn}), que puede aumentar o disminuir la tensión admisible en compresión.

6.10 EFECTOS PROPIOS EN LAS UNIONES

6.10.1 *Efecto hilera en conectores mecánicos*

Cuando una unión de madera está conformada por múltiples conectores mecánicos tipo clavija, dispuestos consecutivamente formando una hilera con respecto a la dirección de la carga, la distribución de tensiones no resulta equitativa entre las distintas clavijas, lo que se denomina habitualmente efecto hilera. Las clavijas situadas al inicio de la hilera respecto de la transferencia de carga se encuentran más solicitadas que las clavijas terminales, y especialmente, las clavijas intermedias. El *efecto hilera* (también denominado *efecto de grupo*) se incrementa con el diámetro de los conectores y provoca que la resistencia de una unión mecánica conformada por múltiples medios de unión, sea menor que la suma de las resistencias individuales de cada uno de estos elementos, ver más detalles en el Capítulo 9.

Esta desigualdad en la distribución de la concentración de tensiones se contempla en la normativa chilena mediante un *factor de modificación por longitud de hilera* (K_u), que reduce la capacidad de la unión de acuerdo al número y tamaño de los conectores en relación al canto de las piezas.

6.10.2 *Profundidad de penetración*

Una parte importante de la resistencia aportada por una unión de clavos, tornillos o tirafondos, viene dada por la resistencia al rozamiento ejercida por las tensiones tangenciales a la superficie del *vástago*[6.10], las cuales son proporcionales a la profundidad de penetración. Es decir, el conector tendrá más resistencia al corte cuánto más difícil sea extraerlo axialmente de la madera. Por tanto, el desempeño mecánico de este tipo de uniones se reduce en el caso de que el conector no penetre en toda su longitud, o la longitud de penetración sea relativamente reducida en relación a su diámetro.

La norma chilena estipula un *factor de modificación por penetración* (K_{pct}), el cual reduce linealmente la resistencia de este tipo de conectores en función de la longitud de penetración. Además, la resistencia a la extracción de tirafondos resulta inferior si el conector se dispone paralelo a las fibras; por ello también considera un *factor de modificación por colocación en el extremo* (K_{ce}), para minorar la resistencia de aquellos tirafondos situados paralelamente respecto de las fibras en el extremo de las piezas.

6.10.3 *Espaciamiento*

Cada conector provoca una concentración específica de tensiones en la madera. Si no se respetan unas separaciones mínimas entre conectores y bordes, estos esfuerzos no se distribuyen adecuadamente en el material o se acumulan los unos con los otros, ver detalles en Capítulo 9, lo que provoca modos de falla frágiles antes de alcanzar la capacidad máxima del conector.

Por lo general, las normativas de diseño son muy estrictas en cuanto al espaciamiento mínimo entre conectores. No obstante, para algunos conectores especiales como los conectores de tipo anillo, la normativa chilena permite reducir el espaciamiento básico (hasta un cierto límite) si se aplica un *factor de modificación por espaciamiento* (K_{sc}), que reduce la capacidad admisible de la unión.

6.10.4 *Excentricidad*

En algunos tipos de conexiones resulta imposible mantener los ejes de las piezas a conectar de forma concéntrica, y/o los medios de unión simétricos respecto de los ejes, por lo que se generan excentricidades causando momentos que deben de ser considerados en el cálculo. Un claro ejemplo de ello, es la unión entre *diagonales y tirante (envigado o cordón)* de una viga en celosía, ver Figura 6.10.4. Estos momentos adicionales causan un desempeño mecánico de la unión por debajo de lo esperado.

Para que pueda ser considerado en el cálculo, la normativa chilena considera la aplicación de un *factor de modificación por excentricidad* (K_{Ue}) que minora la tensión admisible de acuerdo al ángulo de incidencia del tijeral cuando se emplean placas dentadas. La excentricidad de uniones se presenta con mucho más detalle en el libro *"Conceptos avanzados del diseño estructural con madera. Parte I"*.

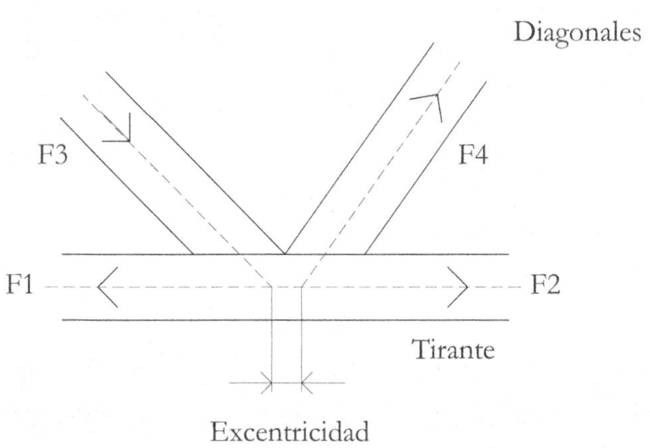

FIGURA 6.10.4 Ilustración de la excentricidad de esfuerzos en un nudo de diagonales con tirante. La excentricidad en este caso se debe a que los ejes geométricos de las piezas no son concéntricos, es decir no coinciden en un mismo punto.

6.11 EFECTOS DE CURVATURA EN MLE

Durante el proceso de curvatura en la fabricación de MLE, se generan tensiones internas por lo que el desempeño mecánico en la práctica resulta inferior al esperado. La normativa chilena aplica un *factor de modificación por curvatura* (K_{cl}) que minora las tensiones admisibles.

6.12 EFECTOS EN PIEZAS DE SECCIÓN CIRCULAR

Las piezas de madera en su forma circular natural (rollizo), presentan ciertas particularidades que en ocasiones suelen ser tomadas en consideración en los distintos códigos de construcción. Cuando una madera se encuentra con su geometría natural, la dirección de la fibra no muestra *discontinuidad*; también es habitual que las secciones de estos elementos sean de *gran escuadría*, lo que implica que el efecto de los defectos tales como nudos (cónicos) sea relativamente menor al de las piezas recortadas, ya que éstas últimas pueden presentar nudos pasantes con diámetros considerables en relación al canto de las piezas.

El código chileno detalla una relación de tensiones admisibles que son específicas para piezas circulares, y que resultan generalmente superiores a las de los miembros rectangulares. Además, estas tensiones son modificadas por 3 factores de modificación particular, el primero es el *factor de modificación por devastado o alisadura* (K_d), que contempla la reducción de resistencia al perder la continuidad de fibra, ya sea por *alisado*[6.11], *devastado*[85] o recorte (cilindrado). El segundo es el *factor de modificación por preservación en ciclos de presión y vacio* (K_{pv}) que recoge la pérdida de resistencia generada por los tratamientos preservativos típicamente aplicados en este tipo de piezas. El último es el *factor de modificación por uso en estado seco* (K_s), que tiene en cuenta el incremento de resistencia generado al no emplear la madera en estado verde, algo que resulta menos frecuente en este tipo de piezas.

6.13 RESUMEN DE EFECTOS

El resumen de los efectos que influyen en el desempeño mecánico de la madera y su consideración de acuerdo a la normativa, se resumen en la Tabla 6.13. Es importante notar, que, de acuerdo al método de las tensiones admisibles que se aplica en el diseño estructural de Chile y EE.UU. entre otros, uno parte de los valores "puros" de tensión de pequeñas piezas de madera libres de defectos. Por este motivo, se hace necesario considerar una gran cantidad de efectos en el cálculo, lo cual está reflejado por numerosos factores de modificación (ver Tabla 6.13). Sin embargo, otros métodos de diseño como por ejemplo el método de los estados límite últimos aplicado en Europa, parte el diseño con valores resistentes de miembros estructurales con defectos lo que permite no tener que considerar tantos efectos en el cálculo. De hecho, en Europa, los principales factores de modificación son tan sólo dos, k_{mod}, que modifica según temperatura, humedad y duración de carga al mismo tiempo (dado que los efectos de fluencia y relajación están muy relacionados con humedad y temperatura), y k_h-k_{vol} que modifican según tamaño. Estos aspectos se presentan con mayor detalle en el próximo capítulo.

TABLA 6.13 Resumen de efectos que influyen en el desempeño mecánico y consideración de acuerdo a la normativa.

Variable		Consideración en la normativa chilena
Variables físicas	Temperatura	K_T y K_{UT}
	Humedad	H_C, H_S, K_H y K_{UH}
	Densidad	Indirecta. Tensión aplastamiento y tracción perpendicular. Clasificación mecánica, agrupación especies.
Volumen		K_{hf} y K_V
Tiempo	Duración de carga	K_D
	Creep	ρ
	Relajación	Ninguna
	Fatiga	Ninguna
	Envejecimiento	Ninguna
Anatomía	Defectos	Clasificación Visual
	Madera juvenil	No explícita
Durabilidad	Pudrición y degradación	Ninguna
	Tratamientos químicos	K_Q
Ángulo de aplicación de carga		Fórmula de Hankinson
Colaboración y redundancia		K_C
Inestabilidad	Pandeo	K_l
	Vuelco lateral	K_{lv}
Concentración de tensiones	Rebajes	K_r K_{ri} y K_{rs}
	Perforaciones	K_{ct}
	Compresión perpendicular	K_{cn}
Efectos propios de uniones	Hilera	K_u
	Penetración	K_{pct} y K_{ce}
	Espaciamiento	K_{sc}
	Excentricidad	K_{Ue}
Efectos propios MLE	Curvatura	K_{cl}
Efectos propios piezas curvas	Devastado	K_d
	Tratamiento	K_{pv}
	Estado seco	K_s

6.14 LECTURAS ADICIONALES

Forest Products Laboratory (2010) Wood handbook: Wood as an engineering material. Madison, Wisconsin, USA.

Neuhaus, H. (2013). Lehrbuch des Ingenieurholzbaus. Springer-Verlag.

Álvarez, R. A., y Martitegui, F. A. (2003). Estructuras de madera: diseño y cálculo. AITIM.

INN (2014) NCh1198:2014. Madera - Construcciones en madera – Cálculo.

CAPÍTULO 7

FUNDAMENTOS PARA EL CÁLCULO

CON LA COLABORACIÓN DE VANESA BAÑO (UNIV. DE LA REPÚBLICA,
URUGUAY) Y LAURA MOYA (UINV. ORT, URUGUAY)

7.1 INTRODUCCIÓN

El proceso de diseño de una estructura involucra básicamente tres aspectos: (i) caracterización de las propiedades elásticas y resistentes de los materiales (acero, madera, hormigón, albañilería, etc.); (ii) definición de las cargas y la combinación de cargas imprescindible para el diseño; y (iii) definición o acuerdo de un nivel aceptable de seguridad, que sea de fácil y consistente aplicación para los calculistas. Estos aspectos tendrán diferente tratamiento e interpretación dependiendo de la filosofía de cálculo estructural que empleada, *tensiones admisibles* o *estados límite últimos*. A nivel internacional coexisten ambos enfoques, aunque también existe una tendencia hacia el remplazo del primero en favor del segundo, ver detalles de estos métodos en los siguientes párrafos.

La evolución de los métodos de cálculo, ha sido similar en la mayoría de los países que cuentan con normativa para la construcción con madera. Por ejemplo, en Estados Unidos, el método de las tensiones admisibles, Allowable Stress Design (ASD), está siendo substituido por el método de los estados límite, Load and Resistance Factor Design (LRFD), introducido en la década de los 70 para hormigón armado (ACI 318-77, 1977) y en 1986 para estructuras de acero (AISC 360-86, 1986). En el caso de la madera, a partir de 2005, la National Design Specification for Wood Construction incluye ambos enfoques. En Argentina, el reglamento de estructuras de madera (INTI CIRSOC 601) y en Chile, la norma de cálculo para construcciones en madera (NCh 1198), emplean en la actualidad el método de las tensiones admisibles, mientras que, en Europa, el Eurocódigo 5 (EN 1995-1-1; EN 1995-1-2; EN 1995-2) y en Brasil, la norma para proyectos de estructuras de madera (NBR 7190 y PNBR 7190), adoptan el método de los estados límite últimos. Es por lo tanto de esperar, que el método de los estados límite últimos sea introducido como método alternativo de cálculo de madera en Chile, ya que en la actualidad ya es posible emplear este método en acero y hormigón.

7.2 Concordancia entre enfoques de cálculo

Método de las tensiones admisibles

El método de las tensiones admisibles se basa en valores de tensiones básicas, las cuales podrían definirse como aquellas tensiones principales que se producen en probetas de madera de pequeño tamaño cuando se genera la rotura durante un ensayo destructivo normalizado. Es muy importante notar que las probetas que se emplean para poder deducir el estado tensional en la rotura, son especímenes de pequeño tamaño libres de defectos (es decir en *Wood*, no *timber*), por lo que se espera que uno esté caracterizando la *tensión real* que conlleva el fallo del material, sin la influencia de ningún defecto u anomalía. Por tanto, este método podría ser visto como un método 'racional' ya que la base del diseño son las tensiones que producen la rotura. Los resultados de estos ensayos suelen presentar una distribución normal. Así, las tensiones básicas de diseño, se obtienen a partir del valor medio de un set de ensayos ($\overline{X}$), su desviación estándar (SD) y dos coeficientes de reducción de las tensiones admisibles de acuerdo a la siguiente ecuación:

$$F_b = \frac{\overline{X} - k_p \cdot SD}{k_r}$$

El primer coeficiente, k_p, reduce el valor de la *incertidumbre*[7.1] (desviación estándar) de acuerdo a la dispersión de datos típica de cada solicitación, con el fin de asegurar que el valor de resistencia solo tenga una *probabilidad de excedencia*[7.2] entre el 1 y el 5% (usualmente el 5%); por ello es denominado el *factor de probabilidad* el cual cumple un papel similar al factor t en la distribución *t de Student*. El segundo coeficiente, kr, se denomina *coeficiente de reducción*, pues se trata de un coeficiente de seguridad que reduce la resistencia. Usualmente este coeficiente incluye el efecto de la duración de la carga (habitualmente 10 años), los defectos, y otras incertidumbres tales como sobrecargas accidentales. Como es natural, este coeficiente de seguridad es mayor para aquellos esfuerzos que producen una rotura frágil. Téngase en cuenta, por tanto, que si bien este método parte de una *base racional*, posteriormente es necesario aplicar un factor de reducción estadístico, que principalmente pueda tener en consideración la reducción de la tensión admisible como consecuencia de anomalías tales como defectos. A modo de ejemplo, los valores de los coeficientes según las normas inglesas y norteamericanas son mostrados a continuación en la Tabla 7.2.

TABLA 7.2 Coeficientes de reducción aplicables a la tensión básica (basado en Arriaga, 1985).

Solicitación	Normas inglesas[1]			Normas norteamericanas[2]			
	Prob. (%)	k_p	k_r	Prob. (%)	k_p	Conífera k_r	Latifoliada k_r
Flexión	99	2,33	2,25	95	1,645	2,10	2,30
Compresión paralela	99	2,33	1,40	95	1,645	1,90	2,10
Compresión perpendicular	97,5	1,96	1,20	95	1,645	1,67	1,67
Cortante paralelo	99	2,33	2,25	95	1,645	2,10	2,30
Módulo elasticidad medio	---	---	1,00	---	---	0,94	0,94

[1] BS 5268
[2] ASTM D 245

Lógicamente el numerador de la ecuación anterior:

$$\bar{X} - k_p \cdot SD$$

se refiere al quinto (en algunos casos el primer) percentil de las tensiones admisibles lo que es comúnmente conocido como el *valor característico*[7.3]. Por tanto, las tensiones admisibles básicas son obtenidas a partir del valor característico de una tensión racional de madera limpia, el cual es posteriormente reducido por un factor de reducción que toma en consideración las anomalías y el efecto de la duración de la carga de 10 años.

Método de los estados límite últimos

A diferencia del anterior, este método se fundamenta en el ensayo de piezas estructurales (*timber*), no piezas de pequeñas dimensiones. La filosofía de este método es muy sencilla: consiste en emplear piezas que sean 'parecidas' a las piezas estructurales que se emplearán en el diseño, para determinar posteriormente el *valor característico* al quinto percentil de los resultados medidos en el laboratorio. Dado que uno mide en este caso directamente la capacidad de piezas estructurales sometidas a esfuerzos simples, en lugar de deducir el estado tensional puro de piezas de pequeñas dimensiones, se habla de *resistencia* y no de *tensión*; aunque ambos conceptos son lo mismo desde el punto de vista físico (N/mm^2), la diferencia radica en la filosofía con la que ambos parámetros fueron medidos. La resistencia es una medida de la capacidad de una pieza estructural frente a un esfuerzo simple, mientras que la tensión admisible es el estado tensional principal que se puede deducir en probetas limpias, sometidas a solicitaciones muy controladas.

Uno podría argumentar, por lo tanto, que la tensión admisible es un enfoque más racional en la madera debido a que la base del diseño son las 'verdaderas' tensiones que llevan a la rotura. Sin embargo, esas tensiones son posteriormente reducidas por un factor más bien estadístico, mientras que las resistencias (aunque incluyen anomalías y mucha dispersión) son medidas reales de la capacidad de las piezas, por tanto, podría argumentarse que en realidad las tensiones últimas constituyen un método más racional de diseñar con madera.

Las principales ventajas que se argumentan a favor del método de los estados límite últimos frente a las tensiones admisibles son las siguientes:

i. Menor incidencia del efecto volumen, ya que los valores resistentes se miden sobre probetas con tamaños similares a los empleados en la práctica.

ii. Menor incertidumbre en torno a la influencia de defectos.

iii. Aplicación de un factor de seguridad asociado al material mucho más ajustado; γ_M, cercano a 1.2-1.3, frente a k_r y que puede llegar a ser hasta 2.3, el cual no incluye el efecto de la duración de la carga.

iv. En su estudio de vigas de tamaño estructural de Douglas-fir (*Pseudotsuga menziesii*), Madsen observó una distribución no gaussiana en la resistencia de flexión, y propuso la distribución Weibull[7.4], no simétrica, que resultó ser más precisa. Este procedimiento está en concordancia con el método de los estados límite últimos.

v. Por lo general, el hecho de partir como base con las *tensiones puras*, obliga a emplear un mayor número de coeficientes de modificación durante el cálculo lo cual, si bien permite diferenciar la influencia de cada factor de forma detallada, es más tedioso.

El principal territorio de aplicación del método de los estados límite último es Europa, en donde prácticamente todos los ensayos de madera se refieren a piezas estructurales. De hecho, en Europa este método de diseño es habitualmente referido como ULS (*Ultimate Limit State*).

El método de los estados límite último también es aplicado en Norteamérica. En concreto, el código de EE.UU. *National design specifications 2015* contempla la aplicación de este método junto con el método de las tensiones admisibles (*allowable stress design, ASD*). Sin embargo, la aplicación del método de los estados límite últimos en Estados Unidos presenta 2 particularidades importantes con relación a su aplicación en Europa:

1) La mayoría de los ingenieros actuales emplean el método de ASD en la práctica profesional, principalmente porque este fue introducido primero.

2) La aplicación del método de los estados límite último, en la práctica podría verse más bien como una especie de *conversión* del método ASD para trabajar como ULS. Esta afirmación se debe a que, en la práctica, en lugar de emplear valores resistentes medidos en probetas estructurales se hace una conversión de las tensiones admisibles para obtener las tensiones admisibles nominales, lo que aplicando un factor de conversión permite *obtener las resistencias a partir de las tensiones admisibles.* Finalmente, las resistencias se comparan con combinaciones de acciones que se factorizan (mayoran) respecto de las combinaciones de tensiones admisibles, denominando así a las acciones como acciones a nivel de resistencia (*strength level*). Por tanto, la aplicación de ULS en EE.UU. es más bien una conversión de ASD para trabajar con resistencias en lugar de tensiones, ver más detalles en la Sección 7.3. Para poder diferenciar esta práctica respecto de la práctica europea, el método de los estados límite últimos en EE.UU. será referido en este libro como LRFD (*Load Resistance Factored Design*), —lo que significa que las cargas y resistencias se obtienen precisamente a partir de mayorar (factorizar) las acciones y tensiones admisibles— en lugar de caracterizar piezas estructurales (*timber*) según el ULS europeo.

7.3 SEGURIDAD ESTRUCTURAL

Seguridad en el método de las tensiones admisibles

La verificación fundamental en ASD, consiste en comparar las tensiones producidas por las solicitaciones que son combinadas de acuerdo a las combinaciones ASD (f) con las *tensiones admisibles de diseño* (F_{dis}), las cuales se obtienen multiplicando las tensiones admisibles básicas (F_{bas}) por una serie de coeficientes de modificación (K_i) que dependen de las influencias mecánicas detalladas en el Capítulo 6, ver Figura 7.3. Por lo general estos factores de modificación reducen las tensiones básicas, aunque también es posible que en ciertos casos las aumenten (como por ejemplo debido a una carga de corta duración o carga compartida).

$$f = \frac{S}{A} \leq F_{dis} = F_{bas} \cdot K_i \text{ (Nomenclatura según NCh1198)}$$

Adicionalmente, y pese a que la metodología es análoga, se distingue la capacidad de carga de diseño de uniones (P_{dis}), la cual se obtiene a partir de la capacidad de carga básica (P_{bas}), multiplicada por los coeficientes de modificación correspondientes (K_i). Esta capacidad permite verificar si la solicitación que debe resistir una unión mecánica (S_{union}), calculada a partir de la combinación de acciones en nivel ASD, es inferior a su capacidad de carga

$$S_{union} \leq P_{dis} = P_{bas} \cdot K_i \quad \text{(Nomenclatura según NCh1198)}$$

Seguridad en el método de estados límite últimos

La verificación fundamental consiste en comparar las solicitaciones de diseño (E_d), con las resistencias de diseño (f_d). Estas resistencias se obtienen fundamentalmente multiplicando la resistencia característica (f_k) por un factor de modificación que tiene en cuenta el efecto de la humedad, la temperatura y la duración de la carga (k_{mod}) y dividiéndolas por el factor de seguridad del material (γ_M), el cual depende fundamentalmente de la variabilidad esperada del material que se verifica, y habitualmente toma valores entre 1,1 y 1,3:

$$E_d = \frac{S}{A} \leq f_d = k_{mod} \cdot \frac{f_k}{\gamma_M} \quad \text{(Nomenclatura según Eurocódigo 5)}$$

La resistencia característica puede estar pre-multiplicada por otros pocos factores, como por ejemplo factores que toman en cuenta el efecto volumen (k_h y k_{vol}) o la carga compartida (k_{sys}).

Dado que la comparación se efectúa con la resistencia que se supone última, este método se denomina comprobación de *estados límite últimos* (ULS). De forma análoga, el Eurocódigo establece una comprobación *límite de servicio*, y de *durabilidad*. Ver un resumen de la aplicación de este método en la Figura 7.3.

Por su parte, la aplicación del método de los estados límite último en EE.UU., el LRFD, es muy parecido al método ASD. De hecho, las únicas diferencias son que:

- Las acciones son combinadas a nivel de resistencia, esto es según las combinaciones de LRFD, siendo estas mayores que las obtenidas según ASD.

- Por su parte, las resistencias de diseño son obtenidas a partir de las tensiones admisibles. Para ello, primero es necesario convertir las tensiones básicas admisibles a *tensiones nominales de diseño* mediante un *factor de conversión*, K_F, que adopta valores diferentes según el tipo de tensión (la mayoración es superior para modos de falla frágiles), ver Tabla 7.3.1

$$F_{bas,n} = F_{bas} \cdot K_F \quad \text{(Posible nomenclatura según NCh1198)}$$

TABLA 7.3.1 Factor de conversión K_F, para obtener tensiones básicas nominales a partir de las tensiones básicas.

Tensión admisible básica	Valor de K_F
Flexión	2,54
Tracción longitudinal	2,70
Cortante longitudinal	2,88
Compresión longitudinal	2,40
Compresión transversal	1,67
Rigidez para verificación de estabilidad (E_{min})	1,76

Posteriormente, las *resistencias básicas* se obtienen a partir de las tensiones básicas nominales, aplicando un factor de resistencia, ϕ, que análogamente al paso anterior, también depende del tipo de tensión admisible/resistencia, ver Tabla 7.3.2.

$$R_{bas} = F_{bas,n} \cdot \phi \quad \text{(Posible nomenclatura según NCh1198)}$$

TABLA 7.3.2 Factor de resistencia f, para obtener resistencias básicas a partir de las tensiones básicas nominales.

Tensión admisible básica	Valor de ϕ
Flexión	0,85
Tracción longitudinal	0,80
Cortante longitudinal	0,75
Compresión longitudinal	0,90
Compresión transversal	0,90
Rigidez para comprobación de estabilidad (E_{min})	0,85

De forma análoga a ASD, la *resistencia de diseño* se obtiene a partir de la resistencia básica aplicando los factores de modificación correspondientes. Los factores de modificación LRFD son idénticos a los ASD, a excepción del factor de modificación por duración de la carga, que en lugar de K_D, se aplica λ y se diferencia del anterior en que en LRFD las resistencias están basadas en acciones de corta duración. Así, por ejemplo, para cargas cortas tales como sismos $K_D = 1,6$ y $\lambda = 1$, mientras que para cargas permanentes (>50 años) $K_D = 0,9$ y $\lambda = 0,6$:

$$R_{dis} = R_{bas} \cdot K_i \cdot \lambda \quad \text{(Posible nomenclatura según NCh1198)}$$

Así es que la verificación fundamental LRFD resulta:

$$f_{LRFD} = \frac{S_{LRFD}}{A} \leq R_{dis} = R_{bas} \cdot K_i \cdot \lambda \quad \text{(Posible nomenclatura según NCh1198)}$$

Por otra parte, la verificación de uniones es análoga a lo anterior, solo que los factores para todo tipo de uniones son $K_{FU} = 2{,}16$ y $\phi_U = 0{,}65$ para todo tipo de uniones:

$$S_{union,LRFD} \leq P_{dis,LRFD} = K_{F,U} \cdot \phi_U \cdot P_{bas} \cdot K_i \cdot \lambda$$

(Posible nomenclatura según NCh1198)

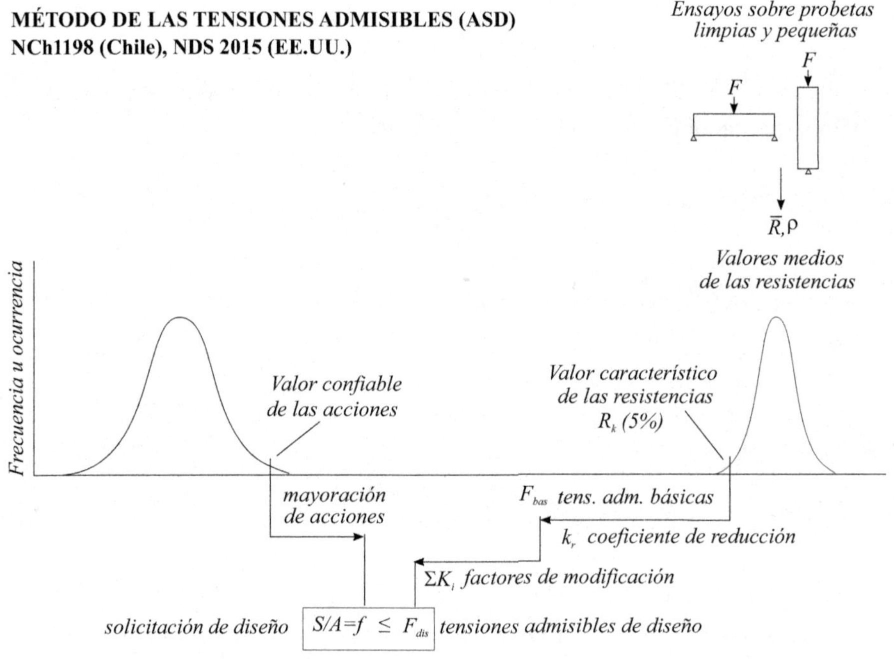

FIGURA 7.3 Fundamentos del método de las tensiones admisibles (ASD) y los estados límite últimos (ULS y LRFD).

MÉTODO DE LOS FACTORES DE CARGA Y RESISTENCIA (LRFD)
NDS 2015 (EE.UU.)

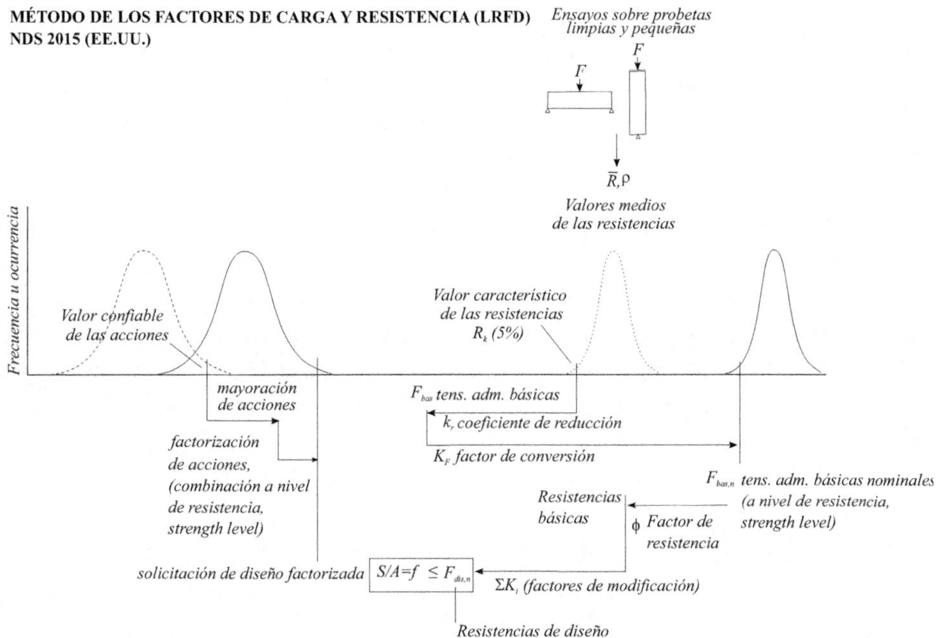

MÉTODO DE LOS ESTADOS LÍMITE
Eurocódigo 5 (Europa)

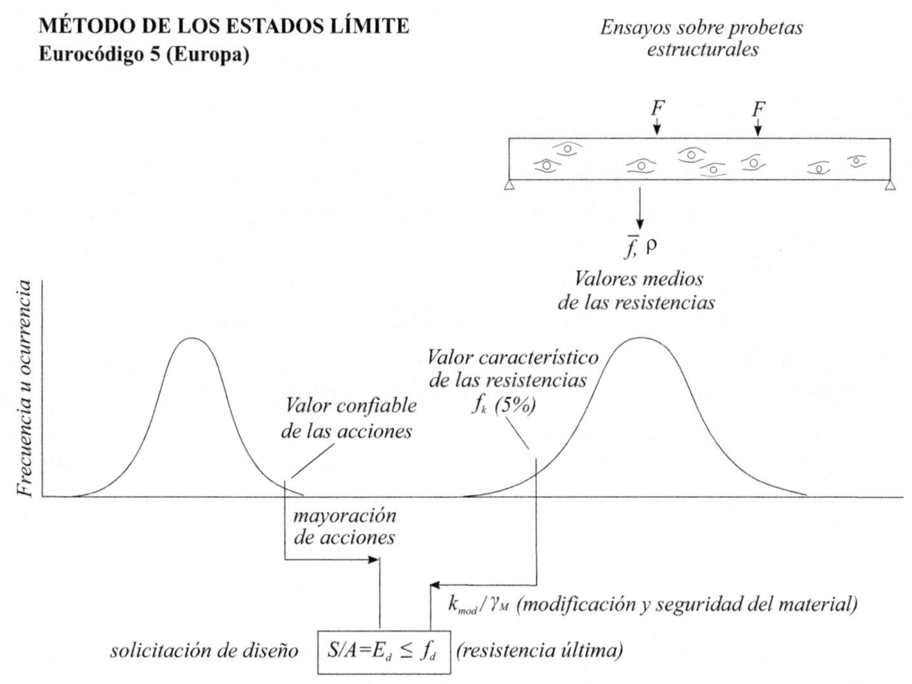

FIGURA 7.3 (CONTINUACIÓN)

7.4 LECTURAS ADICIONALES

NDS (2005). ASD/LRFD National Design Specification for Wood Construction. With Commentary and Supplement: Design values for wood construction. American Forest &Paper Association, American Wood Council AF&PA/AWC, Washington DC

Arriaga, F. (1985). Consideraciones sobre las normas para el cálculo de estructuras de madera. Boletín de la Sociedad española de cerámica y vidrio.

ASTM D 1990-07 (2011). Standard Practice for establishing allowable properties for visually graded lumber from in-grade tests of full-size specimens. American Society for Testing and Materials, West Conshohocken, PA

Baño, V.; Moya, L.; O'Neill, H.; Cardoso, A.; Cagno, M.; Cetrangolo, G.; Domenech, L. (2016). Documentos técnicos base para la normalización de estructuras y construcción con madera. ISBN 978-9974-0-1344-5

BS 5268. British Standard. Part 3. British Standards Institution, London.

Canadian Wood Council (1975). Determination of allowable stresses for Canadian lumber in Canada.CSA-086

EN 338 (2016).Structural timber-strength classes. Comité Europeo de Normalización. CEN, Bruselas.

EN 1995-1-1 (2006/A2:2015). Eurocódigo 5-Proyecto de estructuras de madera. Parte 1-1: Reglas generales y reglas para la edificación. Comité Europeo de Normalización CEN, Bruselas

EN 1995-1-2 (2011). Eurocódigo 5: Proyecto de estructuras de madera. Parte 1-2: Reglas generales. Proyectos de estructuras sometidas al fuego. Comité Europeo de Normalización CEN, Bruselas

EN 1995-2 (2010). Eurocódigo 5: Proyecto de estructuras de madera. Parte 2: Puentes. Comité Europeo de Normalización CEN, Bruselas

Madsen, B. (1975). Strength values for wood and limit states design. Canadian Journal of Civil Engineering, 2(3), 270-279

Madsen, B. (1978). In-grade testing [to derive allowable stresses for lumber]--problem analysis. Forest Prod J. 28(4): 42-50

NBR 7190 (1997). Projeto de estruturas de madeira. Associação Brasileira de Normas Técnicas ABNT, Río de Janeiro

NCh1198 (2014). Madera. Construcciones en madera. Cálculo. Instituto Nacional de Normalización INN, Santiago

Taylor, R. J. (2001). Designing with LRFD for Wood. American Wood Council

CAPÍTULO 8

DIMENSIONAMIENTO DE MIEMBROS ESTRUCTURALES

8.1 PLANTEAMIENTO GENERAL PARA ASIGNACIÓN DE PROPIEDADES MECÁNICAS

Independientemente de las comprobaciones típicas de cada solicitación y elemento estructural, en general siempre deben de ser considerados, el contenido de humedad, la temperatura, la duración de la carga y los tratamientos químicos en las piezas de madera. Por esa razón, en esta sección introductoria se detalla el procedimiento para considerar estos aspectos en el cálculo.

Por lo general, y pese a que la normativa permite el uso de madera verde, se desaconseja su uso estructural ya que tiene un mayor peso, menor resistencia mecánica y rigidez, menor resistencia a pudrición, menor capacidad de impregnación, menor aislamiento y menor capacidad de retención de conectores mecánicos. No obstante, es posible emplearla fundamentalmente en ambientes exteriores cuya humedad de equilibrio (*HE*) sea cercana al *20%*. De otro modo, su uso conlleva desventajas y riesgos muy importantes, como por ejemplo rajaduras de secado en zonas de unión, *deflexiones diferidas*[8.1] excesivas, o deformaciones no homogéneas que producen acabados de baja calidad y posibles excentricidades y esfuerzos inesperados.

8.2 ASIGNACIÓN DE PROPIEDADES EN CHILE

Humedad de construcción y clases de servicio de la madera

Se consideran dos tipos de humedades en la madera: el contenido de humedad con el que la madera llega a la construcción o *humedad de construcción* (H_c), y la *HE* esperada durante la vida útil en obra o *humedad de servicio* (H_s). H_c se determina comúnmente vía xilohigrómetro según NCh2827. Pese a que en rigor la madera en verde es aquella con humedad sobre el PSF, habitualmente $H_c \geq 30\%$, se considera madera verde toda aquella con $H_c \geq 20\%$. H_s se determina según su *clase de servicio* (T1 PG 5):

i. Para recintos cubiertos abiertos o madera a la intemperie se emplea **AD TD1 PG 144**. El uso es por tanto húmedo o seco, dependiendo de la ubicación.

ii. Para recintos cerrados con calefacción intermitente o sin calefacción se toma $H_s = 12\%$, es decir, uso en seco.

iii. Para recintos cerrados con calefacción continua se define $H_s = 9\%$, por tanto, uso en seco.

Además, según NCh1198, debe respetarse la condición: $H_c - H_s \leq 3\%$.

Asignación de las tensiones admisibles y el módulo elástico considerando la humedad

Existe la siguiente casuística y procedimiento para asignar las tensiones admisibles y el módulo elástico, considerando la humedad:

i. Pino radiata de cualquier contenido de humedad (H_c) y uso seco ($H_s \leq 12\%$). Las tensiones admisibles básicas y el módulo elástico se asignan según la clasificación visual o mecánica de acuerdo a **T4b PG 9**. Si la madera está en estado verde, $H_s \leq 12\%$ y $H_c \geq 20\%$, debe cumplir con 5.2.8.

ii. Pino radiata verde y uso húmedo ($H_s \geq 20\%$ y $H_c \geq 20\%$). Las tensiones admisibles básicas y el módulo elástico se asignan multiplicando las tensiones secas, **T4b PG 9**, por el coeficiente K_H definido en **T9 PG 12**.

iii. Pino radiata seco en uso húmedo ($H_s \geq 20\%$ y $H_c \leq 12\%$). Similar al anterior, pero el coeficiente K_H no minora al módulo elástico.

iv. Pino radiata con secciones comunes y contenidos de humedad intermedios ($12\% \leq H_c \leq 20\%$, $H_s < 20\%$ y $b \leq 100mm$). Se modifican las tensiones secas, **T4b PG 9**, por el coeficiente K_H definido a partir de **T8 PG 12**.

v. Otras especies en verde con uso húmedo ($H_s \geq 20\%$ y $H_c \geq 20\%$) o bien secas de gran escuadría ($b>100mm$). La asignación clases estructurales se realiza con **T6, PG 10** de acuerdo al agrupamiento de especies de **AA, TA1, PG 140** y la clasificación visual (NCh1207 y NCh1970). A partir de ahí, se determinan las tensiones admisibles básicas y el módulo elástico con **T4a, PG 8** y **T5, PG 9**.

vi. Otras especies con uso en seco y secciones comunes ($H_s \leq 12\%$ y $b \leq 100mm$). Procedimiento análogo anterior, pero la asignación de clases estructurales se realiza mediante **T7, PG 10**. Si la madera está en estado verde, $H_s \leq 12\%$ y $H_c \geq 20\%$, debe cumplir con 5.2.8.

vii. Otras especies secas en uso húmedo ($H_s \geq 20\%$ y $H_c \leq 12\%$). Las tensiones admisibles se determinan de acuerdo a v., y el módulo elástico a vi.

viii. Otras especies con secciones comunes y contenidos de humedad intermedios ($12\% \leq H_c \leq 20\%$, $H_s < 20\%$ y b≤$100mm$). Se minoran las tensiones secas, vi., de acuerdo al coeficiente K_H definido a partir de **T8 PG 12**.

Efecto de la duración de la carga (K_D)

Se minoran o mayoran las tensiones admisibles básicas en relación al tiempo de aplicación de la carga considerada en segundos (t), según la siguiente ecuación, ver una ilustración del efecto del coeficiente en la Figura 8.2

$$K_D = \frac{1,747}{t^{0,0464}} + 0,295$$

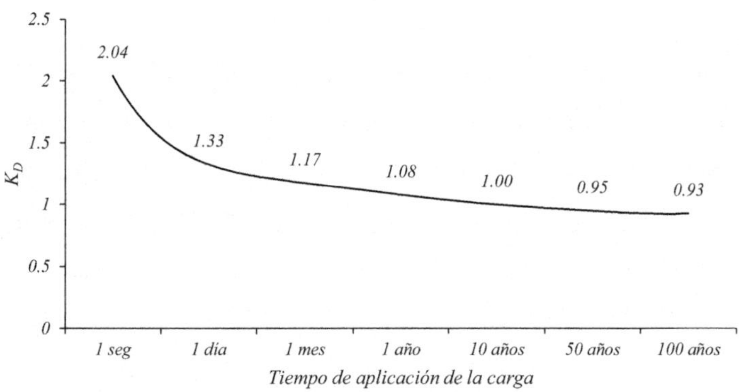

FIGURA 8.2 Ilustración del efecto de modificación de la carga según NCh1198; las tensiones admisibles son modificadas de acuerdo a la tensión de referencia en 10 años de duración.

Efecto de la Temperatura (K_T)

Tan solo se aplica cuando la temperatura es superior a 38 °C en periodos prolongados, ver Tabla 8.2.1.

TABLA 8.2.1 Factor de modificación de la temperatura K_T según NCh1198.

Valores de diseño referenciales	Contenido de humedad de servicio	K_T		
		T ≤ 38 °C	38 °C < T ≤ 52 °C	52 °C < T ≤ 67 °C
F_{tp}, E, E_k	Seco o verde	1	0,9	0,9
F_f, F_{ciz}, F_{cp} y F_{cn}	Seco ($H \leq 19\%$)	1	0,8	0,7
	Verde ($H > 19\%$)	1	0,7	0,5

Efecto de los tratamientos químicos (K_Q)

En el caso de que una pieza deba tratarse químicamente, la incisión debe realizarse de forma previa a la aplicación del tratamiento. De hecho, la NCh1198 contempla esta situación, y también la aplicación de ignífugos aplicados en ciclos de presión y vacío, ver Tabla 8.2.2. En caso de que se aplique cualquier otro procedimiento no consistente con lo anterior, el fabricante debe proveer los valores de disminución adecuados.

TABLA 8.2.2 Factor de modificación por tratamiento químico K_Q según NCh1198.

Para madera aserrada, previamente sometida a incisiones y cuyo espesor es 89 mm o menos			Para madera tratada con ignífugos mediante procesos de vacío y presión	
Condiciones en servicio	K_Q		K_Q	
	Para módulo de elasticidad	Para otras propiedades		
Verde	0,95	0,85	Madera aserrada	0,90
Seco	0,90	0,70	Postes	0,90
			Madera laminada encolada	0,90

8.3 DIMENSIONAMIENTO DE MIEMBROS EN FLEXIÓN SIMPLE

8.3.1 *Riesgos de los elementos en flexión*

En general las vigas de madera pueden sufrir 8 riesgos que se ilustran en la Figura 8.3.1.1, y se detallan en los siguientes párrafos.

Fallo en el borde flexo-traccionado

Es el modo de falla más habitual. Pese a que en la práctica se considera que la distribución de tensiones axiales es simétrica a lo largo de la sección transversal, las vigas sufren una distribución de tensiones asimétrica. Específicamente, dado que el módulo elástico es superior a tracción en relación a la compresión, la fibra neutra se encuentra ligeramente desplazada hacia el borde flexo-traccionado. Los defectos tales como nudos en esta zona, son especialmente críticos, debido a que la desviación de fibra local supone la generación de tracciones perpendiculares y de cortante, las cuales son especialmente desfavorables, ver Figura 8.3.1.2.

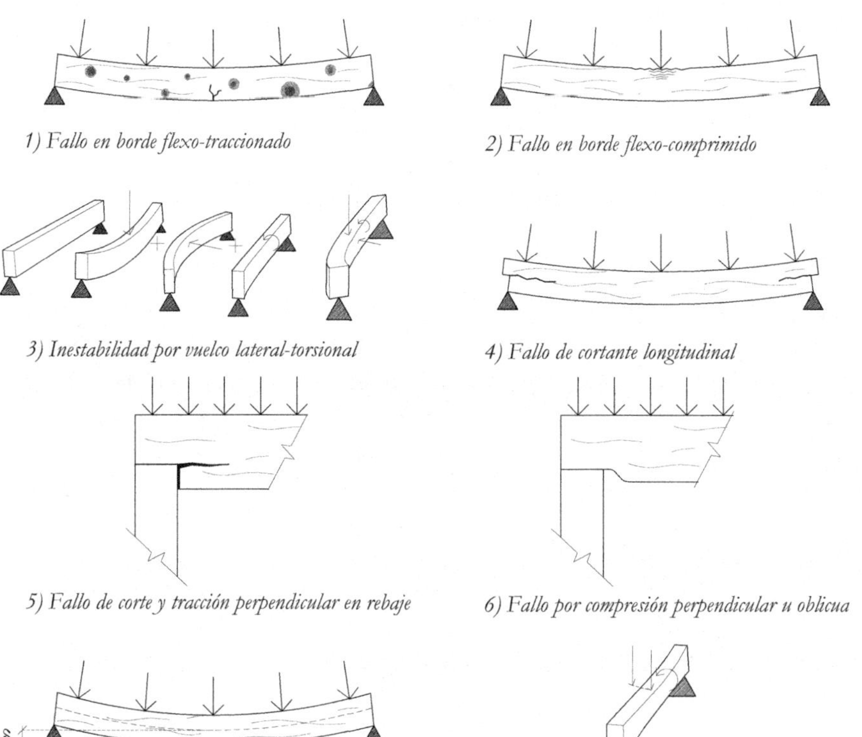

FIGURA 8.3.1.1 Posibles riesgos de vigas (y pilares-viga) simples sometidas a flexión estática.

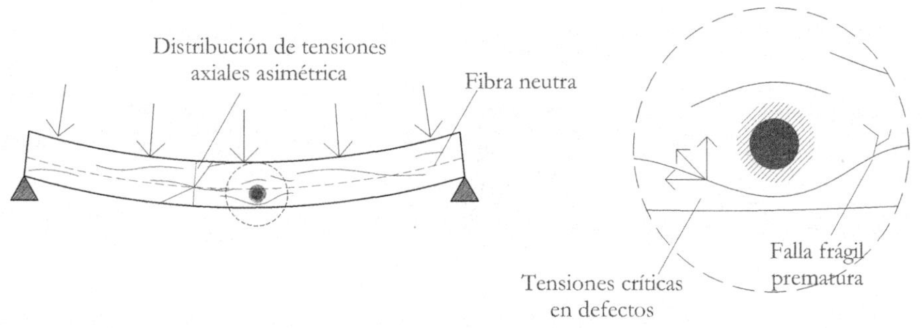

FIGURA 8.3.1.2 Típica distribución de tensiones asimétrica (descenso de fibra neutra) en vigas sometidas a flexión, y detalle de tensiones de cortante y perpendiculares a la fibra conducentes a roturas prematuras a como consecuencia de la presencia de nudos en el borde flexo-traccionado.

La tensión axial máxima en la viga puede estimarse como:

$$\sigma_{max} = \frac{M \cdot y}{I} = \frac{M}{W} \text{ , en secciones rectangulares } \quad W = \frac{bh^2}{6}$$

Fallo en borde flexo-comprimido

Este modo de falla es mucho menos habitual, tan sólo tiende a producirse en vigas con madera de muy alta calidad y pocos nudos. Sucede cuando borde flexo-comprimido entra en plasticidad. La entrada en plasticidad genera una no-linealidad en la distribución de tensiones en el borde comprimido, que a su vez genera desplazamiento adicional de la fibra neutra hacia el borde traccionado, ver Figura 8.3.1.3.

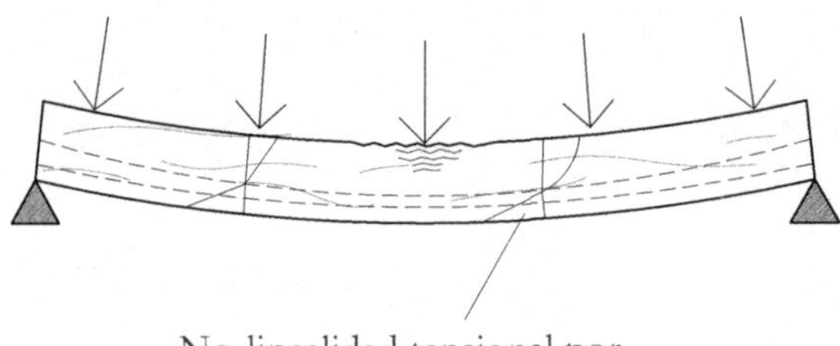

FIGURA 8.3.1.3 Típica distribución de tensiones con descenso adicional de la fibra neutra como consecuencia de la entrada en plasticidad en el borde flexo-comprimido de una viga de alta calidad. Este modo de fallo es poco común en vigas convencionales de madera.

Inestabilidad por vuelco lateral-torsional

Como ya se comentó anteriormente, la parte flexo-comprimida de una viga esbelta (con poca inercia respecto de su eje débil) sometida a una flexión simple producida por un momento flector constante también es susceptible de sufrir fenómenos de inestabilidad generando un vuelco lateral-torsional. El vuelco lateral-torsional es la desviación geométrica que se produce al desviar la sección transversal de una viga deflectada mediante un determinado desplazamiento lateral (pandeo) y al mismo tiempo una desviación rotacional (torsión), ver Figura 8.3.1.4. El momento crítico (M_{cr}) de la sección de una viga biapoyada vertical, y lateralmente sometida a un momento constante en toda la sección, resulta precisamente de relacionar las rigideces laterales y torsionales respecto de la luz o longitud efectiva de vuelco lateral (l_{ef}).

$$M_{y,crit} = \frac{\pi}{\ell_{ef}} \cdot \sqrt{E \cdot I_z \cdot G \cdot I_{tor}}$$

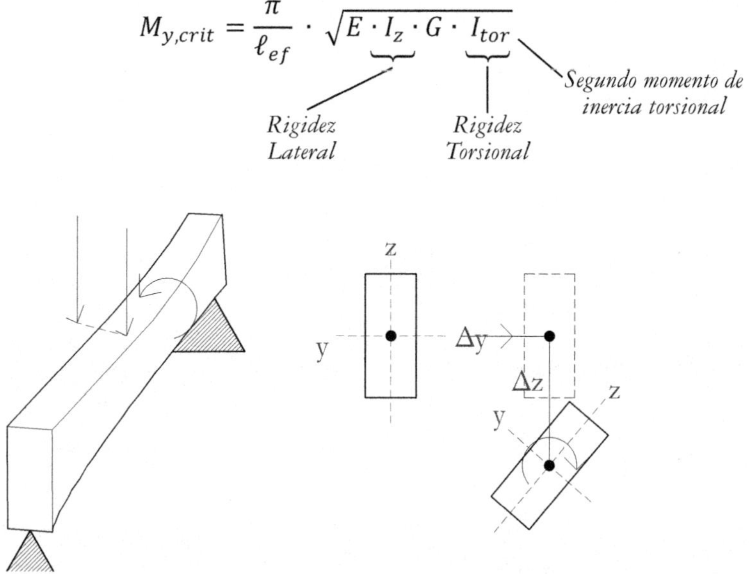

FIGURA 8.3.1.4 Ilustración del fenómeno de inestabilidad por vuelco lateral-torsional en vigas de madera. Además de la deflexión Δz provocada por un momento flector, una viga esbelta puede mostrar una desviación lateral Δy por el efecto del pandeo del borde comprimido, lo que provocaría una distribución de compresiones pronunciada sobre una esquina de la sección transversal, lo que a su vez causaría un giro rotacional de la sección (torsión).

Así, la tensión crítica es obtenida al relacionar M_{cr} con el módulo resistente de la sección, considerando rigideces características o mínimas:

$$\sigma_{crit} = \frac{M_{y,crit}}{W_y} = \frac{\pi \cdot \sqrt{E_k I_z \cdot G_k I_{tor}}}{l_{ef} W_y}$$

Dado que en muchas coníferas $G \approx E/16$, y los módulos resistentes y de inercia de secciones rectangulares son conocidos según b y h, es posible expresar la tensión crítica respecto de E, b, h y l_{ef}:

$$\sigma_{crit} = 0,78 \cdot \frac{E_k}{\dfrac{h \cdot l_{ef}}{b^2}} = 0,78 \cdot \frac{E_k}{\lambda_v^2}$$

Siendo λ_v la *esbeltez a vuelco lateral*. En los métodos de cálculo basados en tensiones admisibles, los coeficientes de modificación por vuelco lateral ($K_{\lambda v}$) se suelen calcular al relacionar la tensión crítica con la tensión admisible a flexión (F_f):

$$K_{\lambda v} \approx \frac{\sigma_{crit}}{F_f}$$

Donde la formulación específica de $K_{\lambda v}$ puede variar en los distintos códigos, de acuerdo al factor de seguridad que se le atribuya a la minoración de las rigideces y la relación entre G y E específica.

Si se tomase una viga esbelta con b y h definidos, y se fuese incrementando progresivamente su l_{ef}, se vería que el momento máximo que puede resistir obedece a una curva similar a la mostrada en Figura 8.3.1.5.

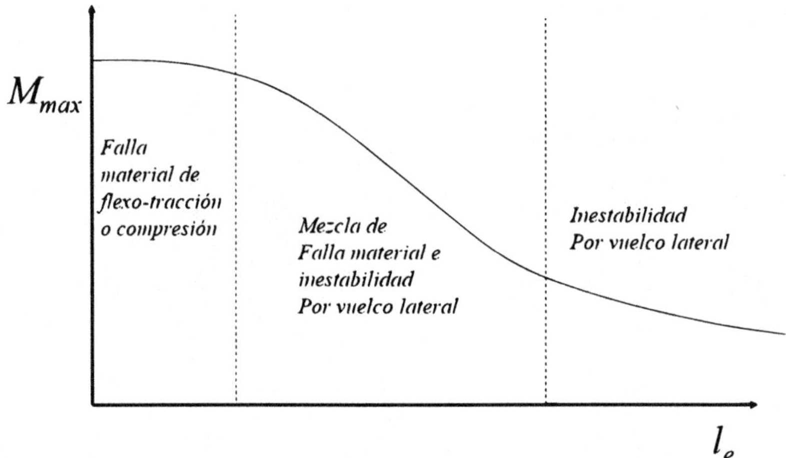

FIGURA 8.3.1.5 Ilustración de la variación del momento flector máximo soportado por una viga simple en función de la longitud eficaz de inestabilidad a vuelco lateral torsional.

Para longitudes reducidas, la viga tendería a fallar por flexión, en longitudes intermedias se obtendrían fallos de flexión y también fallos por inestabilidad, finalmente para grandes luces, la viga fallaría siempre por inestabilidad. Obviamente, lo mismo ocurriría al relacionar tensión crítica por vuelco (σ_{crit}) y la resistencia a flexión (F_f). Es decir, la variación del coeficiente de modificación de la resistencia a flexión por inestabilidad de vuelco lateral-torsional, $K_{\lambda v}$, muestra una relación similar respecto de la esbeltez al vuelco λ_v, ver Figura 8.3.1.6.

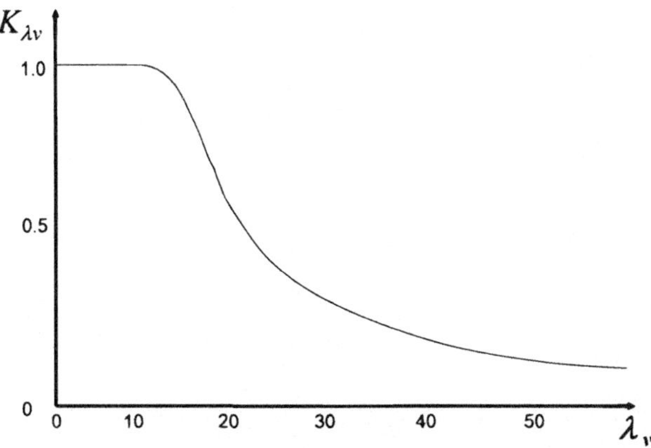

FIGURA 8.3.1.6 Ilustración de la variación del coeficiente de modificación de la resistencia a flexión por inestabilidad por vuelco lateral-torsional respecto de la esbeltez al vuelco de una viga sometida a flexión simple.

En la práctica, es muy habitual emplear arriostramientos intermedios que impiden el vuelco lateral-torsional de vigas esbeltas de forjados y cubiertas. Estos arriostramientos pueden ser:

i.   *Cadenetas*[8.2].

ii. *Varillas de acero de atado.*

iii. Atado de uno o ambos bordes a paneles estructurales o viguetas

iv. *Puenteado (crucetas)* o arriostramiento entre vigas con piezas de madera o acero, ver Figura 8.3.1.7.

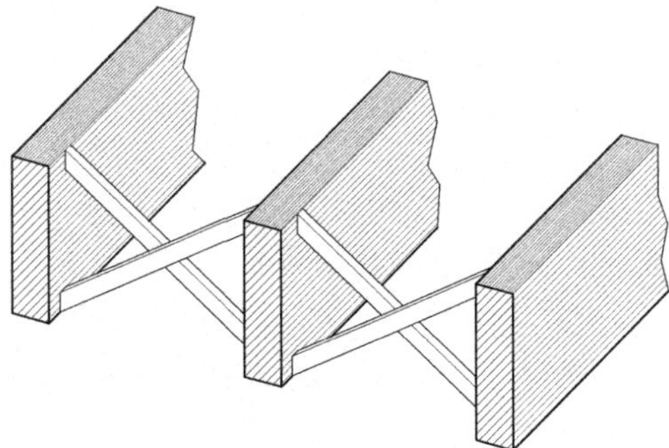

FIGURA 8.3.1.7 Uso de puenteado en vigas de madera para prevenir la inestabilidad por vuelco lateral-torsional.

Habitualmente, se permite despreciar el vuelco lateral cuando se proveen los arriostramientos indicados en la Tabla 8.3.1.1.

TABLA 8.3.1.1 Condiciones para despreciar la posibilidad de vuelco lateral-torsional en la NCh1198.

h/b	Arriostramiento lateral con espaciamiento	
<4		Sin arriostramiento
<5		Cadenetas o varillas de atado
<6.5	<610 mm	Borde comprimido atado con paneles o vigas
<7.5	<610 mm · <8 h	Borde comprimido y puenteado atado con paneles o vigas
<9		Ambos bordes

El razonamiento del momento y tensión crítica para la inestabilidad por vuelco lateral-torsional, se basa en la aplicación de un momento flector constante en una viga biapoyada. No obstante, es posible establecer una equivalencia entre dicho efecto y aquel sufrido por cualquier viga sometida a distintas cargas y condiciones de apoyo. Esta equivalencia se representa mediante un *factor de momento uniforme equivalente* (*m*). Por lo general, cuanto menos restringido es el movimiento lateral y torsional en los apoyos, y más uniforme es el momento en la viga, mayor es la probabilidad de vuelco lateral-torsional. Las equivalencias entre algunos tipos de cargas se representan en la Tabla 8.3.1.2.

Por lo tanto, se concluye que la inestabilidad por vuelco lateral-torsional depende de: (i) longitud efectiva; (ii) rigidez lateral y torsional; (iii) uniformidad del momento flector; (iv) libertad torsional entre apoyos.

TABLA 8.3.1.2 Factor de momento uniforme equivalente (m), para la estimación del riesgo de inestabilidad por vuelco lateral-torsional para vigas sometidas a diferentes condiciones de carga y restricciones de movimiento (basado en Blaß y Sandhaas 2017).

Caso de carga	Diagrama de momento exacto	m	Diagrama de momento uniforme equivalente
$M \quad M$		1.0	
M		0.57	
$M \quad M$		0.43	
F		0.74	
q		0.88	
$L/4 \quad F \quad F \quad L/4$		0.96	
F		0.69	
F		0.59	
q		0.39	

Fallo por cortante longitudinal

Las fuerzas perpendiculares al eje de la viga producen esfuerzos cortantes de cortadura (transversales), los cuales son siempre equilibrados por esfuerzos cortantes longitudinales. Entre estos dos tipos de cortantes, las piezas de madera siempre fallan por el cortante longitudinal, ya que la resistencia es significativamente inferior a la del cortante transversal. Según la teoría de vigas, la tensión máxima de corte (τ_{max}) se obtiene al relacionar la fuerza cortante (Q) y el primer momento de inercia o momento estático (S), respecto del segundo momento de inercia (I) y b, ver una ilustración en la Figura 8.3.1.8.

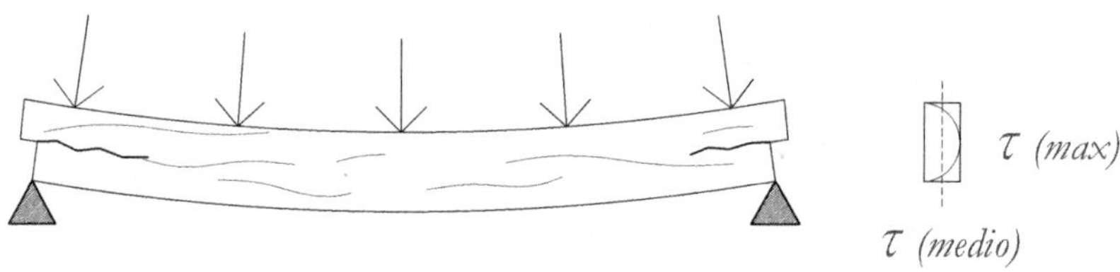

FIGURA 8.3.1.8 Típico fallo por cortante longitudinal cuando una viga es sometida a un cortante transversal. La distribución de tensiones en una sección transversal es parabólica con una tensión máxima en el centro de la sección.

$$\tau_{max} = \frac{Q \cdot S}{I \cdot b}$$

En secciones rectangulares, τ_{max} resulta ser 1.5 veces mayor que el cortante medio (τ_{medio}):

$$\tau_{max} = 1{,}5 \cdot \frac{Q}{A} = 1{,}5 \cdot \tau_{medio}$$

La falla por cortante longitudinal se suele producir cerca de los apoyos, donde los cortantes son máximos. En esa zona es además relativamente común la existencia de grietas de secado, las cuales reducen la sección efectiva que puede resistir el corte longitudinal. Esto se contempla en algunos reglamentos como el Eurocódigo, añadiendo un factor que reduce el ancho efectivo de la sección. Por otra parte, la fracción de la carga que se aplica cerca de la zona de apoyos, suele bajar directamente a los pilares por compresión normal a través de la viga, resultando en un efecto favorable que reduce el cortante máximo. Esto se contempla en algunas normativas como las norteamericanas, y chilenas, permitiendo omitir la contribución de las cargas cercanas al apoyo en el esfuerzo cortante, ver Figura 8.3.1.9.

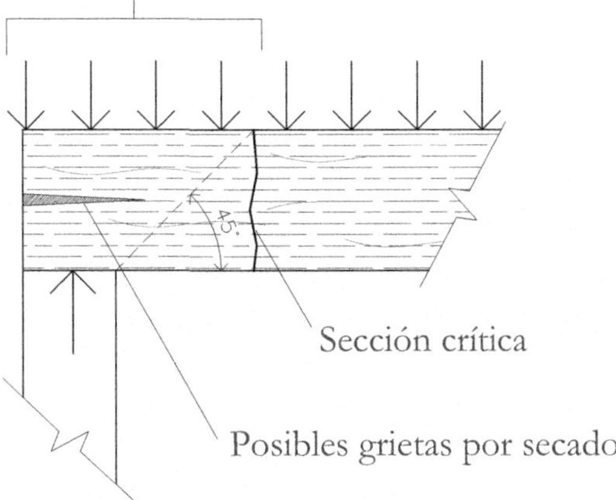

FIGURA 8.3.1.9 Efecto de grietas de secado y cargas en la zona de apoyos en relación al riesgo de falla por cortante longitudinal.

Fallo de corte y tracción perpendicular en rebaje o entalladura

Principalmente debido a razones constructivas, en algunas vigas de madera maciza, y más habitualmente en vigas de madera laminada, es habitual materializar rebajes especialmente cerca de los apoyos (Figura 8.3.1.10), que por un lado reducen la sección efectiva resistente de cortante, y por el otro pueden generar tracciones perpendiculares a la fibra. Ambos esfuerzos son especialmente críticos por lo que se pueden generar fallas frágiles que deben ser contempladas en el cálculo. La mayoría de los códigos de construcción, consideran este riesgo añadiendo un factor de modificación que penaliza directamente la comprobación de cortante. Es importante notar, que este riesgo de rotura se incrementa significativamente en vigas expuestas a condiciones medioambientales, ya que los cambios de humedad, especialmente en madera laminada, generan esfuerzos perpendiculares que contribuyen a los que se generan por el propio efecto de la entalladura. Por este motivo, es relativamente habitual incluir refuerzos como por ejemplo tornillos autoperforantes en esas zonas, con el fin de incrementar significativamente la resistencia al corte y la tracción perpendicular.

Por otra parte, ciertos tipos de perforaciones, como por ejemplo los huecos que se realizan en vigas de forjado para ejecutar las instalaciones de servicios, también generan concentraciones de tensiones y fallas similares, ver Figura 8.3.1.10). En algunos códigos, estas perforaciones tan sólo se tienen en cuenta reduciendo la sección eficaz, mientras que en otros se incluyen factores de modificación adicionales.

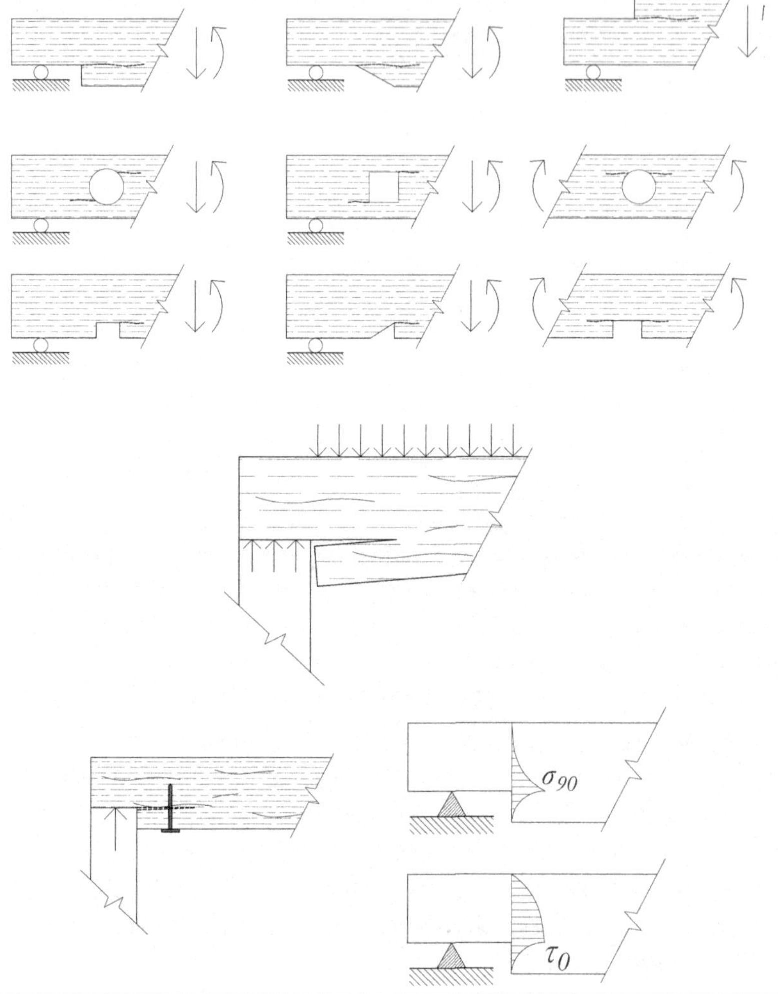

FIGURA 8.3.1.10 Riesgos de rebajes, entalladuras y perforaciones en vigas de madera; (arriba) rajaduras debidas a rebajes y perforaciones; (centro) típico fallo por concentración de tensiones en entalladura inferior recta; (abajo) posible refuerzo para evitar rajadura en entalladura, dada la distribución de tensiones normales y cortantes en plano de entalladura (basado en Blaß y Sandhaas 2017).

Fallo por compresión perpendicular u oblicua

Existe riesgo de fallo por compresión perpendicular en las zonas de apoyo de las vigas, incluyendo tanto las reacciones de apoyo al descansar sobre otras vigas o pilares, como las acciones del borde inferior ejercidas por viguetas, correas u otros elementos que puedan descansar sobre la viga en cuestión. Estas acciones se tornan especialmente importantes cuando las viguetas extremas descansan en la viga muy cerca de los apoyos, porque como ya se comentó, la carga baja directamente por compresión perpendicular generando una *compresión perpendicular doble* en la zona de apoyo, ver Figura 8.3.1.11. Algo similar ocurre también cuando la distancia entre apoyos es muy reducida, porque las tensiones se solapan. Nótese que además de la compresión perpendicular, los aplastamientos también producen una tracción paralela significativa a las fibras de borde.

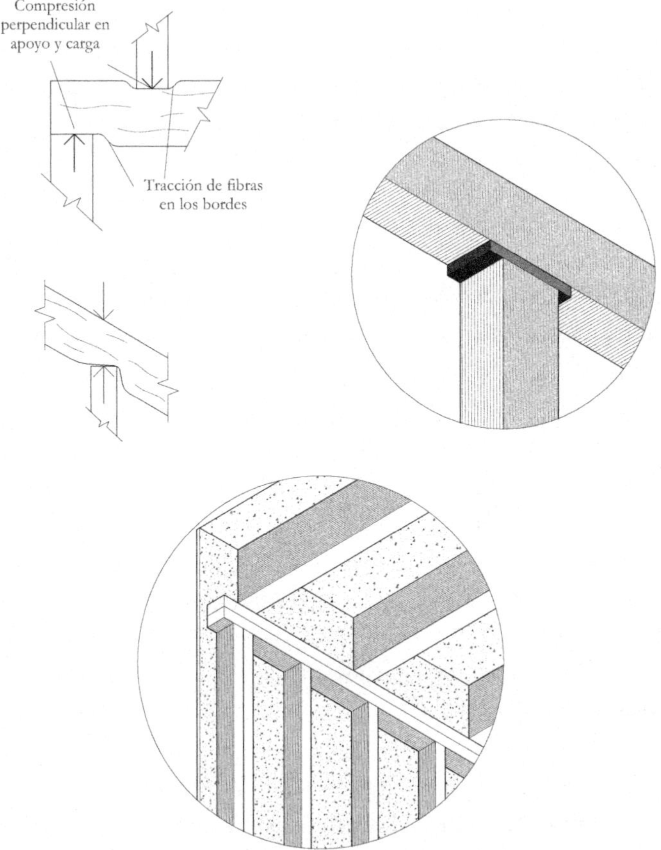

FIGURA 8.3.1.11 Riesgos compresiones normales a la fibra; (izquierda) riesgo de apoyo doble y compresión oblicua; (derecha) incremento de resistencia mediante placa de apoyo en pilar; (abajo) zonas críticas de aplastamiento en solera por acción de envigado en entramado ligero.

En algunas zonas de entramado ligero, donde las vigas suelen ser de una altura bastante reducida, se generan problemas si las construcciones incluyen varios pisos, ya que la carga se va acumulando hasta el diafragma del primer piso. Por ese motivo, es relativamente habitual emplear apoyos metálicos, o de maderas muy resistentes como latifoliadas o LVL que, teniendo una mayor resistencia al aplastamiento, pueden además incrementar la superficie de apoyo disminuyendo la solicitación en las vigas. Incluso en algunos casos es necesario el uso de perfiles metálicos u otros dispositivos que permiten colectar la carga perpendicular y transferirla directamente a las columnas o muros.

La comprobación de aplastamiento en los códigos, suele realizarse comparando la resistencia a la compresión perpendicular y el empleo de un factor de modificación que penaliza fundamentalmente los riesgos de compresión perpendicular doble. En algunas vigas, como por ejemplo vigas de cubierta, es muy habitual que la carga se genere de forma oblicua a las fibras tal como se muestra en la Figura 8.3.1.11. En estos casos las comprobaciones se realizan con la tensión perpendicular oblicua calculada a partir de la fórmula de Hankinson.

Deflexión excesiva

La flexión excesiva es un factor muy limitante en el diseño de vigas de madera, debido principalmente a las condiciones de servicio. De hecho, esta limitación conlleva habitualmente la necesidad de emplear piezas de mayor calidad (rigidez) en envigados en relación a los postes, y también acarrea consecuencias muy relevantes en las luces máximas que se pueden materializar en forjados de madera. Pese a que la deflexión excesiva es una cuestión principalmente estética, puede involucrar otros riesgos, como por ejemplo generar daño de paneles rígidos y terminaciones, y perjudicar el confort por vibraciones excesivas de pisos.

Como ya se comentó, la deflexión se incrementa significativamente con el tiempo, lo que se denomina *deformación diferida* o *creep*, especialmente durante el secado de maderas en verde, y en general aquellas maderas sometidas a cambios significativos de humedad y temperatura (*creep de mecanosorción*). Es muy habitual que vigas de grandes luces, tales como vigas compuestas, celosías, o productos de ingeniería de madera como por ejemplo MLE o LVL incluyan en el proceso de fabricación una *contraflecha*. Esto es generar una curvatura de flecha similar a la esperada en la realidad, pero en sentido contrario, permitiendo así mejorar substancialmente la serviciabilidad. La verificación de la deflexión varía mucho en los distintos países. Cada código establece sus propios límites en función del tipo de uso de la construcción y la forma de considerar la deformación diferida. Lo que resulta común, es la consideración de un módulo elástico característico o de diseño para verificaciones de servicio, a diferencia del módulo elástico medio que suele emplearse en las verificaciones de resistencia.

Torsión

En determinadas situaciones, es posible que las vigas estén sometidas a cargas con cierta excentricidad lateral, como por ejemplo en vigas de escalera, o bien, es posible que la viga presente ciertas irregularidades geométricas que provocan excentricidad lateral, ver Figura 8.3.1.12. En ambos casos, las cargas generan esfuerzos de torsión que es necesario verificar. De acuerdo a la teoría de vigas, el esfuerzo cortante torsor se obtiene al relacionar el momento torsor con el módulo resistente de torsión:

$$\tau_{tor} = \frac{M_T}{W_T}$$

En secciones rectangulares, Timoshenko estableció la relación de las tensiones cortantes con b, h y un coeficiente α que depende de la relación b/h, ver Tabla 8.3.1.3.

$$\tau_{tor} = \frac{M_T}{\alpha \cdot h \cdot b^2}$$

TABLA 8.3.1.3 Factor a para estimación de tensiones máximas cortantes en secciones rectangulares sometidas a torsión.

b/h	1,00	1,50	1,75	2,00	2,50	3,00	4,00	6,00	8,00	10,00	∞
α	0,208	0,231	0,239	0,246	0,258	0,267	0,282	0,299	0,307	0,313	0,333

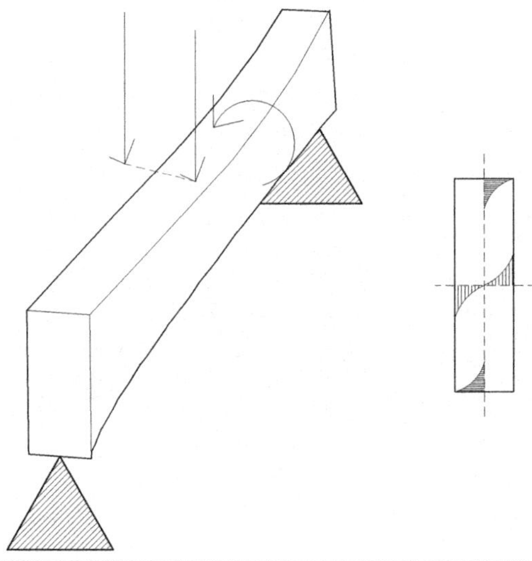

FIGURA 8.3.1.12 Viga sometida a torsión por acción excéntrica y distribución de tensiones cortantes máximas en la sección transversal (basado en Blaß y Sandhaas 2017).

La verificación de la torsión no se recoge en la ASD ni NCh1198. Sin embargo, de acuerdo al Eurocódigo 5, la verificación de este esfuerzo se realiza frente a la resistencia al corte de diseño, $f_{v,d}$, la cual es multiplicada por un factor de forma de la sección transversal (k_{shape}):

$$\tau_{tor,d} \leq f_{v,d} \cdot k_{shape}$$

$$k_{shape} = \begin{cases} 1,2 & \text{Para secciones circulares} \\ min \begin{cases} 1 + 0,15\, \dfrac{h}{b} \\ 2,0 \end{cases} & \text{Para secciones rectangulares} \end{cases}$$

8.3.2 *Verificaciones en Chile*

8.3.2.1 *Vigas simples rectangulares*

Generalidades

i. Las vigas continuas se consideran como una serie de vigas biapoyadas, excepto en vigas de cubierta, y siempre que los empalmes estén detallados en los planos.

ii. Las reacciones de apoyo de vigas continuas de 3 o más vanos, pueden determinarse como vigas biapoyadas si la relación de luces consecutivas está entre *0.66* y *1.5*.

iii. En vigas biapoyadas la luz es igual a la distancia entre bordes internos de columnas o apoyos, más *0.5* la superficie de apoyo.

iv. Las secciones mínimas de las piezas estructurales se especifican en **PG 14 7.1.2**. Esto aplica para todo tipo de solicitaciones.

v. En flexión, tracción, corte y torsión es necesario considerar las perforaciones y rebajes reduciendo la *sección transversal efectiva*. En compresión se pueden ignorar, siempre que no se haga una verificación de inestabilidad y la perforación o rebaje contenga un material (o vacío) de menor módulo elástico que la madera original. Esto aplica para todas las solicitaciones.

1.- Fallo en zona flexo-traccionada

$$f_f = \frac{M}{W} \leq F_{ft,dis} = F_f \cdot K_H \cdot K_D \cdot K_T \cdot K_Q \cdot K_C \cdot K_{hf}$$

Siendo:

K_C, factor de trabajo en conjunto, = 1 excepto:

- K_C = *1.15*, con 3 o más elementos paralelos y solidarios a distancias menores de *610 mm*.

K_{hf}, modificación por altura en madera aserrada, = 1 excepto:

- $$K_{hf} = \left(\frac{90}{h}\right)^{1/5}$$, pino radiata con $h \geq 90$ *mm* clasificado visualmente o mecánicamente según EU.

- $$K_{hf(MPG10)} = \left(\frac{160}{h}\right)^{1/3} \text{ o } K_{hf(MPG12)} = \left(\frac{160}{h}\right)^{1/2}$$, pino radiata con $h \geq 160$ *mm* clasificado mecánicamente según norma australiana.

- $$K_{hf} = \left(\frac{50}{h}\right)^{1/9}$$, otras especies con $h \geq 50$ *mm*.

2.- Fallo en zona flexo-comprimida (incluye vuelco lateral-torsional)

$$f_f = \frac{M}{W} \leq F_{fv,dis} = F_f \cdot K_H \cdot K_D \cdot K_T \cdot K_Q \cdot K_C \cdot K_{\lambda V}$$

Siendo:

$K_{\lambda V}$, modificación por volcamiento:

i.   = 1 si se impide el vuelco lateral-torsional en el borde comprimido de acuerdo a 7.2.2.5.2 y 7.2.2.5.3

ii.   En el resto de los casos:

$$K_{\lambda v} = \frac{1 + \left(F_{f,E}/F_{f,dis}^*\right)}{1,9} - \sqrt{\left[\frac{1 + \left(F_{f,E}/F_{f,dis}^*\right)}{1,9}\right]^2 - \frac{F_{f,E}/F_{f,dis}^*}{0,95}}$$

con:

$F_{f.dis}^*$: Tensión admisible de flexión, ponderada por todos los factores de modificación aplicables, excepto K_{hf} y $K_{\lambda V}$

$F_{f.E}$ = $F_{f.dis}$ = $\dfrac{C_{fE} \cdot E_{dis}}{\lambda_v^2}$

C_{fE} $\quad\quad = 0,745 - 1,225\,(C_{VE})$

$\quad\quad\quad\quad\quad$: 0,439 para madera aserrada clasificada visualmente.

$\quad\quad\quad\quad\quad$: 0,561 para madera aserrada clasificada mecánicamente.

$\quad\quad\quad\quad\quad$: 0,610 para productos con $C_{VE} \leq 0,11$

$\quad\quad\quad\quad\quad$ C_{VE} : coeficiente de variación del módulo de elasticidad.

Donde $E_{dis} = Ef*KH*KhE$, donde KhE es la minoración del módulo elástico, solo aplicable a piezas aserradas de pino radiata de una altura menor de 180 mm de

acuerdo a $K_{hE} = \left(\dfrac{h}{180}\right)^{1/4} \geq 0.67$, y $\lambda_V = \sqrt{\dfrac{l_V \cdot h}{b^2}} \leq 50$ es la esbeltez de volca-

miento, con longitud efectiva de volcamiento, l_V, según T10, PG 17, y teniendo en cuenta que la longitud entre apoyos, l_a:

i.　En vigas biapoyadas = luz interior entre apoyos + 0.5 longitud requerida en apoyo.

ii.　En vigas continuas = luz entre centros de apoyo.

iii.　Con costaneras que impiden vuelco en zona comprimida = luz entre costaneras.

iv.　En vigas con movimiento lateral-torsional restringido = 0.

3.- Fallo por cortante longitudinal (incluye falla por rebaje)

$$f_{cz} = 1,5\frac{Q}{A} \leq F_{cz,dis} = F_{cz} \cdot K_H \cdot K_D \cdot K_T \cdot K_Q \cdot K_r$$

Siendo:

Q la carga cortante. Para el caso de vigas soportando la carga en una superficie opuesta a la de la aplicación de carga, es posible (ver Figura 8.3.2.1):

i.　Despreciar las cargas uniformes a una distancia inferior a h.

ii.　Minorar las cargas puntuales a una distancia inferior a h, con un coeficiente x/h, donde x es la distancia a la carga puntual.

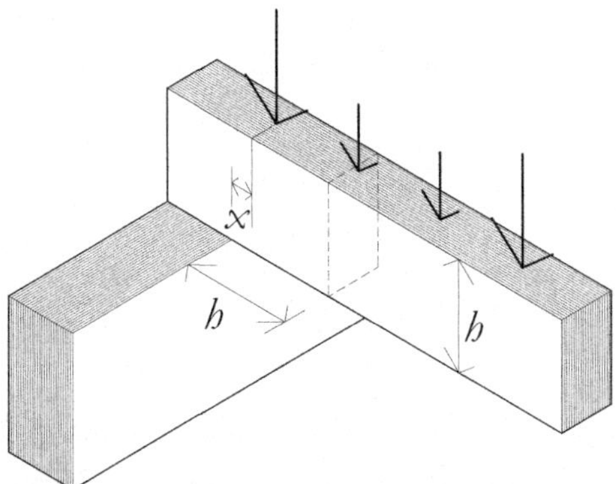

FIGURA 8.3.2.1 Minoración de cargas en apoyos para cálculo de esfuerzo cortante (basado en NDS 2015).

h es la altura efectiva de la viga, incluyendo:

- La altura vertical total (h) en vigas sin rebajes.

- La altura vertical excluyendo el rebaje (h_r) en vigas con rebajes.

K_r, el factor de modificación por rebaje:

- Para rebajes inferiores, T11, PG 23

- Para rebajes superiores, T12, PG 24

4.- Fallo por compresión perpendicular u oblicua

$$f_{cn} = \frac{R}{A} \leq F_{cn,dis} = F_{cn} \cdot K_H \cdot K_T \cdot K_Q \cdot K_{cn}$$

o en compresiones oblicuas:

$$f_{c\alpha} = \frac{R}{A} \leq F_{cn,dis} = F_{c\alpha} \cdot K_H \cdot K_T \cdot K_Q \cdot K_{cn}$$

K_{cn}, el factor de modificación por compresión normal:

Mayora la tensión admisible según $K_{cn} = \left(\dfrac{150}{l}\right)^{1/4} \leq 1{,}80$

i. si la distancia entre aplastamientos > *150mm*, superficie de un aplastamiento $\leq$*150mm*, distancia al extremo $\geq$*100mm* (con h > *60mm*) o $\geq$ *75mm* (con$\leq$ *60mm*).

ii. Minora la tensión admisible con 0.8 en caso contrario.

Nótese que, según NCh1198, K_D no se aplica en la verificación de compresión normal a la fibra.

5.- Flexión excesiva

$$\delta_{tot} = \delta_e \left(1 + \rho \cdot \frac{g}{q}\right) + \delta_Q \left(1 + 2\rho \cdot \frac{g}{q}\right) \leq \delta_{adm}$$

Siendo δ_{tot} la deformación total, δ_e la deformación elástica debida a esfuerzos axiales, δ_Q la deformación elástica debido a esfuerzos de corte, ρ el factor de creep, g las cargas permanentes, q las cargas totales y δ_{adm} la deflexión admisible definida como se indica en la Tabla 8.3.2.1.

TABLA 8.3.2.1 Limitaciones de flecha según NCh1198.

Tipos de vigas	Deformaciones máximas admisibles	
	Sobrecarga	Peso propio más sobrecarga
1. Vigas de techo		
1.1 Construcciones industriales		L/200
1.2 Oficinas o construcciones habitacionales		
1.2.1 Con cielos enyesados o similares	L/360	L/200
1.2.2 Sin cielos enyesados o similares		L/200
2. Vigas de piso		
2.1 Construcciones en general	L/360	L/300
2.2 Puentes carreteros	L/360	

i. Se debe emplear el valor característico E_{fk} del módulo elástico, definido en **T4**. Esto se encuentra actualmente en discusión por resultar muy restrictivo. La propuesta del uso del módulo característico es porque se cree que los límites de flecha superiores no son suficientes para controlar las vibraciones en determinados entrepisos.

ii. El módulo de diseño se obtiene como $E_{dis} = E_{fk} K_H K_{hE}$, donde la minoración del módulo elástico por factor de altura solo es aplicable a piezas aserradas de

pino radiata con altura inferior a 180mm $K_{hE} = \left(\dfrac{h}{180}\right)^{1/4} \geq 0.67$

iii. Las condiciones de contraflechas se definen en 7.2.4.7.

iv. El creep solo se considera cuando cargas permanentes $g>0.5q$. En tal caso, δ_{tot} considera la deformación elástica (δ_e), más la deformación diferida que se obtiene al multiplicar la deformación elástica por el factor de creep (ρ, relación entre def. diferida y def. elástica), el cual está ponderado por la importancia de las cargas permanentes (g/q):

$$\delta_{tot} = \delta_e \left(1 + \rho \cdot \frac{g}{q}\right)$$

$$\rho = \frac{1}{k_\delta} - 1$$

siendo: $\rho = \dfrac{1}{k_\delta} - 1$

con: $k_\delta = \dfrac{3}{2} - \dfrac{g}{q}$ si H<15%,

y: $k_\delta = \dfrac{5}{3} - \dfrac{4}{3} \cdot \dfrac{g}{q}$ si H$\geq 15\%$

v. En vigas biapoyadas con $L/h < 20$ se recomienda adicionar la deformación debida al cortante (δ_Q), y si corresponde, la deformación total de cortante considerando el creep ($\delta_{Q,tot}$), el cual considera el doble del creep correspondiente a la flexión (G puede tomarse como $E/16$):

$$\delta_Q = \frac{1,2M}{G\,A}$$

$$\delta_{Q,tot} = \delta_Q \left(1 + 2\rho \cdot \frac{g}{q}\right)$$

6.- Torsión

No normalizado; se recomienda emplear el método del Eurocódigo 5 definido en la sección anterior.

8.3.2.2 *Vigas simples circulares*

Generalidades

i. Existen 4 condiciones de humedad propias de piezas circulares, las cuales se establecen en T20, PG 60, en función de H_c y H_s.

ii. Las tensiones admisibles y rigideces se especifican para pino radiata y eucalipto *en verde* en T21, PG 60. Si el uso es en seco, se mayoran las propiedades mecánicas con K_s., según lo especificado en T20, PG 60.

iii. Los factores que aplican en las comprobaciones son K_D, K_d (en caso de desbastado o alisaduras), K_{pv}, (piezas que emplean tratamiento por ciclos de presión y vacío) y K_s. Nótese que K_H no aplica, porque se parte de madera en verde.

Verificación de flexión

La única verificación específica consiste en comparar la tensión de trabajo en flexión, calculada a partir del diámetro (D) o bien el perímetro (C), frente a la tensión admisible en flexión:

$$f_f = \frac{32 \cdot M}{\pi D^3} = \frac{32 \cdot \pi^2 \cdot M}{C^3} \leq F_{f,dis} = F_f \cdot K_D \cdot K_T \cdot K_d \cdot K_{pv} \cdot K_s$$

El resto de verificaciones debe ser abordado de acuerdo a lo expuesto en la sección anterior.

8.3.2.3 *Vigas de MLE y LVL*

Generalidades

i. La NCh2165, define las tensiones admisibles de los grados A y B de laminaciones de pino radiata para MLE. Además, establece un procedimiento relativamente complejo para poder calcular las tensiones admisibles básicas de piezas de MLE a partir de las tensiones admisibles de las laminaciones, y según el tipo (vertical y horizontal), número, y configuración (vigas homogéneas e híbridas) de MLE.

ii. Dichas tensiones admisibles básicas son válidas cuando $Hs < 16\%$. En caso contrario se define K_H como se indica en la Tabla 8.3.2.3

TABLA 8.3.2.3 Factor de modificación por contenido de humedad, K_H, para vigas de madera laminada con $H_s \geq 16\%$.

Tensión admisible	Factor de ajuste para condiciones de servicio húmedo
Flexión	0,800
Compresión paralela a la fibra	0,730
Tracción paralela a la fibra	0,800
Módulo de elasticidad	0,833
Cizalle	0,875
Compresión normal a la fibra	0,667
Tracción normal a la fibra	0,875

iii. El código chileno no incorpora LVL, debido a que su producción aún no se ha extendido en Chile. Se recomienda emplear las tensiones admisibles facilitadas por el proveedor/país correspondiente. No obstante, las fórmulas de cálculo de LVL son idénticas a las de MLE en la mayoría de países; tan sólo suelen cambiar los coeficientes (mayor homogeneidad en LVL).

1.- Fallo en zona flexo-traccionada

$$f_f = \frac{M}{W} \leq F_{ft,dis} = F_f \cdot K_H \cdot K_D \cdot K_T \cdot K_Q \cdot K_V$$

Donde:

K_D, K_T y K_Q son idénticos a la madera aserrada.

K_H se definió en la tabla anterior.

K_V es el factor específico para MLE y LVL que contempla el efecto tamaño:

i. Para MLE :

$$K_v = \left(\frac{6{,}40}{L}\right)^{1/10} \cdot \left(\frac{300}{h}\right)^{1/10} \cdot \left(\frac{135}{b}\right)^{1/10} \leq 1{,}0$$

siendo L la distancia entre puntos con momento nulo.

ii. Para LVL no está normalizado. Sin embargo, el Eurocódigo asigna la misma influencia del volumen que para MLE. Si los valores de tensión admisible para LVL fueron obtenidos en tamaños similares a los de MLE esta estimación estaría por el lado de la seguridad ya que el efecto de los defectos es inferior en LVL.

2.- Fallo en zona flexo-comprimida

$$f_f = \frac{M}{W} \leq F_{fv,dis} = F_f \cdot K_H \cdot K_D \cdot K_T \cdot K_Q \cdot K_{\lambda V}$$

Donde $K_{\lambda V}$ es similar a la madera aserrada, con la excepción de que el factor F_{fE} se calcula como:

$$F_{fE,ml} = \frac{0{,}61 \cdot E_{dis}}{\lambda_V^2}$$

3.- Resto de verificaciones

Se calculan igual que la madera aserrada teniendo en cuenta la diferencia de K_H, y que K_C por lo general no se aplica (la separación entre vigas suele ser mayor de $610mm$). Además, se contemplan las siguientes particularidades:

i.   En el cálculo de las deformaciones, se contempla la contraflecha, y en la deformación debida al cortante se asume un $G = E_f/15$. La contraflecha mínima de 1.5 veces la deformación instantánea producida por las cargas permanentes.

ii. Se establecen los límites de los rebajes en 10.6.

8.3.3 *Riesgos singulares en vigas de canto variable y/o curvas*

La madera laminada y microlaminada se ha empleado por décadas para cubrir mayores luces que la madera maciza, y además hace posible la fabricación de piezas que no sean rectas. Por este motivo, es bastante habitual observar vigas de canto variable y/o curvo tal como se muestra en la Figura 8.3.3.1 para las tipologías más habituales. Nótese que habitualmente se ha empleado MLE y LVL para este tipo de vigas, pero en los últimos años se ha introducido también el uso de CLT, esto para neutralizar las tensiones perpendiculares que comúnmente se generan en esta tipología de vigas, tal como se muestra posteriormente.

En esta sección se presenta el cálculo de 4 de los tipos de vigas que de MLE y LVL con sección variable y/o curva. Estos son los tipos de vigas que más habitualmente están normalizados en los códigos de construcción. No obstante, para otro tipo de geometrías suelen emplearse modelos analíticos o elementos finitos, mientras que el cálculo de las vigas de CLT requiere otras consideraciones. Ambos aspectos se introducen en el libro *"Conceptos avanzados del diseño estructural con madera. Parte I"*.

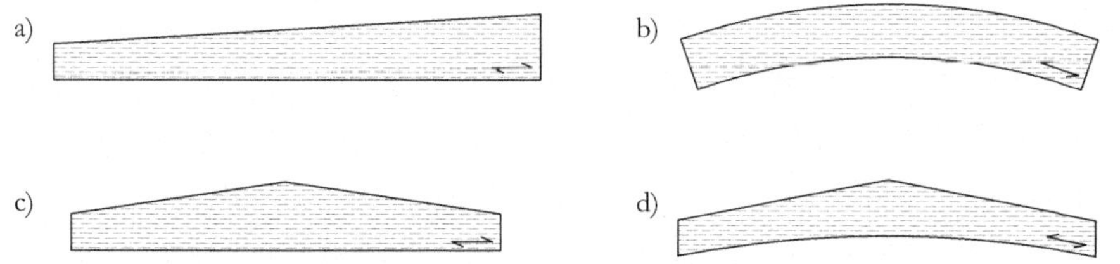

FIGURA 8.3.3.1 Principales tipos de vigas de MLE y LVL con canto variable y/o curvo, incluyendo: (a) viga a un agua; (b) viga a dos aguas con sección constante y vértice curvo; (c) viga a dos aguas; (d) viga a dos aguas con sección variable e intradós curvo.

Las ventajas que ofrecen estos tipos de vigas con canto variable y/o curvo son:

i. Optimización por empleo de material en zonas con mayores solicitaciones.

ii. Facilidad de ejecución de cubiertas con pendientes.

iii. Ejecución de cubiertas curvas.

iv. Mayores espacios interiores.

v. Menor altura necesaria en muro para una altura de edificación determinada.

Sin embargo, en la flexión pura de estas vigas, además de esfuerzos axiales, también se generan concentraciones de tensiones cortantes y perpendiculares a la fibra. Adicionalmente, la distribución de tensiones axiales en la sección transversal de las piezas no es lineal. Por este motivo, es necesario analizar una serie de riesgos que se detallan a continuación y se ilustran de forma resumida en la Figura 8.3.3.2. Por lo general, para mantener estas piezas estructuralmente viables, se recomienda que el ángulo de inclinación no exceda los 10°.

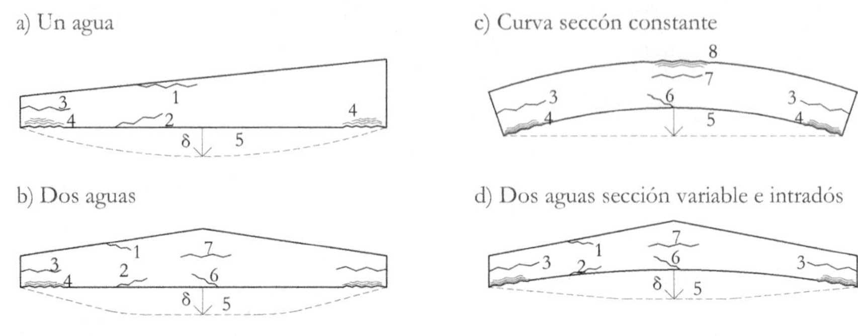

1.- Fallo por tensión compleja en borde inclinado (incluye vuelco lateral, torsión)
2.- Fallo por acentuación de tensiones axiales en borde recto
3.- Fallo por corte longitudinal (y rebaje si corresponde)
4.- Fallo por compresión perpendicular
5.- Flecha (y desplazamiento lateral si corresponde)
6.- Fallo por acentuación de tensiones en zona de cumbrera
7.- Fallo por tensiones normales en zona de cumbrera
8.- Fallo por compresión axial /vuelco lateral-torsional
9.- Torsión
10.- Necesidad de refuerzo >> Corte, tensión normal, cambios de humedad

FIGURA 8.3.3.2 Riesgos típicos de vigas de MLE y LVL de canto variable y/o curvo.

Vigas a un agua

Si se analizan los esfuerzos de una cuña extraída del borde inclinado de una viga a un agua en flexión pura, se obtiene que, dado que en el canto de la pieza no existen tensiones cortantes ni axiales, se trata de un plano principal ($\sigma_1 = 0$ y $\tau_1 = 0$), y por tanto el plano perpendicular a este plano, es también un plano principal que carece de tensiones cortantes ($\tau_2 = 0$), ver Figura 8.3.3.3. La tensión axial de ese plano principal, σ_2 discurre paralela a la superficie inclinada y por ese motivo en ocasiones se denomina *tensión superficial*. Por consiguiente, se generan tensiones normales (σ_z) y de cortante (τ_{zx}) en el plano horizontal que responden a esa σ_2 inclinada respecto de la fibra.

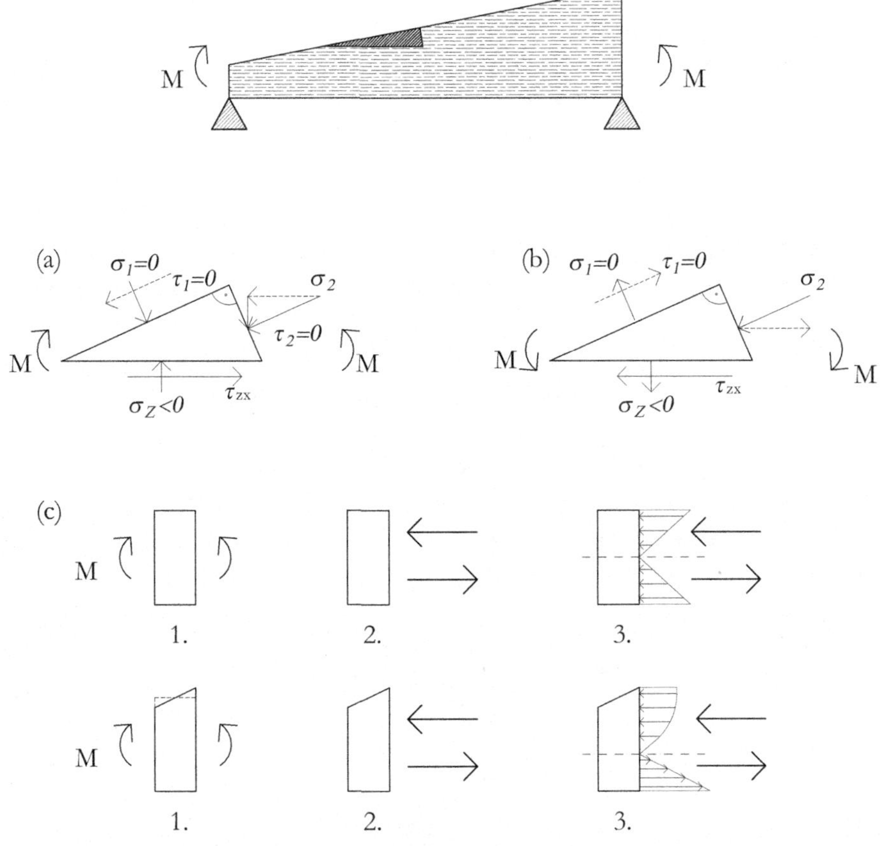

FIGURA 8.3.3.3 Estado tensional de una viga a un agua sometida a un momento flector: (a) tensión principal superficial inclinada y generación de tensiones de corte y compresión con momento positivo, (b) tensiones de tracción perpendicular con momento negativo y (c) no-linealidad de tensiones y acentuación de tensiones de tracción en borde recto como consecuencia de la inclinación.

Si el momento es positivo (tal como el generado por el peso propio), la tensión σ_z será de compresión normal (Figura 9.3.3.1 a) mientras que, si el momento es negativo, la tensión σ_z será de tracción perpendicular (Figura 8.3.3.3 b); por lo tanto, es preferible que estas vigas trabajen con momentos positivos. Otra consecuencia importante es que, dado que σ_2 es la tensión axial principal, la tensión axial en la sección trasversal ya no es máxima en zonas próximas al borde inclinado, y, en realidad la distribución de tensiones axiales en dicha sección no es lineal - véase en la Figura 8.3.3.3 c. Asumiendo un momento flector positivo, las tensiones de compresión irán decreciendo de forma no-lineal a medida que se aproximan al canto. Por tanto, se genera un descenso de la fibra neutra, y un incremento de la tensión de tracción en el borde inferior, ya que la parte positiva del par es aplicada en una superficie menor que se la viga fuese de canto constante.

Según Riberholt, la tensión superficial se puede determinar como:

$$\sigma_2 = k_\sigma \cdot 6M/bh^2$$

Donde k_σ es un factor que depende de la inclinación de la viga (α). Las contrapartes horizontales, de cortante y tensión perpendicular, se pueden obtener, respectivamente, a partir de σ_2 y α como:

$$\sigma_x = \sigma_0 = \sigma_2 \cdot \cos^2 \alpha$$

$$\sigma_z = \sigma_{90} = \sigma_2 \cdot \operatorname{sen}^2 \alpha$$

$$\tau_{zx} = \tau_0 = \sigma_2 \cdot \sin \alpha \cdot \cos \alpha$$

Los códigos suelen aplicar un criterio de fallo (combinación de tensiones) para poder verificar un estado tensional tan complejo. Algunos emplean directamente la tensión inclinada σ_2 y aplican una ecuación basada en la fórmula de Hankinson, mientras que otros emplean criterios de falla cuadráticos. En cualquier caso, la verificación en el borde inclinado debe tomar en cuenta la resistencia axial, la resistencia al cortante longitudinal, y la resistencia perpendicular (de tracción o compresión para momentos positivos o negativos respectivamente). Nótese que, por lo general, debido al canto variable, la sección con mayores solicitaciones axiales no coincide con la sección media (está más cercana al borde de menor canto). En caso de que la carga sea distribuida uniformemente, la longitud de la sección más solicitada se puede obtener como

$$x = \frac{L \cdot h_a}{h_a + h_m}$$

donde h_m y h_a son la altura máxima y mínima de la viga, respectivamente.

En resumen, las verificaciones típicas de vigas a un agua son:

i.	Verificación de estado tensional complejo (combinación de tensiones) en borde comprimido de sección intermedia, de máxima tensión axial (incluye vuelco lateral).

ii.   Verificación de la tensión axial simple en borde flexo-traccionado de sección intermedia, con máxima tensión axial.

iii. Verificación de tensiones cortantes en sección de máxima solicitación de corte (habitualmente sección de menor canto). Verificar asimismo la presencia de rebajes.

iv.   Verificación de compresión perpendicular en apoyos.

v.   Verificación de torsión (si corresponde).

vi.   Verificación de flecha.

vii. Verificación de refuerzo (en caso de no cumplir con las resistencias a las tensiones normales y/o de corte).

Viga a dos aguas

Las vigas a dos aguas sufren generalmente los mismos problemas que las vigas a un agua, y por lo tanto se requieren las mismas verificaciones. No obstante, en la zona de cumbrera (vértice) también se genera una concentración especial de tensiones perpendiculares debido a la inclinación de la tensión axial en el borde inclinado la cual debe ser también verificada. Si la viga es sometida a momentos positivos, esta tensión será de tracción perpendicular, y en caso contrario de compresión. Dada la baja resistencia de la madera a este esfuerzo, se debe prestar especial atención a estas tensiones, en especial si los cambios de humedad pueden ser importantes. La utilización de refuerzos para neutralizar dichas tensiones perpendiculares es bastante habitual; el dimensionamiento de algunos tipos de refuerzos se presenta posteriormente, y una descripción más detallada se presenta en el libro *"Conceptos avanzados del diseño estructural con madera. Parte I"*. Por otra parte, las tensiones longitudinales en la zona de cumbrera también son altamente no-lineales (nulas en la cumbre y muy acentuadas en el borde recto), por tanto, el efecto de acentuación es incluso mayor que en vigas a un agua.

La distancia de la sección más solicitada en flexión para vigas con carga uniforme se obtiene con una expresión similar a las vigas a un agua:

$$x = \frac{L \cdot h_a}{2 \cdot h_m}$$

En resumen, las dos verificaciones adicionales respecto del caso anterior incluyen:

i.   Verificación de tracción o compresión perpendicular en la zona de cumbrera. Esto se comprueba habitualmente multiplicando la solicitación axial en el centro del vano, por un factor que toma en cuenta el efecto de la inclinación de la viga en el borde superior.

ii. Solicitación axial en el borde recto, empleando un factor que mayora la solicitación o minora la resistencia para tomar en cuenta la acentuación de tensiones axiales en el borde recto.

Nota: la longitud horizontal de cumbrera, en donde se generan tensiones perpendiculares, suele considerarse equivalente a la altura máxima de la viga.

Vigas curvas de sección constante

De acuerdo con la suposición de Bernoulli, al flexionar un sector de una viga curva sometida a flexión pura positiva, la sección transversal debe permanecer perpendicular a la deformada. Eso implica, que la deformación longitudinal en el borde inferior, y por tanto la tensión axial, es más elevada que la tensión en el borde superior, ver Figura 8.3.3.4 a.

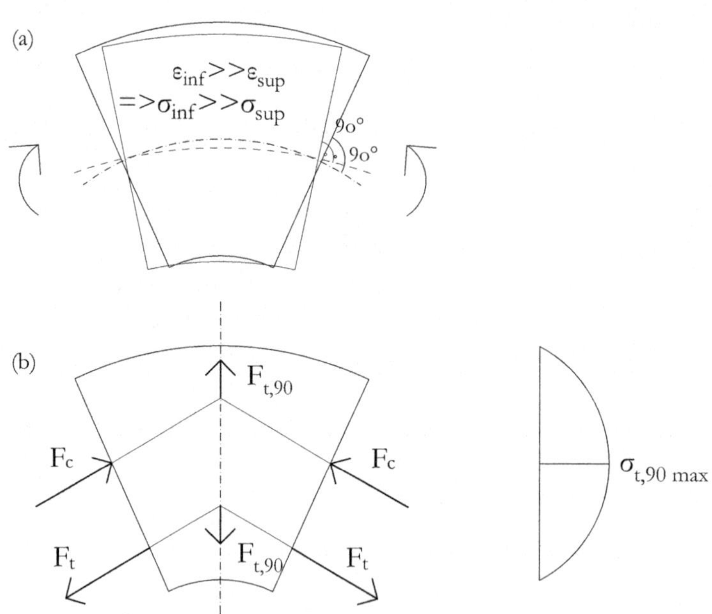

FIGURA 8.3.3.4 Efectos de la curvatura en el estado tensional de una viga en flexión pura sometida a un momento positivo: (a) acentuación de tensiones en borde inferior y (b) generación de tracciones perpendiculares.

Esta modificación en la tensión axial se acentúa cuanto mayor es la curvatura de la viga. Por ello, los códigos tienden a mayorar la tensión máxima superficial por un factor que tiene en cuenta la acentuación por curvatura (k_θ). Además, dado que las vigas curvas tienen tensiones internas remanentes debidas al proceso de fabricación, la resistencia a la flexión también se ve a menudo minorada por otro coeficiente que también depende de la curvatura (K_{cl}):

$$\sigma_x = \sigma_0 = k_\theta \cdot \frac{6M}{bh^2} \leq K_{cl} \cdot F_{ft,dis}$$

Por otra parte, la inclinación de los pares de fuerzas generará una tracción perpendicular en la zona de cumbrera, ver Figura 8.3.3.4 b, que además suele concurrir en la zona con mayores momentos flectores. Análogamente a la tensión longitudinal, la verificación de tracción perpendicular consiste en multiplicar la tensión superficial por un factor que toma en cuenta la curvatura (k_r) y compararlo con la resistencia a la tracción perpendicular. Además, dado que las vigas curvas de MLE y LVL suelen tener un volumen elevado, y la tracción perpendicular es una falla frágil concentrada, se suele enfatizar el uso de un factor de minoración de resistencia por efecto volumen.

$$\sigma_z = \sigma_{90} = k_r \cdot \frac{6M}{bh^2} \leq F_{ftn,dis}$$

Al igual que en el caso de los rebajes, la falla por tracción perpendicular puede ser fuertemente penalizada por cambios de humedad (per-se se generan tracciones al contraerse), y es relativamente habitual emplear refuerzos que prevengan la rotura. Nótese que, en caso de momento flector negativo, la tensión perpendicular sería de compresión y la verificación se efectuaría de acuerdo a la resistencia correspondiente.

Finalmente, las vigas inclinadas solicitadas a flexión tienden a "aplanarse" por lo que, si los dos apoyos son fijos, se pueden generar compresiones inesperadas que comprometan la inestabilidad lateral de la viga; es decir la viga se comportaría en parte como una columna, lo que se denomina viga-columna y se detalla en secciones posteriores. Por ese motivo se recomienda que uno de los dos apoyos sea móvil, y en ese caso, debe verificarse además de la flecha, el desplazamiento lateral de la viga.

En resumen, las verificaciones en el caso general incluyen:

i. Verificación de tensiones perpendiculares en la zona de cumbrera.

ii. Flexo-tracción en zona de cumbrera. Además, de ser incluido un factor que tome en cuenta el efecto de la curvatura, y la resistencia usualmente se minora para tomar en cuenta las tensiones residuales tras el proceso de fabricación de piezas curvas.

iii. Flexo-compresión.

iv. Verificación de tensiones cortantes en sección de máxima solicitación de corte (habitualmente en apoyo). Considerar la presencia de rebajes.

v. Verificación de compresión perpendicular en apoyos.

vi. Verificación de torsión (si corresponde).

vii. Verificación de flecha y desplazamiento lateral.

viii. Verificación de refuerzo (en caso de no cumplir con las resistencias a las tensiones normales y/o de corte).

Nota: la longitud de cumbrera en donde se generan tensiones perpendiculares, suele ser considerada como 2 veces el ángulo horizontal borde inferior multiplicado por el radio de curvatura del eje central de la viga.

Viga a dos aguas con sección variable e intradós curvo

Esta viga engloba todos los fenómenos expuestos anteriormente, ya que presenta tanto el borde inclinado como la curvatura. Por tanto, aquí se generan estados tensionales complejos (combinación de tensiones) en el borde superior, con momentos máximos localizados habitualmente en secciones intermedias, acentuación en el borde inferior, y tensiones normales en la zona de cumbrera. Las verificaciones por tanto son similares a las expuestas anteriormente, pero con la diferencia de que los coeficientes deben tener en cuenta tanto el efecto de la inclinación como de la curvatura. Además, la distancia de la sección más solicitada en flexión para vigas con carga uniforme se obtiene con una expresión similar a las vigas con dos aguas:

$$x = \frac{L \cdot h_a}{2 \cdot h_1}$$

Donde h_1 es la altura en cumbrera, sin considerar el aumento de altura por curvatura.

En resumen, las verificaciones son:

i. Verificación de estado tensional complejo (combinación de tensiones) en borde comprimido, de sección intermedia de máxima tensión axial (incluye vuelco lateral).

ii. Verificación de la tensión axial simple en borde flexo-traccionado, de sección intermedia con máxima tensión axial.

iii. Verificación de tensiones perpendiculares en la zona de cumbrera.

iv. Verificación de tensión axial en la zona de cumbrera. Además de incluir un factor que toma en cuenta el efecto de la curvatura, la resistencia usualmente se minora para tomar en cuenta las tensiones residuales tras el proceso de fabricación de piezas curvas.

v. Verificación de tensiones cortantes en sección de máxima solicitación de corte (habitualmente sección de menor canto).

vi. Verificación de compresión perpendicular en apoyos.

vii. Verificación de torsión (si corresponde).

viii. Verificación de flecha y desplazamiento lateral.

ix. Verificación de refuerzo (en caso de no cumplir con las resistencias a las tensiones normales y/o de corte).

Nota: la longitud de cumbrera en donde se generan tensiones perpendiculares, suele considerarse como 2 veces el ángulo horizontal borde inferior multiplicado por el radio de curvatura del eje central de la viga.

8.3.3.1 *Verificación en Chile*

Nota: en esta sección tan sólo se exponen las verificaciones singulares, dado que el resto de verificaciones son idénticas a las piezas rectangulares de sección constante. Además, las verificaciones se corresponden con la nueva NCh1198 que se oficializará en breve.

1.- Vigas a un agua

i. Falla por flexión en borde recto (sección de máxima solicitación, incluye la acentuación de tensiones por borde inclinado):

$$f_{f(max)} = k_\ell \left(\frac{M}{W}\right)_{max} \leq F_{ft,dis} = F_f \cdot K_H \cdot K_D \cdot K_T \cdot K_Q \cdot K_V$$

$$k_\ell = 1 + 4 \tan^2 \phi_t$$

ii. Falla en borde superior traccionado (incluye estado tensional complejo):

$$f_{f(max)} = \left(\frac{M}{W}\right)_{max} \leq k_{\phi_t,t} \cdot F_{ft,dis} = k_{\phi_t,t} \cdot F_f \cdot K_H \cdot K_D \cdot K_T \cdot K_Q \cdot K_V$$

$$K_{\phi_t \cdot t} = \frac{1}{\sqrt{1 + \left(\dfrac{F_{ft,dis} \cdot \tan^2 \phi_t}{1,25 \cdot F_{tn,dis}}\right)^2 + \left(\dfrac{F_{ft,dis} \cdot \tan \phi_t}{1,33 \cdot F_{cz,dis}}\right)^2}}$$

iii.   Borde superior comprimido (incluye estado tensional complejo):

$$f_{f(max)} = \left(\frac{M}{W}\right)_{max} \leq k_{\phi_t,c} \cdot F_{fc,dis} = k_{\phi_t,c} \cdot F_f \cdot K_H \cdot K_D \cdot K_T \cdot K_Q \cdot K_{\lambda V}$$

$$K_{\phi_t.c} = \frac{1}{\sqrt{1 + \left(\dfrac{F_{fc,dis} \cdot \tan^2 \phi_t}{F_{cn,dis}}\right)^2 + \left(\dfrac{F_{fc,dis} \cdot \tan \phi_t}{2,66 \cdot F_{cz,dis}}\right)^2}}$$

Donde k_l es el factor que tiene en cuenta el incremento de tensiones en el borde recto debido a la inclinación del borde superior; $k_{\phi t,c}$ es el factor que tiene en cuenta la inclinación de la tensión superficial en el borde superior considerando cortante y tracción perpendicular; $k_{\phi t,c}$ es similar al anterior pero considerando compresión perpendicular; ϕ_t es el ángulo horizontal-borde superior y las resistencias:

$$F_{ftn,dis} = \begin{cases} 0.094 \; pino \; radiata \\ \quad Tabla \dfrac{B1}{4,1} \end{cases}$$

$$F_{fcn,dis} = K_H \cdot K_D \cdot K_T \cdot K_Q \cdot K_{cn}$$

$$F_{fcz,dis} = F_{cz} \cdot K_H \cdot K_D \cdot K_T \cdot K_Q \cdot K_r$$

2.- Vigas a dos aguas

Además de las verificaciones anteriores, se debe verificar en la cumbrera la acentuación de tensiones axiales en el borde inferior:

$$f_{f(cum)} = k_\ell \frac{6M}{bh_{max}^2} \leq F_{ft,dis} = F_f \cdot K_H \cdot K_D \cdot K_T \cdot K_Q \cdot K_V$$

$$k_\ell = 1 + 1{,}4 \tan \phi_t + 5{,}4 \tan^2 \phi_t$$

Y la generación de tensiones perpendiculares:

$$f_{tn(cum)} = k_r \frac{6M}{bh_{max}^2} \leq F_{ftn,dis} = \begin{cases} 0.094 \; pino \; radiata \\ Tabla \dfrac{B1}{4,1} \end{cases}$$

$$k_r = 0{,}2 \tan \phi_t$$

Donde k_r es el factor que tiene en cuenta el efecto de la inclinación en la generación de tensiones perpendiculares.

3.- Vigas curvas de sección constante

Las verificaciones singulares solo incluyen la acentuación de tensión axial en borde inferior de cumbrera, tomando efecto de curvatura (k_l) y considerando una minoración de la resistencia a flexión debido al curvado en fabricación (k_r) :

$$f_{f(cum)} = k_\ell \frac{6M}{bh^2} \leq k_r \cdot F_{ft,dis} = k_r \cdot F_f \cdot K_H \cdot K_D \cdot K_T \cdot K_Q \cdot K_V$$

$$k_\ell = 1 + 0{,}35 \left(\frac{h_m}{R_m}\right) + 0{,}6 \left(\frac{h_m}{R_m}\right)^2$$

$$R_m = R_{int} + \frac{h_m}{2}$$

y:

$k_r = 1$ para $R/t \geq 240$

$k_r = 0{,}76 + 0{,}001 \; R/t$ para $R/t < 240$

t espesor de lámina;

Así como la tracción perpendicular en cumbrera:

$$f_{tn(cum)} = 0{,}25 \cdot \frac{h}{R_m} \frac{M}{bh^2} \leq F_{ftn,dis} = \begin{cases} 0.094 \; pino \; radiata \\ Tabla \dfrac{B1}{4,1} \end{cases}$$

4.- Vigas a dos aguas con sección variable e intradós curvo

Además de las verificaciones singulares de vigas de canto variable (ver vigas a una y dos aguas), se debe verificar la acentuación de tensión axial en borde inferior de la cumbrera tomando el efecto de curvatura (k_l) y considerando una minoración de la resistencia a flexión debido al curvado en fabricación (k_r):

$$f_{f(cum)} = k_\ell \frac{6M}{bh_{max}^2} \leq k_r \cdot F_{ft,dis} = k_r \cdot F_f \cdot K_H \cdot K_D \cdot K_T \cdot K_Q \cdot K_V$$

$$k_\ell = D + E \cdot \left(\frac{h_m}{R_m}\right) + F \cdot \left(\frac{h_m}{R_m}\right)^2 + G \cdot \left(\frac{h_m}{R_m}\right)^3$$

con:

$$D = 1 + 1{,}4 \cdot \tan \phi_t + 5{,}4 \cdot \tan^2 \phi_t$$

$$E = 0{,}35 - 8 * \tan \phi_t$$

$$F = 0{,}6 + 8{,}3 \cdot \tan \phi_t - 7{,}8 \cdot \tan^2 \phi_t$$

$$G = 6 \cdot \tan^2 \phi_t$$

$$k_r = 1 \qquad \text{Para } r_{int}/t \geq 240$$

$$k_r = 0{,}76 + 0{,}001 * r_{int}/t \qquad \text{Para } r_{int}/t < 240$$

t Espesor de lámina

Y también la tracción perpendicular en la zona de cumbrera (nótese que aquí k_r denota el efecto de la curvatura, y la inclinación en la generación de tensiones perpendiculares y no el efecto de las tensiones debidas a la curvatura de la fabricación):

$$f_{tn(cum)} = k_r \frac{6M}{bh_{max}^2} \leq F_{ftn,dis} = \begin{cases} 0.094 \ pino \ radiata \\ Tabla \dfrac{B1}{4{,}1} \end{cases}$$

$$k_r = A + B \cdot \left(\frac{h_m}{R_m}\right) + C + \left(\frac{h_m}{R_m}\right)^2$$

con:

$$A = 0{,}2 \cdot \tan \phi_t$$

$$B = 0{,}25 - 1{,}5 \cdot \phi_t + 2{,}6 \cdot \tan^2 \phi_t$$

$$C = 2{,}1 \cdot \tan \phi_t - 4 \cdot \tan^2 \phi_t$$

5.- Deformaciones

Al igual que las vigas rectas, la flecha total se calcula como la adición de la deformación por flexión y cortante, pero en este caso se deben considerar las siguientes expresiones:

$$\delta_c = \delta_f + \delta_q$$

con $\delta_f = \dfrac{M_{máx} \cdot L^2}{9{,}6 \cdot E_{dis} \cdot I_a} \cdot k_f$; y $\delta_q = \dfrac{1{,}2 \cdot M_{máx}}{G_{dis} \cdot A_a} \cdot k_q$

donde $I_a = \dfrac{b \cdot h_a^3}{12}$; $A_a = b \cdot h_a$; $k_f = \dfrac{(h_a/h_m)^3}{0{,}15 + 0{,}85 \cdot (h_a/h_m)}$; y $k_q = \dfrac{2}{1+(h_m/h_a)^{2/5}}$

siendo h_a, la altura en el apoyo, y h_m la altura en cumbrera. Nótese que tanto el área como el momento de inercia, es calculado respecto del área en el apoyo y luego es minorado con los coeficientes k. En vigas con borde inferior inclinado, en lugar de h_m se debe emplear:

$$h_1 = h_a + 0{,}5L[\tan(\phi_a) - \tan(\phi_b)]$$

Los factores k_q y k_f para vigas a un agua se especifican en.

La NCh1198 también facilita una ecuación simplificada para vigas curvas de altura de sección variable, véase 10.7.4.

El desplazamiento lateral en el apoyo móvil (δ_h) para vigas inclinadas, se puede calcular como:

$$\delta_h = \frac{4 \cdot (H_2 + 1{,}6 \cdot H_1)}{L} \cdot \delta_c$$

en que:

$$H_1 = 0{,}5 \cdot h_a$$

$$H_2 = 0{,}5 \cdot h_a + 0{,}5 \cdot L \cdot \tan(\phi_t) - 0{,}5 \cdot h_m$$

6.- Refuerzos

En vigas sometidas a $H_s \geq 20\%$, o bien en aquellas en las que las tensiones perpendiculares rebasen las tensiones de diseño, será necesario incluir refuerzos. Nota, en esta sección tan sólo se presenta el método de diseño de acuerdo a la NCh1198, sin embargo, el lector puede encontrar una discusión teórica detallada en el libro *"Conceptos avanzados del diseño estructural con madera. Parte I"*. Los refuerzos que se prevén son:

i.   Barras de acero encoladas.

ii.   Barras de hormigón con resalte encoladas.

iii.   Tornillos roscados a lo largo de todo el vástago.

Los orificios de las partes en tracción deben ser sustraídos de las verificaciones (sección eficaz). Se desprecia la resistencia a la tracción perpendicular de la madera. La fuerza de diseño de los refuerzos (T_{tn}) se determina como:

i.   En vigas donde toda la fuerza normal se neutraliza totalmente con refuerzos:

    a)   La fuerza en la mitad central de la zona de tensiones normales se obtiene:

$$T_{tn} = \frac{f_{n,máx} \cdot b \cdot a_1}{n}$$

    b)   Mientras que en los 2 cuartos exteriores:

$$T_{tn} = \frac{2}{3} \cdot \frac{f_{n,máx} \cdot b \cdot a_1}{n}$$

ii.   En vigas con uso en seco, pero con solicitación normal superior al 75% del valor de diseño se tomará en toda la zona de esfuerzos normales:

$$T_{tn} = \frac{f_{n,máx} \cdot b \cdot a_1}{4 \cdot n} \cdot \left(\frac{b}{160}\right)$$

iii.   En barras y tornillos se verifica además la fuerza de adhesión:

$$f_a \leq F_{a,dis}$$

$$f_a = \frac{2 \cdot T_{tn}}{\pi \cdot l_{a,ef} \cdot D_r}$$

Donde $f_{n,max}$ es la fuerza obtenida en las comprobaciones anteriores, a_1 es el espaciamiento entre refuerzos ($\geq 250\ mm$ y $< 0.75h_m$), n es el número de refuerzos, $F_{a,dis}$ se toma como $F_{cz,dis}$ en barras y $1MPa$ en tornillos, $l_{a,ef}$ es la mitad de la longitud de la barra o tornillo (la longitud total de perforación debe ser como mínimo hm menos una lámina), D_r es el diámetro exterior de la barra o el tornillo.

8.4 DIMENSIONAMIENTO DE MIEMBROS EN COMPRESIÓN SIMPLE

8.4.1 *Riesgos de los elementos en compresión simple*

Por lo general las columnas de madera sometidas a compresión simple pueden sufrir 3 riesgos que se ilustran en la Figura 8.4.1.1, y se detallan a continuación.

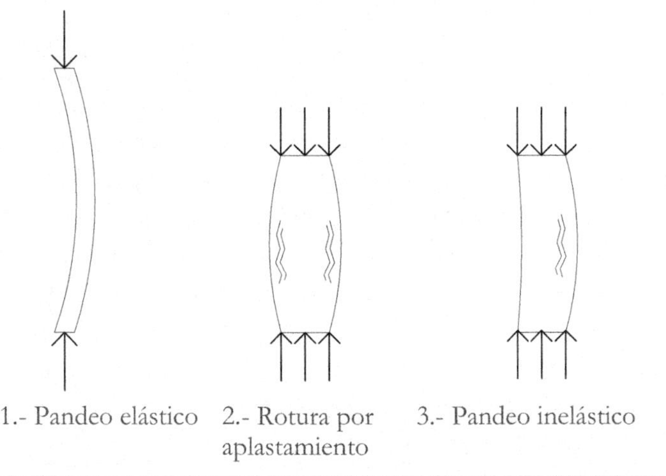

FIGURA 8.4.1.1 Principales riesgos de los elementos a compresión simple.

Fundamentos del pandeo de columnas de madera

Como es bien sabido, una columna esbelta sometida a compresión normal es susceptible de sufrir fenómenos de inestabilidad por pandeo. Análogamente al vuelco lateral-torsional, la carga crítica (P_{crit}) de una columna perfectamente recta y biarticulada sometida a una compresión uniforme, también conocida como carga de Euler, viene dada por la relación de la rigidez flexional y la longitud eficaz de pandeo:

$$P_{crit} = \frac{\pi^2 \cdot EI}{l_{ef}^{\,2}}$$

Por lo que la tensión crítica:

$$\sigma_{crit} = \frac{P_{crit}}{A} = \frac{\pi^2 \cdot E_k I}{A \cdot l_{ef}{}^2} = \frac{\pi^2 \cdot E_k}{\dfrac{l_{ef}{}^2}{\dfrac{I}{A}}} = \frac{\pi^2 \cdot E_k}{\left(\dfrac{l_{ef}}{i}\right)^2} = \frac{\pi^2 \cdot E_k}{\lambda^2}$$

Así es que, la expresión de la tensión crítica para inestabilidad por pandeo resulta muy similar a la expresión del vuelco lateral-torsional; i.e. la tensión crítica viene determinada por una constante que multiplica la relación entre el módulo elástico y el cuadrado de la esbeltez (λ), solo que en este caso la esbeltez de pandeo expresa la relación de la longitud eficaz y el radio de giro (i), que a su vez representa la raíz cuadrada de la relación entre el momento de inercia y el área ($i = (I/A)^{0,5}$). Nótese que al igual que el vuelco lateral-torsional, es necesario considerar un módulo elástico característico o módulo de diseño para diseñar del lado de la seguridad.

Cuando se produce el fenómeno de pandeo, la flecha causará una excentricidad de las secciones respecto de la dirección de carga, lo que a su vez generará momentos flectores adicionales que incrementarán la tensión de compresión retroalimentando la inestabilidad hasta que se produzca la falla. Los efectos de la excentricidad son comúnmente denominados como *efectos de segundo orden* o fenómenos P-Δ, en alusión al efecto desfavorable que una carga genera sobre miembros que presentan desplazamientos no despreciables respecto de su geometría original.

En la madera, los efectos P-Δ en relación a la inestabilidad por pandeo, son especialmente importantes debido a tres aspectos:

i. *Imperfección del material.* Si bien las columnas de cualquier material en la práctica nunca son perfectas, las imperfecciones geométricas y materiales en piezas de madera pueden llegar a ser importantes por diversos motivos. Por ejemplo, los miembros de madera pueden presentar deflexiones de partida debidas a los procesos de secado, las secciones pueden variar dentro de determinadas tolerancias y con ello la esbeltez, y por supuesto la geometría en sí presentará irregularidades debidas al proceso de aserrado y cepillado. También desde el punto de vista material, la desviación de la fibra, presencia de nudos y heterogeneidad en la distribución de rigideces (p.ej. por la presencia de nudos) puede facilitar la deflexión en caso de compresión.

ii. *Flexibilidad frente a fuerzas laterales.* Si bien resulta clave que la madera se pueda flexionar considerablemente dentro del límite elástico sin riesgo de falla, es importante notar que la flexibilidad frente a esfuerzos laterales tales como sismos o vientos también generará una amplificación de los efectos P-Δ. En este sentido es importante cumplir con los límites de deriva lateral entrepiso (*drift*[8.3]) que las normativas prestablecen, y tener presente los efectos de segundo orden para valorar los riesgos de colapso. En el libro *"Conceptos avanzados del diseño estructural con madera. Parte I"* se describe con detalle el fundamento de amplificación de esfuerzos debido a cargas laterales en edificios de madera y también se describe un método de cálculo analítico para considerar dichos esfuerzos en el análisis estructural.

iii. *Excentricidad inicial de la carga.* Es bastante habitual que en la práctica las cargas sobre columnas o muros de madera presenten cierta excentricidad debido a las disposiciones constructivas.

Estos 3 aspectos pueden reducir considerablemente la carga crítica de pandeo en la práctica respecto de los valores teóricos, y por tanto deben ser considerados en el diseño. Dado que la irregularidad material es muy habitual y a priori desconocida, su efecto se tiene en cuenta de forma intrínseca en los métodos de cálculo. Por otra parte, los métodos analíticos de cálculo de pandeo también tienen en cuenta los posibles defectos geométricos que pueden tener las piezas estructurales (la carga crítica se estima asumiendo que las piezas no son perfectamente rectas). Sin embargo, esto último se hace considerando que las deformaciones geométricas no rebasan los límites establecidos por las normativas; por ello es muy importante que las piezas satisfagan los límites de imperfecciones geométricas tales como alabeos estipulados en las normativas de clasificación. Por su parte, los 2 últimos aspectos, puntos *i* e *ii*, deben ser valorados y analizados por el calculista, ver detalles en el libro *"Conceptos avanzados del diseño estructural con madera. Parte I"*.

A continuación, se describe la relación P-Δ de una columna común bajo la influencia de irregularidades geométricas y efecto de la no-linealidad que se generaría al incurrir en plasticidad por compresión. En columnas ideales con geometría perfecta y comportamiento elástico, el desplazamiento es virtualmente nulo hasta alcanzar P_{crit}, y a partir de ese momento la capacidad de soportar cargas adicionales se torna también muy reducida. Si considerásemos las imperfecciones geométricas de las columnas, veríamos que la rigidez inicial es inferior a la esperada, como también P_{crit}; sin embargo, la capacidad de soportar una carga adicional a P_{crit} es superior al caso anterior. Finalmente, considerando la inelasticidad del material que puede producirse de forma localizada, veríamos que tanto la rigidez inicial como P_{crit} son inferiores respecto del caso elástico. También la ductilidad será muy inferior ya que el material fallaría por aplastamiento mucho antes de lo esperado, ver Figura 8.4.1.2.

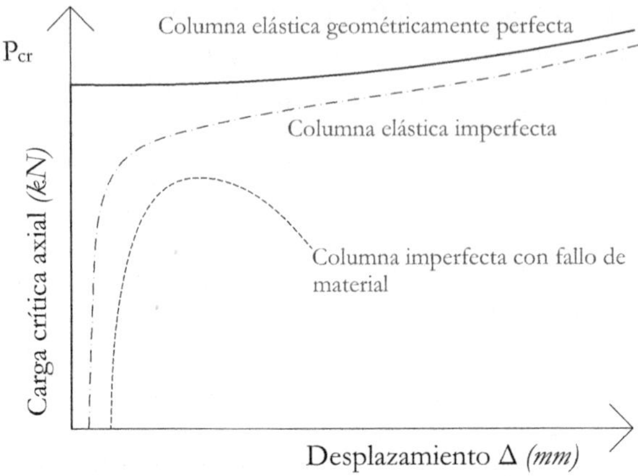

FIGURA 8.4.1.2 Relación P-D por inestabilidad en compresión considerando las imperfecciones y plasticidad de las columnas.

La influencia de la plasticidad es bastante limitada en columnas muy esbeltas, ya que en este caso la carga crítica es tan reducida respecto de la resistencia de compresión que las tensiones no son lo suficientemente elevadas para producir la falla del material más allá de la inestabilidad. Sin embargo, lo más habitual es que las columnas presenten esbelteces intermedias, en las cuales la carga crítica es más elevada que en el caso anterior, y de este modo se conjugan los fenómenos de inestabilidad con fallo del material. Finalmente, para columnas muy poco esbeltas, la falla siempre se producirá por compresión del material, es decir, según la relación de la resistencia a compresión y su área, tal como se presenta en la Figura 8.4.1.3.

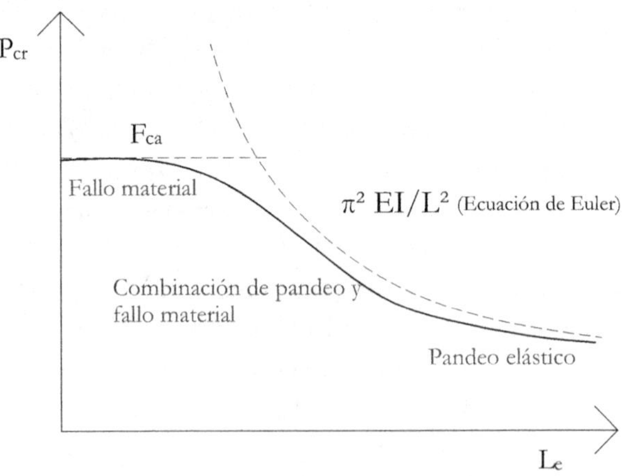

FIGURA 8.4.1.3 Carga crítica y modos de falla a compresión característicos en relación a la esbeltez de las columnas.

Por todo ello, las estrategias de los códigos de construcción consisten en aplicar un coeficiente de minoración de resistencias de compresión paralela, el cual se aplica solo para piezas de cierta esbeltez, y cuya magnitud suele depender de la esbeltez y las posibles irregularidades tales como desviaciones o incluso grados de calidad del material. La determinación teórica de estos coeficientes normalmente está basada en cálculos y experimentos con piezas irregulares que presentan cierta curvatura, distribución de rigideces y excentricidad de carga. El coeficiente representa la relación entre la tensión crítica de pandeo y la resistencia de compresión paralela máxima sin sufrir efectos de pandeo:

$$\frac{P}{A} \leq K_\lambda \cdot F_{c,0}$$

De este modo, es posible verificar los 3 tipos de riesgos de piezas comprimidas axialmente empleando la misma ecuación. La forma que el coeficiente de modificación adopta en relación a la esbeltez se ilustra en la Figura 8.4.1.4.

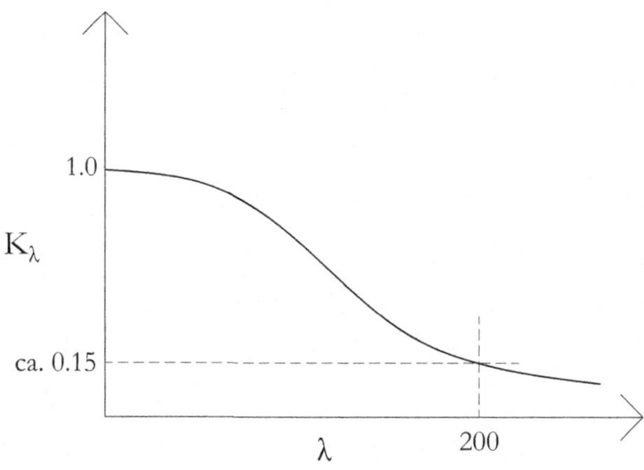

FIGURA 8.4.1.4 Ilustración de la variación del coeficiente de minoración de resistencias en relación a la esbeltez mecánica de inestabilidad por pandeo.

Longitud eficaz de pandeo

La ecuación de Euler para el cálculo de la carga crítica puede ser adaptada fácilmente a diferentes tipos de apoyo modificando la longitud por una *longitud efectiva de pandeo equivalente* (análogo al procedimiento de inestabilidad por vuelco lateral-torsional). Lógicamente la facilidad para pandear se reducirá cuánto más restringido sea el desplazamiento y rotación de los apoyos. Dada la flexibilidad de la madera, los empotramientos perfectos son imposibles. Por ello, las longitudes de pandeo que establecen los códigos de construcción son incrementadas un cierto porcentaje respecto del valor teórico. En la Figura 8.4.1.5 se muestran las longitudes de pandeo típicamente consideradas en las columnas simples más usuales.

Dado que las longitudes de pandeo pueden reducirse mediante arrostramientos laterales, las columnas rectangulares pueden tener no sólo dos esbelteces diferentes en cada uno de los planos de pandeo, sino también dos longitudes eficaces de pandeo según el sistema de arriostramiento que sea empleado.

Por ejemplo, en el caso del entramado ligero se asume que los postes solo pueden pandear respecto del eje fuerte, Figura 8.4.1.6, por estar arriostrados mediante los clavos al tablero respecto de su eje débil; no obstante, la contribución del tablero en el pandeo respecto del eje fuerte se desprecia.

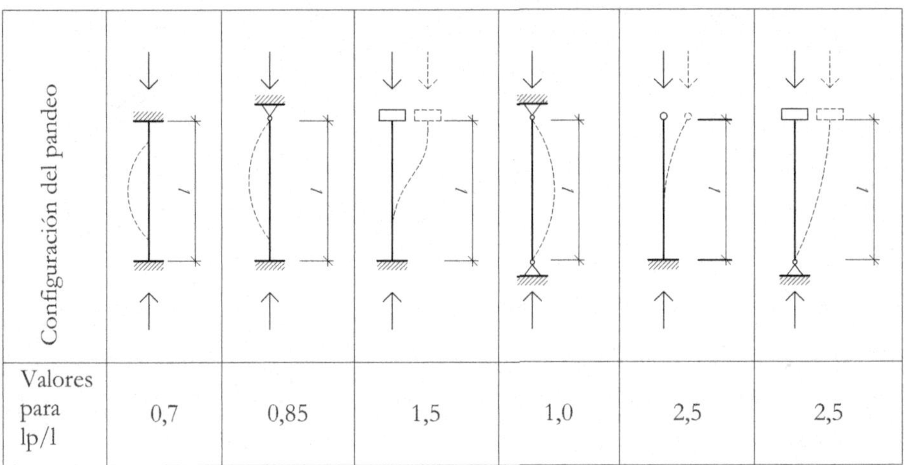

Configuración del pandeo						
Valores para lp/l	0,7	0,85	1,5	1,0	2,5	2,5

Impedimento de giros y desplazamientos

Libertad de giros, impedimento desplazamiento

Impedimento de giro, libertad desplazamiento

Libertad de giros y desplazamientos

FIGURA 8.4.1.5 Longitudes efectivas de pandeo recomendadas en la práctica para las columnas simples más usuales. Los coeficientes son superiores a los valores teóricos en consideración de la flexibilidad rotacional típica de las uniones de madera.

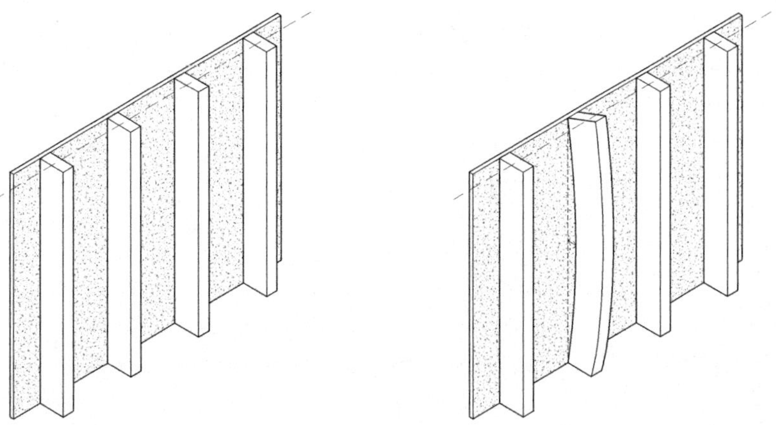

FIGURA 8.4.1.6 Para entramado ligero, el pandeo de los pies derechos se verifica sólo respecto de su eje fuerte de inercia, ya que se asume que los clavos que unen los pies derechos al tablero restringen el pandeo respecto del eje débil. La contribución de rigidez flexional del tablero respecto del eje fuerte se desprecia en el cálculo.

8.4.2 Verificación en Chile

8.4.2.1 Piezas rectangulares de madera aserrada o MLE

$$f_{cp} = \frac{P}{A} \leq F_{cp,dis,\lambda} = F_{cp} \cdot K_H \cdot K_D \cdot K_T \cdot K_Q \cdot K_\lambda$$

donde:

i. $K_\lambda = 1$ si $\lambda < 10$

ii. Si $\lambda \geq 10$

$$K_\lambda = A - \sqrt{A^2 - B}$$

con:

$$A = \frac{\dfrac{F_{cE}}{F_{cp,dis}} \cdot \left(1 + \dfrac{\lambda}{200}\right) + 1}{2 * c}$$

$$B = \frac{F_{cE}}{c \cdot F_{cp,dis}}$$

Donde $F_{cp,dis}$ es la tensión de diseño sin considerar el pandeo, la cual se obtiene multiplicando la tensión básica por todos los factores de modificación excepto el coeficiente de modificación por pandeo

$$F_{cp,dis} = F_{cp} \cdot K_H \cdot K_D \cdot K_T \cdot K_Q$$

Y la tensión crítica de pandeo:

$$F_{cE} = \frac{3{,}6 \cdot E_{dis}}{\lambda^2}$$

Donde el coeficiente de proporcionalidad c, Tabla 8.4.2.1 tiene en cuenta la calidad y heterogeneidad del material.

TABLA 8.4.2.1 Coeficiente de proporcionalidad para tener en cuenta la calidad y heterogeneidad esperada en el material.

Clasificación visual y mecánica Grado estructural	Coeficiente de proporcionalidad c
Nº 1, GS, G1, C24, MGP 12, MGP 10	0,85
Nº 2, G2, C16	0,80
MLE, LVL y otros productos compuestos	0,9

siendo: $\qquad E_{dis} = E_f \cdot E_H \cdot E_{hE}$

8.4.2.2 *Piezas circulares*

Se debe verificar:

i.   En el extremo del poste la resistencia material

$$f_{cp} = \frac{P}{A_{ext}} \leq F_{cp,dis} = F_{cp} \cdot K_D \cdot K_T \cdot K_d \cdot K_{pv} \cdot K_s$$

ii.   Y en la sección crítica de piezas de sección constante o variable la posible inestabilidad

$$f_{cp} = \frac{P}{A_{crit}} \leq F_{cp,dis} = F_{cp} \cdot K_D \cdot K_T \cdot K_d \cdot K_{pv} \cdot K_s \cdot K_\lambda$$

Donde A_{crit} es:

i. Cualquier sección para elementos de sección constante.

ii. Sección situada a $x = 0{,}6L$ del extremo superior libre y estando el extremo inferior empotrado.

iii. $x = 0{,}43L$ si el extremo inferior es articulado respecto del caso anterior.

iv. $x = 0{,}33L$ para el resto de casos.

Y K_λ se calcula para el A_{crit} correspondiente de forma idéntica que los elementos rectangulares, pero tomando $c = 0{,}85$.

8.5 Dimensionamiento de miembros en tracción simple

8.5.1 Riesgos de los elementos en tracción simple

En tracción paralela, los elementos fallan frágilmente según la solicitación aplicada en el área neta. Al igual que en los otros modos de falla frágil, es muy importante considerar el efecto tamaño (volumen) y también las perforaciones y entalladuras. En perforaciones y entalladuras, además de reducirse el área neta debe tenerse en cuenta que se pueden generar tensiones perpendiculares y de cizalle tal como se introdujo en apartados anteriores. Por lo tanto, los riesgos de la tracción paralela simple son principalmente el agotamiento de la sección y el fallo por tracción y concentración de tensiones en el caso de perforaciones y entalladuras, ver Figura 8.5.1.

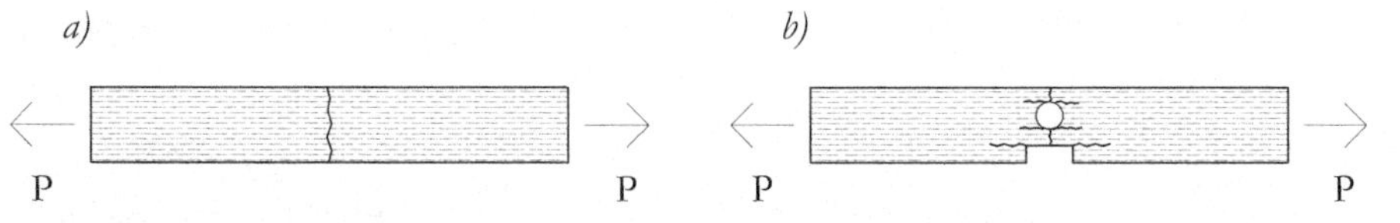

FIGURA 8.5.1 Posibles riesgos de los elementos a tracción simple incluyendo (a) fallo frágil por tracción simple y (b) fallo frágil prematuro provocado por disminución de sección y tensiones no axiales.

La verificación por tanto se basa en

$$\frac{P}{A_N} \leq F_{t,0} \cdot efecto\ tamaño \cdot posible\ efecto\ de\ tensiones\ no\ axiales$$

8.5.2 *Verificación en Chile*

La verificación de piezas de madera aserrada y MLE consiste en:

$$f_{tp} = \frac{P}{A_N} \leq F_{tp,dis} = F_{tp} \cdot K_H \cdot K_D \cdot K_T \cdot K_Q \cdot K_{hf}(o\ bien\ K_V) \cdot K_{ct}$$

Donde K_{ct} tiene en cuenta las posibles concentraciones de tensiones generadas en perforaciones, ver Tabla 8.5.2:

TABLA 8.5.2 Valores del factor de modificación por concentración de tensiones, K_{ct}.

Tipo de debilitamiento	Madera aserrada	Madera laminada encolada
Perforaciones pequeñas y uniformemente distribuidas (clavos)	0,8	0,9
Perforaciones individuales mayores (pernos)	0,7	0,8
Conectores de anillo	0,5	0,6
Conectores dentados	0,6	0,7
Ranuras longitudinales: espesor ≤ 5mm	0,8	0,85
Ranuras longitudinales: espesor ≤ 10mm	0,7	0,8

8.6 ESFUERZOS COMBINADOS

8.6.1 *Tipos de esfuerzos combinados*

8.6.1.1 *Flexión esviada*

Cuando existen momentos flectores en ambos ejes de la sección transversal, se genera una distribución de tensiones que resulta máxima en los vértices opuestos tal como se representa en la Figura 8.6.1.1.

La tensión máxima de los vértices, es obtenida con la suma de las solicitaciones uniaxiales; nótese por tanto que la combinación de esfuerzos en este caso es lineal, simplemente debido a la concurrencia de esfuerzos axiales con la misma dirección, pero diferente distribución.

$$\sigma_{max} = \frac{M_y}{W_y} + \frac{M_z}{W_z}$$

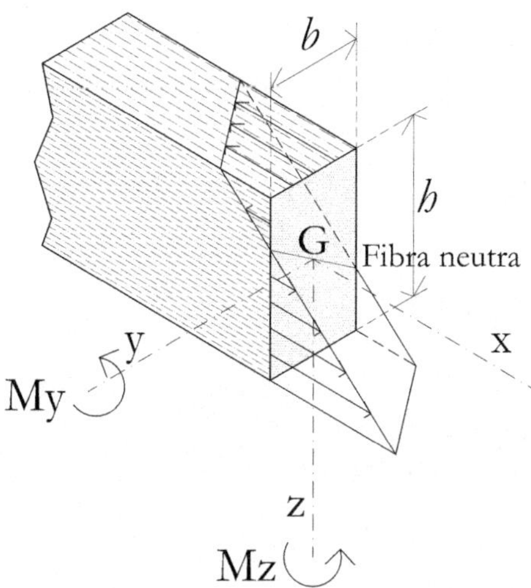

FIGURA 8.6.1.1 Distribución de tensiones normales en la flexión esviada de piezas
rectangulares. Las distribuciones triangulares de tensiones axiales producidas por
cada momento flector se combinan, de modo que la mayor tensión axial se produce
en vértices opuestos de la sección transversal.

Sin embargo, dado que las tensiones pico tan sólo se producen en un vértice, algunos
códigos (no todos) permiten reducir las solicitaciones generadas en un eje por un
factor de reducción (k_m). Este factor permite tener en cuenta, que la probabilidad
de falla es menos probable, pues las tensiones máximas tan sólo se producen en
una región muy puntual de la pieza, y por tanto la probabilidad de que exista un
defecto que active la rotura es bastante inferior al caso uniaxial.

$$f_{f,y} + k_m \cdot f_{f,z} = \frac{M_y/W_y}{F_{f,y}} + k_m \frac{M_z/W_z}{F_{f,z}} \leq 1$$

Y también priorizando el momento flector respecto del otro eje:

$$k_m \cdot f_{f,y} + f_{f,z} = k_m \frac{M_y/W_y}{F_{f,y}} + \frac{M_z/W_z}{F_{f,z}} \leq 1$$

El factor de reducción tan sólo puede aplicarse en algunos códigos y para secciones rectangulares relativamente poco esbeltas ($h/b \leq 4$). Para secciones circulares
o esbeltas, las tensiones máximas están distribuidas sobre regiones relativamente
mayores y deben considerarse sin reducción en todo caso ($k_m = 1$).

Finalmente, nótese que el efecto de adición resulta desfavorable tanto para el borde traccionado como para el comprimido (inestabilidad por vuelco lateral-torsional), por lo que se requeriría verificar la falla en ambos bordes.

8.6.1.2 *Flexión simple o esviada y tracción paralela*

En caso de tracción paralela, ésta debe adicionarse en la comprobación a la flexión para el borde flexo traccionado.

$$f_{ft,y} + k_m \cdot f_{ft,z} + f_{t,0} = \frac{M_y/W_y}{F_{f,y}} + k_m \frac{M_z/W_z}{F_{f,z}} + \frac{P/A}{F_{t,0}} \leq 1$$

Y priorizando el otro eje:

$$k_m \cdot f_{ft,y} + f_{ft,z} + f_{t,0} = k_m \frac{M_y/W_y}{F_{f,y}} + \frac{M_z/W_z}{F_{f,z}} + \frac{P/A}{F_{t,0}} \leq 1$$

Para el borde comprimido, la tracción supone un efecto favorable al disminuir el riesgo de vuelco lateral-torsional:

$$f_{fc,y} + k_m \cdot f_{fc,z} - f_{t,0} = \frac{M_y/W_y}{F_{f,y}} + k_m \frac{M_z/W_z}{F_{f,z}} - \frac{P/A}{F_{t,0}} \leq 1$$

$$k_m \cdot f_{fc,y} + f_{fc,z} - f_{t,0} = k_m \frac{M_y/W_y}{F_{f,y}} + \frac{M_z/W_z}{F_{f,z}} - \frac{P/A}{F_{t,0}} \leq 1$$

8.6.1.3 *Flexión simple o esviada y compresión paralela*

En caso de compresión paralela, ésta también se adiciona a la verificación a flexión simple o esviada. Sin embargo, a diferencia del caso anterior, la adición es en el borde superior y de forma cuadrática, no lineal. Esto se debe a que el fallo por compresión es dúctil y, por tanto, el grado de seguridad requerido es inferior. Nótese que se asume que el cociente entre la solicitación y la resistencia es inferior a la unidad, por ello la contribución cuadrática de un esfuerzo resulta inferior (menos conservador) a la contribución lineal:

$$f_{fc,y} + k_m \cdot f_{fc,z} + f_{c,0}{}^2 = \frac{M_y/W_y}{F_{f,y}} + k_m \frac{M_z/W_z}{F_{f,z}} + \left(\frac{P/A}{F_{t,0}}\right)^2 \leq 1$$

Y priorizando el otro eje:

$$k_m \cdot f_{fc,y} + f_{fc,z} + f_{c,0}{}^2 = \frac{M_y/W_y}{F_{f,y}} + k_m \frac{M_z/W_z}{F_{f,z}} + \left(\frac{P/A}{F_{t,0}}\right)^2 \leq 1$$

Mientras tanto, en el borde traccionado se le sustraería la contribución cuadrática de la compresión paralela.

$$f_{fc,y} + k_m \cdot f_{fc,z} - f_{c,0}{}^2 = \frac{M_y/W_y}{F_{f,y}} + k_m \frac{M_z/W_z}{F_{f,z}} - \left(\frac{P/A}{F_{c,0}}\right)^2 \leq 1$$

$$k_m \cdot f_{fc,y} + f_{fc,z} - f_{c,0}{}^2 = k_m \frac{M_y/W_y}{F_{f,y}} + \frac{M_z/W_z}{F_{f,z}} - \left(\frac{P/A}{F_{c,0}}\right)^2 \leq 1$$

8.6.1.4 *Esfuerzos de segundo orden en vigas-columnas*

Cuando una columna está solicitada a una compresión axial excéntrica, o bien a una carga lateral en combinación con una compresión axial, se generan momentos flectores en combinación con compresiones. Los miembros solicitados de esta forma se denominan *vigas-columnas* en alusión a la combinación de ambas solicitaciones y también al riesgo de sufrir tanto inestabilidad por pandeo como inestabilidad por vuelco lateral-torsional. Las vigas-columnas requieren un tratamiento especial en la madera porque son especialmente vulnerables a sufrir efectos P-Δ considerables, los cuales aumentan el riesgo de inestabilidad significativamente.

Tal y como es mostrado en la Figura 8.6.1.4, cuando se aplica una carga lateral o momento a una columna, esta generará una deflexión inicial Δ_0. Si posteriormente se le aplica una carga axial, el riesgo de inestabilidad —ya sea por pandeo o vuelco lateral-torsional— aumentará considerablemente. Esto se debe a que la carga axial, además de generar una compresión, producirá un momento flector (con su correspondiente compresión adicional en el borde flexo-comprimido). Esta *amplificación* del momento y deformación tan sólo puede calcularse a partir de conocer la deflexión inicial Δ_0, y por ello se considera un *efecto de segundo orden*. La magnitud de la ampliación de deformación y momentos puede asumirse inversamente proporcional a la relación de la carga axial respecto de la carga crítica de Euler, tal como se muestra en la Figura 8.6.1.4.

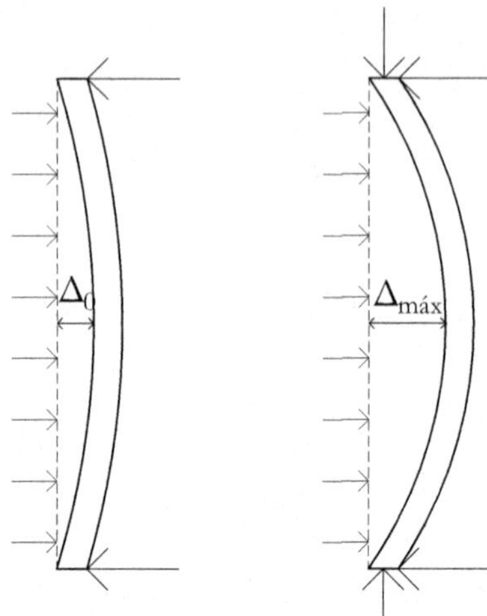

FIGURA 8.6.1.4 Amplificación de deformaciones y momentos de una carga lateral como consecuencia de los efectos de segundo orden (P-Δ) producidos por la simultaneidad de un axil de compresión.

Por lo tanto, es habitual que los códigos de construcción apliquen un factor de amplificación (α) que mayora el momento flector inicial, y permite tener en cuenta los efectos de segundo orden. De este modo, la verificación de flexión esviada con compresión y amplificación (sin priorizar ningún eje) consistiría en:

$$\alpha_y \cdot f_{fc,y} + \alpha_z \cdot f_{fc,z} + f_{c,0}{}^2 = \left(\frac{1}{1 - P/P_{crit,y}}\right)\frac{M_y/W_y}{F_{f,y}}$$

$$+ \left(\frac{1}{1 - P/P_{crit,z}}\right)\frac{M_z/W_z}{F_{f,z}} + \left(\frac{P/A}{F_{t,0}}\right)^2 \leq 1$$

Esta ecuación es en a menudo denominada en literatura inglesa como *ecuación de interacción*. Nótese de que en el caso de que los momentos de primer orden no sean producidos por una carga lateral, sino una compresión excéntrica, habría que considerar primeramente la excentricidad para calcular el momento inicial y luego aplicar la amplificación para considerar los efectos de segundo orden. Por este motivo, es habitual que los códigos expandan la fórmula de interacción de vigas-columnas considerando la excentricidad inicial para el caso de cargas axiales excéntricas (se detalla posteriormente).

Finalmente, algunos códigos también incluyen un factor de amplificación del momento debido al riesgo de vuelco lateral-torsional respecto del eje débil. Análogamente a la amplificación por pandeo, se supone que cuanto más próximo esté el momento respecto del *momento crítico*, mayor será el riesgo de pandeo sobre el eje débil y por tanto mayor será la excentricidad de segundo orden.

8.6.1.5 *Cortantes en flexión esviada*

Si se producen esfuerzos de cortadura transversal sobre los bordes y las caras de una pieza, ambos generarán cortaduras longitudinales que se superpondrán. Por tanto, las solicitaciones de corte sobre diferentes ejes deben ser también adicionadas en el cálculo. La verificación de cortantes se realiza de forma cuadrática sin priorizar ningún eje; en secciones rectangulares la verificación resultaría:

$$f_{cz,y}{}^2 + f_{cz,z}{}^2 = \left(\frac{1{,}5 \cdot Q_y/A}{F_{cz,y}}\right)^2 + \left(\frac{1{,}5 \cdot Q_z/A}{F_{cz,z}}\right)^2 \leq 1$$

8.6.1.6 *Cortantes en flexión simple o esviada y torsión*

En caso de torsión, la solicitación cortante torsional se adicionaría de forma lineal a las tensiones cortantes longitudinales de acuerdo a la siguiente expresión:

$$f_{tor} + f_{cz,y}{}^2 + f_{cz,z}{}^2 = \frac{\frac{M_T}{W_T}}{F_{cz} \cdot k_{shape}} + \left(\frac{1{,}5 \cdot \frac{Q_y}{A}}{F_{cz,y}}\right)^2 + \left(\frac{1{,}5 \cdot \frac{Q_z}{A}}{F_{cz,z}}\right)^2 \leq 1$$

8.6.2 *Verificación en Chile*

Flexión simple y tracción

1) Zona traccionada:

$$\frac{f_{tp}}{F_{tp,dis}} + \frac{f_f}{F_{ft,dis}} \leq 1{,}0$$

2) Zona comprimida:

$$\frac{f_f - f_{tp}}{F_{fv,dis}} \leq 1{,}0$$

Flexión simple o esviada y compresión

Expresión con *contribución cuadrática*[8.4] de la compresión, con amplificación de momentos flectores por esfuerzos de segundo orden:

$$\left(\frac{f_c}{F_{c\lambda,dis}}\right)^2 + \frac{f_{fx}}{\left(1 - \frac{f_c}{F_{cEx}}\right) \cdot F_{fx,dis}} + \frac{f_{fy}}{\left[1 - \frac{f_c}{F_{cEy}} - \left(\frac{f_{fx}}{F_{fE}}\right)^2\right] \cdot F_{fy,dis}} \leq 1$$

en que:

$$f_c < F_{cEx} = \frac{3{,}6 \cdot E_{x,dis}}{\lambda_x^2} \qquad = \text{para flexión simple y desviada}$$

$$f_c < F_{cEy} = \frac{3{,}6 \cdot E_{y,dis}}{\lambda_y^2} \qquad = \text{para flexión desviada}$$

$$f_{fx} < F_{fE} = 0{,}44 \frac{E_{y,dis}}{\lambda_v^2} \qquad = \text{para flexión desviada}$$

Flexión simple o esviada y compresión generada por una carga axial excéntrica con o sin una carga lateral

Se facilita una fórmula para considerar directamente la excentricidad de carga inicial en la flexo-compresión y tomar en cuenta los efectos de segundo orden (anexo Q). En caso de no existir ninguna carga lateral:

$$\left(\frac{f_c}{F_{c\lambda,dis}}\right)^2 + \frac{f_{fx} + f_c \cdot \left(\frac{6 \cdot e_x}{h}\right)\left[1 + 0{,}234 \cdot \left(\frac{f_c}{F_{cEx}}\right)\right]}{\left(1 - \frac{f_c}{F_{cEx}}\right) \cdot F_{fx,dis}}$$

$$+ \frac{f_{fy} + f_c \cdot \left(\frac{6 \cdot e_y}{b}\right)\left[1 + 0{,}234 \cdot \left(\frac{f_c}{F_{cEy}}\right) + 0{,}234 \left\{\frac{f_{fx+f_c} \cdot \left(\frac{6 \cdot e_x}{h}\right)}{F_{tE}}\right\}^2\right]}{\left[1 - \frac{f_c}{F_{cEy}} - \left(\frac{f_{fx} + f_c \cdot \left\{\frac{6 \cdot e_x}{h}\right\}}{F_{fE}}\right)^2\right] \cdot F_{fy,dis}} \leq 1$$

En caso de coexistir la carga axial excéntrica con cargas laterales:

$$\left(\frac{f_c}{F_{c\lambda,dis}}\right)^2 + \frac{f_c * \left(\frac{6 \cdot e_x}{h}\right)\left[1 + 0{,}234 \cdot \left(\frac{f_c}{F_{cEx}}\right)\right]}{\left(1 - \frac{f_c}{F_{cEx}}\right) \cdot F_{fx,dis}}$$

$$+ \frac{f_c * \left(\frac{6 \cdot e_y}{b}\right)\left[1 + 0{,}234 \cdot \left(\frac{f_c}{F_{cEy}}\right) + 0{,}234 \left\{\frac{\left(f_c \cdot \left(\frac{6 \cdot e_x}{h}\right)\right)^2}{F_{tE}}\right\}\right]}{\left[1 - \frac{f_c}{F_{cEy}} - \left(\frac{f_c \cdot \left\{\frac{6 \cdot e_x}{h}\right\}}{F_{fE}}\right)^2\right] \cdot F_{fy,dis}} \leq 1$$

Donde en todo caso:

$$f_c \leq F_{cEx} = \frac{K_{cE} \cdot E_{dis}}{\lambda_x^2} \qquad \text{Para flexión simple y desviada}$$

y

$$f_c \leq F_{cEy} = \frac{K_{cE} \cdot E_{dis}}{\lambda_y^2} \qquad \text{Para flexión desviada}$$

Resto de combinaciones

No normalizadas.

8.7 LECTURAS ADICIONALES

Blass y Sandhaas (2017) Timber Engineering - Principles for Design. KIT Scientific Publishing, Karslruhe, Alemania.

CAPÍTULO 9

INTRODUCCIÓN AL DISEÑO DE UNIONES

9.1 TIPOS DE UNIONES

A diferencia de otros materiales, en la madera existe un número elevadísimo de tipos de uniones, tal como se resume en la Tabla 9.1.1. En general, las uniones con madera presentan la particularidad de ofrecer una enorme libertad de diseño; de hecho, el número y tipos de uniones sigue creciendo en la actualidad, y salvo en casos particulares, las conexiones no están muy estandarizadas, sino que se diseñan expresamente para adaptarse a las necesidades de cada estructura. Según varios autores el diseño de uniones de madera, pese a la complejidad técnica que pueda ofrecer, es en cierta manera un arte. Este capítulo, muy lejos de ser una revisión exhaustiva de las uniones de madera, presenta únicamente las principales tipologías y parámetros que deben considerarse en el diseño. Una exposición mucho más profunda del diseño de uniones estructurales se presenta en el libro *"Conceptos avanzados del diseño estructural con madera. Parte I"*, mientras que el cálculo de uniones de CLT se aborda en el libro *"Conceptos avanzados del diseño estructural con madera. Parte II"*.

Las *uniones tradicionales o carpinteras* son aquellas en las que el esfuerzo se transmite principalmente debido al contacto entre piezas, es decir mediante compresiones y rozamiento. Esto sucede gracias a que las piezas se tallan con formas geométricas especiales que permiten encajarse entre sí. Pueden ser nodos, empalmes o acoples si las piezas que se conectan forman un ángulo, se unen linealmente mediante testas o se unen linealmente por los bordes, respectivamente. Las uniones tradicionales se han empleado durante siglos en carpintería, y existen infinidad de tipos. Presentan las desventajas de que, por lo general, requieren pérdidas notables de la sección transversal de las piezas a conectar, son poco rígidas y la mayoría no soportan la inversión de esfuerzos (cambio en el sentido de las fuerzas). El uso de estas uniones disminuyó considerablemente durante buena parte del siglo XX, por la complicación que requería su elaboración, no obstante, en las últimas décadas su uso se ha incrementado por la practicidad y precisión de las máquinas de control numérico. Pese a que muchos tipos de uniones tradicionales emplean también conectores metálicos, éstos solo juegan un papel secundario para consolidar las piezas a unir y evitar la inversión de esfuerzos. Las principales ventajas de estas uniones son: una excelente resistencia frente a fuego y el acabado estético.

TABLA 9.1 Resumen (no exhaustivo) de las principales tipologías de uniones con madera.

Grupo	Familia	Tipo	Subtipo
Tradicional o de carpintero (contacto)	Nodo	De caja	Entalladura, media madera, cruz, pluma…
		De caja y espiga	Espiga en testa, cola de milano, a inglete…
		Quijera	Simple, en cola de milano, a inglete…
		Embarbillado	Pasantes, de tope o talón
		En espera	Simple, múltiple
	Empalme		Media madera, en cola de milano…
	Acople		Superposición y yuxtaposición
Encolada (adhesivo)	Madera-madera	Empalme	Mayormente finger-joint.
	Madera con otros materiales	Barra encolada	Acero, FRP.
		Placa	Acero, tableros estructurales, FRP, goma.
Mecánica	Clavija (esbelta)	Clavo	Liso, corrugado, circular, cuadrado o poligonal
		Grapa	
		Tornillo o tirafondo	Común o auto-perforante
		Pasador	Liso, corrugado, circular, cuadrado o poligonal
	Clavija (gruesa)	Pasador	Liso, corrugado, circular, cuadrado o poligonal
		Perno	De acero o madera
		Varillas roscadas	
	Superficie	Anillo	
		Placas dentadas	
		Placas clavo	

Las *uniones encoladas* son las que emplean un adhesivo para la transmisión de esfuerzos, principalmente frente a fuerzas tangenciales y perpendiculares al plano de adhesión. Por lo general estas uniones son extremadamente rígidas (los desplazamientos se deben fundamentalmente a la deformación del adhesivo y la madera) y frágiles. A diferencia del resto de uniones, es relativamente habitual que las conexiones encoladas tengan más resistencia que las propias piezas que estas unen, y de hecho este suele ser el principal requisito de un adhesivo estructural. Su principal desventaja, además de la fragilidad, es que por lo general admiten muy poco error de fabricación, y el control de calidad es extremadamente importante. Por ello, las uniones encoladas se emplean en su gran mayoría a nivel industrial en la fabricación de los propios elementos estructurales. Quizá la única excepción sea el caso de los epoxis, que sí presentan una mayor facilidad de aplicación y por ello se emplean habitualmente en obra, fundamentalmente para la ejecución de uniones de barras encoladas y refuerzos. Su uso sin embargo no está muy extendido por su elevado precio y complejidad de ejecución.

Las *uniones mecánicas* son aquellas que transmiten los esfuerzos gracias al uso de un conector, que en la mayoría de ocasiones es metálico. Estas uniones son claramente las más empleadas en la construcción. Sus principales ventajas radican en, la escasa reducción de la sección transversal, su simplicidad de instalación, economía, tolerancia a la inversión de esfuerzos, variedad de capacidades y ductilidades y poca variabilidad mecánica para un conector específico. Pese a que las rigideces ofrecidas por estas conexiones son muy dispares, en general pueden considerarse como uniones *semirígidas*, pues, aunque se empleen muchos conectores nunca materializan un vínculo rotacional o longitudinalmente perfecto. Por otra parte, son menos rígidas que las uniones encoladas, pero menos flexibles que las uniones tradicionales. En general, las uniones mecánicas son la clave del diseño sísmico de estructuras de madera, ya que es posible diseñar las uniones de modo que el fallo siempre se produzca en los conectores (dúctiles) y no en la madera (frágil), ver detalles en el libro *"Conceptos avanzados del diseño estructural con madera. Parte I"*. El principal inconveniente de estas uniones, es que suelen tener una baja resistencia al fuego.

Véase un resumen ilustrativo de estos tipos de uniones en la Figura 9.1. Además, en la Tabla 9.1.2 se ilustran las uniones mayormente empleadas en cada situación de carga de acuerdo a Steffen y Bettina Franke (2018).

TABLA 9.1.2 Aceptación* del uso de diferentes tipologías de uniones de acuerdo a diversas situaciones de carga (basado en Sandhaas et al. 2018).

Solicitación	Tipo de unión						
	Encolada	Barras encoladas	Tornillos autoperf./ Barras con hilo	Clavos o tornillos cortos	Pasadores o pernos	Sistemas comerciales	Uniones carpinteras
Tracción y compresión paralela u oblicua	+	+ + +	+ + +	+ +	+ + +	0	+ + +
Momento	+	+ + +	-	0	+ + +	-	-
Corte	-	+	+ +	+ +	+ +	+ +	+ + +
Refuerzo de tracción perp.	0	+ + +	+ + +	-	-	-	-
Refuerzo de compresión perp.	-	+ + +	+ + +	-	-	-	-

* 0 se refiere a poca aceptación, - se refiere a escasa utilización

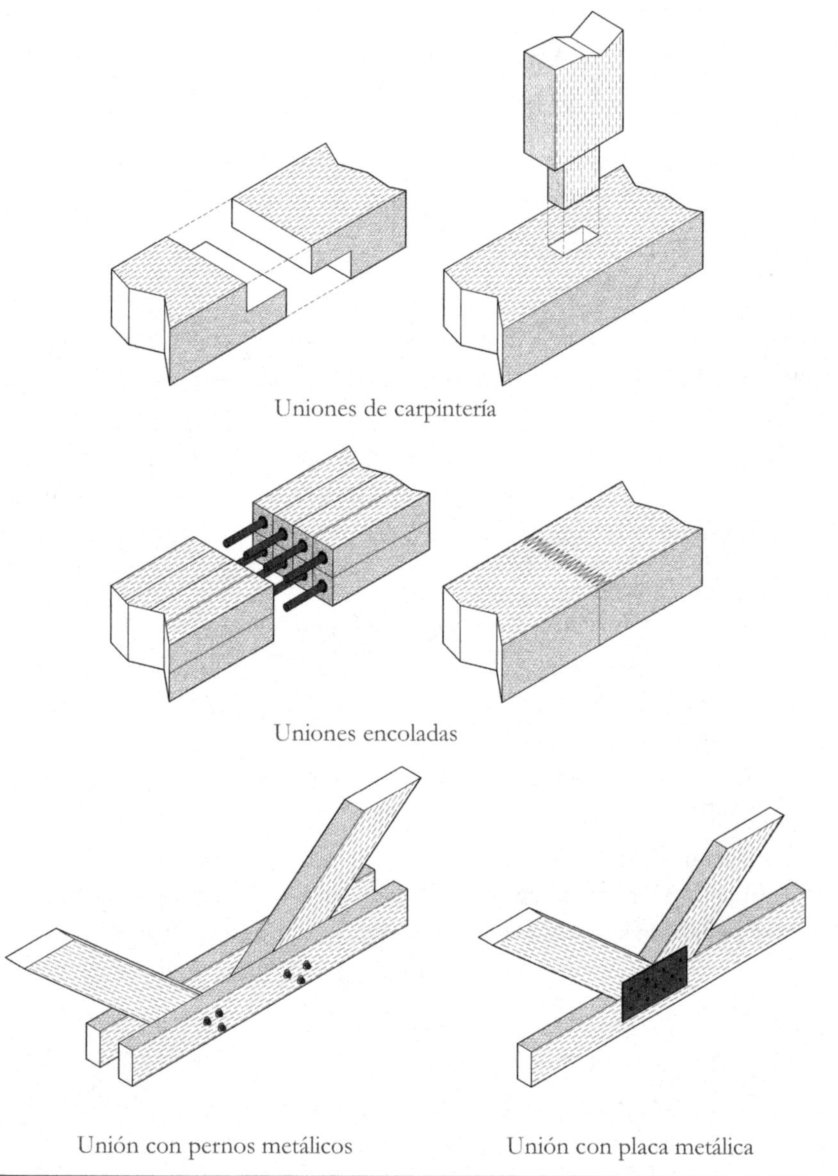

FIGURA 9.1 Resumen ilustrativo de los principales tipos de uniones.

9.2 Filosofía de uniones

El diseño de uniones requiere tener muchos aspectos en consideración, los cuales se detallan en profundidad en el libro *"Conceptos avanzados del diseño estructural con madera. Parte I"*. No obstante, para el lector que se inicia en el diseño estructural con madera, es muy útil considerar de forma general los siguientes aspectos generales en el diseño de uniones:

i. Emplear conexiones de compresión siempre que sea posible.

ii. Tratar de bajar la carga gravitacional y lateral por el camino más corto posible.

iii. Evitar tracciones perpendiculares y cortantes todo lo que sea posible.

iv. Por lo anterior, diseñar conexiones con la mayor simpleza posible.

v. Evitar excentricidades. Tanto debido a que los ejes de las piezas que confluyen en un mismo nodo no sean concéntricos, como que la disposición de conectores sea asimétrica dentro de la misma pieza.

vi. Si es necesario transmitir tracciones, tratar de hacerlo vía piezas de acero todo lo que sea posible.

vii. Por lo general, cuanto mayor es el número de conectores, menos se aprovecha cada conector (efecto grupo e hilera). Sin embargo, la relación t/d (espesor de madera/diámetro del conector) también debe ser lo suficientemente elevada para aprovechar la capacidad máxima de cada conector y evitar roturas frágiles.

viii. La rigidez de uniones es a menudo el factor más determinante en la rigidez global de la estructura. En sistemas de poste-viga, las uniones pueden ser responsables de más del 90% del desplazamiento de piso global. Las barras y pasadores son mucho más rígidos que los pernos. Los tornillos auto-perforantes en ángulo son mucho más rígidos que los tornillos perpendiculares. La rigidez de una unión aumenta substancialmente con el número de conectores, y puede degradarse muy significativamente frente a acciones cíclicas.

ix. Considerar siempre la compresión perpendicular en apoyos de uniones, la fórmula de Hankinson para ángulos de carga, y la reducción de la sección de madera debido a perforaciones en zonas de tracción y corte.

x. La elección del conector debe fundamentarse al menos en: espacio disponible, capacidad del conector, configuración estructural, ductilidad y rigidez requeridas, estética y disponibilidad. Los conectores esbeltos, gruesos y de superficie suelen ofrecer capacidades entre 0,1-3kN, 2-20kN y 12-40 kN por unidad, respectivamente.

xi. La capacidad de la unión y el impedimento de fallas frágiles solo se garantizará si se respetan las distancias entre conectores, bordes y testas. Las hileras escalonadas pueden ahorrar mucho espacio y prevenir el agrietamiento.

xii. La resistencia al fuego es mayor cuanto menor es la superficie metálica que está expuesta. Esto incluye el cabezal de los conectores. Por ello, la resistencia de pasadores es mucho mayor que la de los pernos, y las placas de acero que se encuentran embebidas de forma interna a los miembros de madera es mucho mayor que aquellas que están en el exterior (tales como las placas clavo).

xiii. Las uniones son susceptibles de corrosión y su exposición debe estar muy controlada. Siempre que sea posible, emplear acero galvanizado.

xiv. Considerar que las conexiones suelen ser el eslabón más débil, pues normalmente tienen menor resistencia que las piezas que unen. Por este motivo, es muy habitual que en entramado pesado las uniones condicionen la propia escuadría de las piezas que unen.

Las típicas curvas de fuerza-desplazamiento obtenidas en diversos tipos de uniones se ilustran en la Figura 9.2.

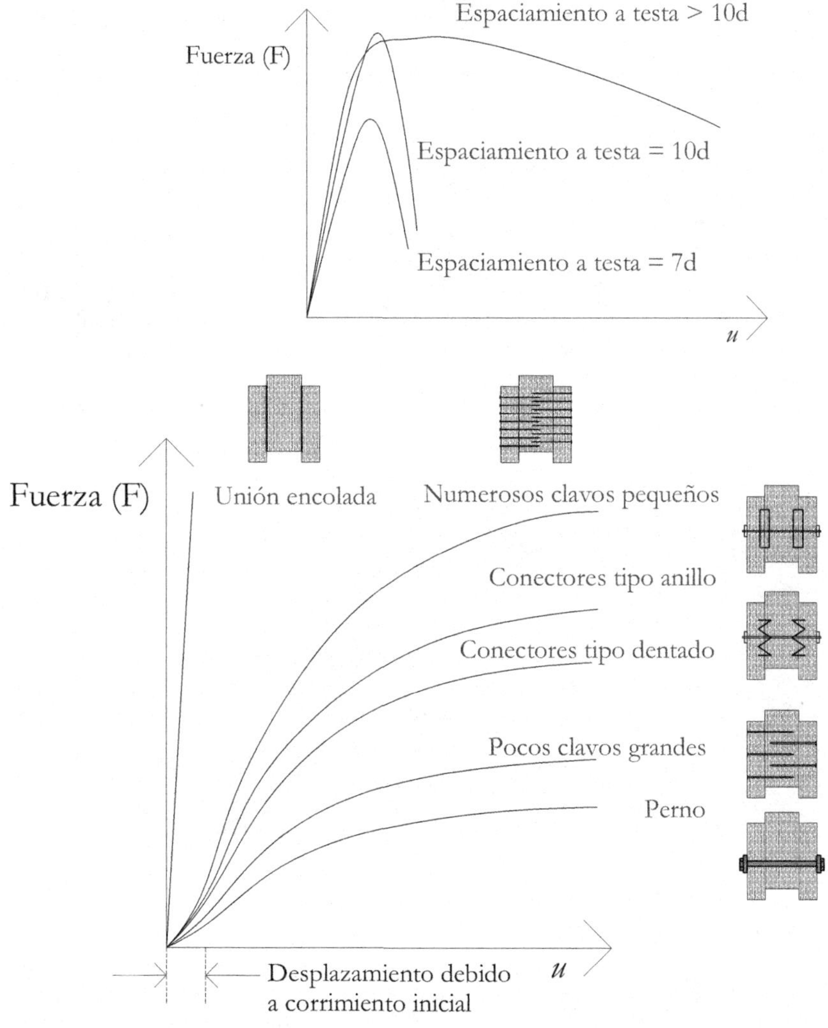

FIGURA 9.2 Típicas curvas de Fuerza-Desplazamiento obtenidas para diversos tipos de conexiones (basado en Herzog et al. 2012).

9.3 PRINCIPALES PARÁMETROS QUE DETERMINAN EL DESEMPEÑO MECÁNICO DE UNA UNIÓN MECÁNICA

El comportamiento estructural de las uniones mecánicas, está fundamentalmente gobernado por cinco aspectos.

Tensión de aplastamiento de la madera

La tensión de aplastamiento de la madera es el principal 'obstáculo' que impide el desplazamiento del conector a través del material y por ende es uno de los aspectos más importantes de la ingeniería de la madera. Cuando un conector tiende a aplastar la madera, principalmente se generan compresiones normales a la fibra, aunque también se originan tracciones que tienden a 'abrir' el material, ver Figura 9.3.1.

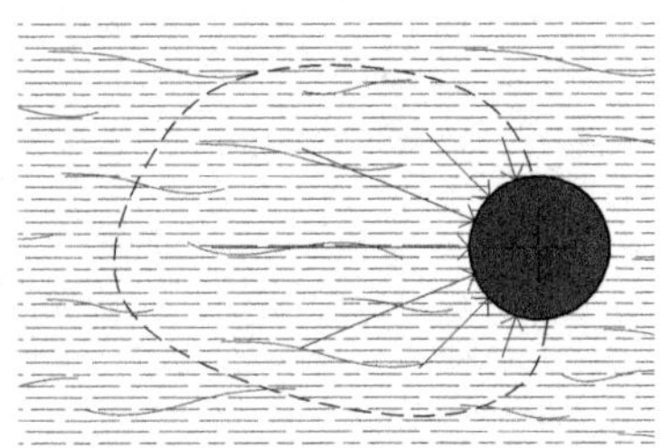

Distribución de tensiones real

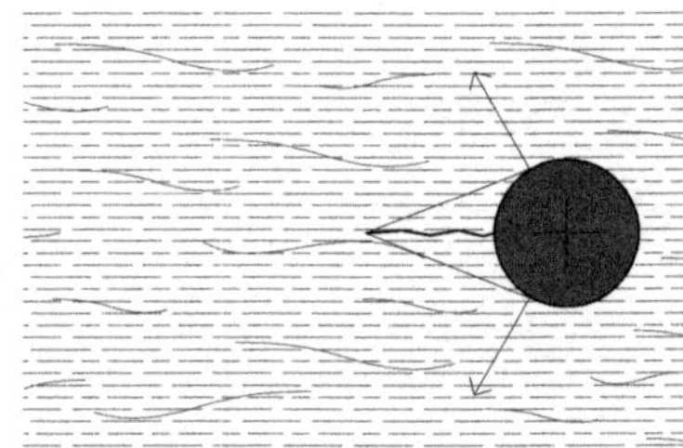

Fuerza de apertura

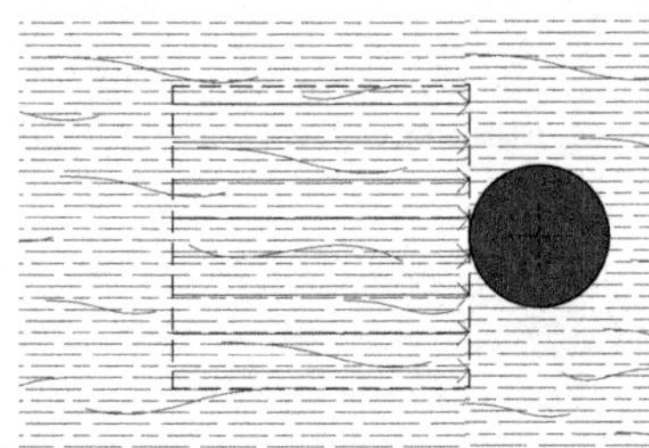

Distribución de tensiones ideal

FIGURA 9.3.1 Tensiones de aplastamiento y apertura provocadas por un conector rígido que transmite el corte al estar embebido en la madera.

La tensión de aplastamiento está estrechamente ligada a la calidad del material, especialmente a su densidad tal como se muestra en la Figura 9.3.2; cuanto mayor sea la densidad, mejor anclaje ofrece la madera. Por otra parte, cuanto mayor sea el diámetro del conector, mayor tiende a ser la fuerza de apertura, y por tanto menor resulta la resistencia al aplastamiento.

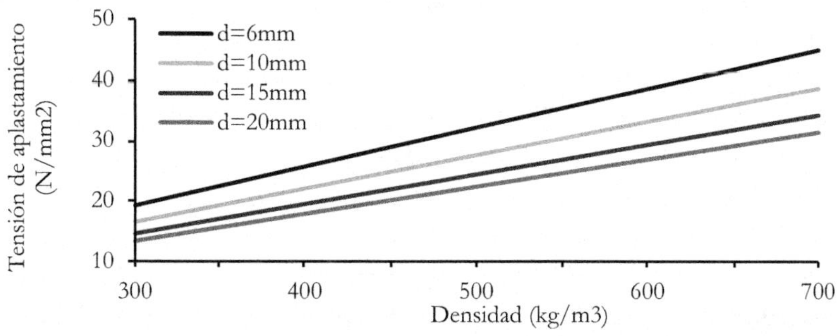

FIGURA 9.3.2 Típicas curvas de resistencia al aplastamiento de acuerdo a la densidad de la madera y el diámetro del conector.

Los códigos de construcción suelen proveer fórmulas de cálculo de la tensión de aplastamiento de acuerdo al tipo y diámetro de conector, y a la densidad de la madera. Estas fórmulas están basadas en ensayos normalizados muy sencillos de aplastamiento de madera, mediante acciones sobre conectores muy robustos. Por ejemplo, la norma europea EN 383, prescribe el ensayo de aplastamiento de conectores en madera, ver una ilustración en la Figura 9.3.3. Puesto que en este caso la densidad de la madera determina una capacidad resistente, es necesario considerar la *densidad característica*.

Nótese que la resistencia al aplastamiento también depende de la dirección de las fibras. Si bien la madera a menudo se aplasta en el sentido paralelo a las fibras, la resistencia al aplastamiento perpendicular es aproximadamente la mitad. Este efecto suele ser despreciado en conectores delgados tales como clavos, sin embargo, en conectores gruesos como pernos, puede ser muy importante y es por ello que la resistencia al aplastamiento se calcula de acuerdo al ángulo fibra-fuerza.

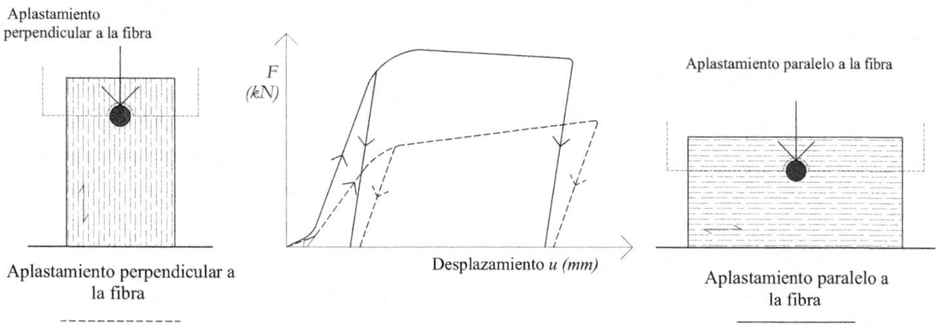

FIGURA 9.3.3 Típico ensayo de aplastamiento paralelo y perpendicular a la fibra con las curvas típicamente obtenidas de acuerdo a la norma EN383.

Por otra parte, la fuerza máxima que una pieza de madera puede resistir bajo la acción de un conector resulta mayor cuanto mayor es la tensión de aplastamiento, el diámetro del conector y el espesor de la pieza de madera. Es importante que el lector note aquí la influencia del diámetro. A menudo es confundido el efecto del diámetro en el aplastamiento. Cuanto mayor es el diámetro de un conector, menor es la tensión de aplastamiento (N/mm^2) que la madera es capaz de resistir debido a los efectos de apertura, sin embargo, lógicamente cuanto mayor sea el diámetro, también mayor será la superficie en contacto con la madera, y por tanto mayor es la capacidad total (N) frente al aplastamiento que un determinado conector puede ofrecer.

Como es natural, la tensión de aplastamiento resulta también determinante en la rigidez de la unión. De hecho, la rigidez de las uniones mecánicas de madera por lo general se considera directamente proporcional a la densidad de la madera y al diámetro del conector. Las rigideces de las uniones mecánicas de madera, se suelen determinar con ensayos normalizados, p.ej. EN 26891, al relacionar la fuerza con el desplazamiento (*rigidez axial*, expresada en N/mm), o bien el momento flector con el ángulo de rotación (*rigidez rotacional* o *flexional*, expresada en Nmm/rad).

Finalmente, la resistencia al aplastamiento también resulta primordial en el *comportamiento histerético*[9.1] de uniones de madera, pues determina la pérdida de rigidez que ocurre cuando la madera en contacto con los conectores, y cede progresivamente ante acciones cíclicas importantes tales como sismos.

Momento plástico del conector

El momento plástico, se refiere a la máxima capacidad de flexión (momento flector) que un determinado conector puede ofrecer antes de incurrir en régimen plástico. Nótese aquí, que este parámetro es por tanto una capacidad de flexión (Nmm), a diferencia del anterior, que era una resistencia o tensión (N/mm^2). Su valor es pues directamente proporcional al límite de fluencia (o bien el límite último en algunos códigos, en N/mm^2) del acero empleado, y también al diámetro del conector.

Cuando una unión mecánica de madera está sometida a la acción de una fuerza lateral, la falla que se puede producir, es debida fundamentalmente a la interacción de dos capacidades fundamentales. La primera es la capacidad (N) de aplastamiento de la madera frente a la acción de un conector; esto representa en cierto modo, la capacidad de la madera. La segunda es la capacidad de flexión (Nmm) del conector; esto representa la capacidad del acero. Si la capacidad de la madera es muy inferior a la capacidad del acero, tan sólo fallará la madera (frágil). Sin embargo, en caso de que la capacidad del acero sea inferior, el fallo se producirá en el conector (dúctil), lo que a su vez requerirá que la madera falle de forma localizada cerca del plano de cortadura (este es el plano de contacto entre las dos piezas).

Tal y como ha sido presentado en el apartado anterior, la capacidad de aplastamiento crece al aumentar el espesor de la pieza y el diámetro del conector, pues ello repercute en una mayor área resistente. Por otro lado, el momento flector máximo del conector se incrementa substancialmente al incrementar el diámetro. Dado que la resistencia axial del acero es muy superior a la resistencia al aplastamiento de la madera, se obtiene un equilibrio de resistencias cuando el diámetro del conector es lo suficientemente pequeño, en relación al espesor de la madera. Dadas las resistencias típicas de maderas y aceros, se obtiene que la relación óptima se sitúa en torno a $t/d{\ge}8\text{-}12$ para uniones de cortadura simple, ver una ilustración en la Figura 9.3.4. Cuando la relación es menor, el conector tiende a estar desaprovechado, pues la falla se generará mayormente por aplastamiento de la madera. Por encima de esos valores, se alternarán las fallas entre conectores y madera. Cuando el conector es lo suficientemente pequeño o, dicho de otra forma, cuando el espesor de la madera es lo suficientemente grande, esto es, cuando se sobrepasa el *espesor mínimo requerido*, la capacidad de flexión máxima proporcionada por el conector se aprovechará, obteniendo así la *máxima capacidad posible para un determinado conector* y asegurando que en todo caso el modo de falla sea *dúctil*. La evolución de los modos de falla, y el cálculo de espesores mínimos se detalla en profundidad en el libro "*Conceptos avanzados del diseño estructural con madera. Parte I*".

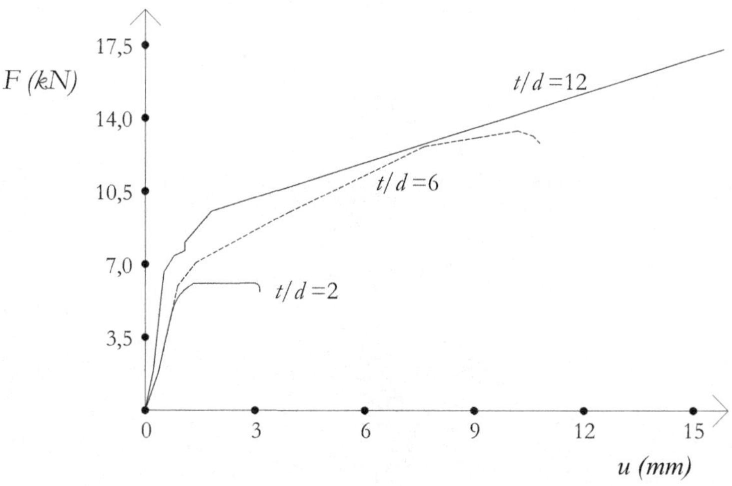

FIGURA 9.3.4 Diferentes curvas de Fuerza-Desplazamiento para un determinado conector al variar el espesor de la madera cuando este es sometido a la acción de una fuerza lateral (basado en Blaß y Sandhaas 2017).

Las fallas de flexión de los conectores producen modos de falla dúctiles, pero es posible distinguir diferentes *grados de ductilidad*. En concreto, cuando se sobrepasa la capacidad de flexión en una sección determinada de un conector, se generará una *rótula plástica*[9.2]. Se denominan modos de falla *dúctiles* o *totalmente dúctiles*, a aquellas fallas en las que el conector forma dos rótulas plásticas, una a cada lado del plano de corte, ver Figura 9.3.5. Por su parte, en las *fallas semi-dúctiles* se produce una única rótula plástica en una de las caras del plano de corte, pero no en la otra. Finalmente, en las fallas frágiles, no se produce ninguna rótula plástica, sino que tan sólo se aplasta la madera. Debe ser notado que, para que se pueda producir una rótula plástica, la madera debe igualmente aplastarse en cierta medida en las proximidades del plano de corte; sino no es físicamente posible que el conector genere tal curvatura; así es que en todo modo de falla, se produce el aplastamiento de la madera, solo que en las fallas dúctiles o semi-dúctiles dicho aplastamiento está localizado en las proximidades del plano de corte, mientras que para las fallas frágiles el aplastamiento se produce de forma generalizada en uno o varios de los miembros estructurales. Es también necesario notar que, en el caso de emplear uniones de piezas de madera con placas de acero de paredes gruesas, sí es posible que se generen dos rótulas plásticas, una a cada lado del plano de corte, ya que la placa actúa de forma similar a un *empotramiento*, es decir, se asume que el conector permanecerá perpendicular a la placa después de la falla dúctil. Sin embargo, en el caso de emplear placas de acero de pared delgada, la placa actúa como una *articulación* así es que no es posible que se generen dos rótulas plásticas. No obstante, en este último caso, aun cuando sólo se genere una rótula por plano de corte, la falla puede considerarse totalmente dúctil.

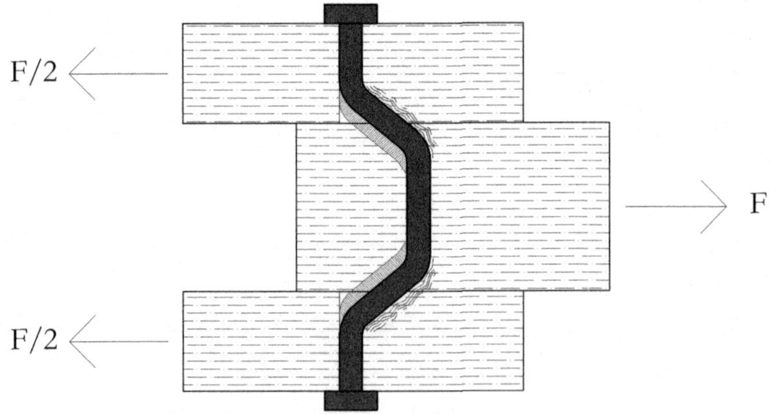

FIGURA 9.3.5 Falla totalmente dúctil de un conector rígido embebido en madera al ser sometido a una cortadura doble. En este caso el fallo se produce por la formación de dos rótulas plásticas entorno a cada uno de los dos planos de corte. Por su parte, la formación de las rótulas requiere que la madera se aplaste cerca de los planos de curvatura (sino es imposible que el conector pueda generar las rótulas plásticas).

Espaciamiento

Aun cuando se haya respetado la relación *t*/*d*, no se puede garantizar el fallo dúctil de uniones que disponen varios conectores si es que no se respeta el espaciamiento los mismos. Por tanto, la relación *t*/*d es condición necesaria pero no suficiente para garantizar el fallo dúctil.* En concreto, se debe respetar el espaciamiento entre conectores, espaciamiento a bordes y espaciamiento a testas. Solo de este modo, se puede garantizar la redistribución de tensiones en la madera sin solapamientos de tensiones entre conectores consecutivos, esto es sin *efectos de espaciamiento*, ver Figura 9.3.6.

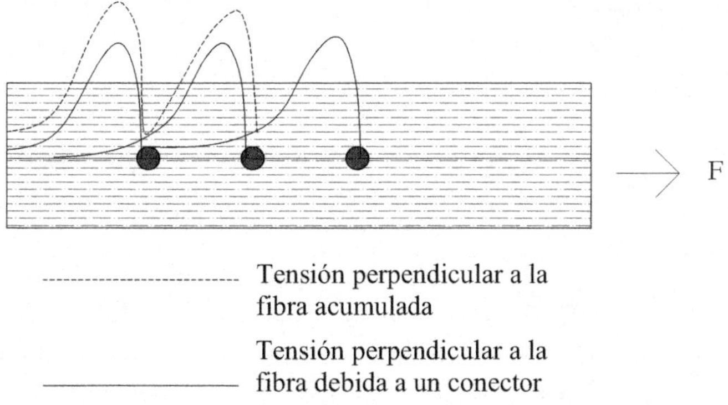

FIGURA 9.3.6 Acumulación de la tensión de aplastamiento de diversos conectores dispuestos en hilera al ser sometidos a la acción de una fuerza lateral. Si los conectores no se disponen con el espaciamiento suficiente, la acumulación de tensiones de aplastamiento puede generar una falla en la madera (frágil), aun y cuando la unión haya sido diseñada para que el fallo se produjese en el acero.

Como ya ha sido introducido, en el caso de múltiples conectores las tensiones no se distribuyen homogéneamente, sino que la carga suele ser absorbida en mayor medida por aquellos que reciben la carga en primero y último lugar – lo que se denomina el *efecto hilera*. Dicho efecto es notablemente superior cuando los conectores son de gran diámetro y las uniones son muy rígidas (se constituyen por muchos conectores en hilera). Curiosamente dicho efecto de tensiones pico al inicio y el final de la unión, también es producido en uniones encoladas, fenómeno que es explicado con la teoría de Volkersen tal como se presenta en el libro *"Conceptos avanzados del diseño estructural con madera. Parte I"*. Los efectos de hilera y espaciamiento son comúnmente referidos en términos globales como *efectos de grupo*, y las normativas tienden a considerarlos empleando coeficientes de modificación de resistencias, y también reduciendo el *número efectivo de conectores* (n_{ef}), pues la resistencia global de la unión es inferior a la suma de las resistencias de los conectores individuales. Este enfoque es el que se contempla por ejemplo en el Eurocódigo 5, donde la capacidad de una unión viene determinada por n_{ef}, el cual es casi siempre inferior al número real de conectores. Por su parte, la NCh1198 considera los efectos de hilera con un coeficiente individual, K_u, aunque también considera n_{ef} de forma puntual, en algunos conectores especiales.

El distanciamiento exacto necesario depende del tipo de conector y de madera, y se relaciona directamente con la longitud de crecimiento de fractura característica. En términos muy generales, las distancias perpendiculares (a_2), a testa (a_3), y a borde (a_4) tienden a ser la mitad, tres cuartos y un cuarto de la distancia longitudinal (a_1), respectivamente – ver la Figura 9.3.7.

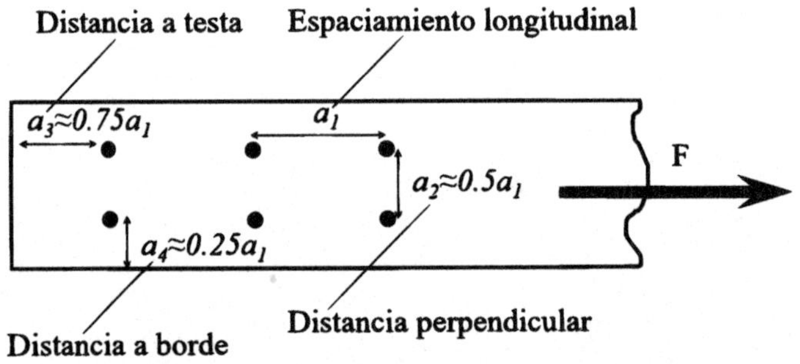

FIGURA 9.3.7 Típicos espaciamientos necesarios entre conectores para poder garantizar la capacidad teórica de una unión sin que se produzca una falla frágil prematura. Nótese que esta figura es orientativa, ya que el espaciamiento exacto depende del tipo específico de conector y también del producto de madera empleado.

Cuando las filas de conectores se disponen de forma *alternada* (*zig-zag* o *tresbolillo*), por lo general es posible disminuir un 50% el espaciamiento longitudinal, ver Figura 9.3.8.

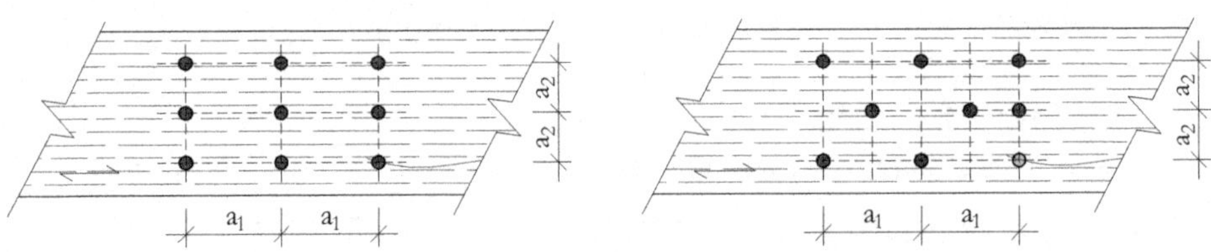

FIGURA 9.3.8 Reducción de espaciamientos longitudinales mediante disposición alternada de conectores.

Algunos códigos de construcción, e.g. Eurocódigo 5, diferencian entre el espaciamiento de una testa que recibe carga (a_{3t}) de una testa descargada (a_{3c}), y un borde cargado (a_{4t}) de uno descargado (a_{4c}). Esto permite reducir las distancias a las partes descargadas entorno al 25-33%.

De no respetarse los espaciamientos, los principales modos de falla frágil que pueden producirse son por *separación* o *agrietamiento* (*splitting*), *cortadura de la hilera* de madera entre conectores, fallo por *tracción paralela en la madera* y *fallo en bloque con penetración total* o *parcial*, ver Figura 9.3.9.

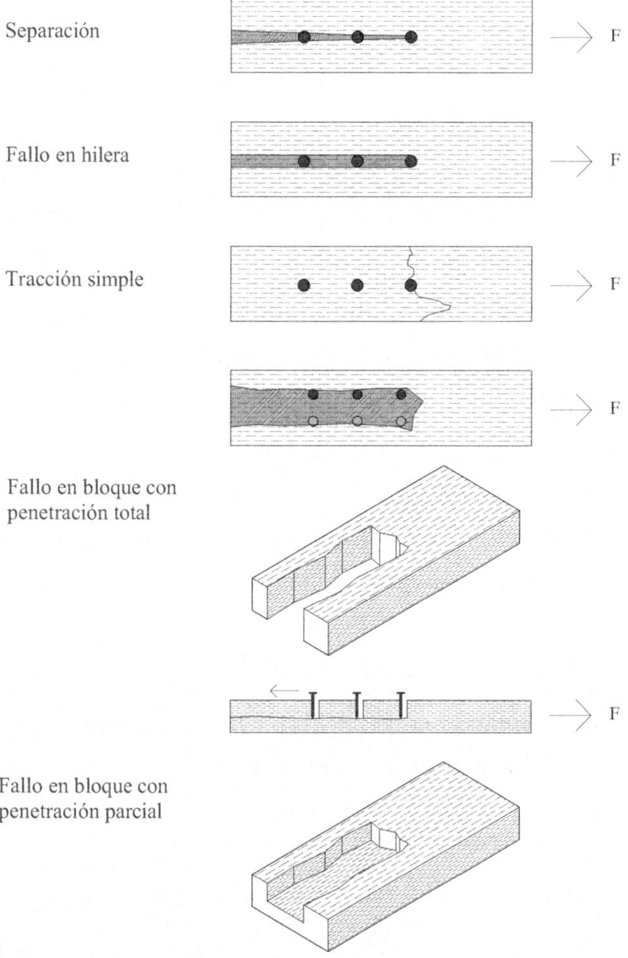

FIGURA 9.3.9 Típicos modos de falla frágil prematura al no respetarse los espaciamientos mínimos.

También, siempre deben de ser respetados los requerimientos de pretaladrado para ciertos tipos de uniones. En caso contrario, la madera puede quebrarse simplemente al insertar los conectores (*splitting*), Figura 9.3.10. Así por ejemplo, el splitting es muy habitual en clavos si no se respeta el espaciamiento. En piezas de entramado ligero que emplean clavos se recomienda disponerlos siguiendo muy ligeramente un *zig-zag*, de modo que la apertura o splitting se evite al máximo.

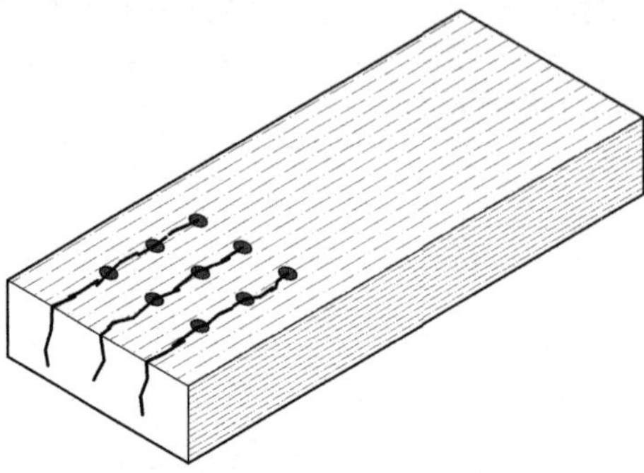

FIGURA 9.3.10 Agrietamiento o splitting en una conexión de madera como consecuencia de no respetar los espaciamientos mínimos entre conectores.

Finalmente, también es necesario cumplir con ciertas reglas constructivas. De otro modo, la contracción de la madera debida a los cambios de humedad puede igualmente producir el agrietamiento de la madera; estos aspectos de presentan en capítulos posteriores.

Efecto cuerda (rope effect)

Si al cargar una unión mecánica, se produce un modo de falla que implique la inclinación del conector (como por ejemplo en modos de falla dúctiles, ver apartados sucesivos), este, además de sufrir la flexión debido a las fuerzas cortantes, será sometido a esfuerzos axiales ya que, en resumidas cuentas, la fuerza del plano de corte no será completamente perpendicular al conector, sino que también tendrá una componente axial, ver Figura 9.3.11. En concreto, el conector flexionará siguiendo el sentido del cortante, y será sometido a una fuerza de tracción que tratará de vencer la *resistencia a la extracción* del conector, a la que el conector por su parte contestará *aplicando una fuerza de compresión perpendicular al plano de corte en la madera.*

Dicha fuerza de compresión perpendicular al plano de cortadura, produce un *efecto de 'atado' o cuerda* sobre las piezas de madera, pues estas tenderán a juntarse. Dado que el coeficiente de rozamiento estático entre dos piezas de madera es del orden de *0,25-0,35*, el efecto cuerda podrá ser muy beneficioso, ya que la capacidad de la unión podrá por lo general incrementarse hasta un máximo de ¼ la capacidad a la extracción axial (extracción directa) del conector, siempre y cuando el modo de falla implique la inclinación del conector, ya que en caso contrario no se generará ninguna fuerza axial en el conector (más allá de la excentricidad inherente de las fuerzas respecto del plano de cortadura).

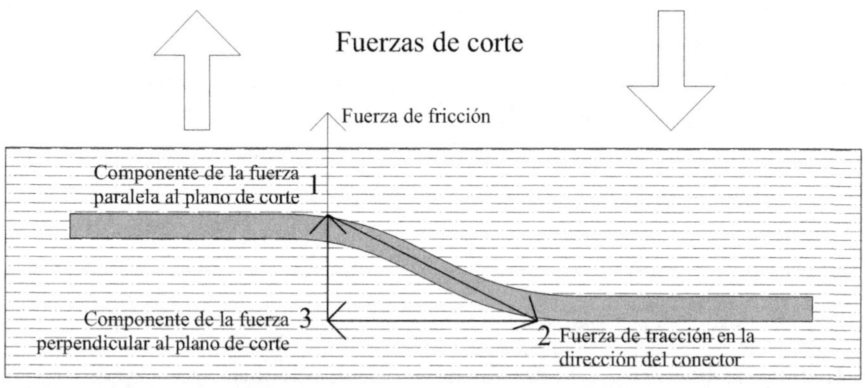

FIGURA 9.3.11 Ilustración del efecto cuerda (atado de piezas) como consecuencia de la pérdida de perpendicularidad de un conector bajo determinados modos de falla tales como los modos dúctiles.

Por tanto, para uniones dúctiles, o uniones con modos de falla inclinados, puede asumirse que la capacidad de carga puede incrementarse hasta un valor máximo $F_{ax} \cdot \mu$, donde F_{ax} es la resistencia a la extracción del conector, y μ es el coeficiente de rozamiento estático. Debe notarse en este punto, que la resistencia axial de los conectores es muy variable, Figura 9.3.12. Así, por ejemplo, los pasadores prácticamente no tienen ninguna resistencia axial, y sin embargo los tornillos autoperforantes y los pernos pueden tener una resistencia axial muy notable; de hecho, la resistencia está más bien gobernada por la resistencia a la cortadura de la madera y la compresión perpendicular, respectivamente.

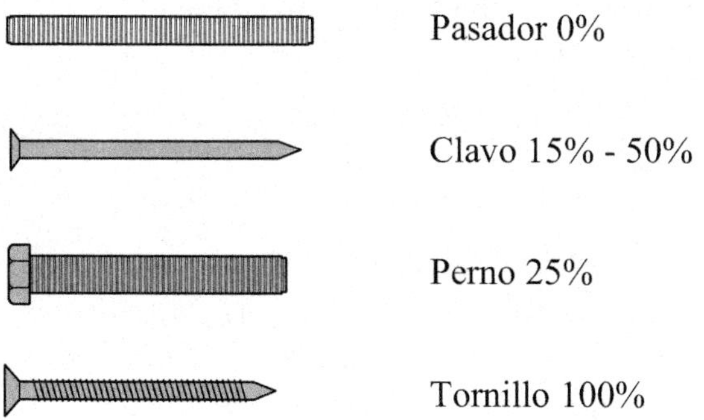

FIGURA 9.3.12 Capacidad máxima de extracción axial (directa) de diversos tipos de conectores. Dicha capacidad se asocia con la importancia que el efecto cuerda puede adquirir en modos de falla dúctiles producidos por fuerzas laterales.

A diferencia de los parámetros anteriores, el tratamiento que se le atribuye al efecto cuerda difiere mucho en los diferentes códigos de construcción. Por ejemplo, en el Eurocódigo 5 se permite incrementar la capacidad un 15% para clavos lisos, 25% para clavos rectangulares lisos, 50% para clavos corrugados, 100% para tornillos, 25% para pernos y 0% para pasadores. Otros, sin embargo, no incluyen de forma conservadora este efecto positivo en el diseño, como por ejemplo en el caso de la NCh1198.

Uniones con carga axial y conectores inclinados

Hasta ahora, se ha presentado el comportamiento de conectores mecánicos bajo la acción de *cargas laterales*, esto quiere decir, conectores que han sido diseñados inicialmente para neutralizar fuerzas (tracciones, compresiones y cortantes) y momentos que ocasionan fuerzas de corte en uno o varios planos de cortadura. Sin embargo, tal y como ha sido introducido en cierto modo en el apartado anterior, dado que los conectores por lo general presentan resistencia a la extracción/perforación, también pueden ser diseñados para neutralizar *cargas axiales*, ver Figura 9.3.13.

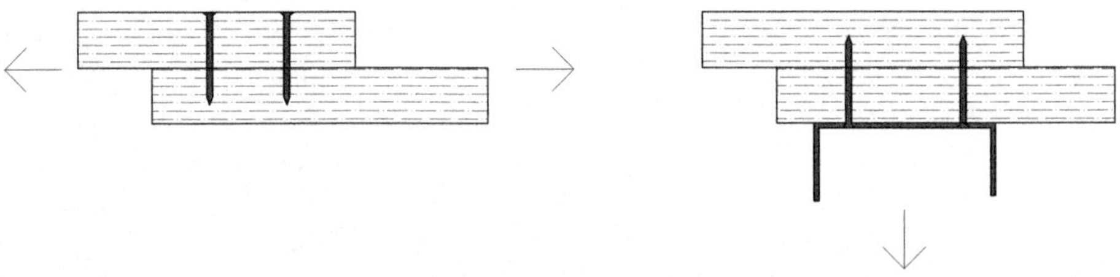

FIGURA 9.3.13 Ilustración de una unión lateral (extracción lateral) y una unión axial (extracción directa o axial). En la unión lateral las fuerzas que se ocasionan en los conectores, son perpendiculares a los mismos como consecuencia de que estos resultan perpendiculares al plano de corte, y sin embargo, en la unión axial las fuerzas actúan en el eje geométrico de los conectores y tienden literalmente a extraerlos de la madera.

Al igual que en el caso de las uniones laterales, las uniones solicitadas axialmente también presentan diversos modos de falla, y la capacidad última de la unión viene determinada por aquel modo con una capacidad inferior. Fundamentalmente, en la extracción axial es posible que el conector falle por tracción, también puede pandear para cargas de compresión, puede ser que falle por cortadura la madera de alrededor, puede ser que la cabeza del conector se rompa y puede ser que el conector 'penetre' hacia el interior de la madera. Dichos fenómenos se describen con mayor profundidad en el libro *"Conceptos avanzados del diseño estructural con madera. Parte I"*, pero es importante que el lector sea consciente de que la mayoría de estos modos de falla son muy frágiles y rígidos en comparación a los modos de falla de cargas laterales. Por otra parte, generalmente la resistencia a la extracción axial es inferior a la resistencia a la flexión/aplastamiento. Esto es especialmente cierto para conectores que son extraídos en el sentido paralelo a las fibras, en donde la resistencia a la extracción es habitualmente la mitad de la resistencia en perforaciones perpendiculares a la fibra.

Una disposición alternativa a la disposición lateral y axial de la Figura 9.3.13, consiste en disponer intencionadamente los conectores inclinados (oblicuos) respecto del plano de cortadura, Figura 9.3.14. Muy habitualmente dicha disposición inclinada se corresponde al uso de tornillos autoperforantes dispuestos a 45° respecto de la línea perpendicular al plano de corte. Las particularidades que presenta dicha disposición se resumen a continuación:

i.   Si los tornillos se oponen al sentido de la fuerza (Figura 9.3.14 izquierda), estos trabajan a compresión, y no se generará ningún efecto cuerda. Esta disposición se desaconseja ya que no se produce ningún beneficio de rigidez o capacidad.

ii.   Si los tornillos se alinean con la fuerza (Figura 9.3.14 centro), se producirá un marcado efecto cuerda. En este caso la resistencia a la extracción axial del conector jugará un papel determinante y, si la unión está bien diseñada, permitirá *incrementos de capacidad global de carga de aproximadamente 20-35%* respecto del caso perpendicular. Además, dado que la rigidez del conector es muy superior frente a esfuerzos axiles respecto de su flexión, la unión puede llegar a *aumentar la rigidez hasta 6 o 8 veces*. Por otra parte, como es lógico, la capacidad de deformación del conector es muy inferior a esfuerzos axiles en relación a las deflexiones, y por ese motivo la ductilidad de la unión *puede reducirse hasta 1/5*. En este caso, además de la resistencia a la extracción, es preciso verificar la resistencia a la rotura por tracción del conector, ya que, para conectores con roscas importantes, este puede ser el factor más limitante de la unión.

iii.   Si los tornillos se disponen en cruz (en X, Figura 9.3.14 derecha), el efecto cuerda de los conectores en tracción será anulado por la separación de los conectores en compresión, por lo que se debe omitir el efecto cuerda. En este caso, se deberán además verificar todos los posibles modos de falla descritos anteriormente. El beneficio de capacidad en este caso no suele ser muy elevado, sin embargo, la unión sí tendrá el beneficio de la rigidez y pérdida de ductilidad.

iv.   Cuando el ángulo de inclinación tornillo-fibra (α) oscila entre 45 y 60° la transmisión de carga está dominada por la rigidez axial de los tornillos, lo que permite emplear métodos de verificación simplificados. Sin embargo, en caso de que α = 60-90° la transmisión de carga sucederá por combinación axial y lateral, lo que requiere la aplicación de métodos detallados que consideren ambos efectos. Todos los métodos de verificación se detallan en el libro *"Conceptos avanzados del diseño estructural con madera. Parte I"*, Capítulo 1. No obstante, en la próxima sección se presentan algunos métodos detallados para cuando $\alpha = 60\text{-}90°$.

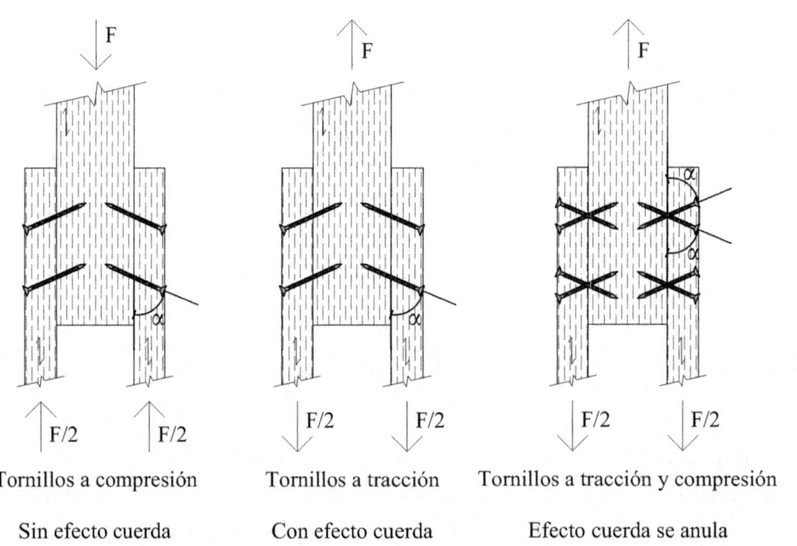

FIGURA 9.3.14 Disposición inclinada u oblicua de conectores. El ángulo de inclinación α, se refiere habitualmente al ángulo el conector con la fibra de madera. En dicha disposición las propiedades de resistencia y rigidez axiales contribuyen de forma notable en el desempeño de la unión, el cual puede predecirse finamente, si es que los conectores están sometidos a compresión (izquierda), tracción (centro) o ambas solicitaciones (derecha).

9.4 Teoría de Johansen para uniones laterales con conectores rígidos

Las verificaciones de los modos de falla anteriormente descritos para uniones laterales, es realizada prácticamente en todos los países a partir de la teoría de falla de uniones propuesta inicialmente por KW Johansen en 1941, también denominada *teoría de cedencia europea* (*European Yield Model*) en textos norteamericanos. Johansen planteó las ecuaciones correspondientes a los modos de falla de conectores y madera a partir de los diagramas de equilibrio de sólido libre de ambos componentes.

Para ello Johansen, asumió un comportamiento rígido y perfectamente plástico para la madera, y una constitutiva elástica para el conector. No tuvo en cuenta el efecto cuerda y tan sólo consideró uniones madera-madera. Posteriormente, en 1957, Meyer amplió la teoría de Johansen considerando el efecto cuerda y un comportamiento rígido-plástico de los conectores, por tanto teniendo en cuenta el momento plástico. Hoy en día la teoría de Johansen-Meyer ha sido extendida para uniones de placas de metal-madera lo que fue realizado por el profesor Möhler.

Madera-madera o tablero-madera en cortadura simple

Las ecuaciones que describen los modos de falla en cortadura simple para uniones madera-madera o tablero-madera, y por tanto la capacidad de carga lateral de 1 conector se muestran en la Tabla 9.4.1.

TABLA 9.4.1 Modos de falla de Johansen para madera-madera según EC5

a   b   c   d   e   f

$$
F_{v,Rk} = \min \begin{cases}
f_{h,1,k} t_1 d & (a) \\[2mm]
f_{h,2,k} t_2 d & (b) \\[2mm]
\dfrac{f_{h,1,k} t_1 d}{1+\beta}\left[\sqrt{\beta + 2\beta^2 \cdot \left[1 + \dfrac{t_2}{t_1} + \left(\dfrac{t_2}{t_1}\right)^2\right] + \beta^3 \cdot \left(\dfrac{t_2}{t_1}\right)^2} - \beta \cdot \left(1 + \dfrac{t_2}{t_1}\right)\right] + \dfrac{F_{ax,Rk}}{4} & (c) \\[4mm]
1{,}05\,\dfrac{f_{h,1,k} t_1 d}{2+\beta}\left[\sqrt{2\beta(1+\beta) + \dfrac{4\beta(2+\beta)M_{y,Rk}}{f_{h,1,k} d t_1^2}} - \beta\right] + \dfrac{F_{ax,Rk}}{4} & (d) \\[4mm]
1{,}05\,\dfrac{f_{h,1,k} t_2 d}{1+2\beta}\left[\sqrt{2\beta^2(1+\beta) + \dfrac{4\beta(2+\beta)M_{y,Rk}}{f_{h,1,k} d t_1^2}} - \beta\right] + \dfrac{F_{ax,Rk}}{4} & (e) \\[4mm]
1{,}15\,\sqrt{\dfrac{2\beta}{1+\beta}}\,\sqrt{2M_{y,Rk} f_{h,1,k} d} + \dfrac{F_{ax,Rk}}{4} & (f)
\end{cases}
$$

Donde f_h es la resistencia de aplastamiento de la madera, el subíndice 1 se refiere al miembro estructural primero y 2 al segundo, t es el espesor que el conector mecánico está efectivamente perforando a un miembro estructural (Figura 9.4.1), d es el diámetro del conector, β es la relación de tensiones de aplastamiento entre el miembro 2 y el 1, M_y es el momento plástico del conector y F_{ax} es la resistencia a la extracción del conector.

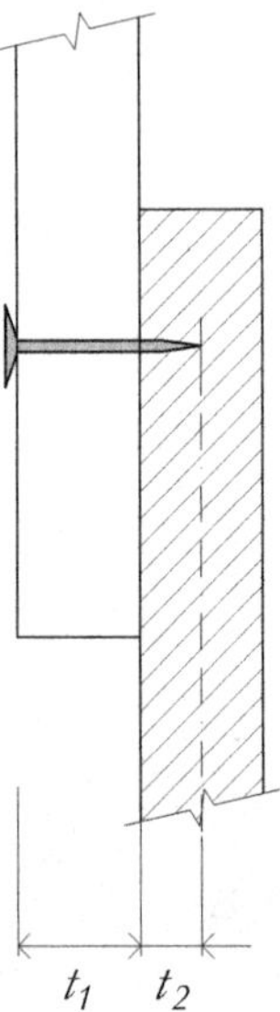

FIGURA 9.4.1 Espesor efectivo de un conector considerado en las ecuaciones de Johansen en uniones de cortadura simple.

Donde a se corresponde con la falla por aplastamiento de la madera en el miembro 1 (modo frágil), b es el aplastamiento del miembro 2 (modo frágil), c es el aplastamiento de ambos miembros (modo frágil), d es el aplastamiento de ambos miembros y formación de rótula plástica por momento flector en el segundo miembro (modo semi-dúctil), e es ídentico al anterior pero con rótula en primer miembro (modo semi-dúctil), y en f se produce una rótula plástica a cada lado del plano de cortadura (modo completamente dúctil).

El primer miembro del sumatorio de cada ecuación representa la capacidad de aplastamiento (en modos frágiles) o bien la capacidad al aplastamiento y formación de rótula plástica en el conector (en modos dúctiles o semi-dúctiles), el segundo miembro del sumatorio tiene en cuenta el efecto cuerda. Nótese que lógicamente el efecto cuerda tan sólo tiene lugar cuando el conector adquiere cierta inclinación durante la falla, esto es los modos c (frágil), d y e (semi-dúctiles) y f (completamente dúctil).

Por tanto, la máxima resistencia lateral de una unión (F_v) se corresponde con la mínima carga obtenida por cada uno de los 6 modos de falla. Téngase en cuenta que si la carga de los modos a, b, y c son muy inferiores a los modos d, e, y f, la relación d/t sea probablemente demasiado reducida y la falla presentará poca ductilidad. Tal como se presenta en el libro de *"Conceptos avanzados del diseño estructural con madera. Parte I"*, cuando el espesor de la madera cumple con el espesor mínimo requerido, el conector alcanza su máxima capacidad, la cual está determinada únicamente por el modo de falla f (totalmente dúctil), anulando por tanto la posibilidad de falla en el resto de modos.

Madera-madera o tablero-madera en doble cortadura

En caso de doble cortadura, tan sólo se pueden producir 4 modos de falla, (ver Tabla 9.4.2): g fallo por aplastamiento en miembros exteriores (frágil), h falla por aplastamiento en el miembro central (frágil), j fallo por aplastamiento en los 3 miembros y formación de una rótula plástica en el miembro central (semi-dúctil), h formación de rótulas plásticas en los tres miembros (totalmente dúctil). Nótese que en este caso no se puede producir un fallo por aplastamiento en los 3 miembros sin formar al menos una rótula plástica, tampoco es posible formar una rótula plástica únicamente en los miembros externos sin que exista una rótula plástica en el miembro central, de ahí que los modos de fallo se redujesen de 6 a 4. La capacidad por cada conector y cada plano de cortadura es:

TABLA 9.4.2 Modos de falla de Johansen para madera-madera según EC5

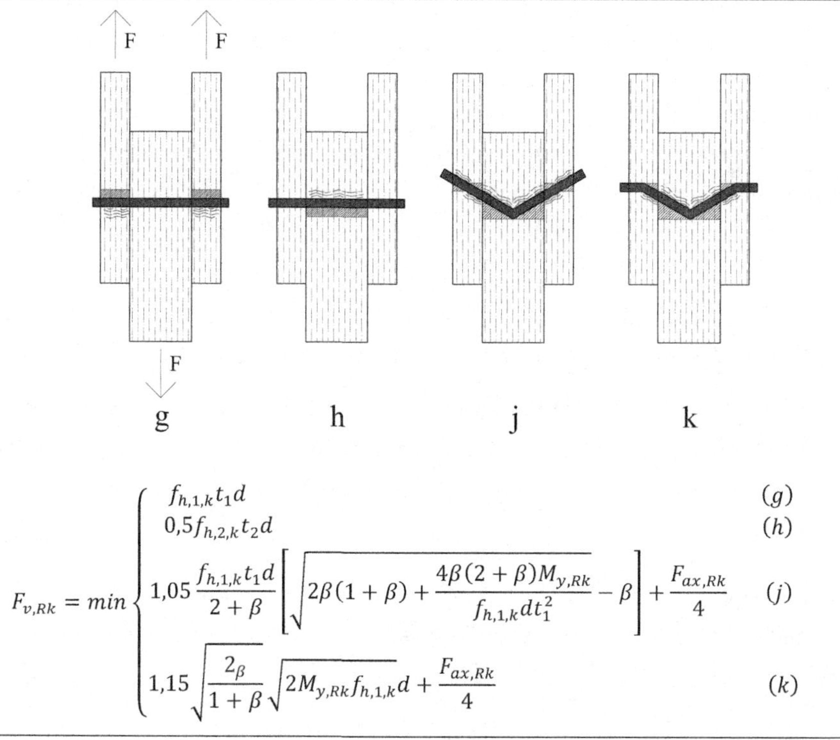

$$
F_{v,Rk} = \min \begin{cases}
f_{h,1,k}\, t_1 d & (g) \\[4pt]
0{,}5 f_{h,2,k}\, t_2 d & (h) \\[6pt]
1{,}05\, \dfrac{f_{h,1,k}\, t_1 d}{2+\beta}\left[\sqrt{2\beta(1+\beta)+\dfrac{4\beta(2+\beta)M_{y,Rk}}{f_{h,1,k}\, d t_1^2}}-\beta\right]+\dfrac{F_{ax,Rk}}{4} & (j) \\[10pt]
1{,}15\sqrt{\dfrac{2\beta}{1+\beta}}\sqrt{2M_{y,Rk}f_{h,1,k}d}+\dfrac{F_{ax,Rk}}{4} & (k)
\end{cases}
$$

En doble cortadura, t_1 se refiere a la longitud de perforación de uno de los miembros extremos, mientras que t_2 se refiere al espesor que los conectores están efectivamente perforando el miembro central. En ciertos casos, cuando t_2 es relativamente elevado en relación al espesor total de la pieza central, t, se admite un solape de conectores. En este caso se debe tomar t_1 como el espesor de las placas extremas y t_2 la longitud que cada conector está perforando al miembro central, ver Figura 9.4.2.

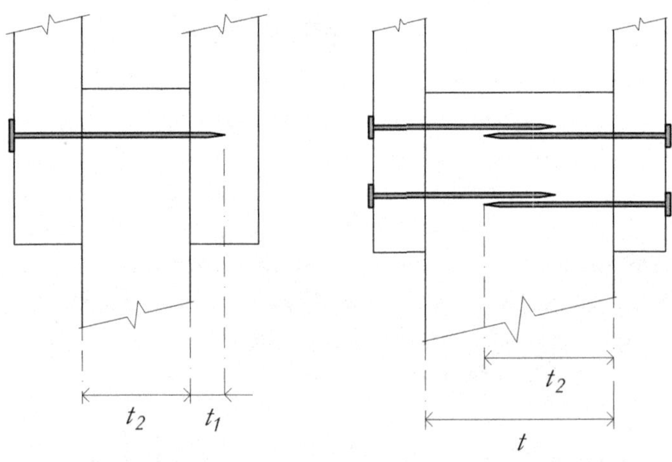

FIGURA 9.4.2 Espesor efectivo de un conector considerado en las ecuaciones de Johansen en uniones de cortadura doble.

Nótese que las ecuaciones de Johansen son también válidas para tableros de madera, con la particularidad de que a menudo estos ofrecen una mayor resistencia al aplastamiento, lo que facilita relativamente la obtención de modos de falla dúctiles a pesar de contar con espesores reducidos.

Madera-acero en simple o doble cortadura

La derivación de las ecuaciones de Johansen para el caso de emplear placas de acero en conjunción con madera en el Eurocódigo 5 es similar a los casos anteriores, excepto en que se asume que la resistencia al aplastamiento de la placa de acero es infinita, en comparación con la resistencia al aplastamiento de la madera. Si el espesor de la placa metálica es inferior o igual al 50% del diámetro del conector, $t \leq 0,5 \cdot d$, se considera una *placa delgada*. Por el contrario, si $t \geq d$ se considera una *placa gruesa*. La diferencia entre ambas, es que la placa gruesa supone un empotramiento para el conector, mientras que la placa delgada actúa como una articulación. Por este motivo, en caso de que se produzca una falla con cedencia del conector en una placa delgada, éste puede 'rotar' respecto de la placa a diferencia de la placa gruesa, en donde se mantiene relativamente perpendicular, ver Tabla 9.4.3.

Al igual que en los casos anteriores, las normativas prescriben diferentes ecuaciones que permiten calcular la capacidad de cada conector por cada plano de cortadura en cada modo de falla. Los posibles modos de falla son:

i. Modos específicos de placas delgadas en cortadura simple: *a* aplastamiento 'inclinado' de la madera (frágil); *b* aplastamiento y rótula en madera (dúctil).

ii. Modos específicos de placas gruesas en cortadura simple: *c* aplastamiento de la madera (frágil); *d* aplastamiento y rótula en madera (semi-dúctil); *e* aplastamiento de madera con rótula en madera y rótula en plano de corte (totalmente dúctil).

iii. Modos posibles en ambos tipos de placas cuando ésta se encuentra en la parte central de una unión a doble cortadura: *f* aplastamiento de madera (frágil); *g* aplastamiento de madera con rótula plástica en placa central (semi-dúctil); *h* aplastamiento de madera con rótulas en placa central y piezas de madera (totalmente dúctil).

iv. Modos en placas delgadas externas en doble cortadura: *j* aplastamiento de madera (frágil); *k* aplastamiento de madera con rótula central (dúctil).

v. Modos en placas gruesas externas en doble cortadura: *l* aplastamiento de la madera (frágil); *m* aplastamiento de la madera con rótula central y rótulas en los planos de corte (dúctil).

Nótese que los únicos modos de falla que no comprenden el efecto cuerda son *a*, *c*, *f*, *j* y *l*; En caso de que el espesor de la placa se sitúe entre *0,5* y *1d* es necesario hacer una interpolación lineal entre el valor de la capacidad correspondiente a una placa delgada, y aquel perteneciente a una placa gruesa.

El cálculo de uniones con placas metálicas en las NCh1198 es diferente al propuesto en el Eurocódigo 5, ya que se aplican las mismas ecuaciones que las uniones de madera-madera, con la excepción que la resistencia al aplastamiento es calculada de acuerdo a las propiedades del acero.

TABLA 9.4.3 Modos de falla de Johansen para madera-metal según EC5

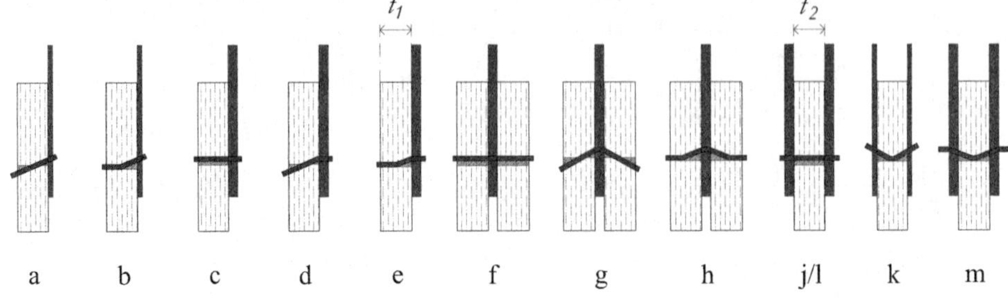

$$F_{v,Rk} = min \begin{cases} 0{,}4 f_{h,k} t_1 d & (a) \\[2mm] 1{,}15 \sqrt{2 M_{y,Rk} f_{h,k} d} + \dfrac{F_{ax,Rk}}{4} & (b) \end{cases}$$

$$F_{v,Rk} = min \begin{cases} f_{h,k} t_1 d & (c) \\[2mm] f_{h,k} t_1 d \left[\sqrt{2 + \dfrac{4 M_{y,Rk}}{f_{h,k} d t_1^2}} - 1 \right] + \dfrac{F_{ax,Rk}}{4} & (d) \\[2mm] 2{,}3 \sqrt{M_{y,Rk} f_{h,k} d} + \dfrac{F_{ax,Rk}}{4} & (e) \end{cases}$$

$$F_{v,Rk} = min \begin{cases} f_{h,1,k} t_1 d & (f) \\[2mm] f_{h,1,k} t_1 d \left[\sqrt{2 + \dfrac{4 M_{y,Rk}}{f_{h,1,k} d t_1^2}} - 1 \right] + \dfrac{F_{ax,Rk}}{4} & (g) \\[2mm] 2{,}3 \sqrt{M_{y,Rk} f_{h,1,k} d} + \dfrac{F_{ax,Rk}}{4} & (h) \end{cases}$$

$$F_{v,Rk} = min \begin{cases} 0{,}5 f_{h,2,k} t_2 d & (j) \\[2mm] 1{,}15 \sqrt{2 M_{y,Rk} f_{h,2,k} d} + \dfrac{F_{ax,Rk}}{4} & (k) \end{cases}$$

$$F_{v,Rk} = min \begin{cases} 0{,}5 f_{h,2,k} t_2 d & (l) \\[2mm] 2{,}3 \sqrt{M_{y,Rk} f_{h,2,k} d} + \dfrac{F_{ax,Rk}}{4} & (m) \end{cases}$$

9.5 TORNILLOS INCLINADOS

A continuación, se detallan algunos métodos de verificación para cuando los tornillos se encuentran dispuestos con inclinaciones moderadas α = 60-90°. Para disposiciones α = 45-60° se recomienda consultar el libro *"Conceptos avanzados del diseño estructural con madera. Parte I"*.

Conectores inclinados a compresión

No se recomienda aplicar esta disposición.

Tornillos inclinados a tracción

Se recomienda emplear fórmulas de Bejtka y Blaß, quienes modificaron las ecuaciones de Johansen para incorporar directamente el efecto combinado de la rigidez y capacidad axial y lateral. De este modo, en lugar de tener que combinar las capacidades la capacidad total de la unión, se obtiene directamente a partir de las ecuaciones que a continuación se presentan. Para cortadura simple la verificación resulta:

$$R_a = R_{ax,k} \cdot \sin\alpha + f_{h,1,k} \cdot s_1 \cdot d \cdot \cos\alpha \quad (a)$$

$$R_b = R_{ax,k} \cdot \sin\alpha + f_{h,2,k} \cdot s_2 \cdot d \cdot \cos\alpha \quad (b)$$

$$R_c = R_{ax,k} \cdot (\mu \cdot \cos\alpha + \sin\alpha) + \frac{f_{h,1,k} \cdot s_1 d}{1+\beta} \cdot (1 - \mu \cdot \tan\alpha) \cdot$$
$$\left[\sqrt{\beta + 2 \cdot \beta^2 \cdot \left(1 + \frac{s_2}{s_1} + \left(\frac{s_2}{s_1}\right)^2\right) + \beta^3 \cdot \left(\frac{s_2}{s_1}\right)^2} - \beta \cdot \left(1 + \frac{s_2}{s_1}\right) \right] \quad (c)$$

$$R_d = R_{ax,k} \cdot (\mu \cdot \cos\alpha + \sin\alpha) + \frac{f_{h,1,k} \cdot s_1 d}{2+\beta} \cdot (1 - \mu \cdot \tan\alpha) \cdot \left[\sqrt{2 \cdot \beta \cdot (1+\beta) + \left(\frac{4 \cdot \beta \cdot (2+\beta) \cdot M_{y,k}}{f_{h,1,k} \cdot d \cdot s_1^2}\right)} - \beta \right] \quad (d)$$

$$R_e = R_{ax,k} \cdot (\mu \cdot \cos\alpha + \sin\alpha) + \frac{f_{h,1,k} \cdot s_2 d}{1+2\cdot\beta} \cdot (1 - \mu \cdot \tan\alpha) \cdot \left[\sqrt{2 \cdot \beta^2 \cdot (1+\beta) + \left(\frac{4 \cdot \beta \cdot (1+2\cdot\beta) \cdot M_{y,k}}{f_{h,1,k} \cdot d \cdot s_2^2}\right)} - \beta \right]$$
$$(e)$$

$$R_f = R_{ax,k} \cdot (\mu \cdot \cos\alpha + \sin\alpha) + (1 - \mu \cdot \tan\alpha) \cdot \sqrt{\frac{2\cdot\beta}{1+\beta}} \cdot \sqrt{2 \cdot M_{y,k} \cdot f_{h,1,k} \cdot d \cdot \cos^2\alpha} \quad (f)$$

con:

$$F_{ax,Rk} = R_{ax,k} = min \begin{Bmatrix} R_{ax,1,k} \\ R_{ax,2,k} \end{Bmatrix}$$

$$F_{v,Rk} = min\{R_a; R_b; R_c; R_d; R_e; R_f\}$$

Nótese que en este caso se emplea la profundidad de penetración perpendicular (s) en lugar de la profundidad de penetración inclinada del caso anterior (t). También es muy importante que en las ecuaciones anteriores α no es el ángulo tornillo-fibra sino el ángulo tornillo-línea perpendicular al plano de corte. Otras consideraciones importantes son las siguientes:

i. El efecto cuerda se tiene en cuenta pero debe prestarse atención de que no supere la componente máxima permitida por los códigos de construcción.

ii. No es necesario verificar el pandeo y la perforación, pero sí considerar el fallo en bloque, la extracción y la resistencia a la tracción simple del propio conector como los modos de falla que arrojan la capacidad axial del tornillo.

iii. Las rigideces y espaciamientos son a menudo proporcionados por el fabricante. En el libro *"Conceptos avanzados del diseño estructural con madera. Parte I"* se profundiza la estimación de rigideces.

Tornillos en cruz

Las singularidades de estos conectores respecto del caso anterior son las siguientes:

i. Se aconseja emplear igualmente las fórmulas de Bejtka y Blaβ, pero con un valor del coeficiente de fricción μ nulo, lo que anula el efecto cuerda y permite tener en cuenta que el efecto de 'atado' de los conectores a tracción se contrarresta con el efecto de 'separación' producido por los conectores a compresión.

ii. La capacidad axial del conector debe ser calculada a partir de todos los posibles modos, incluyendo al menos el pandeo y perforación, como la resistencia a la tracción paralela y extracción.

9.6 Lecturas adicionales

Blass y Sandhaas (2017) Timber Engineering - Principles for Design. KIT Scientific Publishing, Karslruhe, Alemania.
Sandhaas et al. (2018) Design of Connections in Timber Structures
A state-of-the-art report by COST Action FP1402 / WG3. Shaker Verlag GmbH Aachen, Alemania.
Herzog et al (2012) Timber construction manual. Birkhäuser, Basilea, Suiza.

CAPÍTULO 10

SISTEMAS ESTRUCTURALES

CON LA COLABORACIÓN DE VANESA BAÑO (UNIV. DE LA REPÚBLICA,
URUGUAY) Y LAURA MOYA (UNIV. ORT, URUGUAY)

10.1 INTRODUCCIÓN

En este capítulo se describen los principales tipos de estructuración empleados en las construcciones con madera.

10.2 COMPONENTES BÁSICOS DE UNA CUBIERTA

En su versión más simple, una cubierta de madera está conformada por un *elemento principal* portante que resiste la flexión, una *estructura de vigas secundarias* que conectan la estructura principal, una *estructura terciaria* que puede o no estar presente, y un *panel exterior*. La estructura principal puede lograrse en base a *reticulados*, *vigas simples*, o *vigas compuestas*.

Partiendo de la estructuración más simple, la denominación que cada viga recibe en una cubierta se detalla a continuación:

i.   *Viga o celosía.* Elemento principal encargado de resistir la flexión correspondiente al tramo de cubierta tributario a su luz.

ii. *Correa.* Viga o elemento secundario dispuesto en la dirección perpendicular a la pendiente de la cubierta, de modo que, habitualmente, trabaja a flexión esviada (flexión en los dos planos).

iii. *Cabio.* Elemento terciario dispuesto en la dirección de la pendiente de la cubierta, de modo que trabajen a flexión simple.

iv. *Cumbrera.* Viga principal divisoria de aguas de una cubierta a dos aguas, ubicada en la cumbre de la cubierta. Normalmente es mecanizada en el borde superior para adaptar su forma a la pendiente de las dos aguas.

v.   *Limatesa.* Viga divisoria de aguas en una cubierta de varias aguas, que recibe a los cabios y cuyo mecanizado convexo o en forma de ∧.

vi. *Limahoya.* Viga divisoria de aguas que recibe a los cabios, con mecanizado invertido en forma de ∨.

vii. *Durmiente.* Viga que apoya sobre un muro o similar, que sirve de receptora de los elementos principales, pero que no está trabajando estructuralmente.

Partiendo de la configuración simple de cubierta presentada anteriormente, es posible observar múltiples modificaciones. Por ejemplo, es posible substituir los elementos secundarios, o bien los elementos secundarios y terciarios por un panel estructural que sirva para asegurar el atado y la transmisión de carga a los elementos principales. En el caso de los sistemas de madera masiva, es posible que todos los elementos, incluyendo el principal, sean substituidos por paneles estructurales. También es posible que los elementos principales no se dispongan paralelamente, sino formando diagonales o estructuras radiales, por lo que la disposición de los elementos secundarios y terciarios, en caso de existir, se vería también modificada. En la Figura 10.2.1, se muestran algunas variantes típicas de la estructura portante de cubiertas de madera.

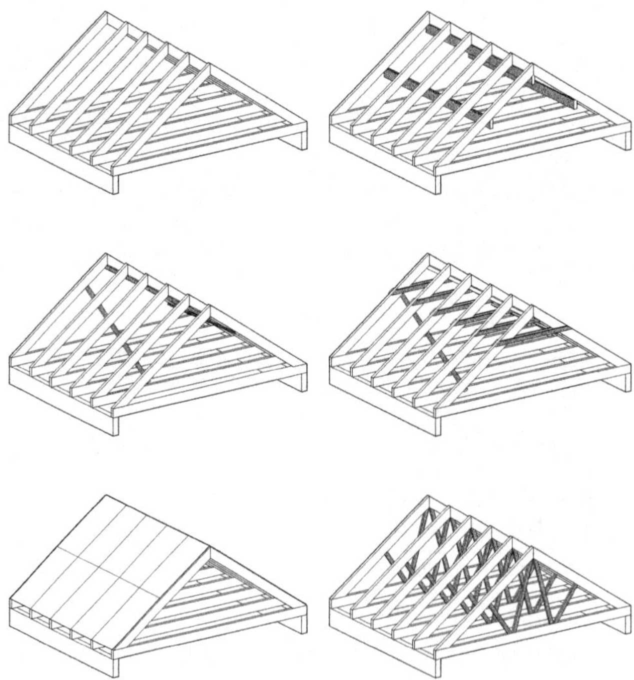

FIGURA 10.2.1 Típicas variaciones de la estructura portante de cubiertas de madera (basado en Kolb 2007).

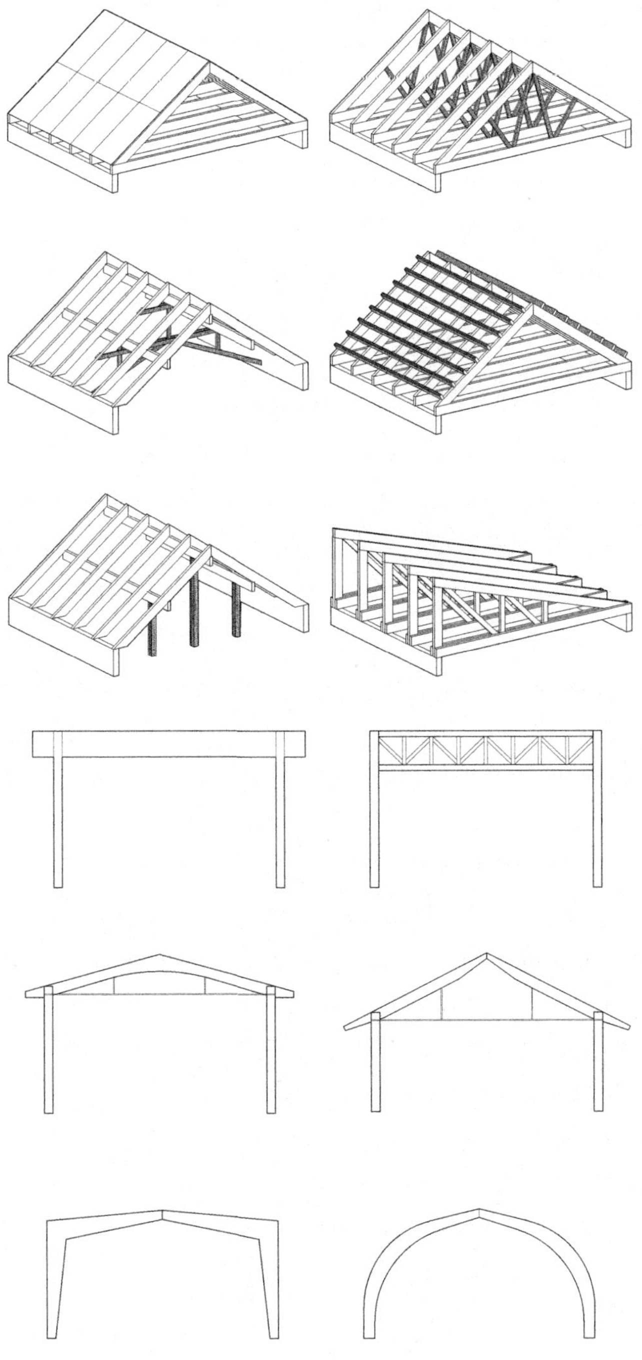

FIGURA 10.2.1 (CONTINUACIÓN)

Por otra parte, las formas más típicas de las de las construcciones con madera se ilustran en la Figura 10.2.2

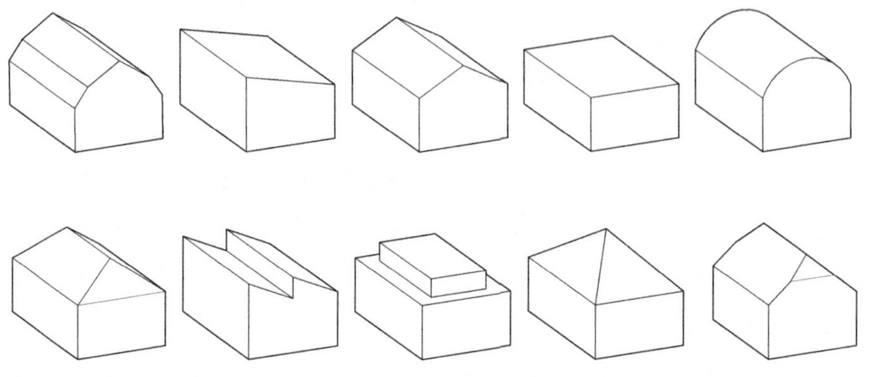

FIGURA 10.2.2 Típicas formas de cubierta de construcciones con madera (basado en Kolb 2007).

10.3 COMPONENTES BÁSICOS DE UN ENTREPISO O FORJADO

En su versión más simple, un forjado o entrepiso de madera está conformado simplemente por *vigas principales (joists)*, cubiertas estas en la parte superior por un *tablero estructural*. Esta configuración tiene por lo general limitaciones notables en cuanto a la luz máxima (rigidez), aislamiento acústico y resistencia al fuego, por lo que es muy habitual, que en edificación en mediana altura y para luces mayores, se empleen algunas variaciones de la estructuración más simple. Los principales tipos de entrepisos se ilustran en la Figura 10.3 y describen a continuación. Es necesario que se tenga en cuenta que lógicamente existen más tipos de entrepisos que los aquí presentados, como por ejemplo entrepisos con vigas en cajón, o de placa tensionada; únicamente se detallan a continuación los tipos más habitualmente empleados.

10.3.1 *Losa clásica (timber floor with joists)*

La losa clásica de madera consiste habitualmente en vigas de madera maciza de una calidad más bien elevada, que se disponen longitudinalmente, y están recubiertas y atadas en la parte superior por un tablero de terciado o OSB el cual se encuentra clavado a las vigas. La calidad de las vigas acostumbra a ser relativamente elevada debido a las limitaciones de flecha y vibraciones, que exigen disponer un losa relativamente rígida y robusta. Los límites de luces para que estas losas sean factibles económicamente se sitúan en torno a los 3-4 metros, por lo que únicamente permiten la materialización de compartimentos relativamente pequeños.

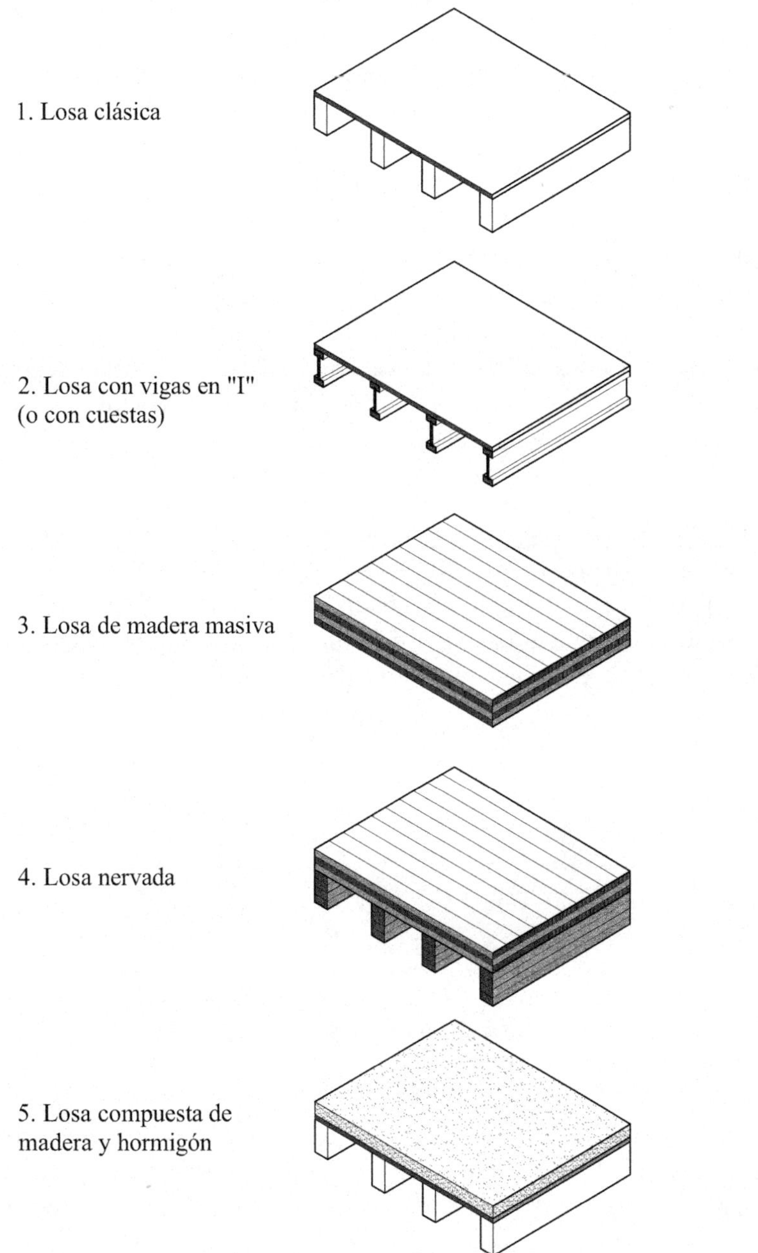

FIGURA 10.3 Típicas configuraciones de entrepisos de madera.

El espaciamiento de las vigas habitualmente se relaciona con la longitud o anchura del tablero, ya que este debe de ir clavado al menos en dos de sus bordes. En el caso del terciado, y dado que la fibra en las caras externas se suele orientar según el eje longitudinal (la mayor dimensión), se distingue la *orientación fuerte del terciado* (ver Figura 10.3.1.1), cuando la fibra longitudinal exterior discurre perpendicular a las vigas del entrepiso. En este caso es fuerte, porque las caras más solicitadas del terciado en la flexión —las caras externas— tienen la fibra orientada en la dirección del esfuerzo, por tanto, ofrecen mayor resistencia y rigidez. En el caso opuesto, la longitud del terciado discurre paralelo a las vigas y por tanto la fibra en las caras externas es perpendicular a los vanos, así que esta es la *orientación débil del terciado*. Esto también aplica para el caso del OSB, dado que en las caras externas las virutas de madera suelen tener una orientación más bien longitudinal, no obstante, la diferencia de resistencia y rigidez flexional es mucho menor entre los dos ejes principales del panel con respecto a las diferencias observadas en el terciado.

Nótese, que el entrepiso o forjado no sólo es responsable de la transmisión de las cargas axiales a los muros o columnas, sino que también juega un papel fundamental para poder transmitir las cargas laterales como sismos o viento, y distribuirlos a los muros o columnas, bajándolos finalmente a la fundación actuando, así como un *diafragma*. Esto también aplica para el *diafragma de cubierta*[10.1].

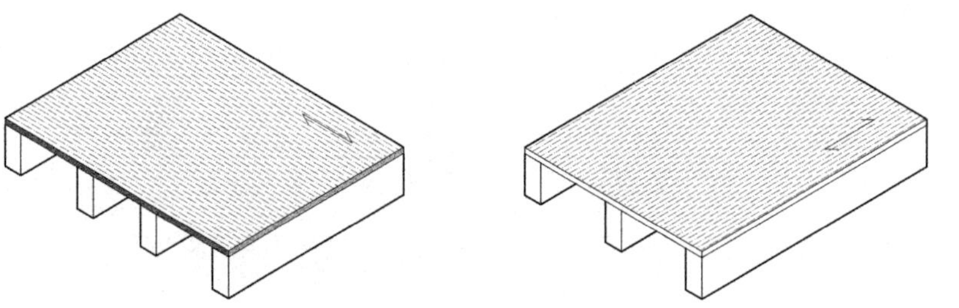

FIGURA 10.3.1.1 Orientación fuerte y débil respecto de la flexión de los paneles estructurales sobre el envigado.

A diferencia de los diafragmas de hormigón, las losas de madera tienden a ofrecer rigideces laterales (en el plano del diafragma) inferiores. Así, se observan diafragmas flexibles bastante más a menudo que en el hormigón. Todo depende de la rigidez relativa del diafragma respecto de la rigidez lateral de los elementos verticales, por lo que los diafragmas pueden en realidad actuar como *diafragmas flexibles*, *diafragmas rígidos* y *diafragmas semirígidos*, lo que involucra diferentes metodologías de cálculo tal como se presenta en detalle en el libro "*Conceptos avanzados del diseño estructural con madera. Parte I*". La ventaja fundamental de los diafragmas rígidos es que permiten distribuir la carga lateral de acuerdo a la rigidez lateral de muros o columnas, y por tanto distribuirán mayor carga a aquellos elementos que sean más rígidos (y habitualmente más resistentes). Sin embargo, los diafragmas flexibles distribuyen la carga según el área tributaria de la masa, y pese a que su cálculo es mucho más sencillo, enviarán la carga independientemente de la rigidez de los elementos verticales portantes. Esto resulta especialmente crítico cuando se materializan construcciones con aperturas significativas en las paredes externas, y también en los muros esbeltos.

Según la carga lateral que el diafragma tenga que resistir, y su disposición constructiva (diámetro de clavos, espaciamientos, etc.) es posible que diafragma deba estar *bloqueado* para no disminuir notablemente su capacidad. Así, se denomina diafragma bloqueado a aquel que incorpora travesaños u otros elementos estructurales perpendiculares a la dirección del envigado principal, Figura 10.3.1.2, lo que permite clavar los tableros en sus cuatro bordes. Esta configuración acostumbra a ser significativamente más rígida y resistente frente a cargas laterales que un diafragma sin bloqueo.

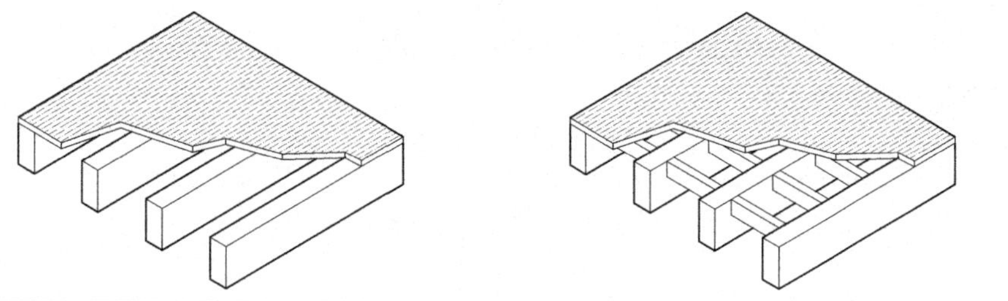

FIGURA 10.3.1.2 El bloqueo del diafragma con elementos perpendiculares al envigado permite clavar los tableros en sus cuatro bordes lo que incrementa significativamente la rigidez y capacidad lateral.

Existen numerosas variaciones de la losa clásica. Por ejemplo, las losas pueden ir recubiertas total o parcialmente en la parte inferior o/y superior por tableros o elementos que mejoren la resistencia al fuego y el aislamiento acústico, ver Figura 10.3.1.3. También es habitual materiales en la parte superior que mejoren las cualidades estéticas.

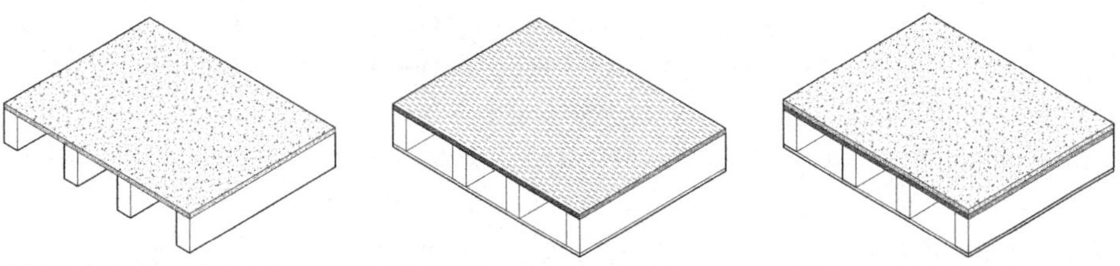

FIGURA 10.3.1.3 Recubrimiento parcial o total de la losa clásica de entrepiso de madera.

También es posible emplear vigas de MLE y LVL en lugar de vigas macizas con el fin de incrementar las luces máximas. Otras variaciones de este sistema, que son muy significativas, se detallan a continuación.

10.3.2 *Losa con vigas en I (timber floor with I-joists)*

Esta losa es similar a la losa clásica, con la diferencia de que las vigas principales se constituyen con vigas en I, lo que incrementa significativamente la inercia y permite cubrir mayores luces empleando menor cantidad de material. Aunque la variación respecto de la losa clásica no es muy significativa, este tipo de losas es muy popular en muchos países, lo que justifica considerar este tipo de entrepiso como una tipología diferente al entramado clásico. Las vigas en I suelen ser prefabricadas con alma de OSB (gran resistencia al corte) y alas de MLE/LVL (gran resistencia axial), que se unen habitualmente por encolado, aunque también es posible emplear conectores mecánicos. El uso material de esta tipología es altamente eficiente, pero también lo es la relación superficie/volumen, por lo que debe prestarse especial atención a la protección frente al fuego, como también a las perforaciones en el alma de las vigas, que pueden disminuir considerablemente la resistencia mecánica. En algunos casos, la rigidización del alma puede ser necesaria, lo que se detalla con más profundidad en el libro *"Conceptos avanzados del diseño estructural con madera. Parte I"*.

10.3.3 *Losa de madera masiva (massive timber floor)*

Las losas de madera masiva consisten en la unión de elementos tipo panel de gran canto, habitualmente CLT, vigas de MLE encoladas entre sí, o Brettstapel, aunque otros materiales ya son posibles y se encuentran en pleno desarrollo. La ventaja de este sistema se atribuye fundamentalmente a la rigidez (que puede salvar luces entorno a los 6 metros, aunque con un uso muy intensivo de material), resistencia mecánica, inercia térmica y resistencia al fuego; esta última pudiendo superar las dos horas de duración.

La construcción de estos elementos se suele materializar con 'vigas' de anchuras moderadas en torno a 1,5-3 metros, que se conectan o encolan longitudinalmente, con o sin la ayuda de resaltes, para conformar elementos tipo panel. En el caso del Brettstapel, las conexiones se suelen ejecutar mediante encolado o conexión mecánica simple de los elementos tipo viga. Mientras que, en elementos tales como el CLT, la unión de las vigas se ejecuta mediante conectores mecánicos dispuestos perpendicularmente o en ángulo, que pueden o no estar ayudados por resaltos o piezas de unión; de terciado o LVL habitualmente, ver Figura 10.3.3.

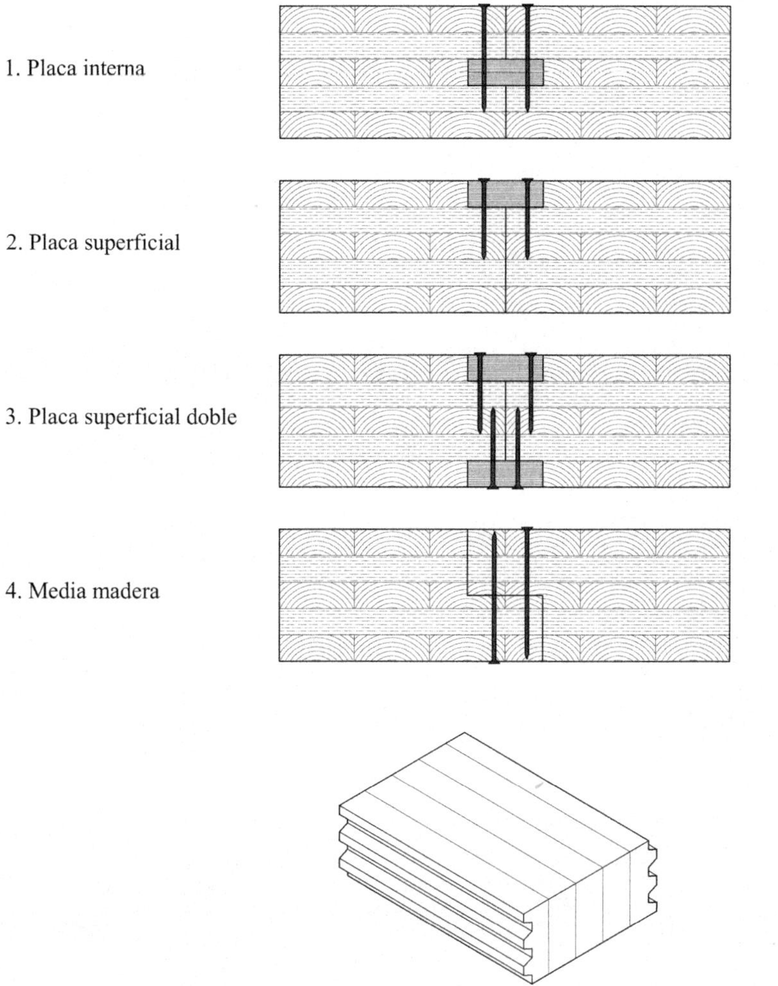

FIGURA 10.3.3 Típicas uniones mecánicas o encoladas con resaltos de paneles de madera masiva para conformar entrepisos.

Aunque la resistencia al fuego y mecánica es muy elevada, las prestaciones acústicas son similares a los entramados clásicos, y dado que la madera masiva se emplea fundamentalmente edificios de mediana altura, en algunos países es relativamente habitual emplear capas de diversos materiales, tales como arenas u hormigón para mejorar el aislamiento acústico (reducción de ruido, principalmente aéreo, debido a la ley de masa).

Las principales variantes de entrepisos de madera masiva se presentan en la Tabla 10.3.3 (nota: la losa nervada y los entramados de madera masiva con hormigón también son entramados de madera masiva, pero se presentan en apartados específicos posteriormente).

TABLA 10.3.3.3 Entrepisos de madera masiva (basado en Kolb 2007).

i. Entrepiso con madera maciza de gran escuadría y tablero estructural	ii. Entrepiso de madera maciza de gran escuadría con resaltos y encolada

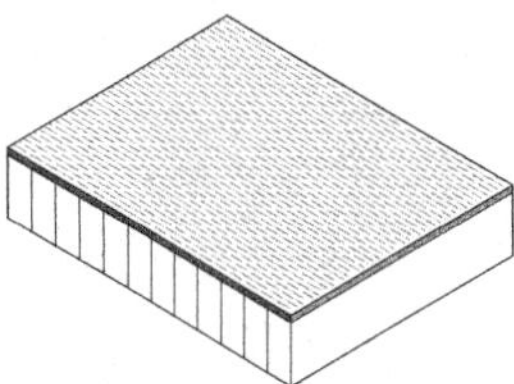 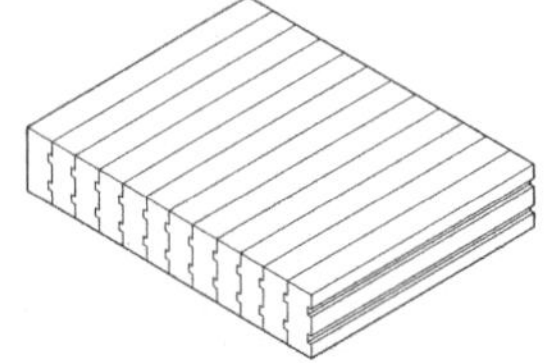

iii. Entrepiso de Brettstappel encolado	iv. Entrepiso de Brettstappel con pasadores (DLT)

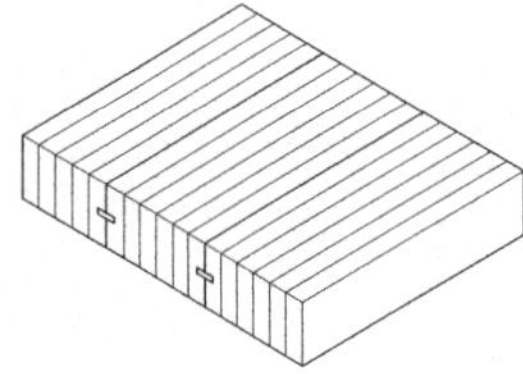 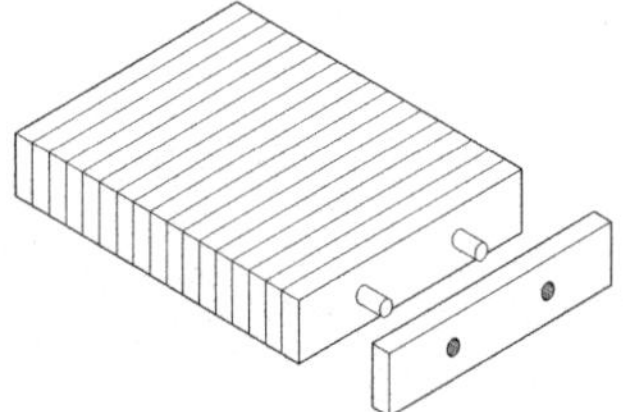

v. Entrepiso de Brettstappel con clavos (NLT)	vi. Entrepiso de madera contralaminada (CLT)

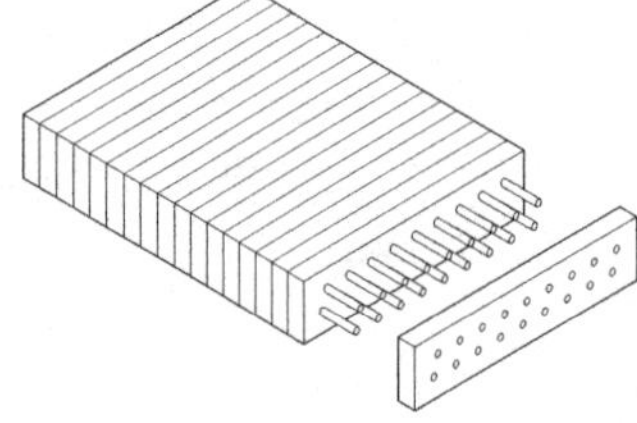 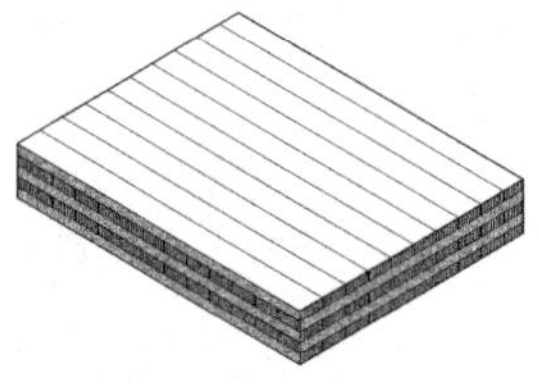

vii. Entrepiso masivo de madera microlaminada (LVL)	

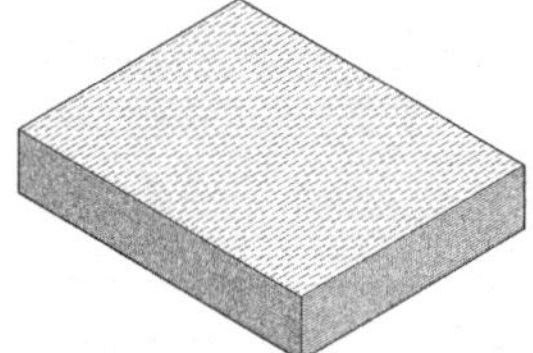

10.3.4 *Losa nervada (rib slab)*

Esta losa es prácticamente idéntica en configuración a la losa clásica, con la diferencia de que las vigas principales son substituidas por vigas de MLE o LVL de grandes luces, y el tablero estructural es substituido por CLT o LVL, de modo que la losa adquiere una resistencia y rigidez mecánicas muy elevadas, así como una resistencia al fuego considerable. Habitualmente los elementos son prefabricados; se comercializan como vigas en T encoladas donde el espesor superior ronda los 1,25-1,5 m. La unión entre vigas en T, se suele ejecutar con una unión mecánica simple mediante tornillos perpendiculares o inclinados, que puede estar facilitada por un encaje con una pieza de madera, ver Figura 10.3.4. Las luces máximas de estos elementos exceden considerablemente a las luces del entrepiso clásico, pues pueden llegar a ser hasta de 10 metros o más. Como resulta obvio, la losa nervada también se trata de un sistema de *construcción con madera masiva*, pero se diferencia de este en que la madera masiva tan sólo dispone un elemento tipo 'panel' que salva la luz total del vano.

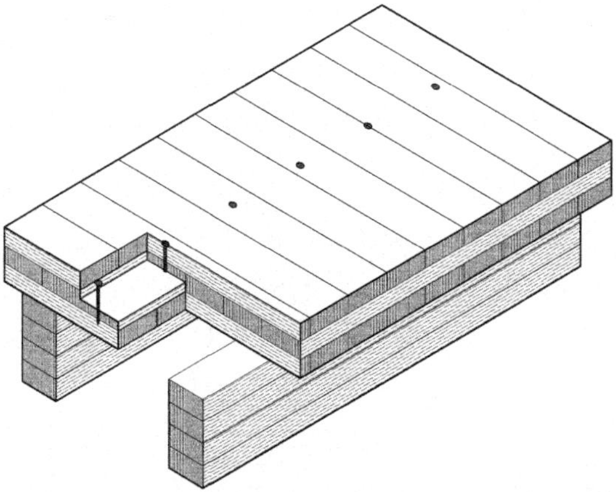

FIGURA 10.3.4 Losa nervada típicamente fabricada con vigas de MLE que van encoladas a paneles simples de CLT. La unión entre vigas en T suele ser mecánica.

10.3.5 *Entrepisos de madera-hormigón*

Los entrepisos de madera-hormigón, en su variante más habitual, consisten en disponer un tablero estructural sobre el envigado, sobre el que se vierte una capa (*topping*) de hormigón de 4-10 cm de espesor; ver Figura 10.3.5. A su vez, el hormigón se conecta a la madera mediante algún tipo de conector de corte, el cual mayormente es mecánico, aunque también puede estar encolado. Tradicionalmente dicho conector de corte se ha materializado con un tipo de tornillo especial. La singularidad de dicho tornillo es que únicamente la parte inferior del fuste es roscada (la *cuerda*), lo que se corresponde con la parte que perfora la madera, mientras que la parte superior del fuste es lisa (la *caña*), lo que se corresponde con la parte del tornillo que va embebida en el hormigón. Estos conectores se definen habitualmente como HBV, por las siglas en alemán de *Holz-Beton-Verbund* (unión entre madera y hormigón).

De este modo, las vigas de madera resisten principalmente la tracción de la flexión, el hormigón la compresión, y los tornillos el cortante, por lo que desde el punto de vista estructural resulta muy conveniente. Como resulta obvio esta solución permite incrementar substancialmente la rigidez de un piso de madera, especialmente en relación a un piso de entramado ligero. Además, mejora el aislamiento acústico, y la resistencia al fuego, siendo este último aspecto, de nuevo, especialmente favorable en entramados ligeros. Por otra parte, en comparación con una losa de hormigón convencional, esta solución permite reducir el peso notablemente, manteniendo en la mayor parte de los casos la condición de diafragma rígido si es que el hormigón se conecta adecuadamente a la madera, por lo que la reducción de masa puede ser interesante para aliviar la masa sísmica en comparación con una losa de hormigón convencional.

No obstante, el peso del sistema es bastante mayor si se compara con el entramado clásico (puede llegar a incrementar el peso total de la construcción en un 30-40% en relación al entramado ligero). Para este tipo de losas, los efectos del creep son muy importantes ya que la fluencia del hormigón difiere de la de la madera, por lo que tiende a haber una redistribución de tensiones con el tiempo. Ver más detalles acerca del diseño estructural de este tipo de losas en el libro *"Conceptos avanzados del diseño estructural con madera. Parte I"*. Los principales tipos de losas compuestas de hormigón con conectores HBV se presentan en la Figura 10.3.5.

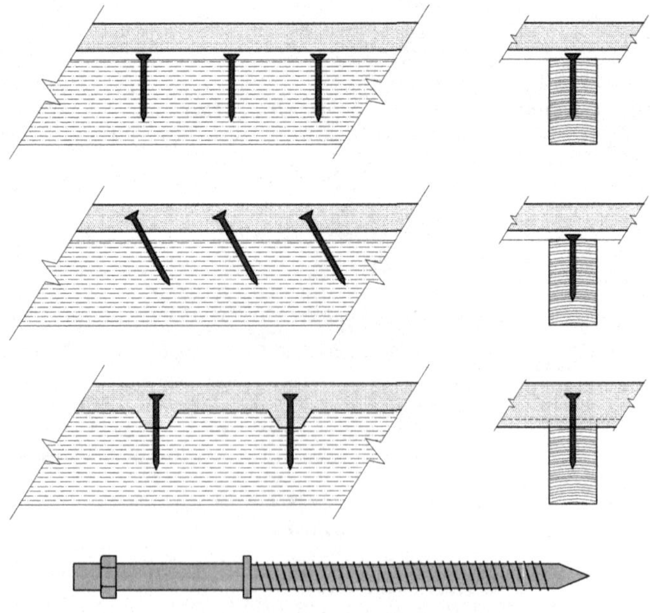

FIGURA 10.3.5 Configuraciones típicas de conectores HBV en losas híbridas de madera-hormigón.

Téngase presente que la sobrelosa de hormigón se incluye mayormente sobre envigados de entramado ligero, pero también existen entrepisos híbridos con madera masiva y hormigón, pues en este tipo de pisos pueden también ser una alternativa factible para mejorar el desempeño acústico, y también incrementar la resistencia al fuego y rigidez. Las luces máximas de los entrepisos madera-hormigón pueden llegar a los 10m o más. En la Tabla 10.3.5. se muestran algunos ejemplos de entrepisos de madera. Las losas difieren no sólo en los componentes de madera, sino en el tipo de conector empleado para transmitir el cortante. Principalmente se emplean tornillos HBV, resaltos en la madera y mallas de acero, aunque otros tipos de conectores son posibles, tal como se detalla en el libro *"Conceptos avanzados del diseño estructural con madera. Parte I"*. Por lo general suele requerirse que la rigidez al corte sea superior a 100 N/mm/mm en la línea de unión entre hormigón y madera para que el entrepiso se asemeje a un elemento compuesto —con los beneficios que esto supone, como por ejemplo incremento de rigidez flexional y lateral y menores tensiones axiales— y no como 2 elementos (vigas) separadas.

TABLA 10.3.5 Ejemplos de diferentes configuraciones de losas compuestas de madera y hormigón (basado en Kolb 2007).

i. Entrepiso clásico de madera maciza, MLE, o LVL y tornillos oblicuos	ii. Entrepiso de Brettstapel con resaltos y tornillos perpendiculares
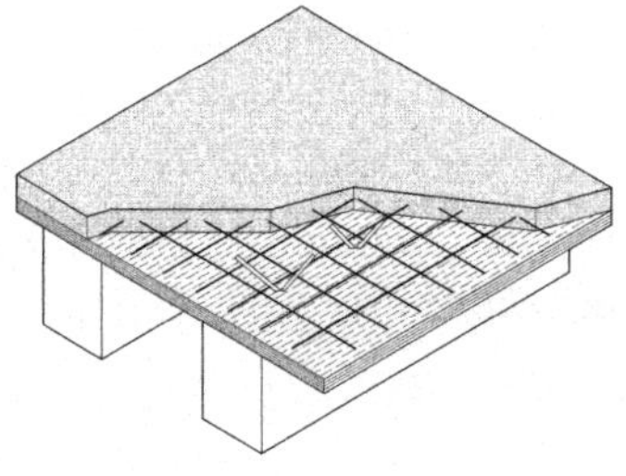	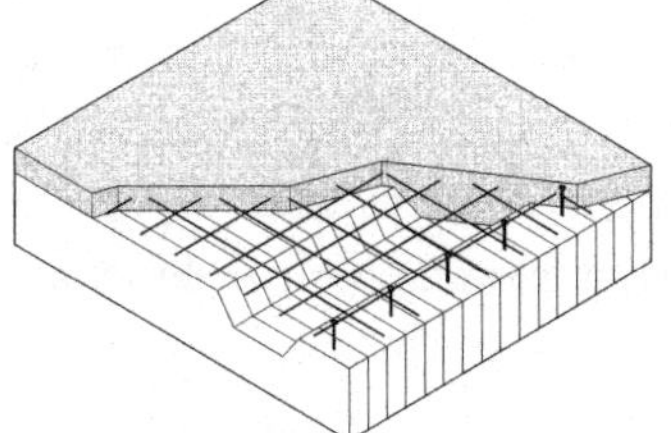
iii. Entrepiso de Brettstapel con resaltos y sin tornillos	iv. Entrepiso de losa nervada con mallas de acero como conectores de corte*
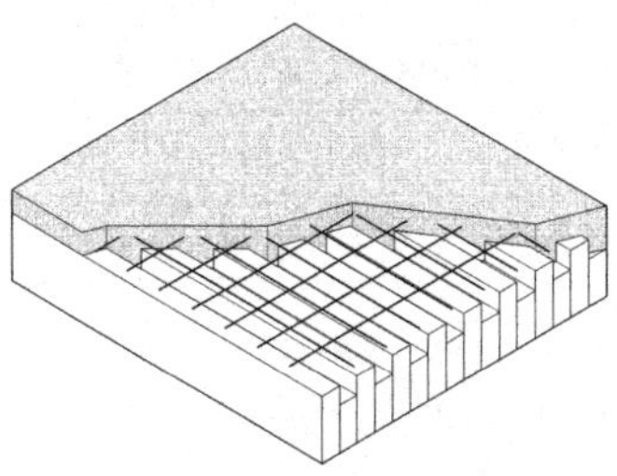	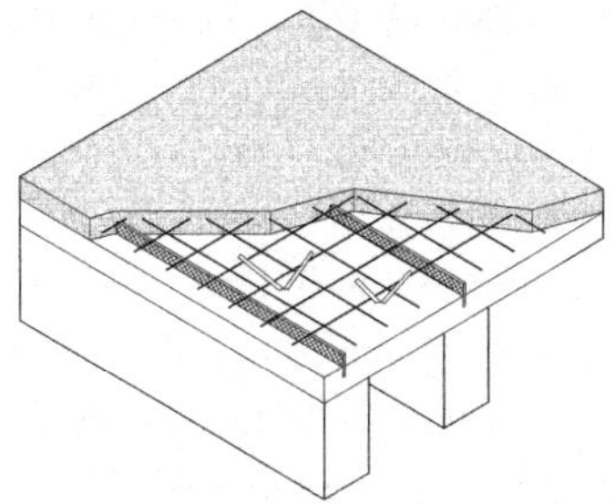

* las mallas se disponen encoladas con epoxy entre las vigas en T

10.3.6 *Luces habituales de entrepisos de madera*

Las luces con las que habitualmente se trabaja con los distintos tipos de losas se indican orientativamente en la Tabla 10.3.6.

TABLA 10.3.6. Luces habituales de distintos sistemas de losas de entrepiso de madera.

Sistema Constructivo entrepiso	Límites de Luces de Piso (m)
Clásico	3-4
Vigas en I	4-6
Clásico con vigas de MLE o LVL	Hasta 8-9, pero 6 en la práctica
Madera masiva	3-5
Madera masiva con viga continua	3-6
Losa nervada MLE+CLT	5-10
Losa nervada LVL+CLT	5-10
Compuesto madera-hormigón	3-10

10.4 MORFOLOGÍA DE VIGAS PRINCIPALES DE ENTREPISO Y CUBIERTA

10.4.1 *Elementos simples de madera aserrada*

Se refieren como elementos de *alma llena* a aquellas piezas estructurales que tienen una sección rectangular, triangular o circular, es decir que no conforman perfiles, y por tanto no se distingue el alma de la sección transversal. Si bien la mayor parte de las vigas de madera aserrada tienen una sección rectangular, es posible emplear una gran variedad en cuanto a la geometría de la sección transversal, ver Tabla 10.4.1.

10.4.2 *Vigas curvas y de sección variable*

Los principales tipos de vigas curvas y/o de sección variable han sido introducidas en el capítulo 8 en lo que respecta a su cálculo estructural. No obstante, existen más tipos de vigas, lo que se presenta aquí con más detalle. Tradicionalmente estas vigas han sido fabricadas con MLE y LVL, aunque en los últimos tiempos también se está proponiendo el uso de CLT con el objetivo de neutralizar directamente los esfuerzos perpendiculares a la fibra, mediante las capas perpendiculares al vano de la viga. La curvatura de las vigas puede ser simple o doble, y habitualmente, aunque no siempre, el tamaño del canto se adapta al diagrama de momento flector para ahorrar material en la medida de lo posible. Estas piezas se aplican comúnmente en estructuras relativamente pesadas de grandes esfuerzos, en las que las uniones estructurales muy a menudo condicionan el dimensionamiento de las piezas. Los diferentes tipos de vigas simples curvas y/o de canto variable se ilustran en la Tabla 10.4.2.

TABLA 10.4.1 Posibles tipos de secciones transversales de piezas de madera aserrada (basado en Herzog et al. 2012).

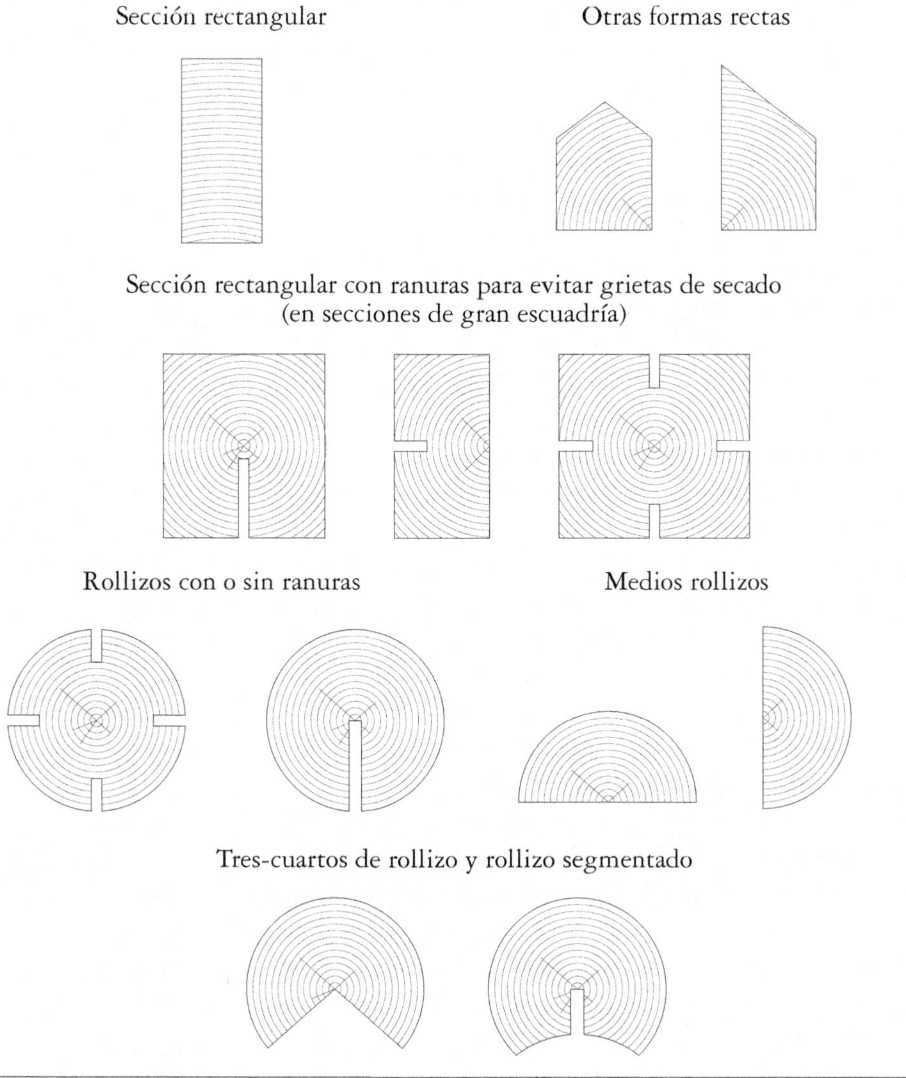

TABLA 10.4.2.1 Posibles tipos de vigas curvas o/y canto variable, principalmente de MLE y LVL, aunque también de CLT.

Viga a un agua. Viga de canto variable que permite dar la inclinación a una cubierta	
Viga curva de canto constante.	
Viga a dos aguas de intradós recto o viga peraltada	
Viga a dos aguas invertida	
Viga a dos aguas de intradós curvo	
Viga a dos aguas de intradós curvo-recto con extremos de canto constante	
Viga a dos aguas de intradós curvo-recto con extremos de canto variable	
Viga en vientre de pez	
Viga curva a un agua de canto constante	
Viga de doble curvatura y canto constante.	

Las vigas de MLE y LVL se pueden fabricar hasta alturas de la sección cercanas a los tres metros. Sin embargo, el espesor suele ser inferior a 28 cm, por lo que la esbeltez puede llegar a ser muy importante. La relación entre alturas y espesores habituales se presenta en la Figura 10.4.2.

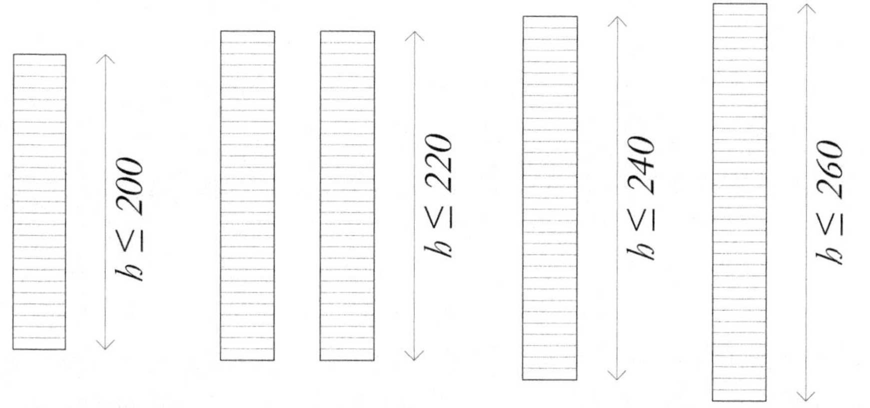

FIGURA 10.4.2 Posibles tipos de vigas curvas o/y canto variable (basado en Herzog et al. 2012).

10.4.3 *Vigas compuestas*

Las vigas compuestas se diferencian de las vigas simples, en que están constituidas por más de una pieza de madera. La unión entre las diferentes piezas se materializa con uniones encoladas o mecánicas. La adición de más de una pieza permite por lo general incrementar la inercia, y/o reforzar aquellas zonas en las que se esperan las mayores solicitaciones. El cálculo de este tipo de elementos difiere del cálculo de los elementos simples y se detalla en el libro *"Conceptos avanzados del diseño estructural con madera. Parte I"*. Los principales tipos de vigas compuestas se detallan a continuación.

i. *Vigas de madera aserrada*. Pueden estar conectadas por encolado o mediante un conector mecánico. Se encuentran en relativo desuso, debido a que el desempeño/costo suele ser inferior al de las vigas compuestas de productos de ingeniería en madera. Los principales tipos se muestran en la Tabla 10.4.3.1.

ii. Vigas de productos de ingeniería en madera. Compuestas por combinaciones de MLE, LVL, terciado, etc. Al igual que las anteriores, pueden estar encoladas o unidas mecánicamente (Tabla 10.4.3.2).

TABLA 10.4.3.1 Vigas compuestas con madera aserrada (modificado de Herzog et al. 2012).

Vigas conectadas verticalmente.	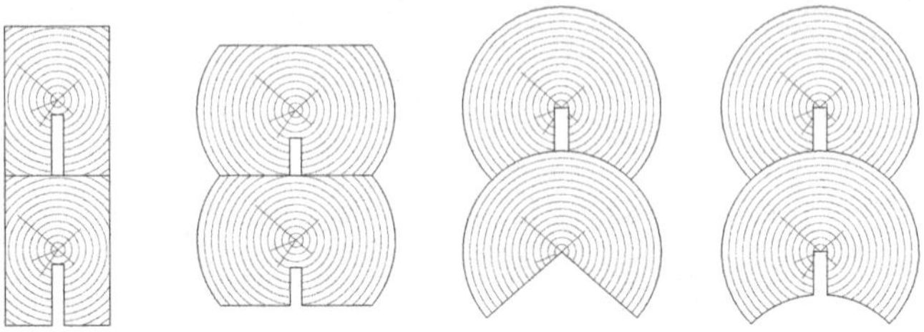
Vigas conectadas horizontalmente	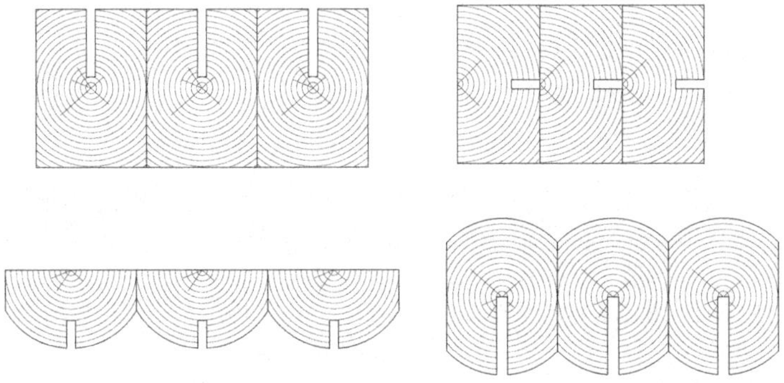
Vigas en T y T invertida	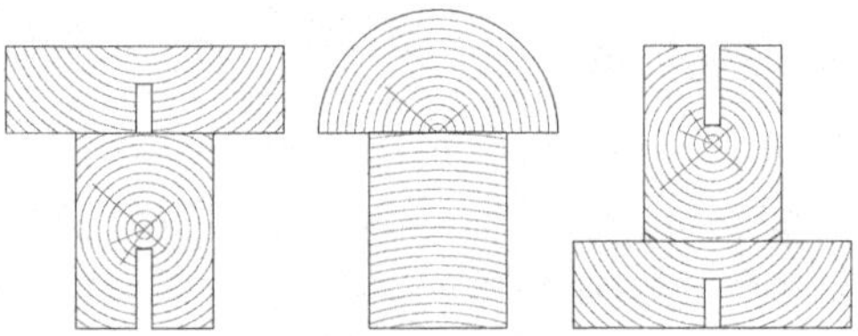
Vigas en I	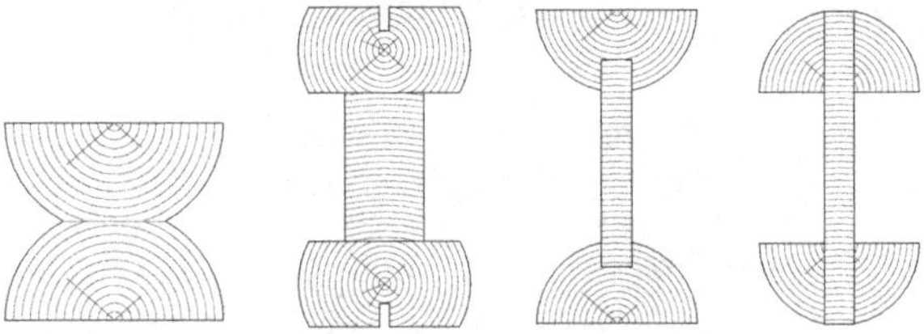
Vigas con placas de ensamblaje (*flitched beams* y *scab plates*)	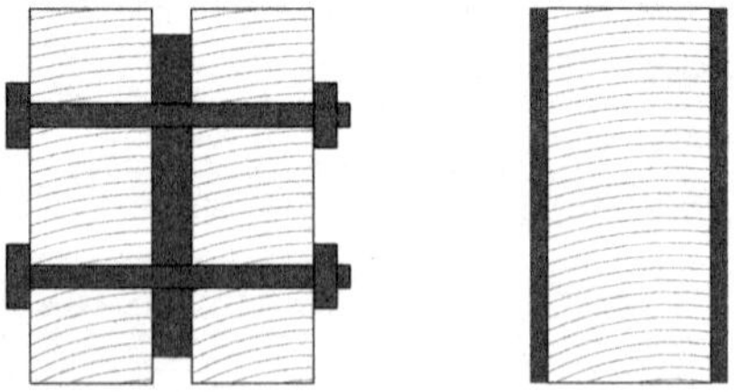

TABLA 10.4.3.2 Vigas compuestas con productos de ingeniería de la madera (basado en Herzog et al. 2012).

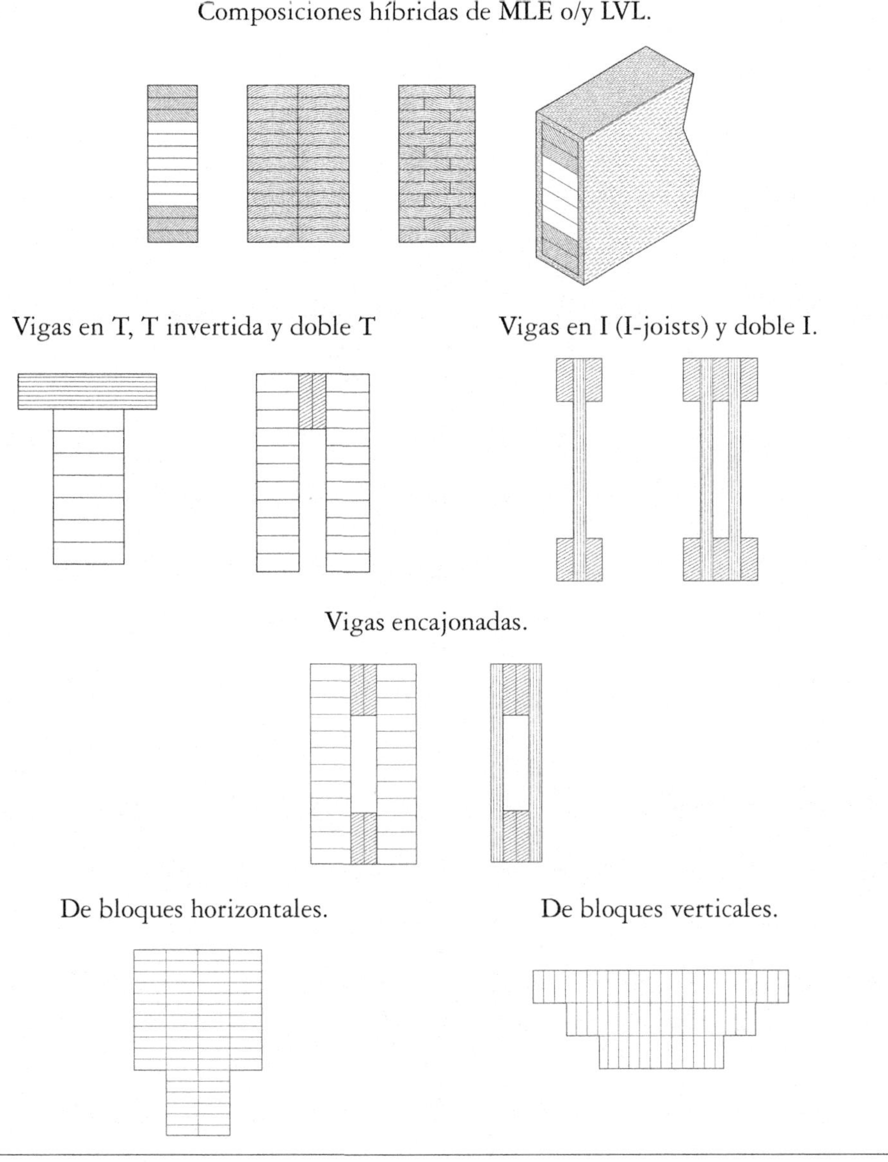

10.4.4 *Elementos en base a reticulados*

Los reticulados surgen de la unión de varios elementos rectos de pequeña longitud, que trabajan principalmente a tracción y a compresión paralela a la fibra, con el fin de conseguir un elemento estructural compuesto que permita salvar grandes luces. Aunque teóricamente los nudos de unión de los elementos que componen un reticulado puedan ser articulados o rígidos, en las estructuras de madera estas uniones se consideran articuladas en la gran mayoría de los casos.

Desde el punto de vista de los apoyos de las vigas en celosía en los muros o pilares portantes, éstas se pueden clasificar en:

i.   Isostáticas, cuando apoya en los dos extremos con uno de los apoyos fijo y el otro deslizante.

ii.   Hiperestáticas, cuando aparecen apoyos intermedios, considerando uno de los apoyos de los extremos fijo y todos los demás deslizantes, ver Figura 10.4.4.

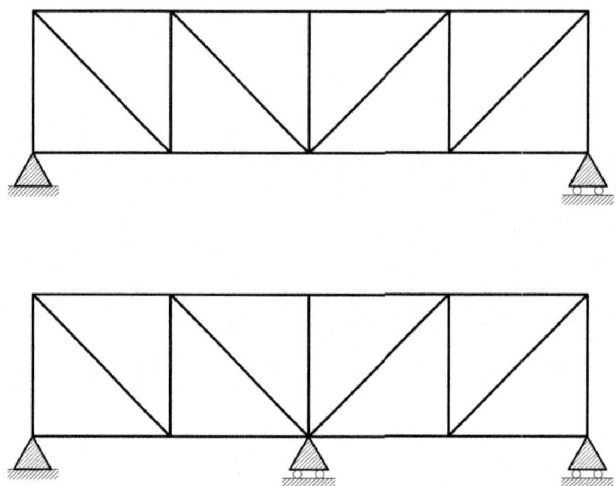

FIGURA 10.4.4 Viga en celosía isostática (arriba.) e hiperestática (abajo.).

Desde el punto de vista de su forma, se pueden clasificar en:

i.   Cerchas

ii.   Vigas en celosía de cordones paralelos

iii. Otros tipos de vigas en celosía o reticulados.

10.4.4.1 *Cerchas (tijerales)*

Las *cerchas* o *tijerales*, son estructuras reticuladas de canto variable a dos aguas y son el sistema estructural de madera más usual en las cubiertas de entramado ligero y también en las cubiertas tradicionales de entramado pesado. Existe un gran número de tipos de cerchas de madera, siendo la más simple y tradicional la cercha latina o española. Los principales elementos que conforman una cercha latina son (Figura 10.4.4.1.1):

i.   *Par.* Elemento inclinado que forma la pendiente del tejado y que trabaja principalmente a flexión. Este elemento forma un único tramo, es decir, no puede haber uniones intermedias entre él, lo que requiere de piezas de la longitud total del faldón de la cubierta.

ii. *Tirante.* Viga horizontal que une los extremos inferiores de los pares y que trabaja principalmente a tracción paralela a la fibra, aunque está sometida también a una pequeña flexión debido a su peso propio. Este elemento puede estar formado por una o más piezas a través de una unión que permita su funcionamiento a tracción.

iii. *Pendolón.* Elemento vertical cuya función es la de unir los pares con el tirante. Este elemento trabaja a tracción, y tiene la función de facilitar la unión entre los pares y soportar el apoyo de las tornapuntas.

iv. *Tornapuntas.* Elementos inclinados unidos al pendolón y los pares. Su función es la de acortar la luz de flexión de los pares, y trabajan principalmente a compresión paralela a la fibra.

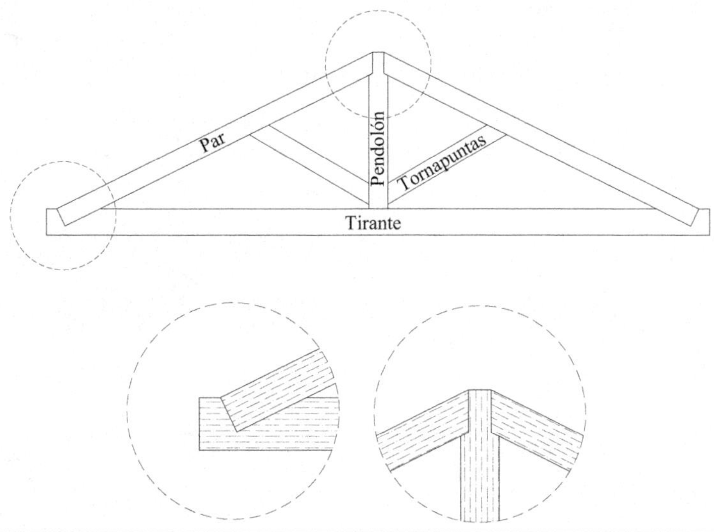

FIGURA 10.4.4.1.1 Elementos de la cercha latina.

Las cerchas latinas se caracterizan, fundamentalmente, porque la unión del par y el tirante se realiza por una unión carpintera por rebaje del tirante, lo que se denomina *embarbillado.*

Los principales tipos de cerchas de menor a mayor complejidad son:

i.   *Cercha triangular.* Formada por dos pares que trabajan a flexión, y un tirante que trabaja principalmente a tracción paralela a la fibra.

ii. *Cercha de pendolón*. Formada por dos pares, un tirante y un pendolón. Éste último elemento sirve de unión entre los pares y permite soportar la flexión del tirante, comúnmente debida al peso propio en grandes luces.

iii. *Cercha latina o española*: formada por dos pares, un tirante, un pendolón y dos tornapuntas. Es una cercha característica del sistema constructivo poste y viga y se caracteriza porque el pendolón no toca al tirante, con el fin de evitar aplicar una carga puntual al tirante en cargas gravitatorias. La unión entre el pendolón y el tirante suele hacerse a través de una pletina metálica, unida al pendolón y que abraza de forma libre al tirante. Hay que tener en cuenta que esta solución puede transmitir una carga puntual al tirante cuando la carga de viento de succión es mayor que el peso propio de la cubierta. Las uniones entre los demás elementos suelen hacerse con uniones tradicionales o carpinteras, mecanizando las piezas en las cabezas y unidas a través de tornillos simples.

iv. Una variante de la cercha latina, comúnmente usada en el sistema constructivo de entramado ligero, consiste en emplear placas dentadas para materializar las uniones de pares a tirantes y pendolones.

v. *Otros tipos de cerchas de tirante horizontal*. Las cerchas se vuelven más complejas a medida que aumenta el número de elementos trabajando a compresión y a tracción que la conforman. El incremento del número de piezas se debió principalmente a la escasez de elementos de madera aserrada de gran longitud en los países que las diseñaron. En la Figura 10.4.4.1.2 se muestran algunas de las habituales.

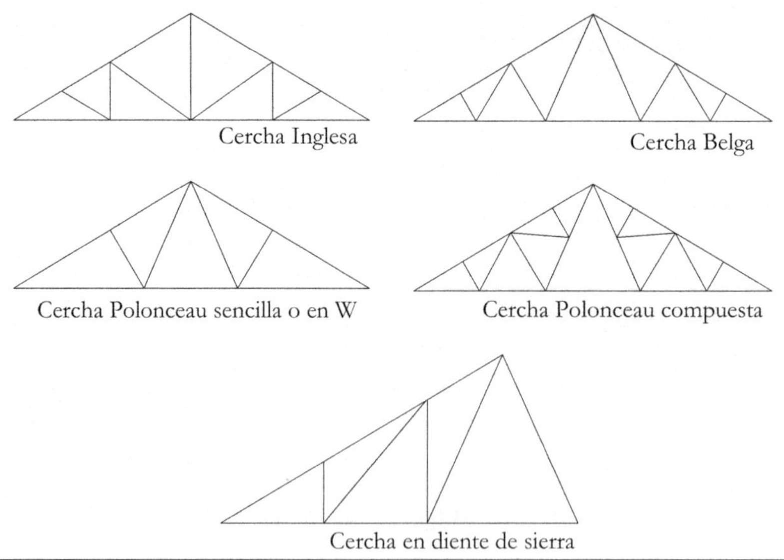

FIGURA 10.4.4.1.2 Otros tipos de cerchas.

10.4.4.2 *Vigas en celosía de cordones paralelos*

Las vigas en celosía son estructuras reticuladas similares a las cerchas, pero la forma general de la estructura no conforma un triángulo. Asimismo, la forma de nombrar los elementos que las componen difiere de los nombres de los elementos que componen las cerchas. Los principales componentes de las vigas en celosía de cordones paralelos son:

i.   *Cordón superior.* Elemento horizontal superior, formado por una o varias piezas unidas entre sí.

ii. *Cordón inferior.* Elemento horizontal inferior, formado por una o varias piezas unidas entre sí.

iii. *Montantes.* Elementos verticales que conectan los cordones superior e inferior y que suelen trabajar a compresión paralela a la fibra.

iv. *Diagonales.* Elementos inclinados que unen los montantes con los cordones, cerrando así el triángulo rigidizador de la viga en celosía. Estos elementos suelen trabajar a tracción, aunque existen configuraciones de vigas en celosía donde las diagonales pueden trabajar a compresión.

Los tipos más comunes de vigas en celosía se muestran en la Figura 10.4.4.1.3.

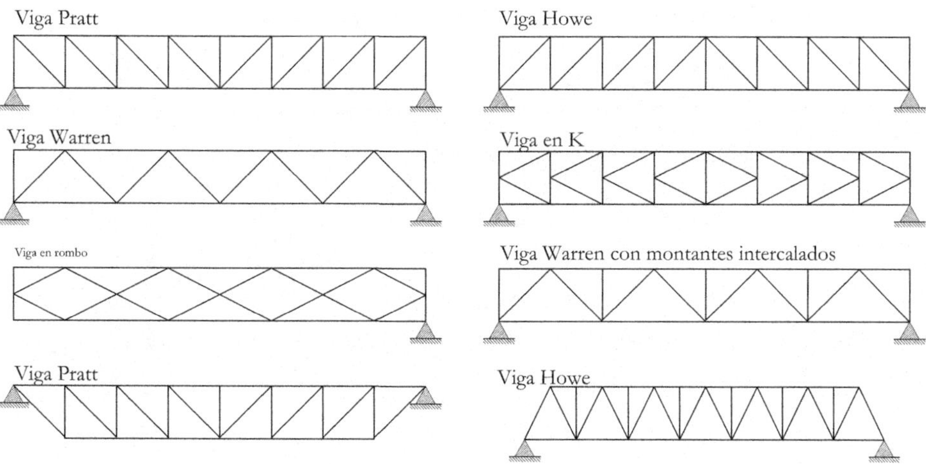

FIGURA 10.4.4.1.3 Tipos de vigas en celosía de cordones paralelos.

10.4.4.3 *Otros tipos de reticulados*

Otros tipos de reticulados surgen de variantes de las cerchas y vigas celosía anteriores. Los principales tipos son: i) cerchas de tirante inclinado o curvo; ii) vigas en celosía con cordón superior a dos aguas; y iii) vigas en celosía con cordones de forma curva, ver Figura 10.4.4.3.

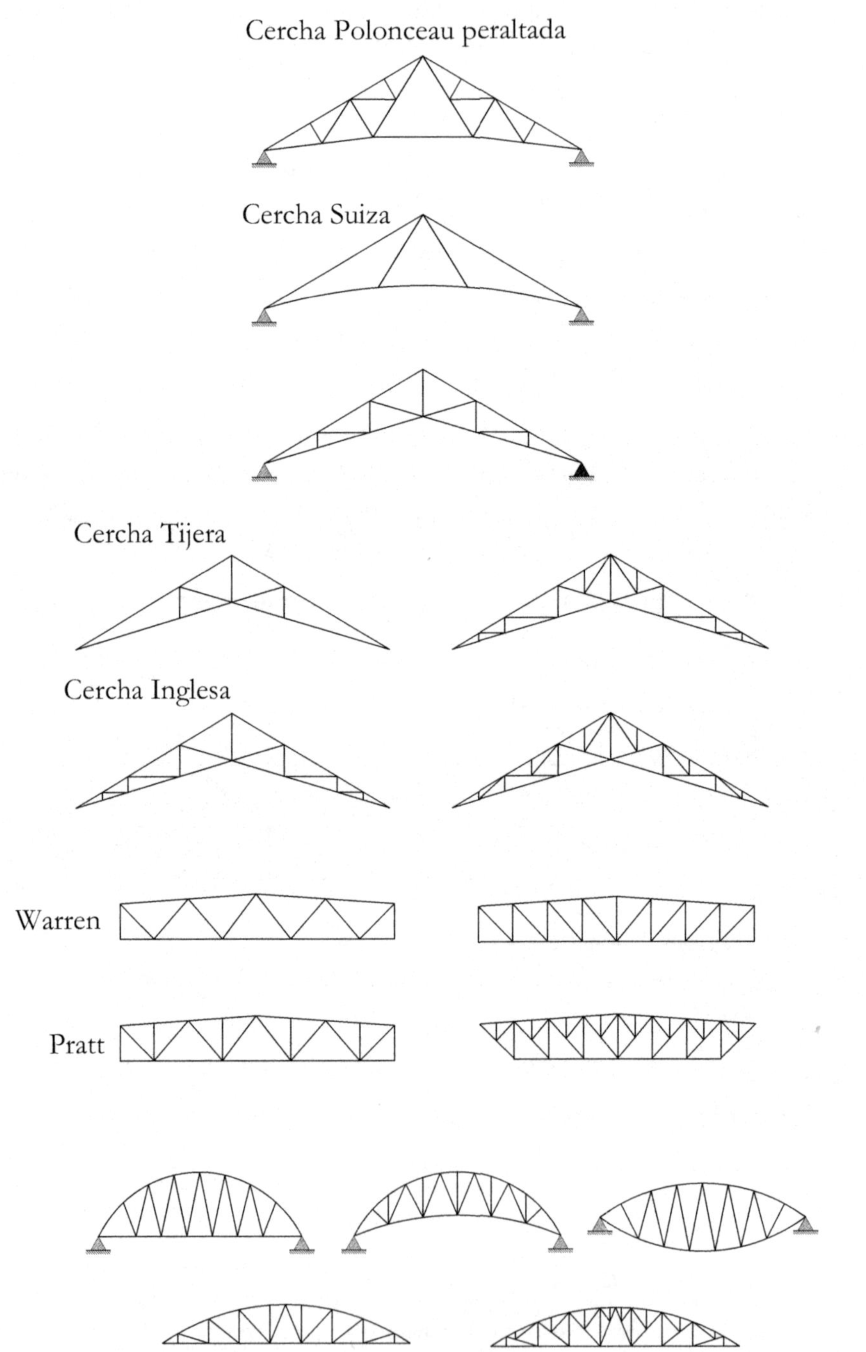

FIGURA 10.4.4.3 Otros tipos de reticulados con cordones curvos e inclinados.

10.5 SISTEMAS DE ENVIGADOS PARA TRANSMISIÓN DE CARGAS PERPENDICULARES EN CUBIERTAS Y ENTREPISOS

La carga perpendicular (gravitacional) a los entrepisos, se suele transmitir a los muros o columnas mediante un sistema de paneles y vigas, aunque también es posible emplear elementos secundarios que, además, sirven como elementos de bloqueo y arriostramiento frente a la carga lateral. Por otra parte, en el caso de cubiertas, el uso de un sistema terciario de vigas es más habitual. En cualquiera de los dos casos, y considerando las posibles variantes de los mismos, la Figura 10.5 ilustra los principales sistemas de enviados empleados para transmitir la carga perpendicular a pisos y cubiertas. Si bien en la mayoría de los casos los elementos primarios y secundarios se disponen transversalmente y de forma distribuida, existen diferentes tipos de estructuración.

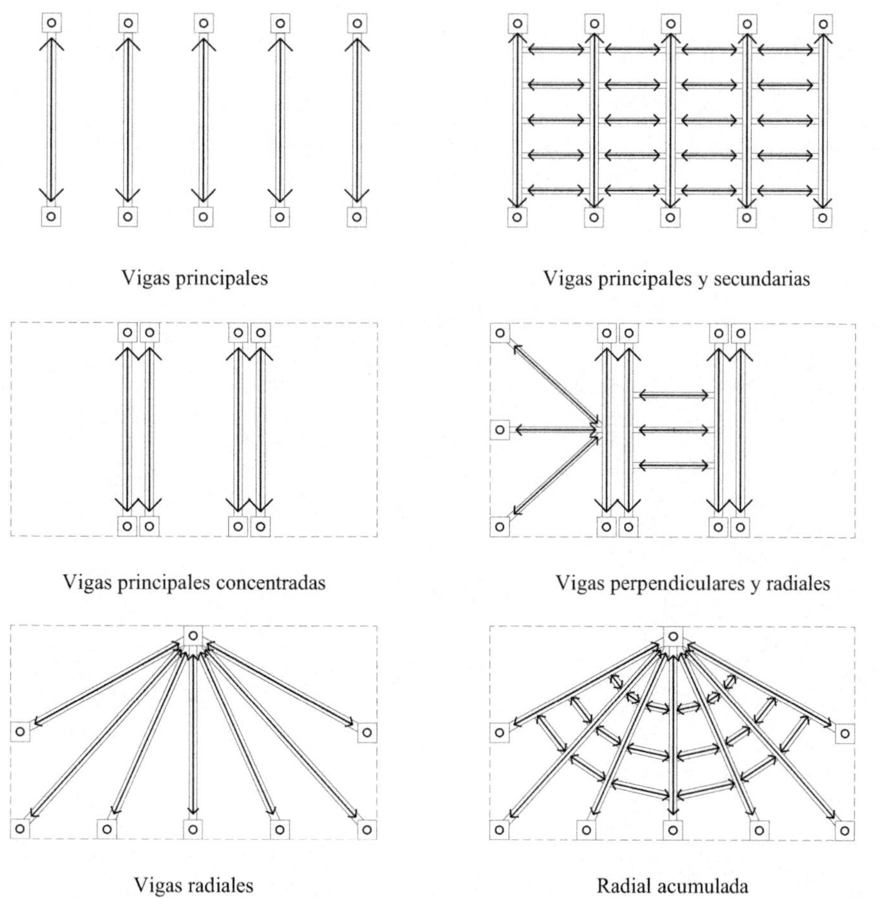

FIGURA 10.5 Principales sistemas de envigado para transmitir la carga perpendicular a pisos y cubiertas (basado en Herzog et al. 2012).

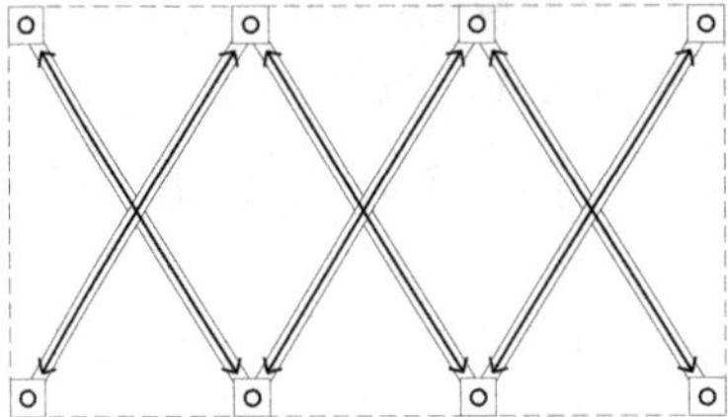

Diagonales cruzadas

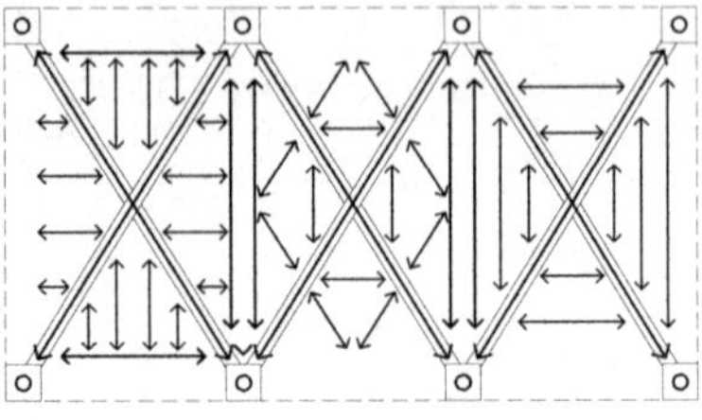

Perpendicular y diagonales

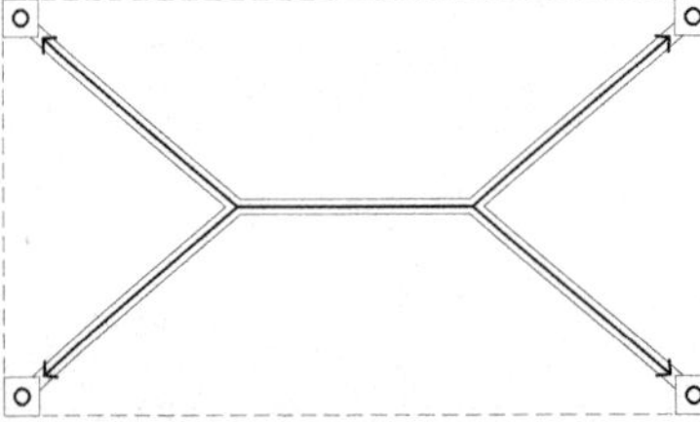

Diagonal ramificada

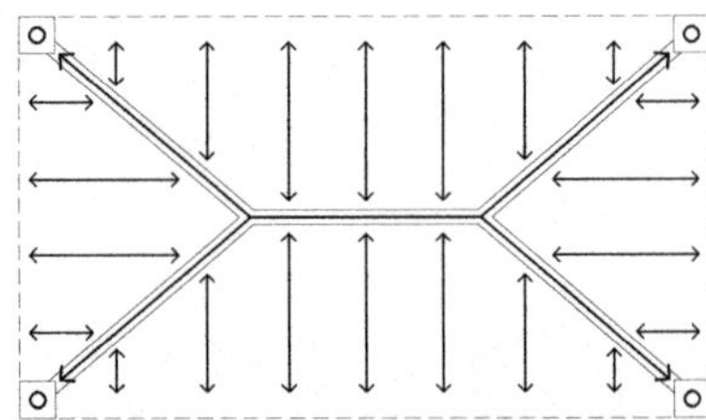

Diagonal ramificada con vigas
perpendiculares

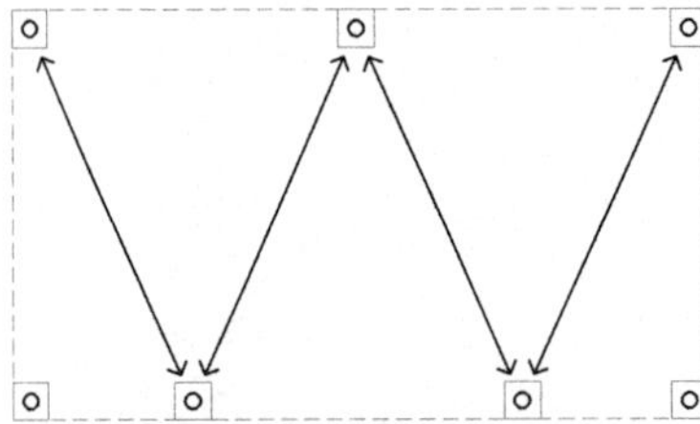

Diagonales

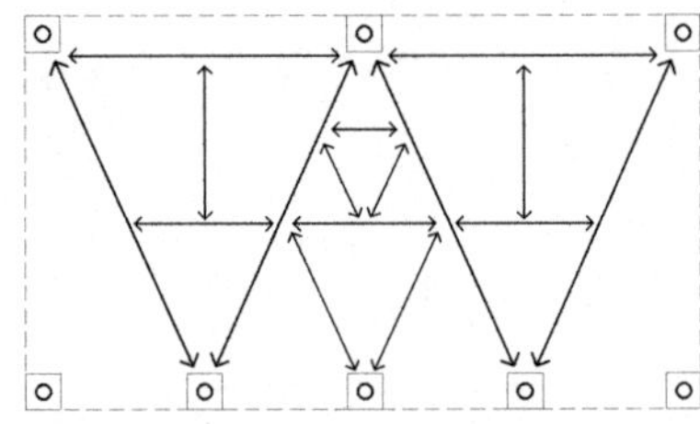

Ortogonal y diagonal combinadas

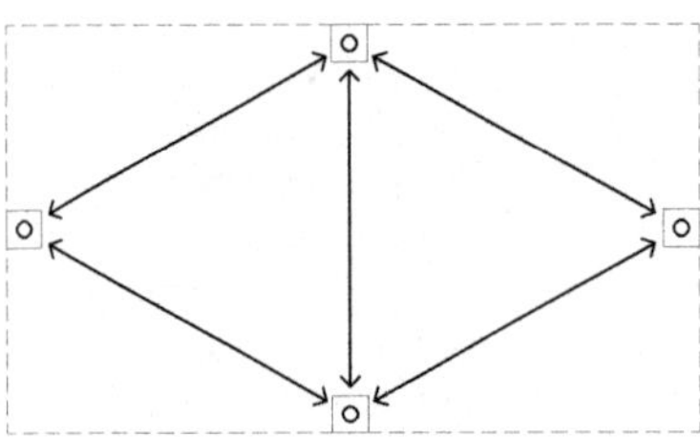

Diagonal y perpendicular combinada

FIGURA 10.5 (CONTINUACIÓN)

10.6 Columnas

Los elementos tipo columna son principalmente empleados en la tipología constructiva poste-viga, y en general, en estructuras de entramado pesado. Si bien la mayoría de columnas son rectangulares, otros tipos de columnas son posibles tal como se ilustra en la Tabla 10.6.

TABLA 10.6 Tipos de columnas de madera (basado en Herzog et al. 2012).

Columnas compuestas por rollizos			
Circular	Circular con bordes recortados	Rollizo recortado en L	Tubular
Tres cuartos de rollizo	Rollizos unidos horizontalmente		Rollizos unidos verticalmente
Rollizos mediados con pieza rectangular central	Compuestas por rollizos y paneles		Rollizo recortado en cruz

TABLA 10.6 (CONTINUACIÓN)

Columnas compuestas por piezas de madera aserrada rectangulares

Rectangulares	Compuestas por mitades separadas opuestamente por la médula	Columnas en I

Cruciformes	En H con panel central

Columnas compuestas por piezas de MLE y LVL

Rectangulares y cuadradas	Circulares	Cruciformes

Triformes	En I	Sección variable

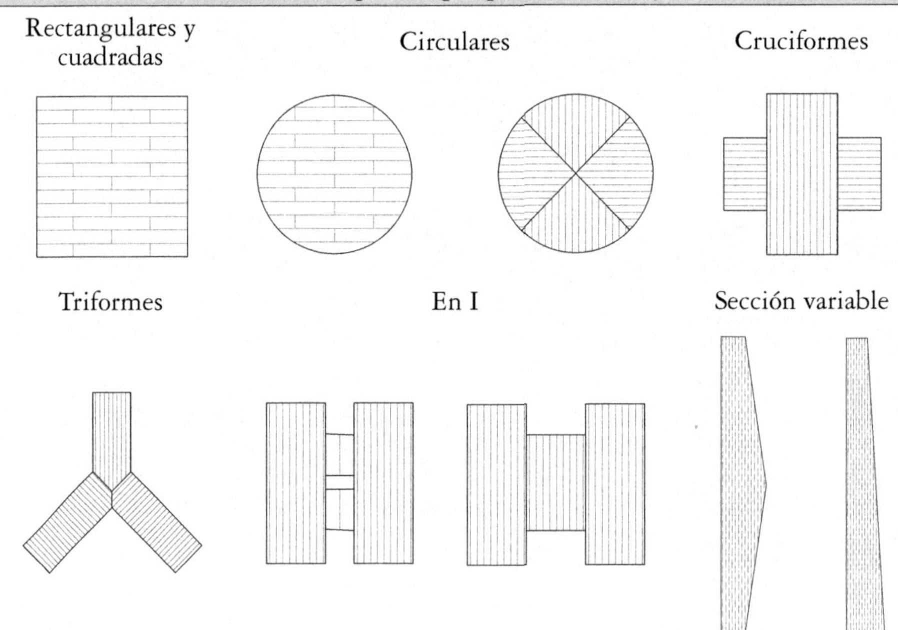

TABLA 10.6 (CONTINUACIÓN)

Columnas compuestas por separadores o presillas (columnas encajonadas)

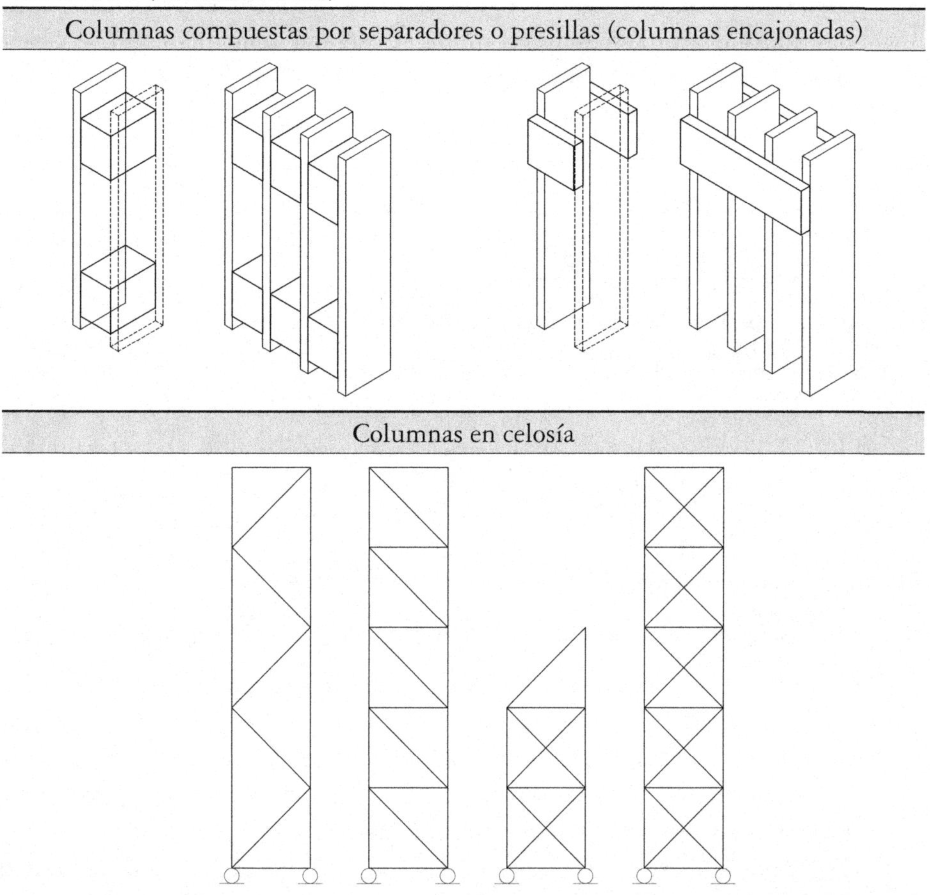

Columnas en celosía

10.7 SISTEMAS DE MUROS

Lógicamente además de emplear columnas, es posible emplear muros como elementos verticales de una construcción. Los principales tipos de sistemas de muros se resumen a continuación de acuerdo a su función estructural.

i. Cuando un muro no tiene una función estructural más allá de crear una división, es denominado *muro divisorio, partición* o *muro no estructural*. Un tipo frecuente de muros no estructurales son los SIP (structural insulated panels), consistentes en un sándwich compuesto por dos paneles que pueden ser estructurales o no y una capa de aislamiento intermedia (ver detalles en capítulos posteriores). Debe notarse que en todo caso el muro no estructural debe ofrecer igualmente resistencia al fuego.

ii.   Cuando un muro está exclusivamente destinado a soportar cargas gravitacionales, se le denomina, de forma general, como *muro estructural* de madera. En el entramado ligero este tipo de muros tan sólo se suele diferenciar del resto de muros en que los muros no estructurales no emplean conexiones antivuelco (hold-down), aunque también el tipo de revestimiento (panel o *sheating*) puede variar.

iii. Cuando un muro está destinado a resistir cargas gravitatorias y laterales, se le denomina *muro de corte* (*shear wall*). La diferencia fundamental de este tipo de muros respecto de los anteriores, consiste en que se le añaden conexiones que garantizan la resistencia al *volcamiento*.

Independientemente de la funcionalidad estructural o no estructural, existen multitud de tipologías de muros de madera, especialmente en lo referente a las construcciones tradicionales de los distintos países. No obstante, en esta sección se detallan los más extendidos a nivel internacional.

Muro clásico de entramado ligero (timberframe o light-frame wall)

El muro clásico de entramado ligero contiene los siguientes elementos:

i.   *Pies derechos o postes.* Son elementos verticales responsables de la resistencia gravitacional del muro. Estos elementos, típicamente de 2·4" o 2·6", al situarse verticalmente de acuerdo a cierto *espaciamiento* (típicamente unos 40cm) permiten aportar la resistencia a las cargas gravitatorias, y también las tracciones que eventualmente puedan generarse por acciones de *volcamiento*, ver Figura 10.7.1. Dado que el vuelco se suele concentrar en los extremos (bordes) del muro, se disponen varios pies derechos unidos entre sí (pies derechos múltiples), en los extremos del muro. Estos pies derechos se denominan *pies derechos de borde*, y desde el punto de vista estructural cumplen la función de *cuerdas*, ya que contribuyen a la rigidez lateral del muro mediante su rigidez flexional.

ii.   *Soleras.* Elementos horizontales responsables de la transmisión de carga lateral en el muro, y también de la distribución de carga gravacional a los pies derechos. Se colocan dispuestos sobre el eje débil respecto de la carga gravitacional, tanto en la parte superior de los pies derechos (solera superior) como la inferior (solera inferior). Desde el punto de vista estructural, la solera inferior transmite el corte al piso inferior o fundación mediante conectores de corte. Por otra parte, la solera superior transmite el corte del diafragma (piso o cubierta) superior a los pies derechos actuando, así como un *colector de carga*. En el caso de que el muro contenga aperturas, los dinteles de las puertas o ventanas cumplen también con esta función. Para poder transmitir la carga lateral en ambas direcciones se suele requerir una *doble solera* en la parte superior del muro, en cuyo caso los elementos más superiores constituyen la *sobresolera*.

iii. *Paneles.* Elementos responsables de arriostrar, y por tanto resistir y rigidizar la carga lateral que le llega al entramado. En la mayoría de los casos los paneles son de OSB o terciado. Existen muchas variantes de este elemento. Por ejemplo, es posible que no sólo haya un panel externo, sino también uno interno, lo que permite aumentar la resistencia al corte. También es posible que los dos paneles no sean idénticos, e incluso colocar dos paneles en una de las caras y ninguno en la otra. Por otra parte, es posible emplear paneles distintos de los típicos terciados y OSB, como por ejemplo tableros de yeso cartón con función estructural (no sólo de protección frente al fuego), sin embargo, esta última opción es mucho menos resistente.

iv. *Elementos horizontales para bloqueo del panel* (opcional). Al igual que en el caso de los diafragmas, los muros pueden contener cadenetas (travesaños) que permiten rigidizar el revestimiento e incrementar la capacidad de carga lateral. En el caso de muros con relaciones de aspecto (altura/anchura) elevadas, el uso del bloqueo puede ser mandatorio si es que el patrón de clavado no es muy denso.

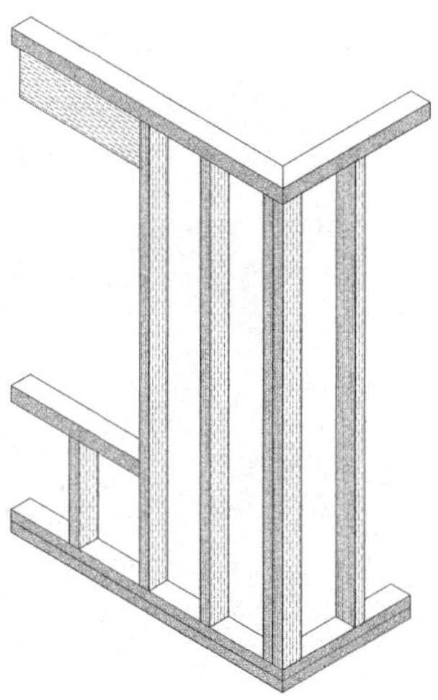

FIGURA 10.7.1 Disposición del entramado ligero de un muro.

Para que un muro de entramado ligero pueda considerarse que aporta cierta rigidez y resistencia lateral, éste debe cumplir con ciertas relaciones de aspecto máximas de h/b, ver Tabla 10.7, ya que los muros muy esbeltos principalmente se comportan como columnas (la deformación flexional es más relevante que la deformación por corte). El diseño estructural de muros se aborda con detalle en el libro *"Conceptos avanzados del diseño estructural con madera. Parte I"*.

TABLA 10.7 Máximas relaciones de aspecto (h/b) para que los muros de entramado puedan ser considerados como estructurales de acuerdo a la normativa norteamericana SDPWS 2015.

Tipo de muro	Relación de aspecto máxima *(h/b)*
Panel de madera estructural, muro sin bloquear	2:1
Panel de madera estructural, muro bloqueado	3.5:1
Tablero de partículas estructural, muro bloqueado	2:1
Paneles estructurales diagonales	2:1
Paneles de yeso cartón	2:1[1]
Paneles de cemento y fibras	2:1[1]
Tableros de fibras estructurales	3.5:1

[1] Muros con h/b mayores que 1.5:1 deben ser bloqueados

v. *Conectores.* Elementos de fijación de panel-entramado y entramado-entramado. Sirven para generar un entramado articulado (mecanismo) y hacer efectivo el arrostramiento de los paneles al entramado. En la gran mayoría de ocasiones son empleados grapas, tornillos y sobretodo clavos dispuestos con diferentes configuraciones y espaciamientos. La disposición específica de los elementos de fijación en el tablero se denomina comúnmente como *patrón de clavado*.

vi. *Claves de corte.* Elementos de fijación para impedir el deslizamiento del muro. Típicamente los muros contienen pernos de anclaje, placas de unión u otro tipo de conexiones que permiten impedir el desplazamiento lateral del muro (solera inferior), respecto del entrepiso inferior o la fundación.

vii. *Sistema antivuelco (anclaje).* Son elementos de fijación para impedir el volcamiento que se colocan entorno a los pies derechos de borde. Incluyen principalmente tres tipos (Figura 10.7.2): típico hold-down trapezoidal, hold-down mediante tira metálica embebida en la fundación, y sistema de varilla de acero continua (*automatic tensioning system* o *ATS*).

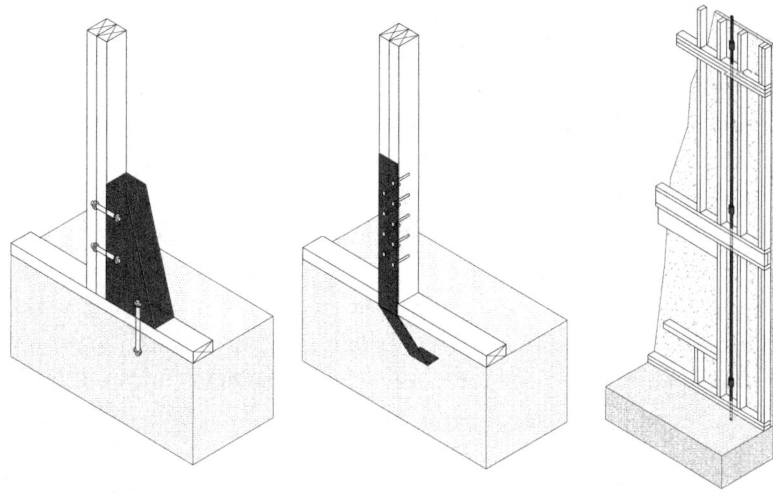

FIGURA 10.7.2 Principales tipos de sistemas de anclaje de muros de entramado ligero.

Nótese que para materializar el sistema anti-volcamiento de entrepiso, el hold-down estándar debe de ser doble (uno debe ir invertido en la parte inferior del diafragma), mientras que la tira metálica puede ser continua entre un muro superior e inferior. Finalmente, el sistema ATS resulta continuo desde el borde superior del muro más elevado hasta la fundación. Este último sistema a diferencia de los dos anteriores, tiene un funcionamiento muy diferente puesto que no se trata de una conexión simple para resistir la tracción. En realidad, esta varilla metálica se solicita únicamente cuando el muro tiende a levantarse por los efectos de volcamiento, y por lo tanto se le somete a tracción, mientras que los pies derechos situados alrededor de ésta se someten a compresión. Esto presenta dos beneficios muy importantes, el primero es que la continuidad estructural permite reducir considerablemente *la deriva en edificios*[ver 8.3], y el segundo es que los pies derechos siempre están sometidos a compresión, por lo que se reduce significativamente el riesgo de fallo frágil. Para que el sistema funcione adecuadamente, la varilla debe estar perfectamente ajustada mediante unas *pletinas*[10.2] a la altura del último piso, o bien en cada uno de los pisos, siendo este último caso mucho más favorable en cuanto a la distribución de fuerzas y las deformaciones. Para ello se emplean sistemas que permiten compensar los cambios dimensionales que los edificios de madera sufren como consecuencia de las contracciones de humedad.

Es también importante reconocer que, en realidad, tanto los anclajes como las claves de corte aportan rigidez y capacidad tanto al corte como a las tracciones;

sin embargo, se asume que casi toda la tracción se absorbe mediante los anclajes mientras que el corte lo resisten las claves de corte.

viii. *Aperturas*. Los muros de corte pueden ser de *corredor* cuando conforman los pasillos y corredores de la edificación, de *compartimento* cuando materializan las habitaciones o estancias, y *exteriores* cuando conforman la fachada. Lógicamente los muros que más *aperturas o perforaciones* muestran son los muros exteriores, en forma de ventanas y accesos. Las aperturas resultan un obstáculo en los muros estructurales por tres motivos. El primero es que obviamente reducen la capacidad axial y lateral del muro. El segundo, es que incrementan la relación de aspecto de los tramos de muro no perforados. El tercero, es que habitualmente requieren elementos colectores adicionales para transmisión de carga lateral de los distintos tramos.

Muro de madera masiva (*massive timber wall*)

Los muros de madera masiva tienen una composición bastante más sencilla que los muros de entramado ligero, ya que tan sólo se componen de:

i. Un elemento estructural tipo panel, el cual aporta a la vez la mayor parte de la resistencia y rigidez axial y lateral del muro.

ii. Claves de corte inferiores de conexión, para evitar el deslizamiento lateral (en la parte superior suele unirse directamente a la losa mediante una hilera de tornillos), ver Figura 10.7.3.

iii. Anclajes de hold-down en los extremos inferiores, para evitar el vuelco. Al igual que en el muro ligero, tanto los anclajes como las claves de corte tienen rigidez y capacidad axial y lateral, y sin embargo la mayor parte de la tracción la resiste el anclaje y la mayor parte del corte las claves de corte.

iv. Aperturas.

A diferencia del muro ligero, cuyo entramado funciona como un mecanismo y es arriostrado por los tableros estructurales, el muro de madera masiva funciona como un cuerpo rígido que tiende a deslizarse y rotar (*rocking*), lo cual es principalmente impedido por las claves de corte y anclajes, respectivamente. Así, en realizad la mayor parte de la capacidad del muro ligero, viene dado por el patrón de clavado, y en el caso del muro masivo viene dado por las conexiones que impiden deslizamiento y vuelco.

Una posible variante de este muro consiste en disponer una hilera de conexión vertical entre muros consecutivos. En principio esta unión puede aportar una mayor ductilidad.

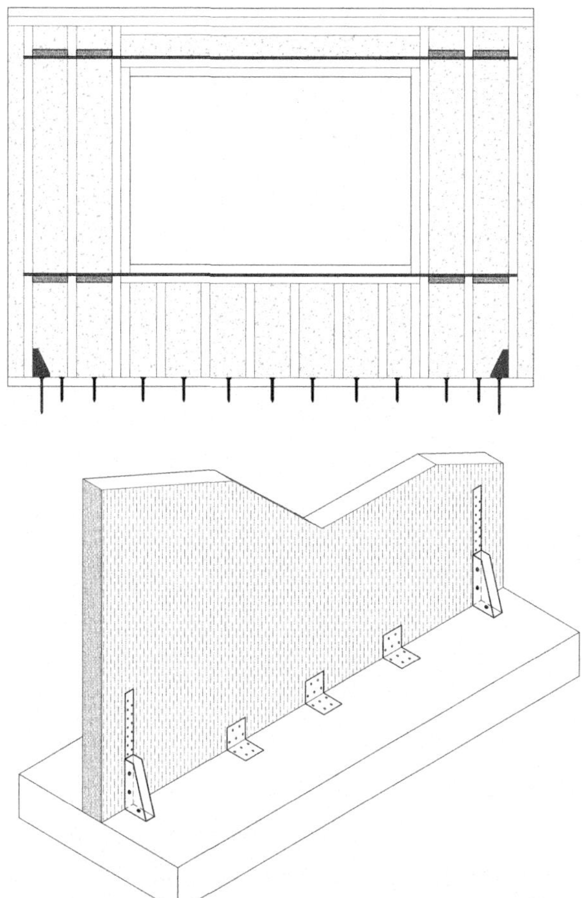

FIGURA 10.7.3 Componentes de la configuración típica de un muro de madera masiva.

Otros tipos de muros

Pese a que los dos tipos de muros anteriores son los que internacionalmente se encuentran más extendidos, existen varias tipologías adicionales. Las más significativas son:

i.   *Midply* o muro de lámina/s central/es. Este muro es similar al muro de entramado ligero tradicional, con la excepción de que cada pie derecho se divide en dos pies derechos o más, y el o los elementos tipo panel se sitúan en torno al centro geométrico del muro; es decir los pies derechos forman un sándwich entorno a los tableros estructurales, ver Figura 10.7.4. La ventaja que ofrece este sistema es que, dado que los clavos pueden disponerse a doble cortadura en lugar de cortadura simple, la capacidad del muro se aproxima al múltiplo de los planos de cortadura en relación a la capacidad de un muro ligero simple. La desventaja fundamental de este sistema reside en una mayor dificultad para ejecutar las instalaciones de servicios e inspecciones de mantenimiento. No obstante, el sistema puede ser muy interesante para aquellos casos en los que se disponga de una gran demanda estructural y poco espacio para materializar muros.

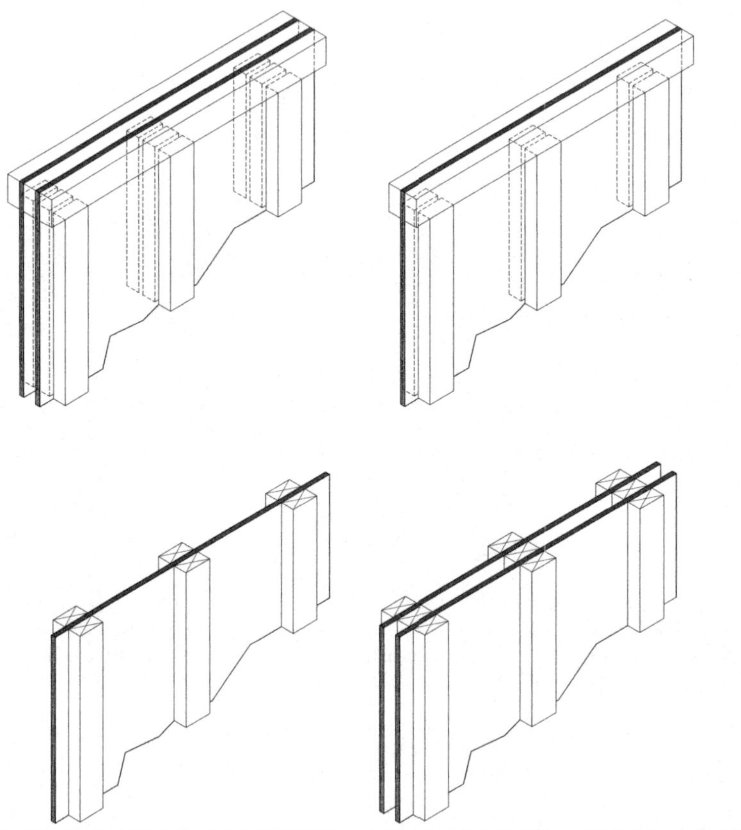

FIGURA 10.7.4 Configuración de un muro Midplay con una o varias capas de tableros estructurales.

ii.   Muros *en sistemas de bloques o Blockbau*. Se conforman a partir del "encaje" de rollizos o piezas rectangulares de maderas que se disponen horizontalmente, ver Figura 10.7.5. Este sistema ha sido empleado durante siglos en gran parte de Europa, principalmente en Centroeuropa y Escandinavia, y es considerado como el precursor de la construcción con madera masiva (mass timber). La diferencia fundamental con este último reside en que el encuentro de muros se realiza mediante uniones tradicionales.

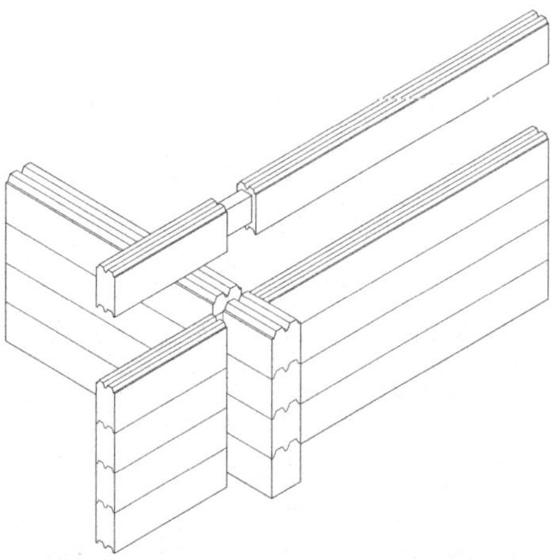

FIGURA 10.7.5 El sistema Blockbau se fundamenta en encuentros de muros con uniones carpinteras y puede ser considerado como el precursor de los sistemas de madera masiva.

iii. *Muros tradicionales basados en la composición de diagonales de madera o derivados y materiales minerales.* Numerosas culturas desde la antigüedad han empleado la composición de entramados de madera, bambú, caña y otros materiales los cuales incorporaban un material mineral como relleno, como por ejemplo adobe u otros. Una particularidad común de estos sistemas es que suelen emplear diagonales de madera que se unen al entramado de postes y soleras para rigidizar lateralmente el sistema. La unión de las piezas y diagonales presentaba originariamente uniones carpinteras. Ejemplos notables de este tipo de construcciones son por ejemplo el sistema de *quincha* (entramado de caña o bambú con relleno de barro originario de poblaciones mapuches y otras poblaciones indígenas de Sudamérica), o el sistema *Fachwerk* (entramado de madera tradicional alemán, con rellenos minerales, ver Figura 10.7.6).

iv. *Muros de celosía.* Algunos fabricantes han comercializado muros en celosía donde la rigidización, al igual que en caso anterior, se efectúa principalmente mediante diagonales lo que permite crear muros bastante rígidos a la vez que esbeltos. La diferencia respecto de los sistemas anteriormente mencionados, es que las uniones suelen efectuarse mediante sistemas típicos del entramado o cerchas ligeras, tales como las placas clavo, ver Figura 10.7.7.

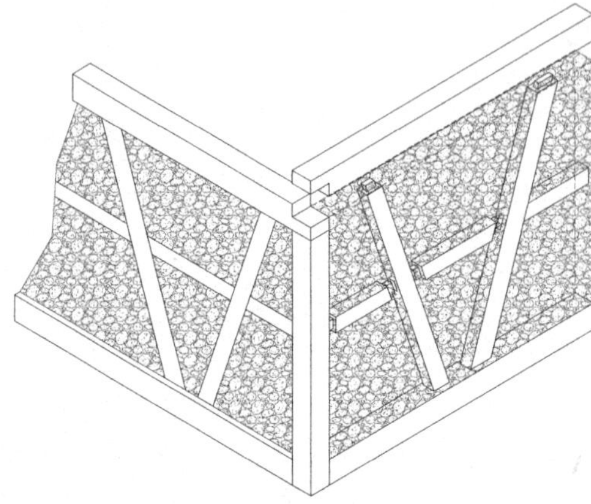

FIGURA 10.7.6 El sistema Fachwerk tradicional de Alemania, combina un entramado de madera rigidizado con diagonales y rellenado con materiales minerales. Este sistema puede considerarse como un ejemplo representativo de varios sistemas tradicionales de construcción antigua de varios países, como por ejemplo las quinchas de Sudamérica que combinan caña o bambú con barro.

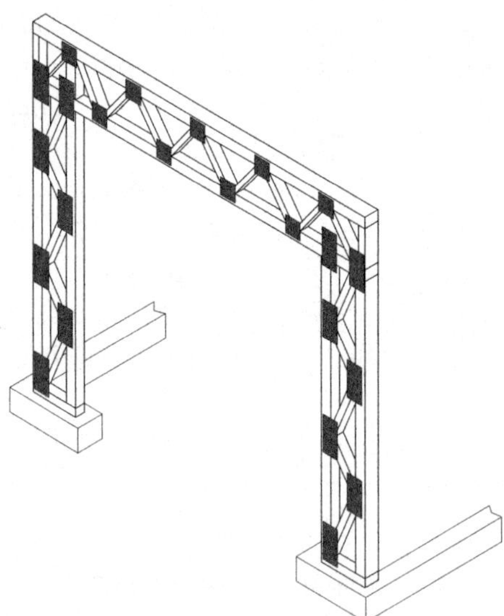

FIGURA 10.7.7 Muro de celosía. La rigidización lateral es obtenida mediante diagonales que incorporan uniones mecánicas modernas y típicas de entramados y cerchas ligeras, tales como placas clavo.

v. *Muros rigidizados con chapas delgadas de acero.* Al igual que el caso anterior, este tipo de muros también es comercializado por empresas específicas. Consiste en el uso de perfiles metálicos de acero, tales como los perfiles trapezoidales que se presentaron en los entrepisos, los cuales rigidizan un sistema de entramado de madera. Al igual que en el caso anterior, se busca obtener una rigidez elevada de un muro relativamente esbelto, ver Figura 10.7.8.

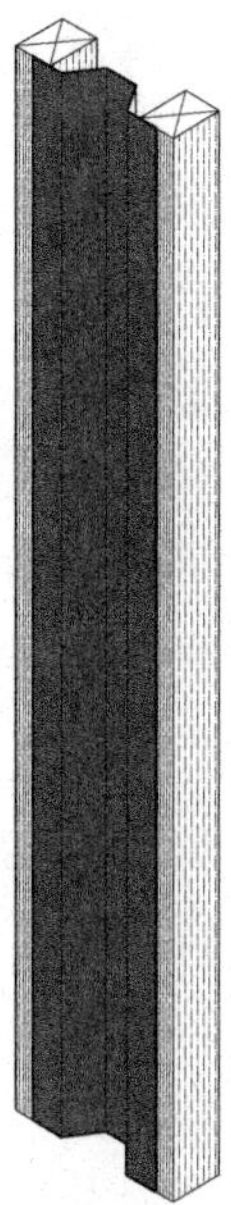

FIGURA 10.7.8 Los muros rigidizados con chapas delgadas de acero permiten incrementar notablemente la rigidez lateral de un muro muy esbelto.

vi. *Variaciones de formas.* Lógicamente los muros no siempre son rectangulares y ortogonales. Existen variaciones de muros inclinados y circulares en planta, y también trapezoidales o triangulares en forma.

10.8 Pórticos (marcos)

En este apartado se incluyen los principales tipos de *pórticos* o *marcos*:

i. Biarticulados

ii. Triarticulados.

iii. En voladizo; materializados con elementos de alma llena o con elementos reticulados.

Pórticos biarticulados

Se constituyen mediante dos pilares y una viga, o un arco. La articulación (rótula) se da en la unión de los pilares o del arco a la cimentación. Las uniones entre la viga y los pilares deben ser rígidas (uniones de momento), lo que resulta difícil de conseguir en elementos de madera. Se distinguen dos tipos, los cuales se describen a continuación.

a) *Pórticos biarticulados solucionados con elementos de alma llena*

Las grandes luces suelen limitar el uso de madera aserrada, por lo que es más habitual utilizar productos de ingeniería de madera, como MLE, LVL, o PSL entre otros.

La Figura 10.8.1 muestra algunas de las soluciones típicas de este tipo de pórticos:

i. Pilares y viga rectos.

ii. Pilares de sección variable y viga recta.

iii. Pilares de sección variable y viga a dos aguas.

iv. Arcos biarticulados.

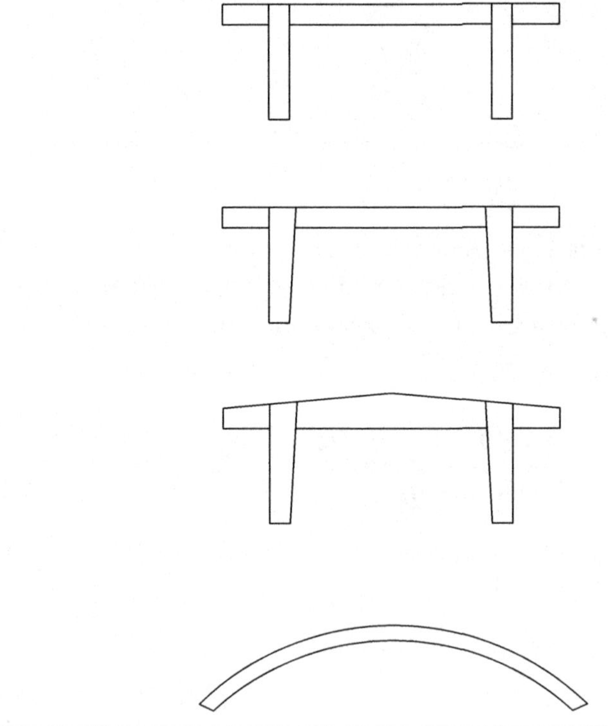

FIGURA 10.8.1 Pórticos biarticulados con elementos de alma llena.

b) *Reticulados*

La rigidización se obtiene mediante el uso de una celosía; ver ejemplos en la Figura 10.8.2.

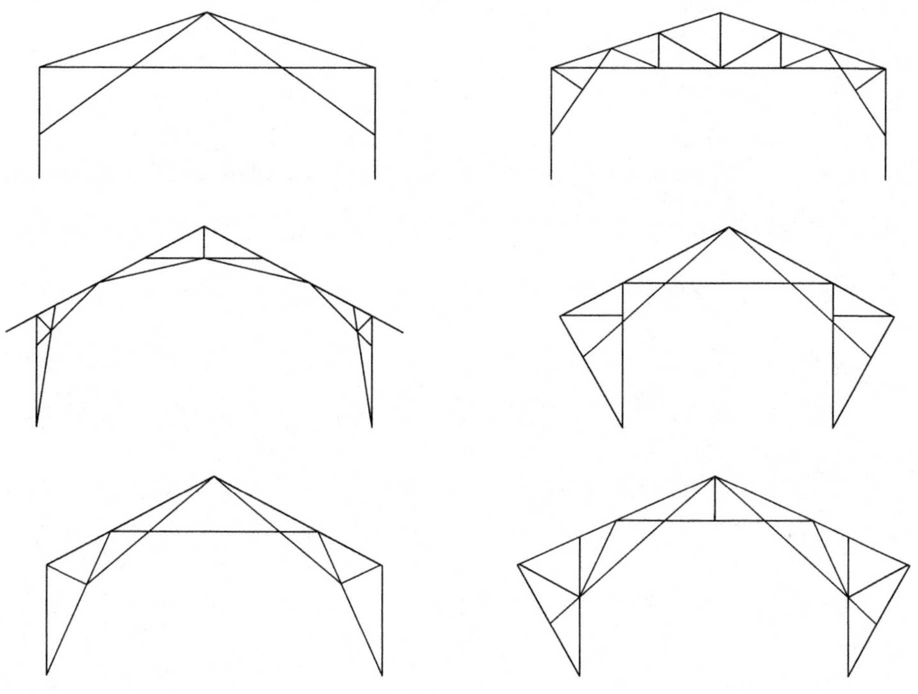

FIGURA 10.8.2 Ejemplos de pórticos biarticulados en celosía (basado en Herzog et al. 2012).

Pórticos triarticulados

Se constituyen con dos pilares y dos vigas inclinadas, o dos arcos. La articulación no sólo se produce en la unión pilar-fundación, sino también en la unión entre las dos vigas inclinadas o entre los dos arcos (clave del pórtico). Al igual que en los pórticos biarticulados, distinguimos 2 tipos.

a) De *alma llena*

Suelen fabricarse con productos de ingeniería de madera debido a las grandes luces. La Figura 10.8.3 muestra algunos de los pórticos triarticulados más comunes.

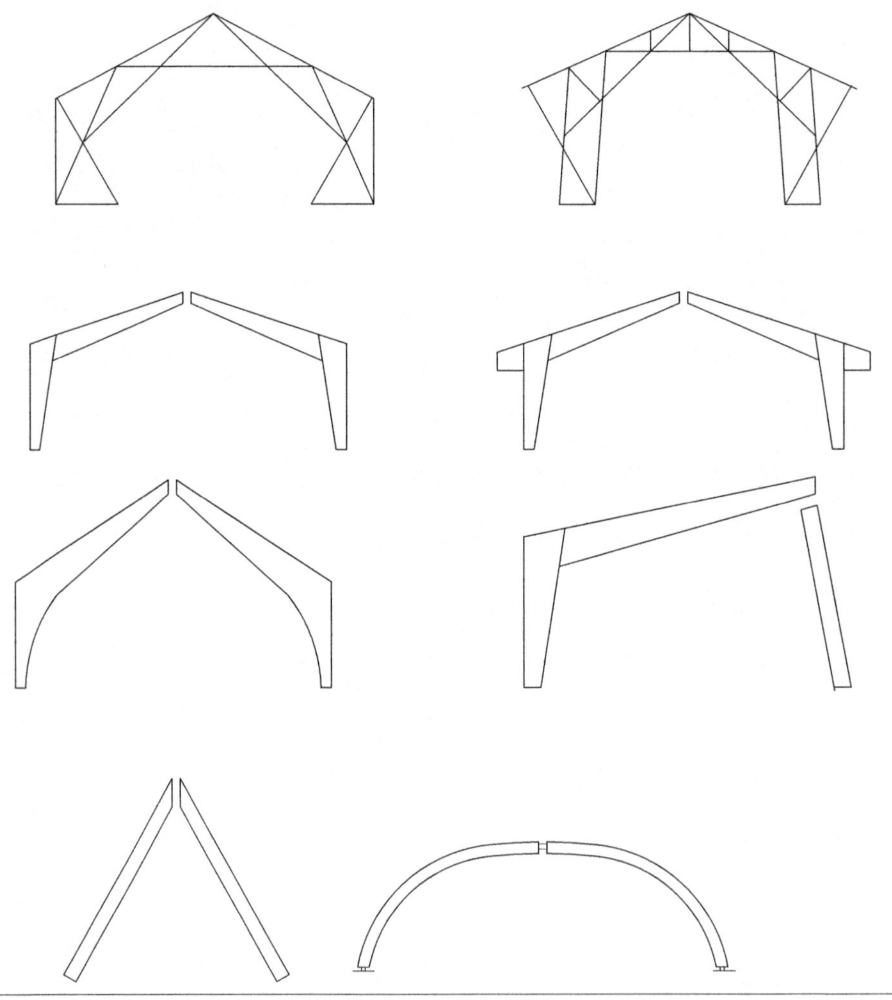

FIGURA 10.8.3 Ejemplos de pórticos triarticulados con elementos de alma llena.

b) *Reticulados*

Similares a los anteriores pero rigidizados mediante una celosía; ver ejemplos en la Figura 10.8.4.

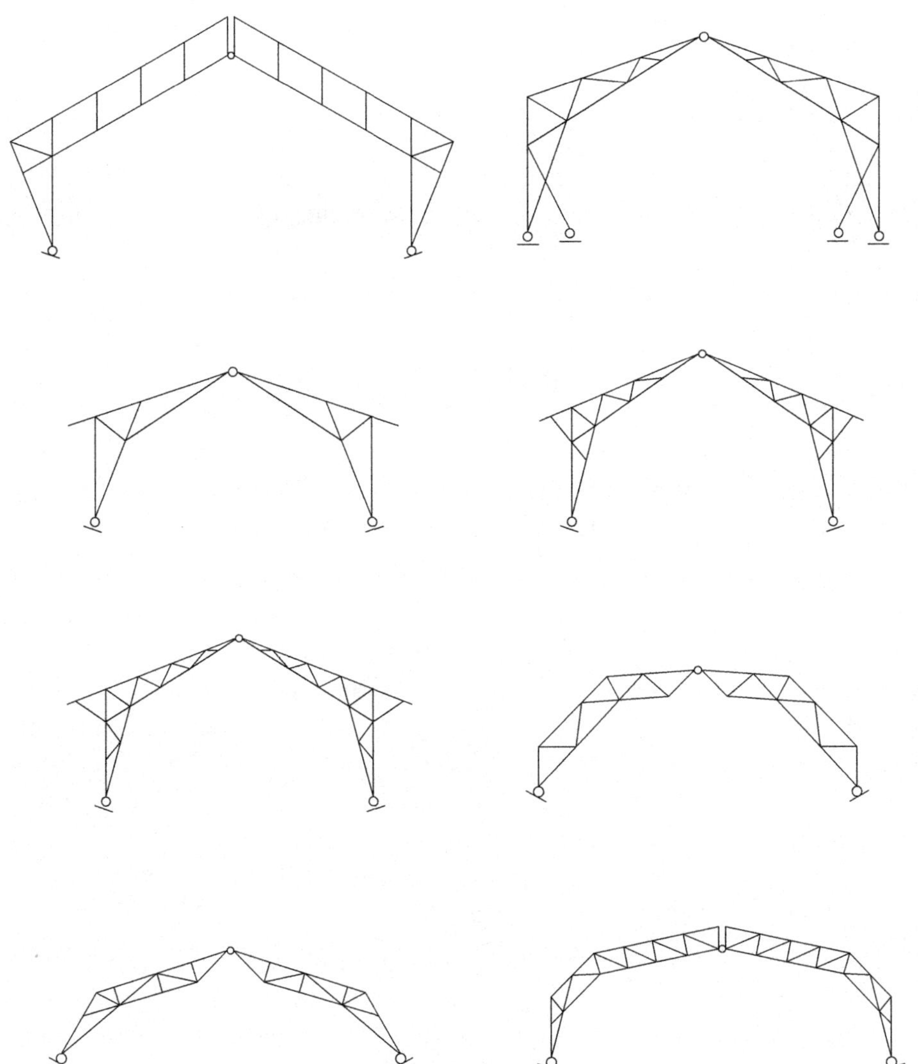

FIGURA 10.8.4 Ejemplos de pórticos triarticulados en celosía (basado en Herzog et al. 2012).

Pórticos en voladizo

a) *De alma llena,* ver Figura 10.8.5.

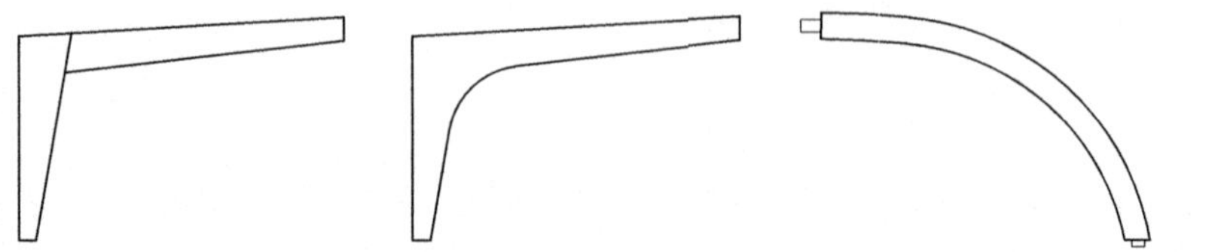

FIGURA 10.8.5 Ejemplos de pórticos en voladizo de alma llena.

b) *Reticulados*

Similares a los anteriores pero solucionados en base a una celosía.

10.9 SISTEMAS RESISTENTES A LA CARGA LATERAL (SRCL) Y SISTEMAS DE ARRIOSTRAMIENTO

Los sistemas resistentes a la carga lateral (SRCL) constituyen la principal componente estructural para transmitir, rigidizar y resistir la acción de acciones laterales tales como sismos o vientos. Por otro lado, los sistemas de arriostramiento tienen como principal función estabilizar los miembros estructurales individuales frente a fenómenos de pandeo y vuelco lateral torsional. En esta sección se resumen brevemente las principales tipologías estructurales empleadas, para garantizar la estabilidad frente a ambos aspectos; para una visión mucho más detallada del diseño y cálculo de estos elementos, el lector puede consultar el libro *"Conceptos avanzados del diseño estructural con madera. Parte I"*. Los principales sistemas de SRCL y arriostramiento de estructuras de madera son los siguientes:

i.   *Pórticos rígidos o pórticos resistentes al momento.* La forma de estabilización más obvia frente a la acción de fuerzas transversales consiste en incorporar pórticos rígidos con uniones resistentes al momento, ya sea mediante la realización de uniones mecánicas o encoladas de momento, o bien por la adición de algún tipo de escuadras, ver Figura 10.9.1.

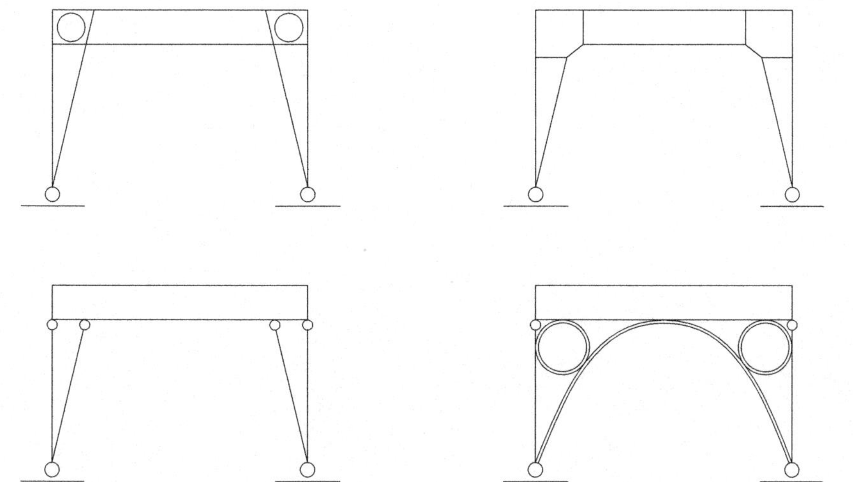

FIGURA 10.9.1 Algunos ejemplos de pórticos resistentes al momento (basado en Herzog et al. 2012).

ii. *Celosías*. Tal como se ha sido anteriormente introducido, las celosías son entramados estructurales constituidos por elementos que fundamentalmente trabajan a tracción o compresión. Estos elementos, que suelen estar materializados con piezas de madera, barras, perfiles o cables metálicos, permiten tanto reducir las longitudes eficaces de inestabilidad, como proporcionar sistemas resistentes a fuerzas laterales. Los principales sistemas de arriostramiento por celosías orientados a prevenir el vuelco lateral torsional son las cadenetas, varillas de acero de atado, y puenteado (crucetas) mediante piezas de madera o acero. No obstante, existen infinidad de sistemas de arriostramiento empleados para prevenir el vuelco lateral-torsional de vigas; ver los principales sistemas en la Tabla 10.9.1

TABLA 10.9.1 Ejemplos de rigidización lateral-torsional de vigas (basado en Herzog et al. 2012)

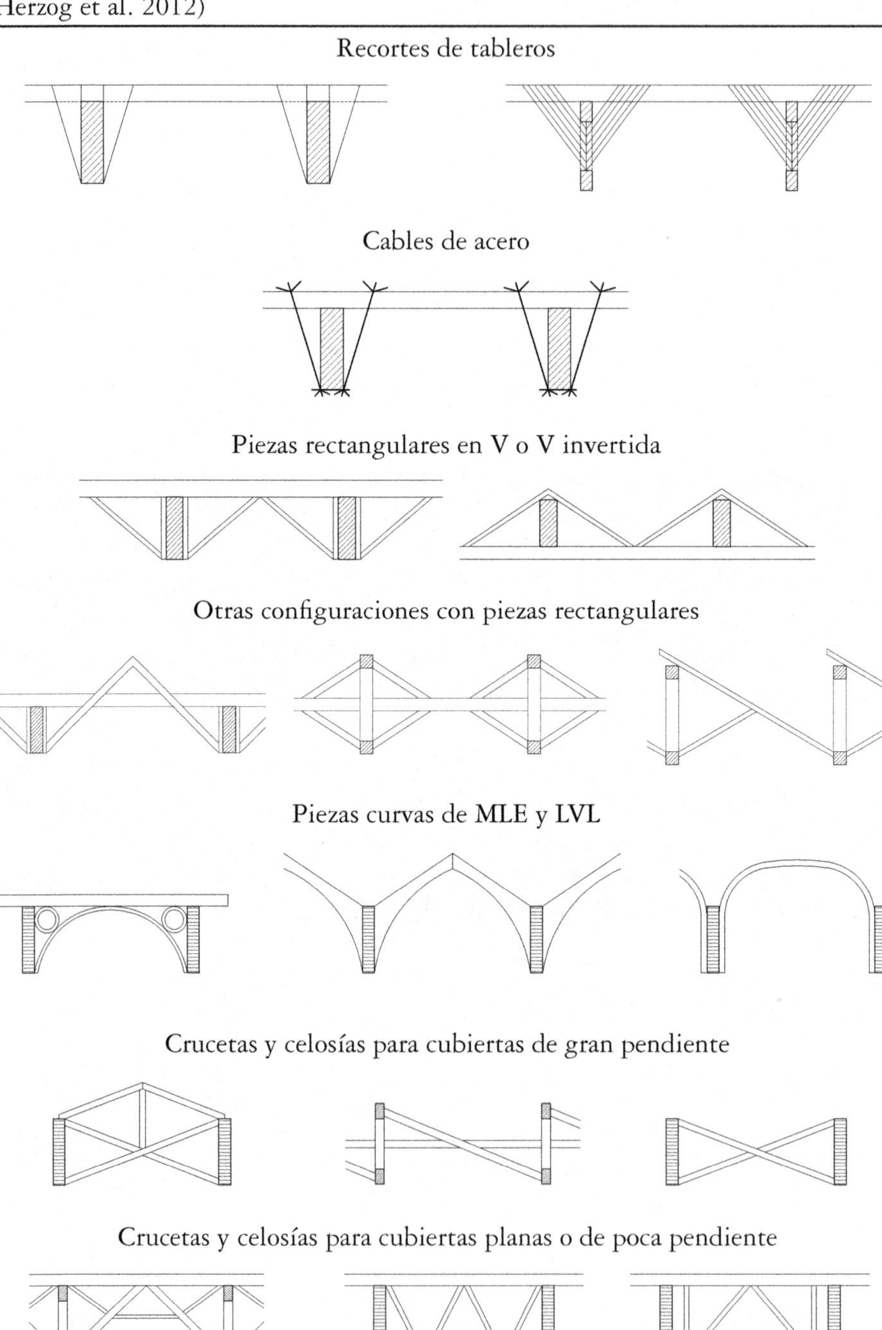

Por otra parte, los principales sistemas aplicados para aportar resistencia lateral a la estructura global (y que además influyen en las longitudes efectivas de pandeo y vuelco lateral-torsional), son la cruz de San Andrés, la viga tipo Pratt, viga tipo Warren y el arriostramiento en K, tanto en cubierta como en entramados laterales, ver Figura 10.9.2. Estos sistemas son muy habituales en marcos, vigas de madera laminada, cerchas y celosías de cubierta, y en general cualquier sistema poste-viga y entramado pesado.

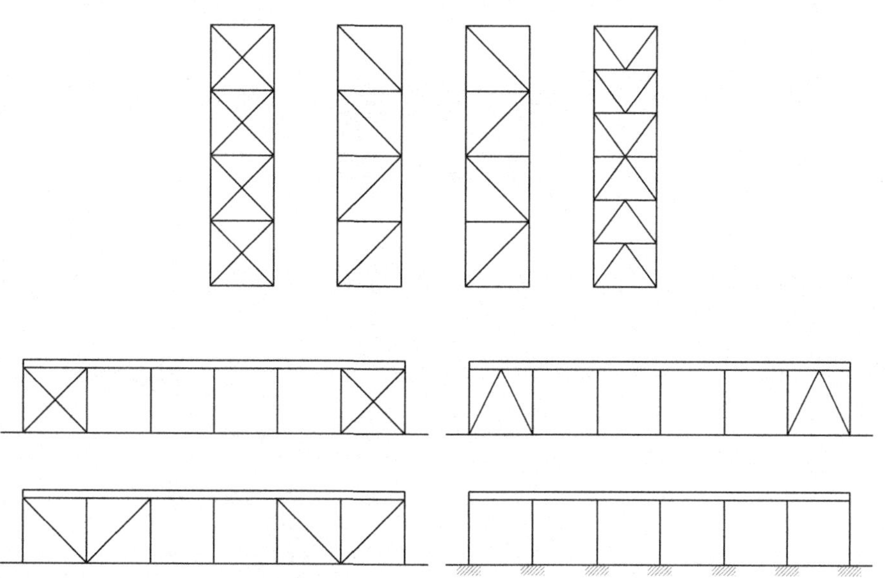

FIGURA 10.9.2 Principales sistemas de rigidización estructural global frente a fuerzas laterales mediante el uso de arriostramientos.

No obstante, existen multitud de variantes partiendo de los sistemas ilustrados en la Tabla 10.9.1; ver una ilustración de las variantes en la Tabla 10.9.2.

TABLA 10.9.2 Ejemplos de sistemas de arriostramiento global de estructuras de madera (basado en Herzog et al. 2012).

Ejemplos frente a vientos en cubiertas

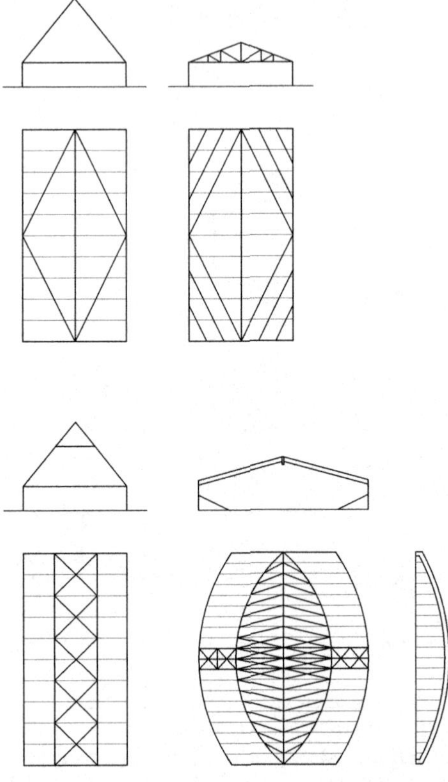

Ejemplos frente a vientos en planos horizontales de cubiertas y puentes

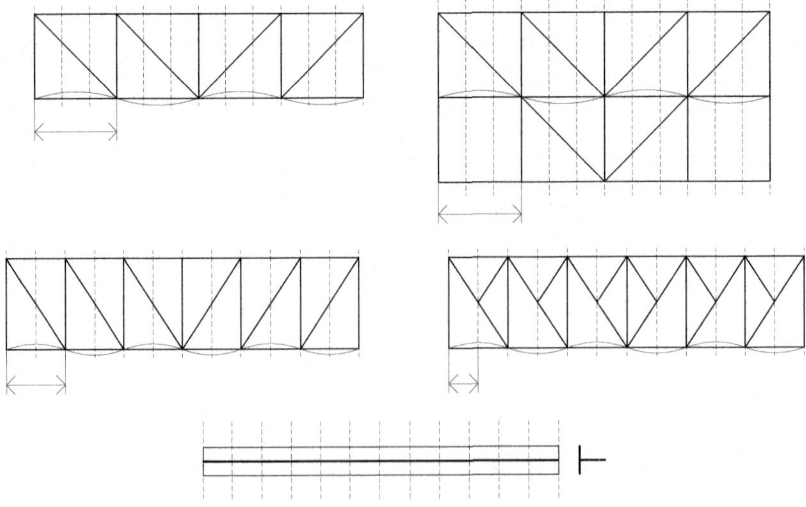

TABLA 10.9.2 (CONTINUACIÓN)

Ejemplos en cubiertas en voladizo

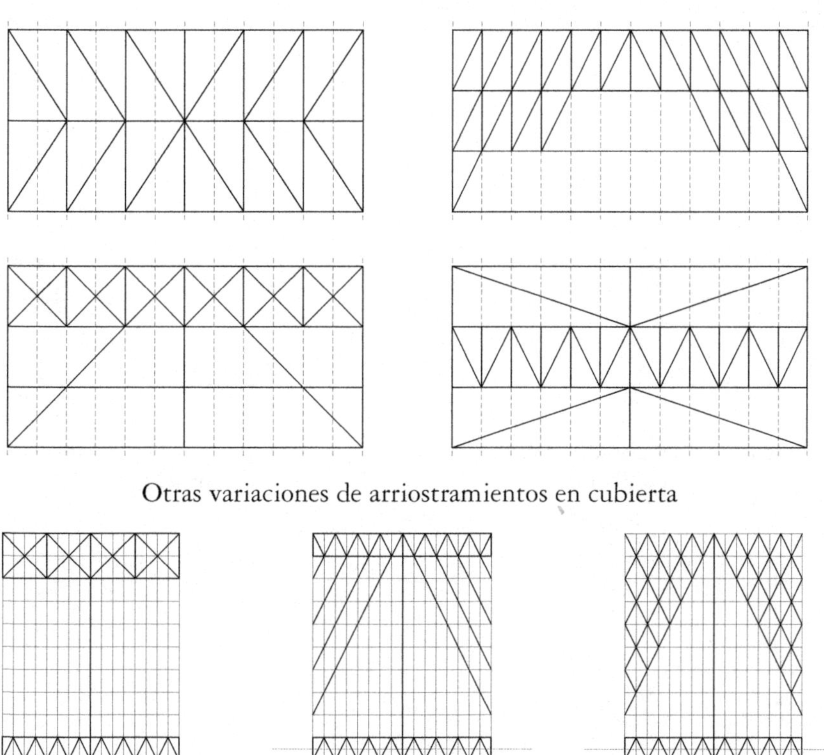

Otras variaciones de arriostramientos en cubierta

iii. *Diafragmas en base elementos tipo panel*. Este SRCL constituye el principal sistema de arriostramiento de los muros y entrepisos clásicos de entramados ligeros, tales como los empleados en el sistema constructivo de marco-plataforma (detallado posteriormente). Tal como ya se introdujo en secciones anteriores, los principales paneles que se emplean para el arriostramiento del entramado son tableros de terciado u OSB. Estos sistemas de arriostramiento, conforman diafragmas y muros que resultan especialmente efectivos para resistir y prevenir las deformaciones ante fuerzas laterales significativas tales como sismos y vientos de gran magnitud. Además, estos sistemas pueden ser reforzados mediante elementos transversales tales como cadenetas o diagonales, lo que permite mejorar el bloqueo de los paneles, incrementando significativamente su rigidez. Si bien la mayor parte de estos diafragmas están revestidos por OSB y terciado, existen multitud de materiales que se pueden emplear con la misma función de crear un diafragma que resista las fuerzas horizontales, ver ejemplos en la Tabla 10.9.3

TABLA 10.9.3 Ejemplos de arriostramientos de entramados de madera (basado en Herzog et al. 2012).

Diafragma por tableros de terciado u OSB (también yeso cartón)	Diafragma por rollizos horizontales
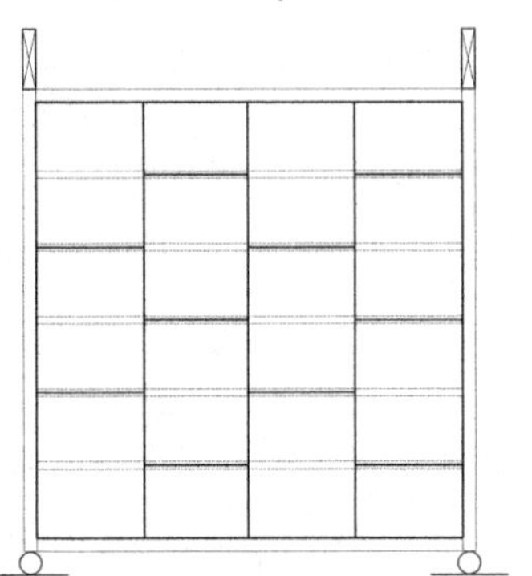	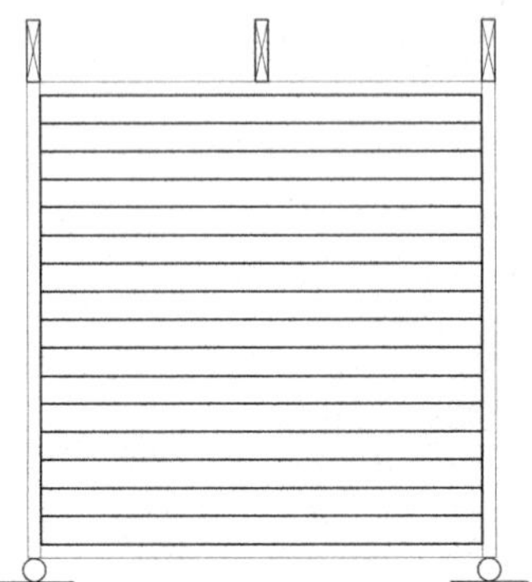
Diafragma por tablones de madera diagonal	Diafragma por placa con perfil trapezoidal de acero
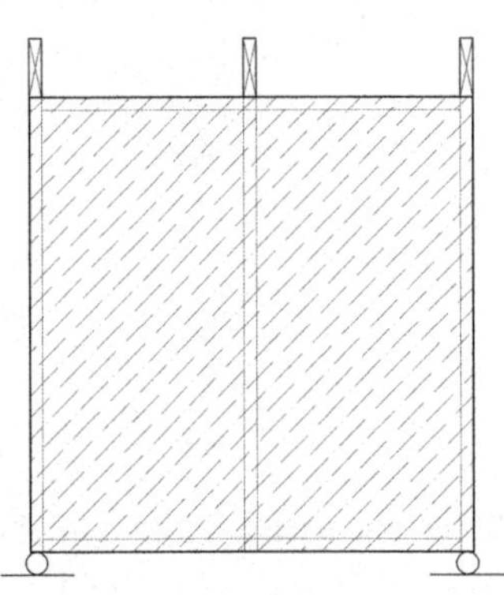	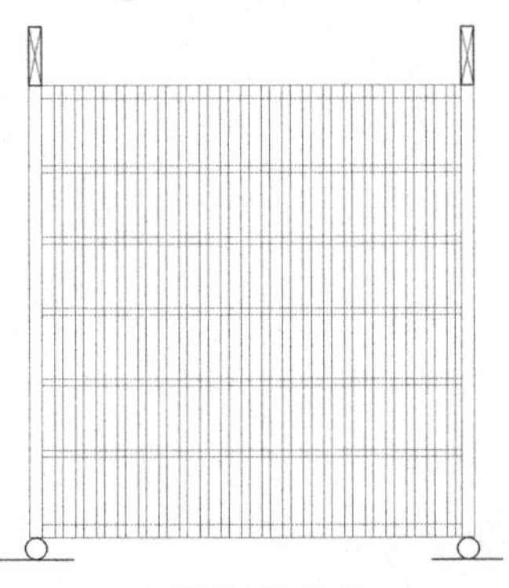
Diafragma por placas de hormigón prefabricado	Diafragma por elementos de mampostería
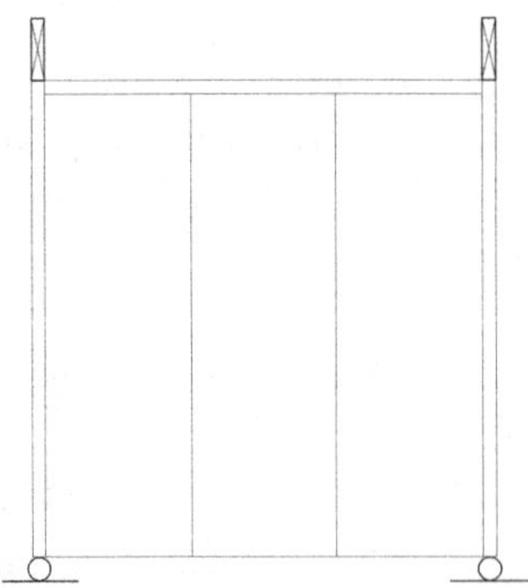	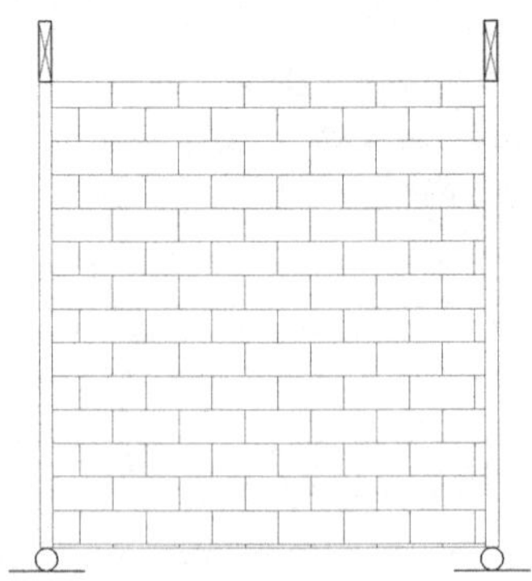

TABLA 10.9.3 (CONTINUACIÓN)

Diafragma de entrepiso por compuesto madera-hormigón	Diafragma de entrepiso por compuesto perfil trapezoidal metálico-hormigón

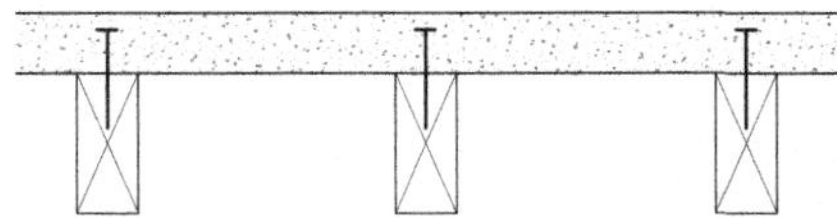 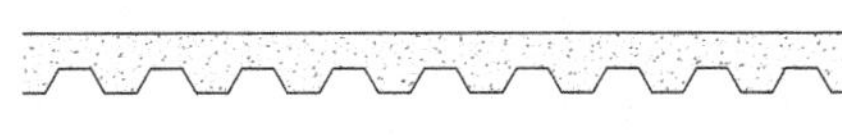

Diafragma por unión de elementos de madera o tableros con sistemas de empalmes

iv. *Diafragmas en base a paneles masivos.* Los elementos tipo panel de las construcciones de madera masiva, suelen conforman sistemas de muros y diafragmas con un funcionamiento similar a los sistemas anteriores pero que resultan especialmente rígidos y resistentes a las fuerzas laterales. De hecho, la resistencia y rigidez de estos paneles masivos, ha permitido incrementar significativamente la altura de las construcciones con madera en los últimos años. Dentro de esta categoría se sitúan principalmente los muros y losas de CLT, pero también otro tipo de productos tales como los muros de LVL, que se emplean habitualmente en países como Nueva Zelanda y no precisan de la aplicación de postes verticales o pies derechos.

v. *Núcleos fuertes.* Un núcleo fuerte consiste en una o varias regiones reducidas en tamaño en comparación al perímetro total de la planta de un edificio, pero que cuentan con una rigidez y resistencia lateral muy superior en relación al resto de la estructura que los rodea. En concreto, es bastante común emplear una estructura de madera tal como pórticos de momento, los cuales son reforzados lateralmente al conectarlos a uno o varios núcleos de hormigón, que se suelen aprovechar para construir los ascensores, escaleras u otro tipo de espacios comunes del edificio. Núcleos de madera masiva y acero son también posibles. Su uso ha sido una práctica relativamente habitual en edificios de más de 6-7 pisos.

Este tipo SRCL presenta la ventaja de que impide la "caída" de los pisos en áreas críticas tales como elevadores, cuando la madera de sistemas constructivos del tipo plataforma (definidos en el próximo capítulo) sufre un proceso de secado. En la aplicación de este sistema, debe considerarse que el centro de rigidez del diafragma, puede modificarse muy significativamente en planta, por lo que se debe prestar especial atención a los posibles efectos torsionales; en el caso de que la localización sea asimétrica, deberá compensarse con muros de corte altamente resistentes u otros sistemas de arriostramiento. Lógicamente, para que este sistema sea efectivo, debe además contener diafragmas horizontales muy rígidos para poder transmitir la mayor parte de la carga lateral a los núcleos.

El resumen de los sistemas de arriostramiento se ilustran en la Figura 10.9.3.

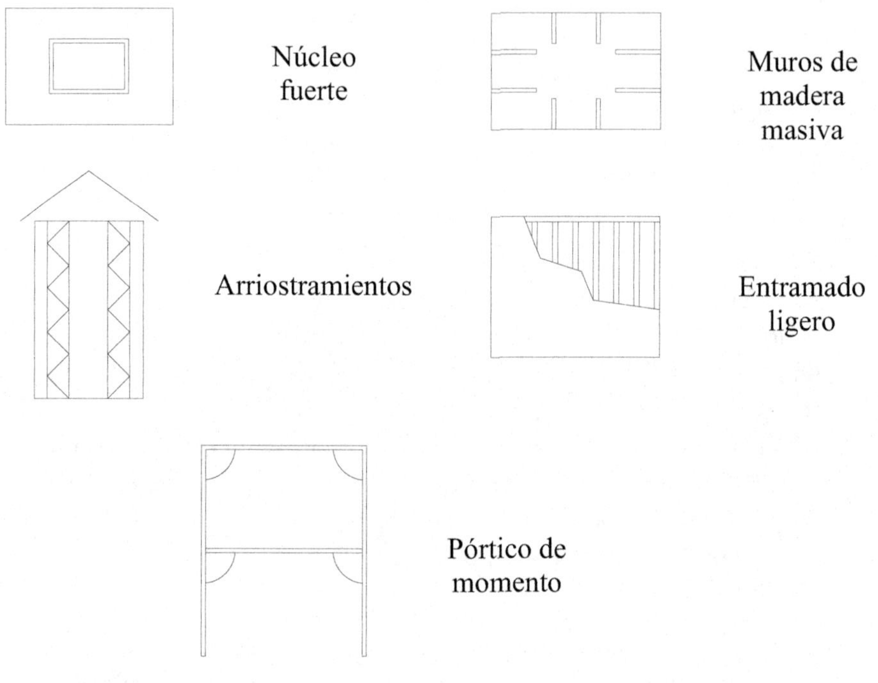

FIGURA 10.9.3 Principales sistemas resistentes de carga lateral (SRCL) y estabilidad frente a pandeo y vuelco lateral-torsional en estructuras de madera.

10.10 CONTINUIDAD DE CARGA

La continuidad de carga, se refiere a la capacidad de una estructura para bajar la carga axial y lateral de forma continua y efectiva hasta la fundación. La continuidad de la carga axial, se garantiza considerando la correcta ejecución de las estructuraciones típicas de los distintos sistemas constructivos. Sin embargo, la experiencia ha demostrado numerosos fallos en cuanto a la transmisión continua de la carga lateral, por lo que es importante prestar especial atención a este aspecto. En concreto, en diversos países, tras la ocurrencia de sismos, huracanes, tifones y/u otro tipo de catástrofes naturales, se han detectado numerosas fallas de estructuras de madera por *desalineación*, *deslizamientos* de pisos y cubiertas, y también de *volcamientos*. Por este motivo, algunos códigos como por ejemplo el código de construcción internacional (IBC), exigen la continuidad de carga en las construcciones de madera.

Lógicamente, a diferencia del hormigón, las estructuras de madera no son continuas en su materialidad base, por lo que es necesario asegurar siempre la continuidad mediante el uso de uniones. Así, las principales uniones que suelen caracterizar el paso de carga lateral en una estructura de madera se ilustran en la Figura 10.10. En concreto, si analizamos la acción de una fuerza lateral actuando superficialmente sobre la cubierta de una edificación de 2 pisos, veremos que:

i.   Las fuerzas sobre la cubierta, son transmitidas hacia el diafragma superior.

ii. El diafragma superior transmite la carga a los muros de la planta superior.

iii. Los muros transmiten la carga al entrepiso inferior (por corte y vuelco).

iv. Éste transmite la carga a los muros del primer piso.

v.   Los muros transmiten la carga a la fundación (por corte y vuelco).

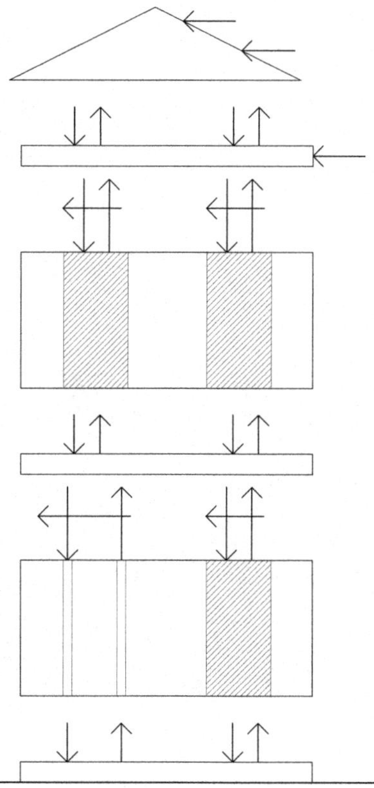

FIGURA 10.10 Ejemplo de continuidad en el paso de la carga lateral de una edificación mediante el uso de conexiones que aseguran estabilidad frente a deslizamiento y vuelco.

10.11 Predimensionado

Algunas ayudas para el predimensionado de elementos son presentadas en el Anexo A.

10.12 Lecturas adicionales

Herzog et al (2012) Timber construction manual. Birkhäuser, Basilea, Suiza.

CAPÍTULO 11

INTRODUCCIÓN A LOS SISTEMAS CONSTRUCTIVOS

11.1 SISTEMAS CONSTRUCTIVOS

En este capítulo se describen los principales sistemas constructivos empleados en la construcción con madera; ver un resumen de los sistemas en la Tabla 11.1.

TABLA 11.1 Principales sistemas constructivos con madera

Sistema Constructivo	Sistema estructural	Subsistema Constructivo
Entramado ligero	Muros	Marco plataforma
		Balloon-frame
		Otras variantes: p.ej. americano
		Tradicionales tales como Fachwerk, Quincha, etc
Entramado pesado	Marcos	Poste viga con vigas continuas
		columnas continuas y vigas secundarias y terciarias en pares
		Columnas continuas a pares y vigas secundarias a pares
		Columnas continuas, vigas principales y secundarias al mismo nivel
Madera masiva	Muros	CLT
		MLE/LVL
		Bloques (Blockbau)
Híbridos madera-madera	Marcos/muros	Poste-viga con muros de madera masiva
		Poste-viga con muros ligeros
Híbridos madera con otros materiales	Marcos/muros	Madera-hormigón
		Madera-acero
		Madera-mampostería
		Combinación de los anteriores

11.2 SISTEMA POSTE-VIGA

Como su nombre indica, este sistema consiste en crear pórticos en base a pilares y vigas principales, que pueden ser de madera maciza, MLE, LVL u otros productos estructurales. Las escuadrías de los elementos son considerables, por lo que se trata de un sistema de *entramado pesado*. Este sistema permite cubrir grandes luces, que fundamentalmente dependen del tipo de entrepiso seleccionado, siendo 5x5 metros una medida habitual. La continuidad de vigas es posible gracias a uniones tipo ensamble, tal como se muestra en la Figura 11.2.1.

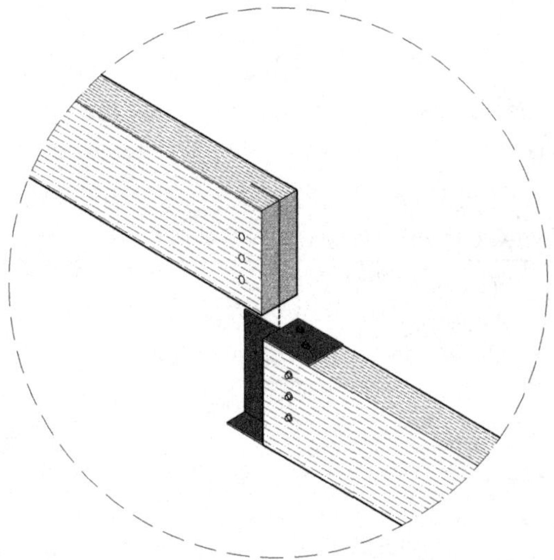

FIGURA 11.2.1 Ensamble de viga mediante placa metálica lateral.

Los cerramientos son generalmente independientes de la estructura, y por lo tanto se tratan de un *sistema de marcos*. El entrepiso más común es el entrepiso clásico, así, las vigas secundarias se disponen en base a la estructura conformada por las vigas primarias; no obstante, este sistema puede incluir cualquiera de los tipos de entrepiso presentados en el capítulo anterior. Dada la reducida rigidez lateral del sistema, lo más habitual es emplear arriostramientos de barras, tales como los que se expusieron en el capítulo anterior, ver una ilustración en la Figura 11.2.2.

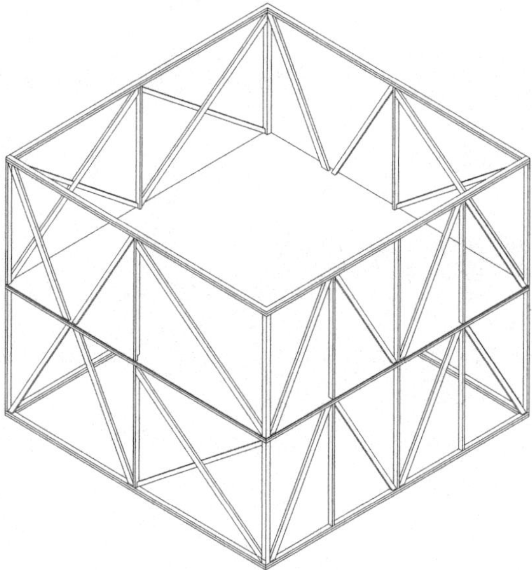

FIGURA 11.2.2 Ejemplo de sistema poste viga arriostrado mediante un sistema de diagonales.

La principal ventaja de este sistema es la flexibilidad de espacios y la resistencia al fuego. La principal desventaja, es la reducida resistencia lateral, y en la mayoría de ocasiones, el debilitamiento de la sección eficaz de los pilares en uniones tridimensionales; ver una ilustración de la unión poste-viga tridimensional en la Figura 11.2.3.

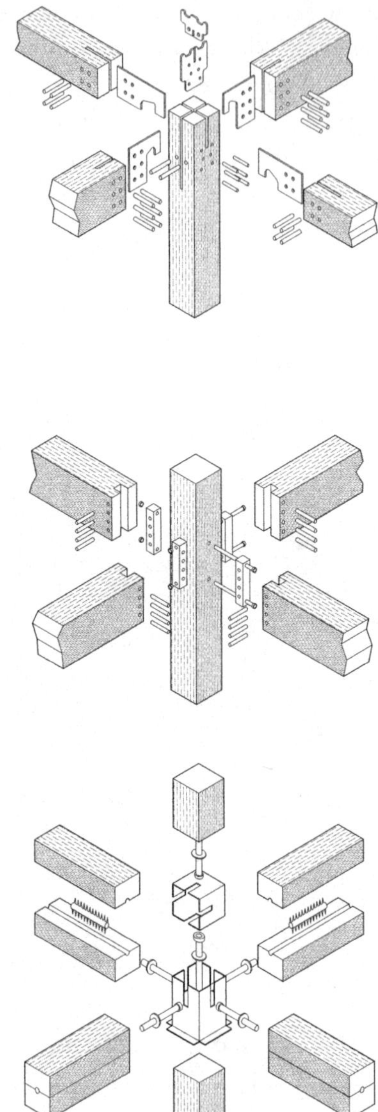

FIGURA 11.2.3 Ilustración de la complejidad, y en muchos casos, debilitamiento de la sección del pilar en una unión tridimensional del sistema poste viga (basado en Herzog et al. 2012).

Dentro de este sistema existen 4 tipos de estructuración, según la disposición de pilares, vigas principales y vigas secundarias:

i. *Sistema de vigas continuas*. Este sistema se emplea únicamente para construcciones de una altura. Las principales ventajas de este sistema son que la unión poste-viga es mucho menos compleja, y no se generan debilitamientos importantes de las secciones, es muy simple y permite la construcción de voladizos en ambas direcciones. La principal desventaja es que solo admite una altura, ver una ilustración en la Figura 11.2.4.

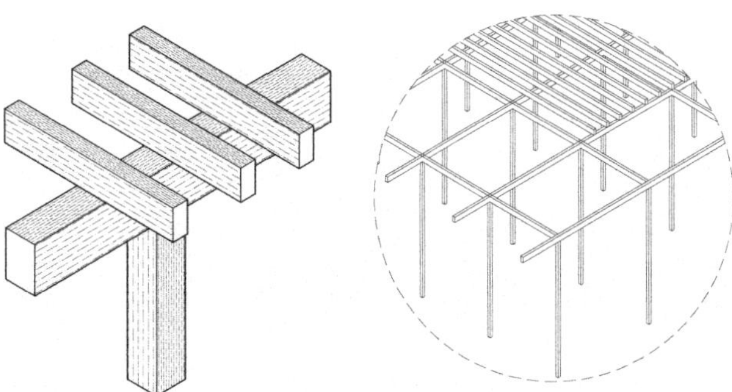

FIGURA 11.2.4 Sistema poste-viga con vigas continuas (basado en Herzog et al. 2012).

ii. *Sistema de columnas continuas y vigas primarias y secundarias en pares.* Este sistema permite estructuraciones de dos o más alturas. Se distingue en que las vigas principales se unen a los pilares en caras opuestas, y sobre estas se posan las vigas secundarias, ver Figura 11.2.5. Las principales ventajas de este sistema son que permite varias alturas, voladizos en ambas direcciones y las conexiones tienen una complejidad intermedia. La principal desventaja, es que presenta una geometría compleja en relación a la instalación de fachadas y acondicionamientos.

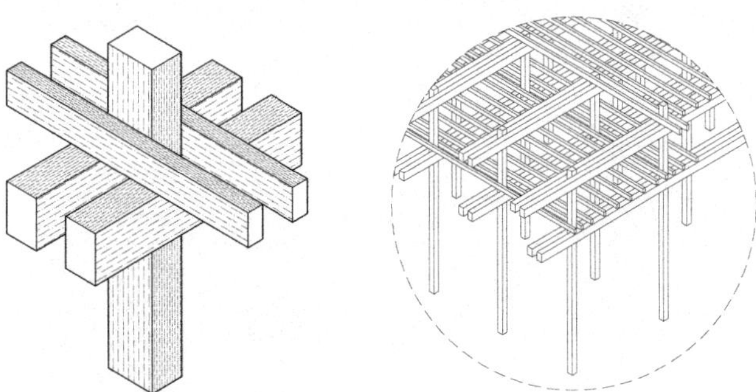

FIGURA 11.2.5 Sistema de columnas continuas y vigas primarias y secundarias a pares (basado en Herzog et al. 2012).

iii. *Sistema de columnas continuas a pares y vigas secundarias a pares.* Este sistema también permite estructuraciones de dos o más alturas. Su principal característica, es que las columnas se disponen en pares, ver Figura 11.2.6. Las ventajas y desventajas de este sistema son similares al sistema anterior, con la diferencia de que la sección necesaria en las vigas es mayor, y la inercia del pilar se incrementa considerablemente.

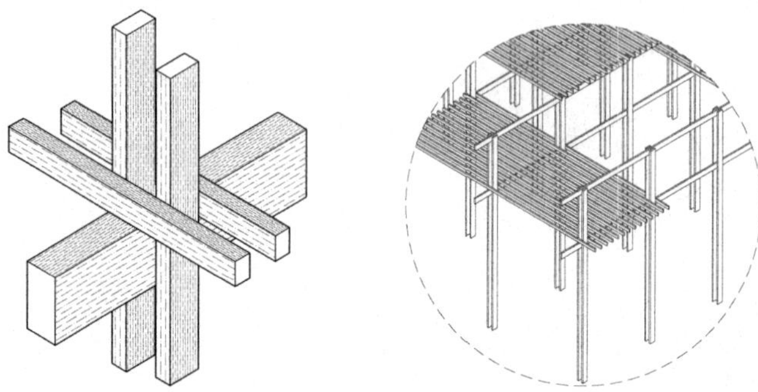

FIGURA 11.2.6 Sistema de columnas continuas a pares y vigas secundarias a pares (basado en Herzog et al. 2012).

iv. *Sistema de columnas continuas con vigas principales y secundarias al mismo nivel.* Al igual que los dos casos anteriores, este sistema también permite estructuraciones de dos o más alturas. Su principal característica diferenciadora es, que tanto las vigas principales como las vigas secundarias se encuentran al mismo nivel, y también que es posible alternar la dirección de las vigas secundarias, ver Figura 11.2.7. Las principales ventajas respecto de los dos sistemas anteriores son que la alternancia de vigas secundarias permite que la carga sobre las vigas principales sea uniforme, y la geometría de la estructuración se encuentra al mismo nivel por lo que permite un acondicionamiento muy simple. La principal desventaja, consiste en la complejidad de la conexión 3D en la columna, y su correspondiente debilitamiento de la sección.

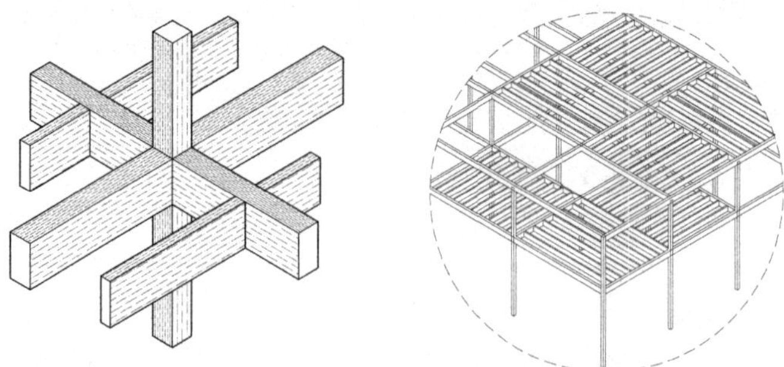

FIGURA 11.2.7 Sistema de columnas continuas con vigas principales y secundarias al mismo nivel (después de Herzog et al. 2012).

La unión de vigas secundarias a vigas primarias en este sistema, puede ejecutarse de muchas maneras diferentes; ver algunos ejemplos en la Figura 11.2.8.

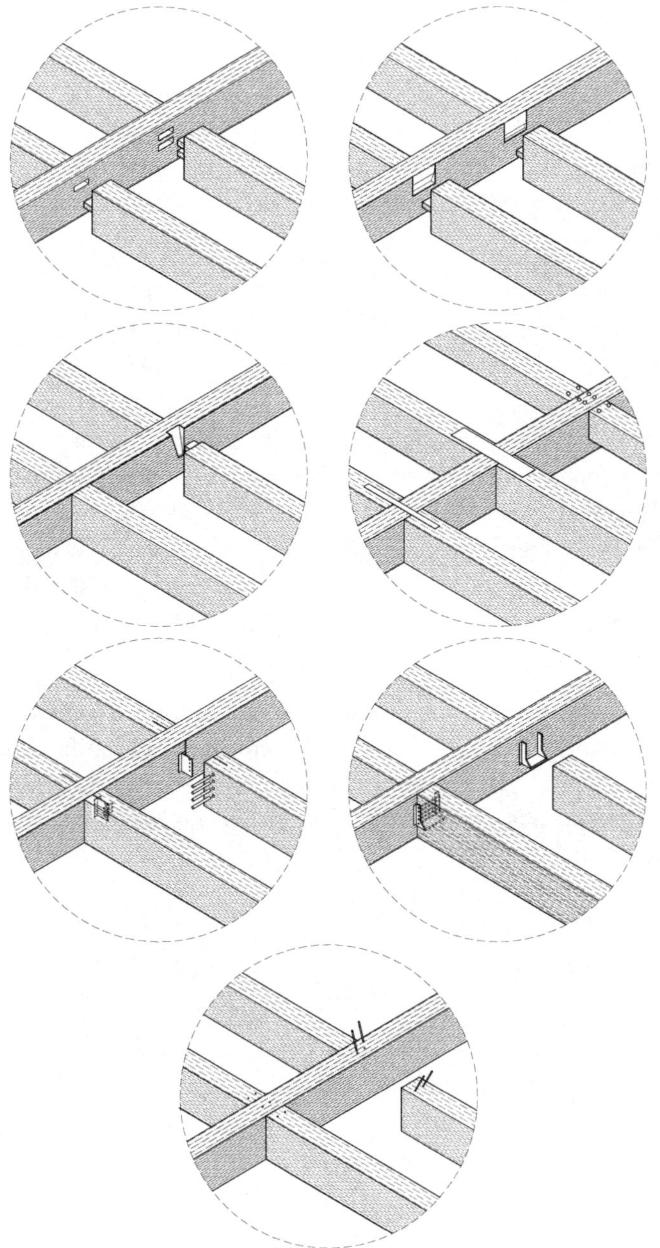

FIGURA 11.2.8 Ejemplos de uniones de envigado al mismo nivel (basado en Herzog et al. 2012).

11.3 Sistema de marco-plataforma

El sistema de marco plataforma es un sistema conformado por los muros clásicos de *entramado ligero* presentados en el capítulo anterior. La característica diferenciadora de este sistema, es que los pies derechos de los muros tienen la altura correspondiente a un piso, y que los entrepisos se montan encima de los muros, de modo que sirven como "plataforma" para la construcción de los pisos superiores, ver Figura 11.3.1. Los entrepisos clásicos permiten luces bastante reducidas, entre 3 y 4 metros. No obstante, es posible incrementar estos valores al emplear variantes del entrepiso clásico, tales como losas conformadas por vigas en I u otro tipo de entrepisos.

Dado que se trata de un *sistema de muros* ligero, es posible materializar edificios con una gran resistencia a acciones laterales, tales como vientos y sismos. Las principales ventajas del sistema son su sencillez y rapidez, en especial en lo relativo a uniones (la mayoría son uniones simplemente clavadas) y el montaje, su costo, muy reducido por la poca cantidad de material requerido, y su resistencia lateral. Los principales inconvenientes son las limitaciones estructurales referentes a luces y número de pisos, la baja resistencia al fuego (requiere encapsulación con yeso cartón), poca inercia térmica, reducido desempeño acústico e intemperie de los entrepisos durante la construcción. Además, es mucho más sencilla la ejecución de voladizos en la dirección de las vigas principales, respecto de la dirección perpendicular.

El sistema de plataforma es el más masificado en los países de habla inglesa, y también en Chile. La principal limitación técnica en cuanto a la edificación en mediana altura, suele venir dada por los límites de deformación entrepiso, los cuales pueden reducirse con conexiones rígidas, anclajes del tipo de barras de acero continuas y núcleos estructurales.

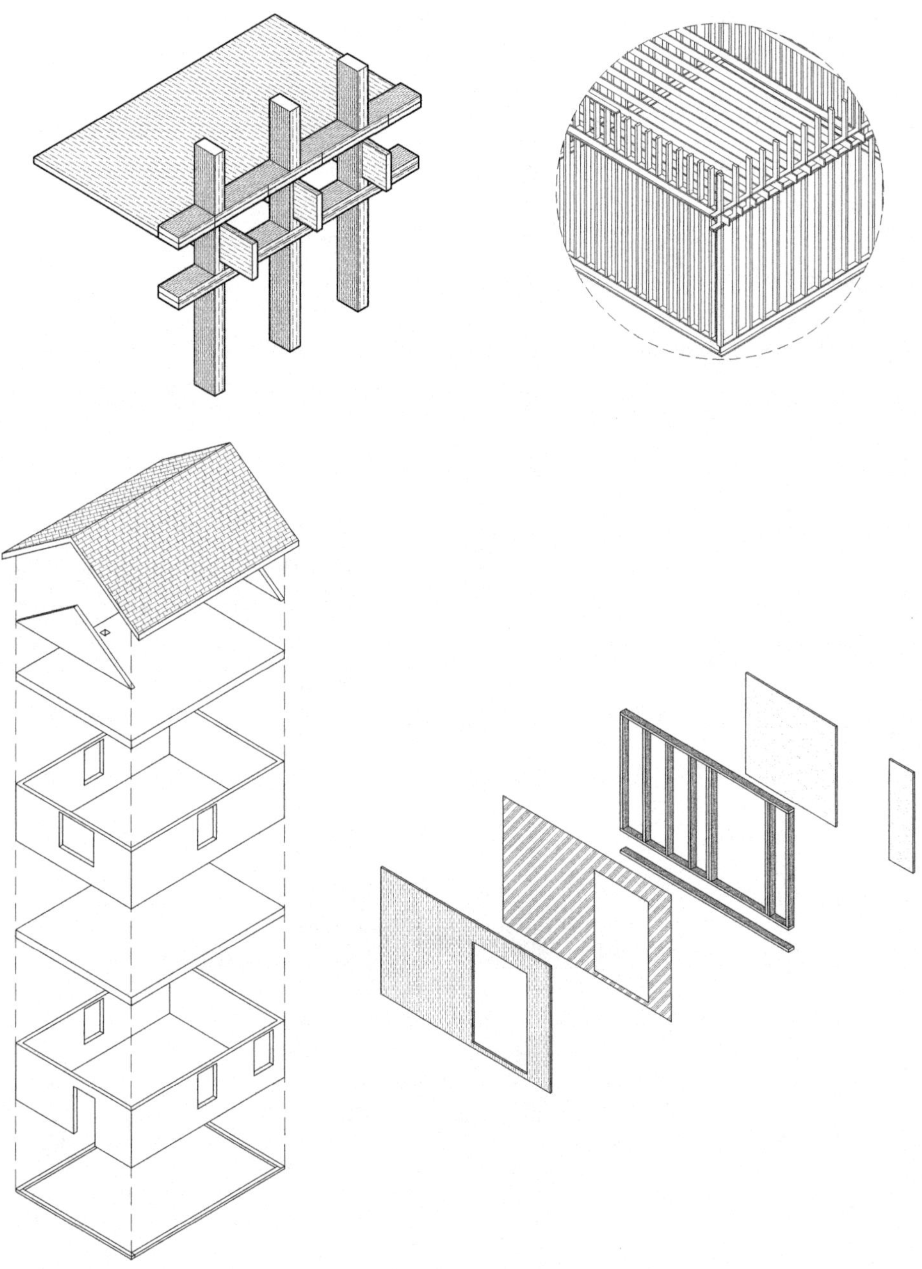

FIGURA 11.3.1 Estructuración del sistema de marco-plataforma.

Una característica de este sistema respecto de las técnicas anteriores de pilares continuos, es que los extremos de los entrepisos forman parte de la estructura vertical de muros principal; esto repercute negativamente en varios aspectos. El primero de ellos, es que la contracción del edificio por cambios de humedad es mucho mayor. Esto se debe a que la sección transversal de las vigas de entrepiso sufre una contracción mucho mayor que la contracción longitudinal de las columnas, por tanto, este aspecto debe considerarse en el diseño. La segunda cuestión, tiene que ver con la elevada solicitación a la compresión perpendicular que las vigas principales de los entrepisos inferiores de un edificio sufren como consecuencia del peso de los pisos superiores. Esta solicitación puede remediarse empleando un mayor número de pies derechos que incrementen el área de apoyo, o bien empleando algún tipo de colector de carga, por ejemplo, mediante conexiones o perfiles metálicos, que atraigan la carga de los pies derechos de un piso y la transfieran directamente a los pies derechos de los pisos inferiores, ver Figura 11.3.2. Finalmente, desde el punto de vista de la física de la construcción, resulta más sencillo garantizar la efectividad de la envolvente si es que los muros son continuos, es decir sin el entrepiso (plataforma). Esto es debido a que es más sencillo evitar puentes térmicos y asegurar la hermeticidad de la envolvente.

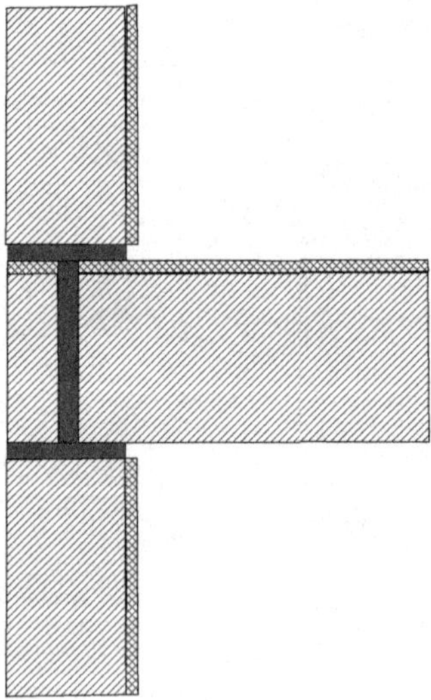

FIGURA 11.3.2 Ejemplo de colector mediante perfil metálico en la plataforma para aliviar la compresión perpendicular en el entrepiso.

La denominación de los principales elementos de este sistema se ilustra a continuación.

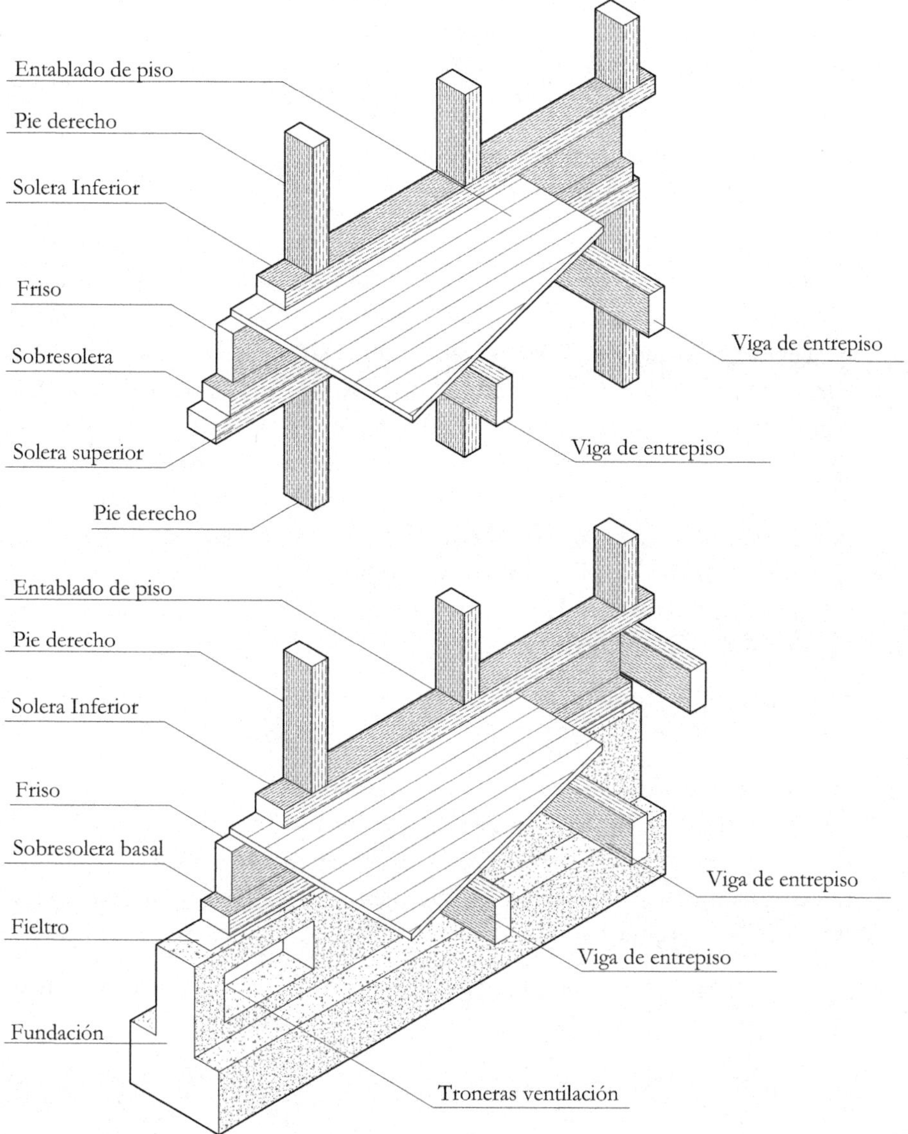

FIGURA 11.3.3 Denominación de los principales componentes del marco-plataforma (basado en Hempel 1988).

A continuación, se enumeran algunos de los principales aspectos constructivos del sistema:

i.   Habitualmente se busca que el espaciamiento del envigado coincida con el espaciamiento de los pies derechos, para favorecer la unidad estructural y la transmisión de cargas.

ii.   El envigado típicamente se une a la solera basal mediante dos clavos lanceros (oblicuos en X), y al friso mediante dos clavos transversales.

iii. La secuencia de montaje comprende: solera basal, envigado de piso con friso, entablado, solera inferior de muros, pies derechos, solera superior de muros, sobresolera o solera de amarre, envigado/friso segundo piso y continuación de la secuencia para pisos superiores.

iv.   Es habitual que las fundaciones sean continuas. Tradicionalmente se recomendaba prever aperturas de al menos 20 cm^2 por cada metro de fundación, o bien 1/200 de la superficie del piso, que además debían ser enrejadas adecuadamente para evitar la entrada de insectos y animales, y situadas a una altura suficiente para prevenir la entrada de agua. Sin embargo, investigaciones recientes han demostrado que para climas húmedos y semi-húmedos, el empleo de estas aperturas incrementa el nivel de humedad más que reducirlo, y además supone una pérdida importante de energía, pues favorece la salida de calor de la vivienda. Por este motivo, la práctica habitual moderna procura sellar al máximo la fundación e incluir aislamiento térmico. Lo anterior se aplica a no ser que el riesgo de inundación sea alto, siendo en este caso recomendable el uso de fundaciones ventiladas.

v.   En todo caso, se requiere de una barrera impermeable entre la fundación y la solera basal. Esto impide el ingreso de agua a la construcción.

vi.   Si se precisa realizar una apertura mayor a la separación de vigas, como por ejemplo para una chimenea o escaleras, se realiza un corte del envigado, se coloca un cabezal (pieza perpendicular al extremo del envigado) y se refuerza tanto el cabezal como el tramo de vigas extremas a la apertura, tal como se muestra en la Figura 11.3.4.

Para mayores aperturas del diafragma, es necesario considerar la apertura en el diseño y el cálculo.

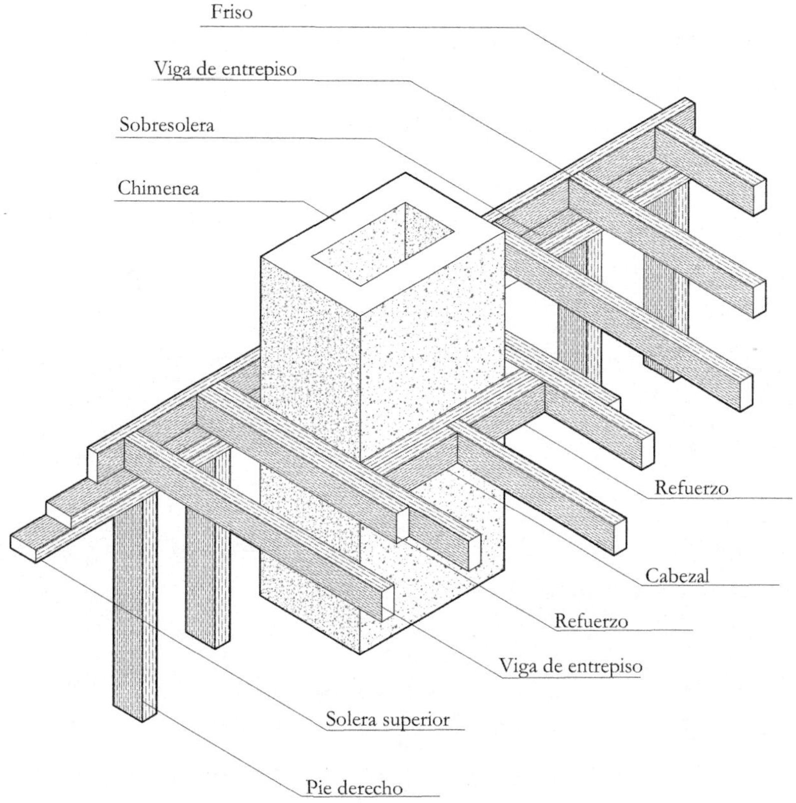

FIGURA 11.3.4 Típica solución constructiva para realizar una pequeña apertura en el diafragma (basado en Hempel 1988).

vii. Los empalmes de las vigas principales del entrepiso se resuelven en puntos de apoyo con los muros; ver las configuraciones más habituales en la Figura 11.3.5.

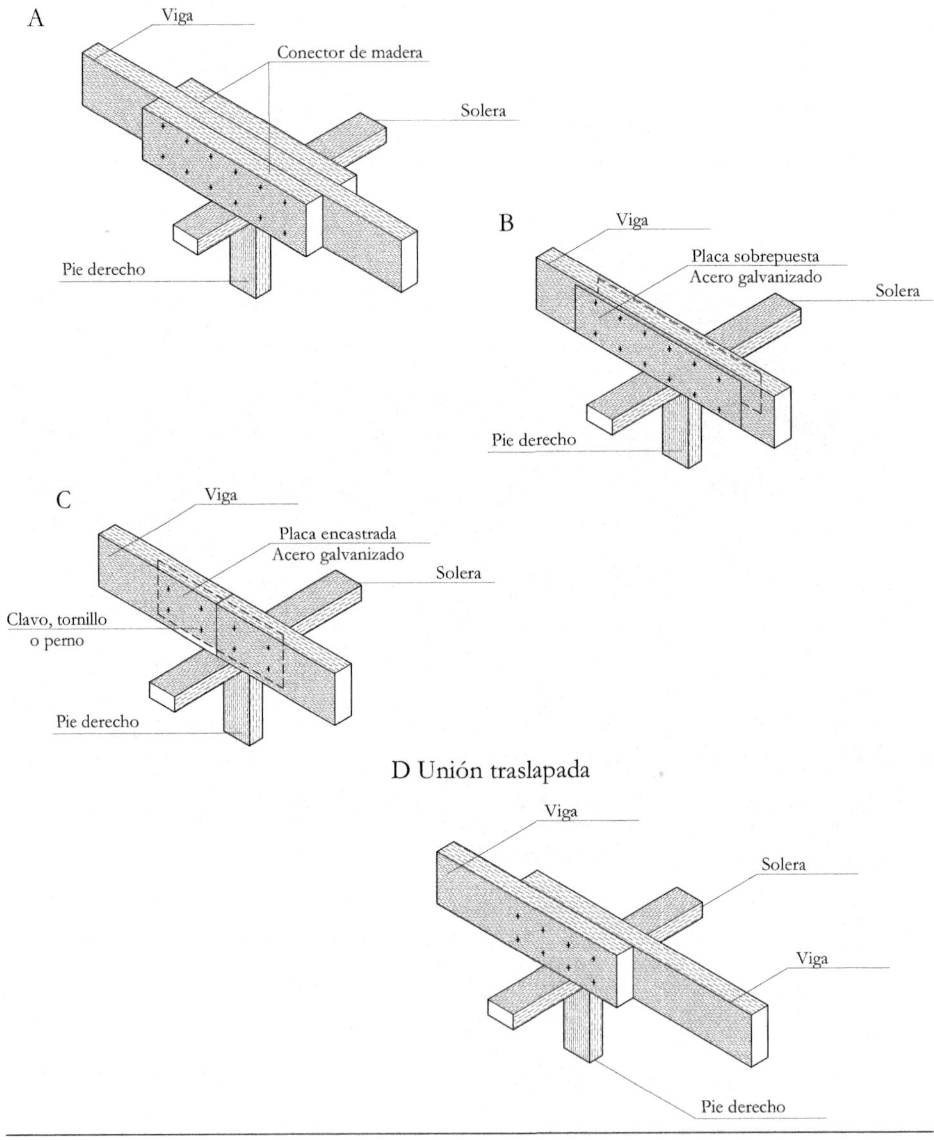

FIGURA 11.3.5 Algunas posibles soluciones para el empalme de vigas principales sobre muros (basado en Hempel 1988).

viii. Los voladizos en la dirección perpendicular y longitudinal al envigado se pueden resolver según se ilustra en las Figuras 11.3.6-7, respectivamente.

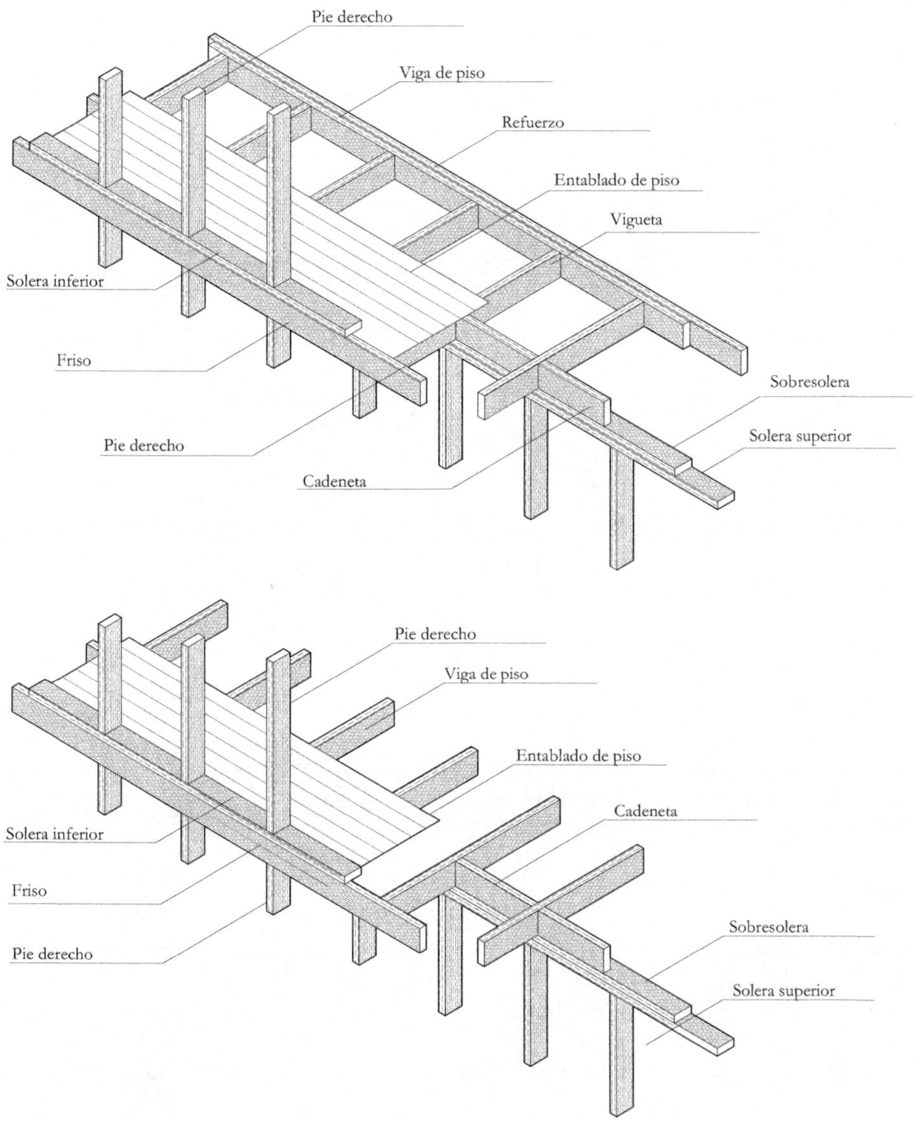

FIGURA 11.3.6 Posibilidades para materializar voladizos en la dirección perpendicular al envigado (basado en Hempel 1988).

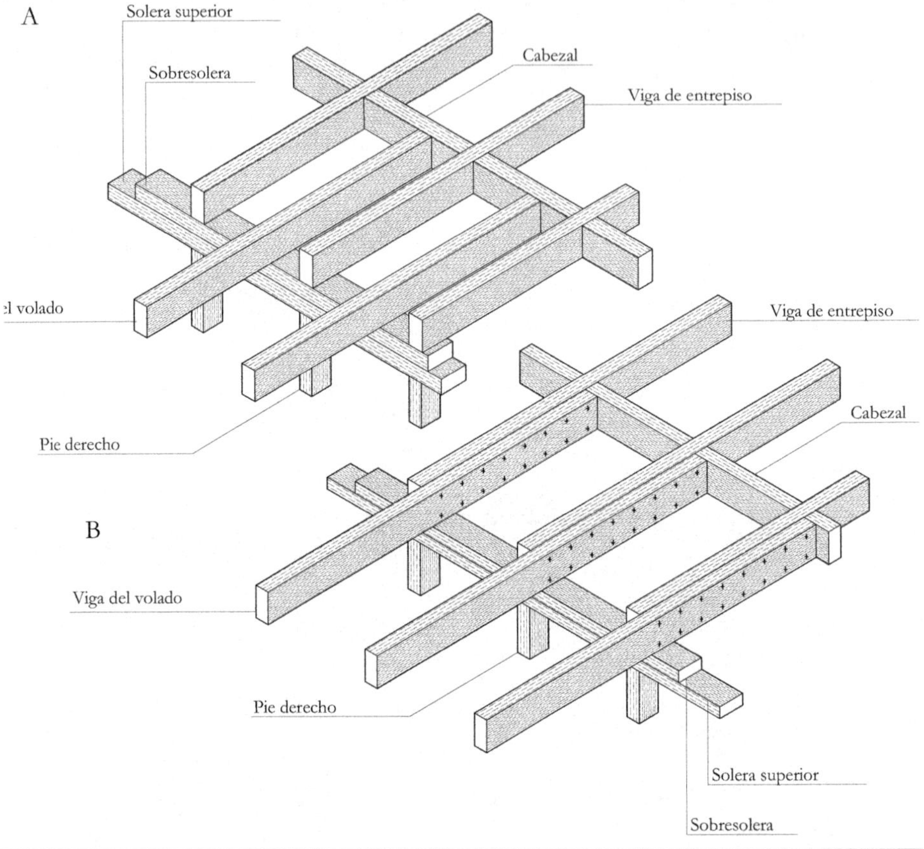

FIGURA 11.3.7 Posibilidades para materializar voladizos en la dirección longitudinal al envigado (basado en Hempel 1988).

ix. Las aperturas en muros deben reforzarse de acuerdo al tamaño de la apertura. Algunas recomendaciones constructivas para vanos entre 0,6-0,8m son ilustrados en la Figura 11.3.8, lo que incluye el afianzado del dintel con dos clavos en cada cabezal.

Para vanos entre 0,8 y 1 metro, se recomienda emplear 1 jamba a cada extremo de la apertura con las mismas dimensiones de los pies derechos; también es recomendable reforzar el dintel con 2 piezas de aprox. 45·90mm, ver Figura 11.3.9. Para vanos de 1 a 1,3m, el tamaño los refuerzos del dintel deben ser aprox. 45·140mm, para vanos de 1,3 a 1,6m los refuerzos deben ser de aprox. 45·180 mm, y para más de 1,6m deben calcularse, además para vanos de 2m o más se recomiendan emplear al menos jambas dobles en los extremos. Para aperturas de ventanas, es posible que los alféizares también precisen refuerzos horizontales (doble o triple alféizar) y verticales (por lo menos la continuación de la proyección de los pies derechos).

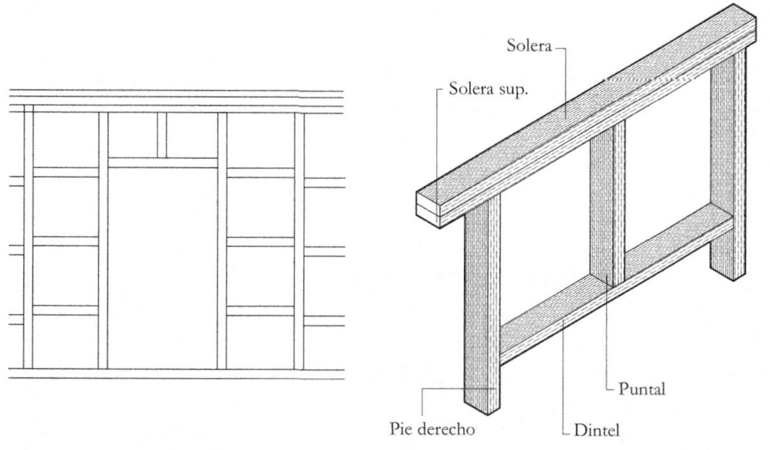

FIGURA II.3.8 Ejemplo de refuerzo sobre apertura menor en muros (basado en Fritz y Ubilla 2012).

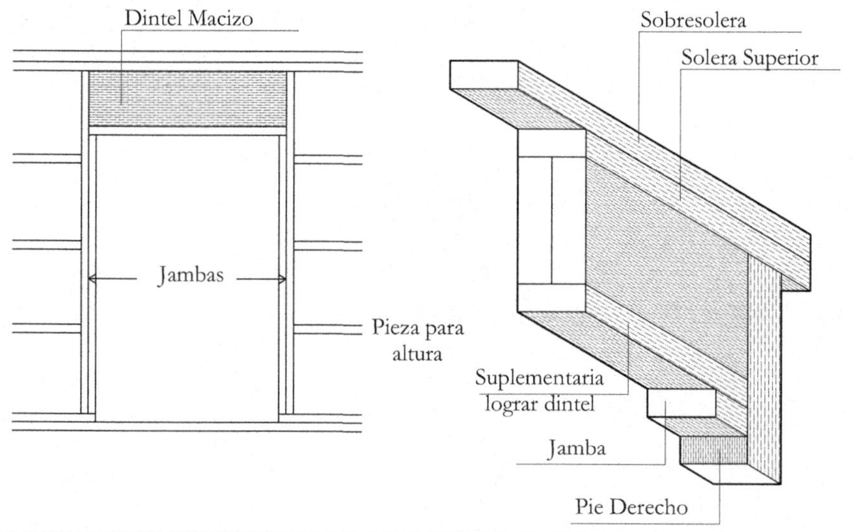

FIGURA II.3.9 Ejemplo de refuerzo sobre aperturas medianas en muros (basado en Fritz y Ubilla 2012).

En cualquier caso, debe considerarse que, desde el punto de vista lateral, el refuerzo sobre aperturas actúa como un *colector*, pues este se encarga de transmitir la carga lateral entre segmentos *efectivos* de muro. Por este motivo, el dimensionamiento de este elemento es probablemente una sino la parte del edificio que más conservadoramente se diseña. El cálculo de este tipo de elementos se detalla en el libro *"Conceptos avanzados del diseño estructural con madera. Parte I"*.

x. Algunas de las soluciones más típicas para encuentros de muros en L y en T se muestran en la Figura 11.3.10.

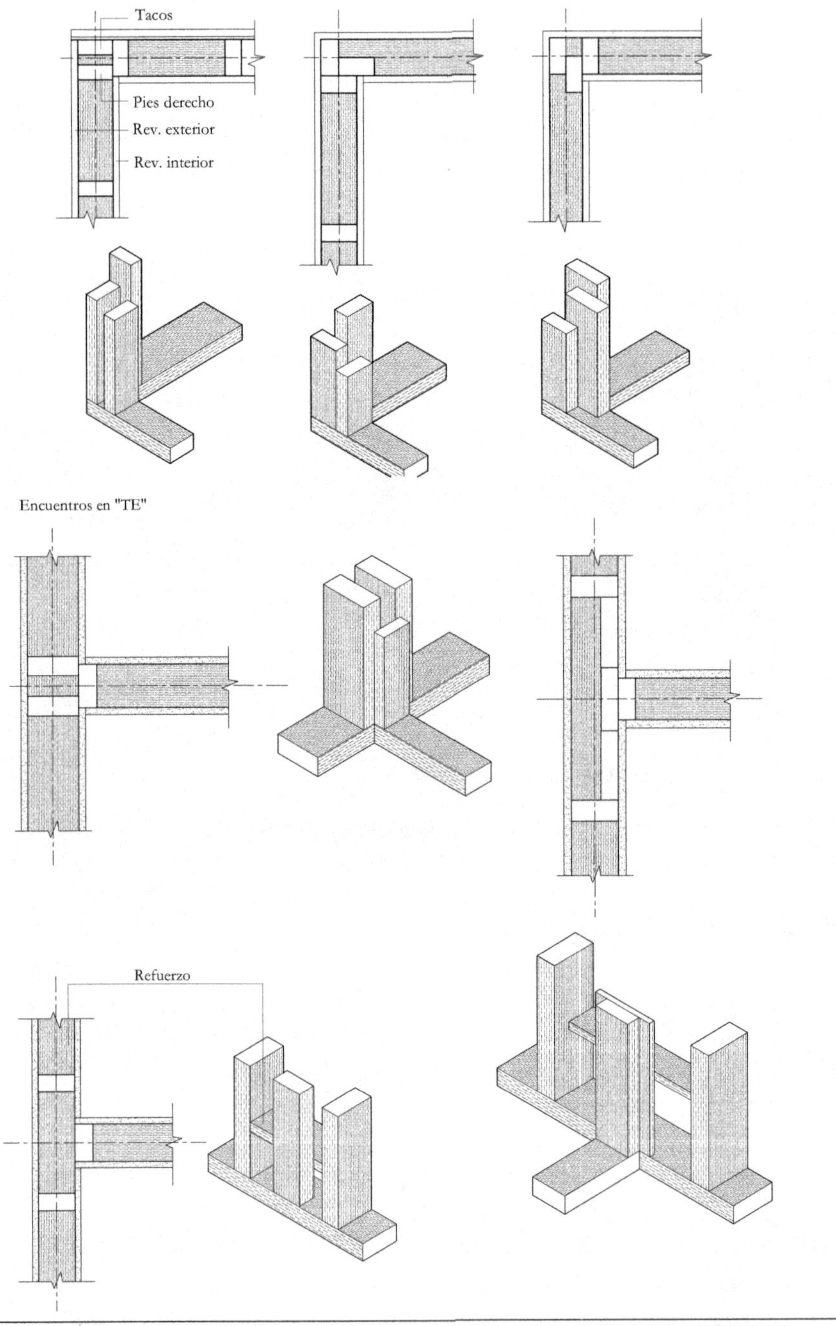

FIGURA 11.3.10 Ejemplos de encuentros de muros (basado en Hempel 1988).

11.4 SISTEMA DE BALLOON-FRAME

El sistema balloon-frame, es también un *sistema de muros de entramado ligero* tal como el marco-plataforma. La característica diferenciadora entre este y el otro sistema, es que los pies derechos de los muros tienen la altura superior a un piso, habitualmente dos o 3 pisos, y los entrepisos se montan uniendo las vigas principales al lado de los pies derechos, ayudándose de travesaños que se sitúan perpendicularmente a los postes a la altura del entrepiso, ver Figura 11.4.1. De forma similar al sistema anterior, los entrepisos clásicos de entramado ligero con madera maciza permiten luces muy discretas, entre 3 y 4 metros, no obstante, es posible incrementar estos valores al emplear variantes del entrepiso clásico, tales como losas conformadas por vigas en I u otro tipo de entrepisos.

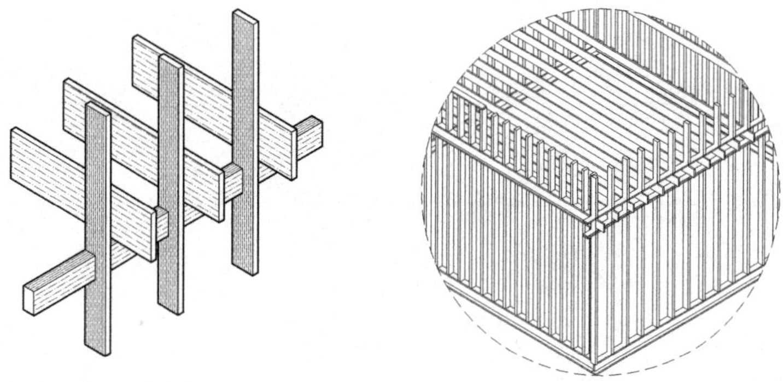

FIGURA 11.4.1 Sistema de balloon-frame.

La principal ventaja de este sistema respecto del anterior, tiene que ver con el proceso constructivo. Dado que inicialmente se colocan los pies derechos y posteriormente la cubierta, es posible armar los entrepisos resguardados, lo que lo convierte en una ventaja notable en zonas lluviosas. Por otro lado, las vigas principales suelen unirse mediante una conexión relativamente rígida (de unos 4 clavos) a los pies derechos, lo que favorece la transmisión de esfuerzos laterales al diafragma. También resulta más sencillo ejecutar envolventes continuas y efectivas. Finalmente, los fenómenos de contracción por humedad en esta tipología son muy inferiores comparados con el sistema de plataforma. La principal desventaja, es que tan sólo permite construcciones de hasta 2 y 3 pisos, no tiene la simplicidad de montaje del sistema plataforma, las vigas son excéntricas a los muros, y no transmiten directamente la carga lateral sobre estos.

La denominación de los principales elementos de este sistema se ilustra en la Figura 11.4.2.

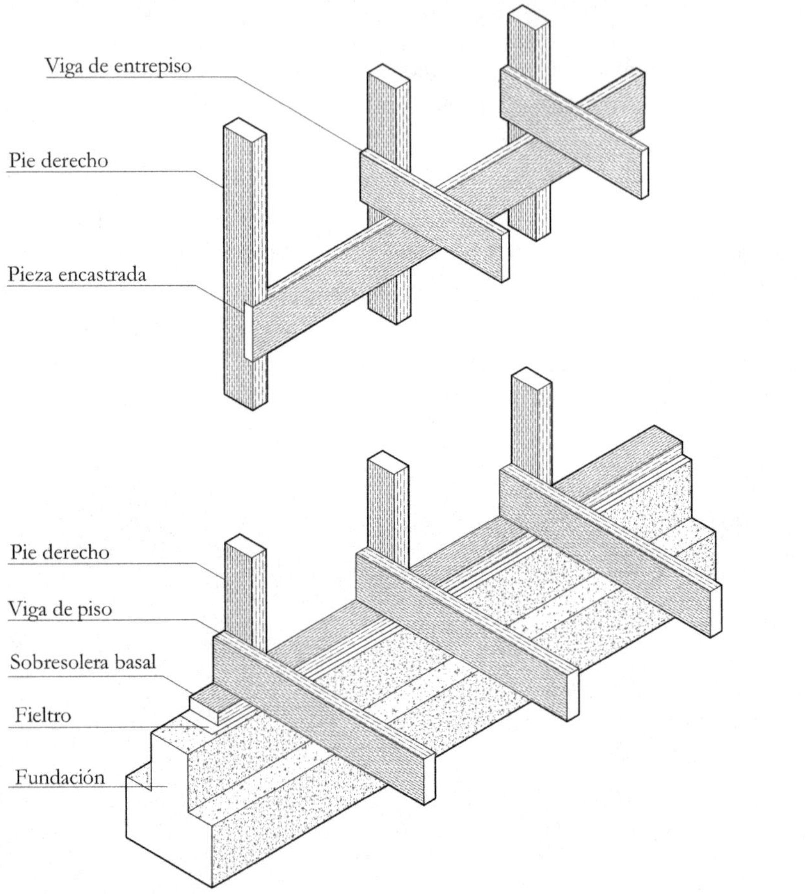

FIGURA 11.4.2 Denominación de los elementos principales del sistema balloon-frame (basado en Hempel 1988).

11.5 SISTEMA DE CONSTRUCCIÓN MASIVA CON CLT

Este es un *sistema masivo* (de muros) extremadamente sencillo, y que se forma por unión de tableros de CLT conformando muros y entrepisos, aunque estos últimos podrían no estar fabricados con CLT y ocupar una de las alternativas presentadas en el capítulo anterior. Con este sistema es posible realizar edificios de gran altura, de más de 15 pisos, y voladizos de forma sencilla en ambas direcciones. Fundamentalmente existen 2 alternativas constructivas. La primera, y la más común, es emplear piezas de CLT con altura igual a la altura de un piso, y a partir de ahí materializar el entrepiso y usarlo como plataforma para los pisos superiores. Es similar al proceso constructivo anterior, y por ello puede denominarse como sistema de CLT en plataforma.

La segunda alternativa es válida para edificios de 2-3 pisos (o más pisos si es que se hace un empalme longitudinal efectivo de muros) y consiste en emplear muros con la altura total del edificio, y posteriormente ensamblar los pisos a los muros lateralmente; sistema de CLT en balloon, véase una ilustración de ambos sistemas en la Figura 11.5.1. Nótese, sin embargo, que dada la enorme resistencia del CLT, desde el punto de vista técnico, este material tiene a ser mucho más eficiente para construcciones de cierta envergadura.

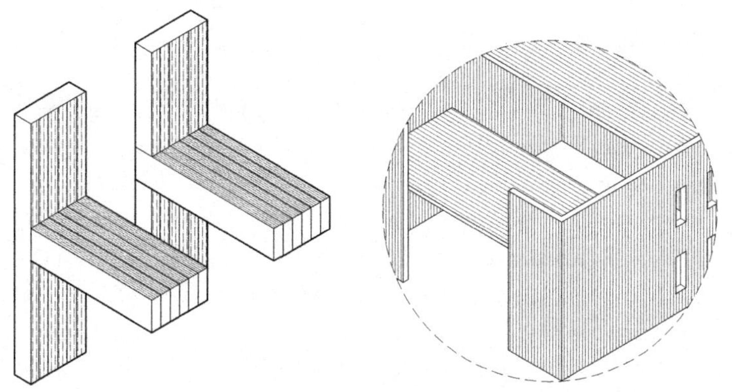

FIGURA 11.5.1 Sistema constructivo de CLT en plataforma y balloon (basado en Herzog et al. 2012).

Las típicas uniones de piso a muro del sistema "plataforma" del CLT se muestran en la Figura 11.5.2.

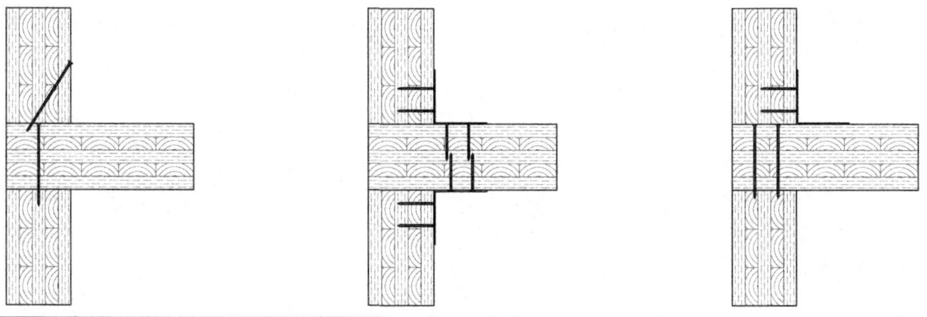

FIGURA 11.5.2 Típicas uniones del sistema de CLT en plataforma.

Mientras que las típicas uniones del sistema "balloon" de CLT se ilustran en la Figura 11.5.3.

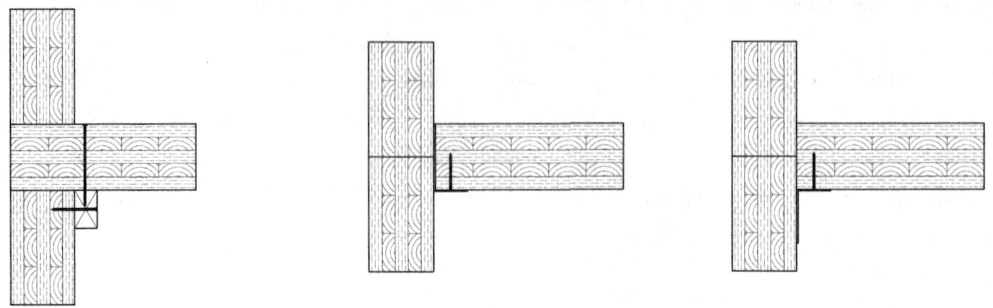

FIGURA 11.5.3 Típicas uniones del sistema de CLT en balloon.

La principal ventaja de este sistema es la enorme sencillez y rapidez de montaje, así como la aptitud para la prefabricación – difícilmente superable –, que admite la materialización de aperturas de forma muy sencilla. El CLT además tiene una gran resistencia y rigidez que permiten materializar construcciones de alturas mucho mayores a las que tradicionalmente se le han atribuido a este material. También es muy estable dimensionalmente frente a los cambios de humedad, debido a que las contracciones transversales son contrarrestadas por las discretas contracciones longitudinales. La principal desventaja de este material es debida fundamentalmente a su precio, aún elevado en Latinoamérica, aunque este producto no tiene un precio muy diferente al de la MLE en ciertos países como por ejemplo en Austria. Por otra parte, una desventaja aún considerable, es debida a su falta de regulación y estandarización, dado que el material se ha extendido y comercializado de una forma mucho más rápida de la que los códigos de construcción se han estado actualizando.

11.6 OTROS SISTEMAS CONSTRUCTIVOS

Sistema de MLE encolada en los bordes

Este sistema masivo (de muros) es muy similar al del CLT, e incluso se aplican los mismos principios constructivos del sistema plataforma y balloon como también las mismas uniones. Las diferencias básicas, con respecto al sistema anterior, son que en este caso los paneles se forman por encolado lateral de vigas de MLE, ver Figura 11.6.1. La principal ventaja respecto del anterior sistema es que es posible emplear una tecnología muy consolidada como la de la MLE para la producción, y que las piezas tienen resistencias muy elevadas respecto a esfuerzos axiales. Las principales desventajas respecto del sistema anterior, radican en que los elementos estructurales tienen una menor rigidez y resistencia lateral, son menos estables frente a los cambios de humedad, y los voladizos son mucho más sencillos en la dirección del entrepiso.

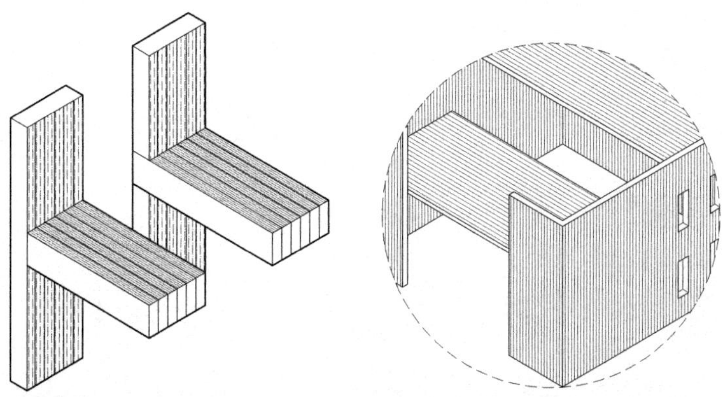

FIGURA 11.6.1 Sistema constructivo de MLE en plataforma y balloon. (basado en Herzog et al. 2012).

Variantes del entramado ligero de marco plataforma

Existen algunas variantes del entramado clásico del sistema marco plataforma, como por ejemplo el sistema americano, que se diferencia fundamentalmente del anterior en que el entablado no va colocado por debajo de la solera inferior de los muros, y por tanto precisa de una doble cadeneta para ser fijada. Los principales elementos de este sistema se muestran en la Figura 11.6.2.

La principal ventaja de este sistema respecto al de plataforma, es la posibilidad de añadir los tableros de piso al final de la construcción, evitando así el daño de los mismos durante la obra. Sin embargo, tiene desventajas considerables respecto del anterior, principalmente porque el diafragma pierde mucha rigidez y capacidad de transmitir la carga directamente a los muros, al no estar directamente fijado a ellos bajo la solera; además se requiere el empleo de cadenetas dobles para la fijación de los tabiques.

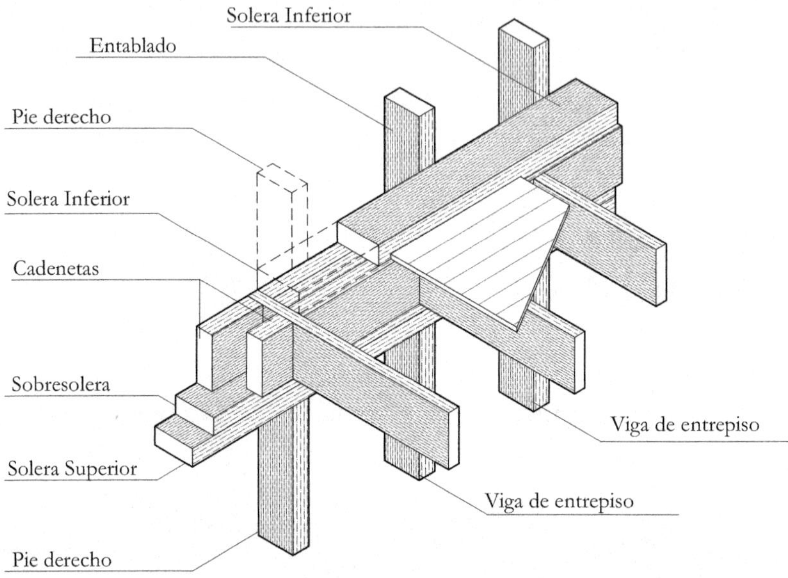

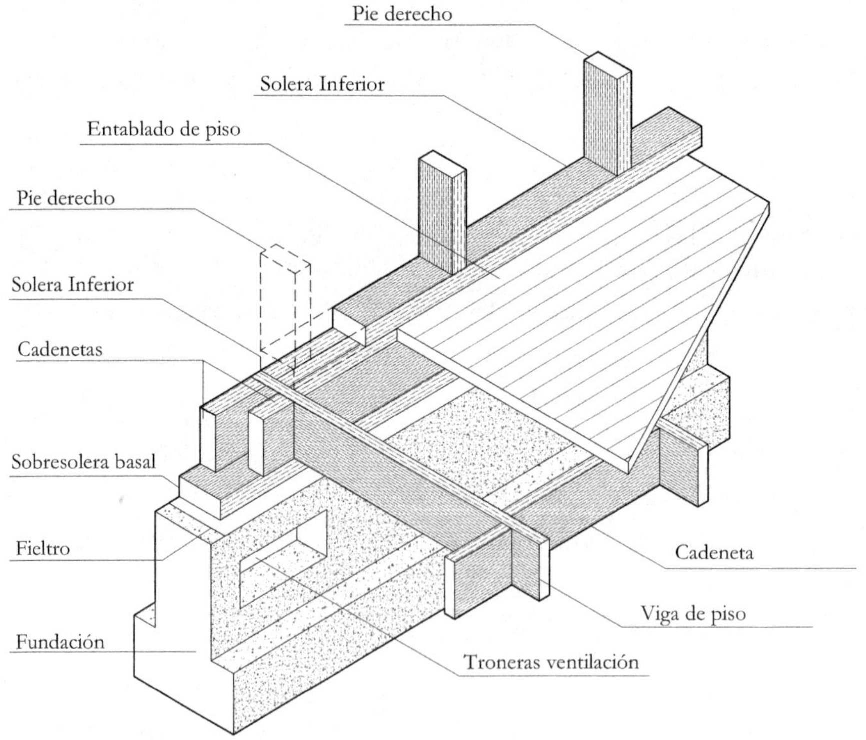

FIGURA 11.6.2 Denominación de los principales componentes del sistema americano (basado en Hempel 1988).

Sistema de bloques

Este sistema ha sido muy tradicional en ciertas regiones del mundo como Centroeuropa y Escandinavia. Se basa en el empleo de rollizos, pudiendo estar o no aserrados, que se disponen horizontalmente formando una pared masiva, y que podría, por tanto, considerarse en cierto modo como un sistema de construcción masiva. El encuentro entre muros se realiza mediante rebajes y entalladuras vía uniones tradicionales, ver Figura 11.6.3.

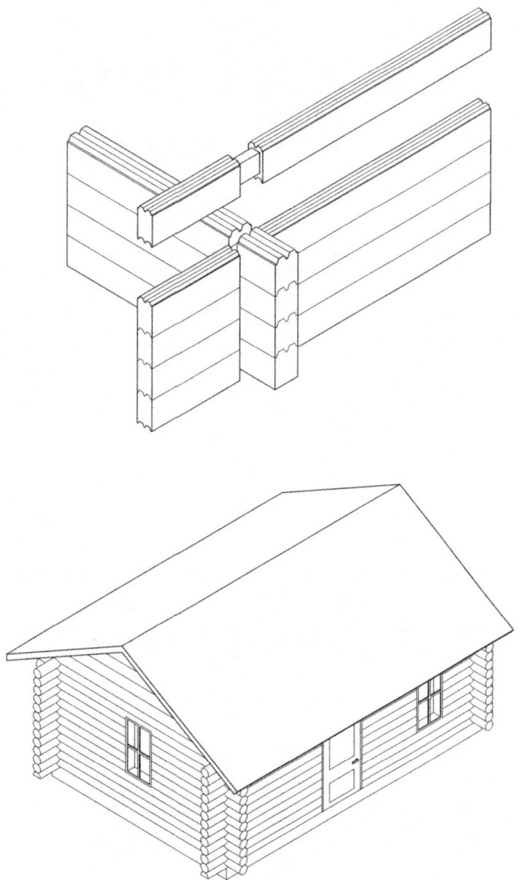

FIGURA 11.6.3 Sistema de bloques.

Sistemas de entramado tradicionales

Tal y como ha sido presentado en el capítulo anterior, el entramado tradicional europeo —Fachwerk en Alemania— se distingue de los entramados ligeros (con origen norteamericano) en que el arriostramiento de los postes se lleva a cabo mayormente

por diagonales, ya que no emplea tableros, ni tampoco hace uso, al menos originariamente, de conexiones metálicas pues todas las uniones son tradicionales. Los huecos
estructurales se rellenan con diversos materiales, fundamentalmente materiales de
origen mineral, ver Figura 11.6.4.

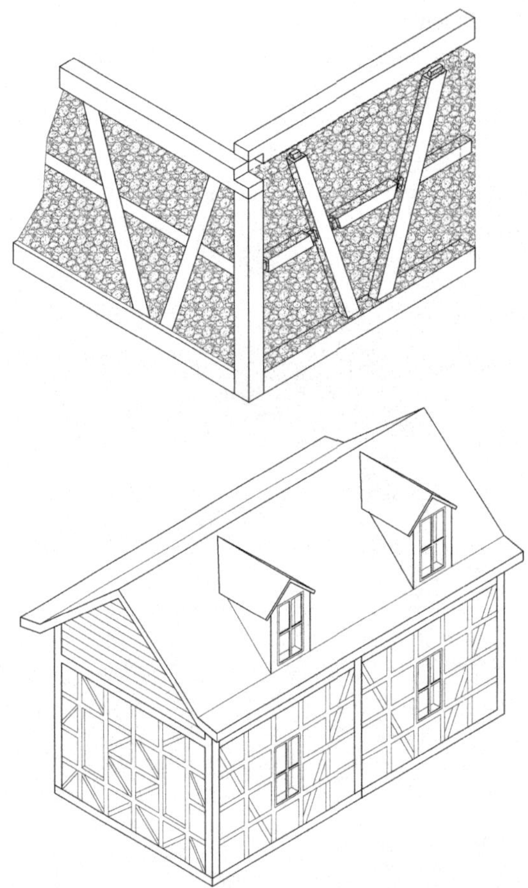

FIGURA 11.6.4 Sistemas de entramado tradicionales tales como el Fachwerk han
sido masivamente empleados por siglos en Centroeuropa.

De forma similar al anterior, en Latinoamérica se ha estado empleando el sistema
de quinchas.

Sistemas híbridos madera-madera

Los sistemas híbridos de madera-madera, son aquellos que fundamentalmente mezclan sistemas de poste-viga con sistemas de entramados o muros. En ocasiones, los

sistemas de muros sirven meramente como un arriostramiento lateral de los marcos, por lo que netamente se considerarían como sistemas de poste-viga, pero en otras los elementos tipo muro forman además estructuras portantes de carga axial, por lo que inevitablemente debe considerarse como un sistema híbrido. Los sistemas híbridos madera-madera más empleados son los siguientes:

i. *Sistema poste-viga y muros de madera masiva.* En ciertos países como Nueva Zelanda, se conforman edificaciones con madera en base al sistema poste viga tradicional, pero con la particularidad de contener muros de corte altamente resistentes de madera microlaminada; ver Figura 11.6.5. Habitualmente, además, los elementos que conforman los postes y las vigas son también muros de LVL. En ocasiones los muros tan sólo funcionan como diafragmas de un puro sistema poste-viga, y en otras los muros

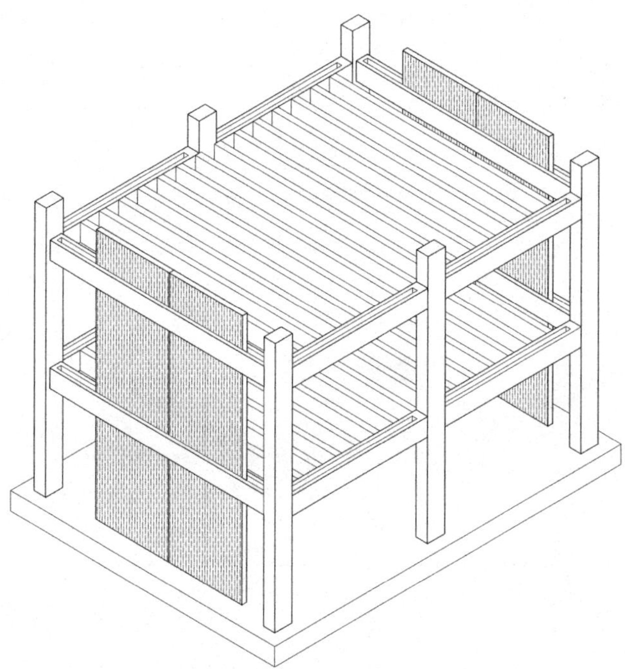

FIGURA 11.6.4 Sistema neozelandés de poste-viga y muros de LVL.

De forma similar a este sistema, es posible conformar otros sistemas de poste viga con muros de madera masiva tales como CLT.

ii. *Sistema poste-viga y muros de entramado ligero.* Ocupan muros de entramado ligero, en la mayoría de ocasiones estos muros sirven solo como arriostramiento aunque también pueden tener función gravitatoria.

Sistemas híbridos madera-hormigón y madera-acero

Los sistemas híbridos de madera-hormigón o madera-acero son aquellos que emplean elementos estructurales de ambos materiales. Estrictamente, y tal como se ha mostrado en el capítulo anterior, cualquier construcción con entramado compuesto madera-hormigón o núcleo de hormigón arriostrante, es una estructura híbrida; ver una ilustración en la Figura 1.6.5. No obstante, el grado de "hibridación" puede ser mucho mayor. Por ejemplo, es posible emplear madera enteramente para la estructuración horizontal, y hormigón para los entrepisos o viceversa, así como también diferentes combinaciones de marcos y muros o diafragmas. La combinación con el hormigón suele ser bastante simbiótica para ambos materiales. El hormigón suele aportar a la madera rigidez, resistencia a la compresión, resistencia al fuego y aislamiento acústico. La madera suele aportarle al hormigón ligereza, rapidez de construcción/prefabricación, flexibilidad y ductilidad.

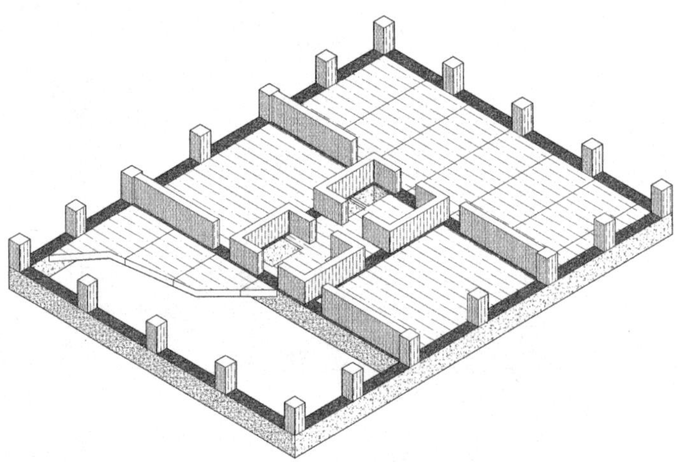

FIGURA 11.6.5 Ejemplo de edificio híbrido de madera-hormigón (Karacabeyli y Lum 2014).

Las combinaciones con el acero, más allá de las bien conocidas uniones estructurales, son menos convencionales, aunque también pueden ser muy interesantes. Las combinaciones estructurales más comunes suelen ser, además de pisos y muros con perfiles metálicos, elementos tipo columna o viga que en general sirven como rigidizadores; ver Figura 11.6.6. Es además relativamente habitual, el empleo de perfiles de acero en construcciones con madera, principalmente de entramado ligero, para incrementar luces o para rehabilitaciones y otras actuaciones en vivienda existente.

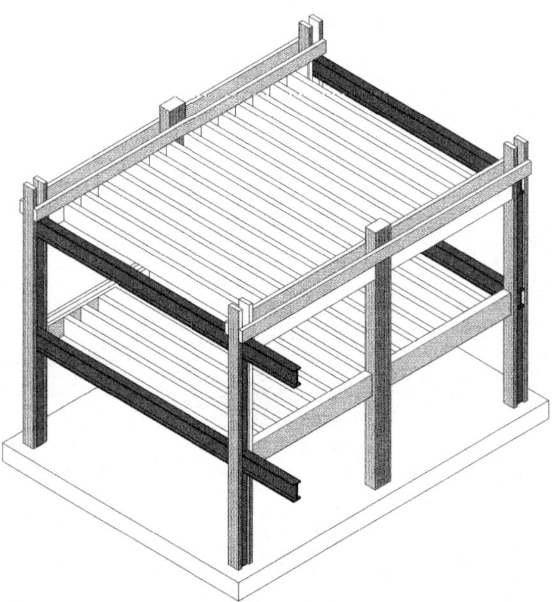

FIGURA 11.6.6 Ejemplo de edificio híbrido de madera-acero (Karacabeyli y Lum 2014).

Sistemas híbridos mampostería-madera

A principios del siglo XX, las construcciones con muros de mampostería y vigas de madera eran muy populares en Norteamérica; ver Figura 11.6.7.

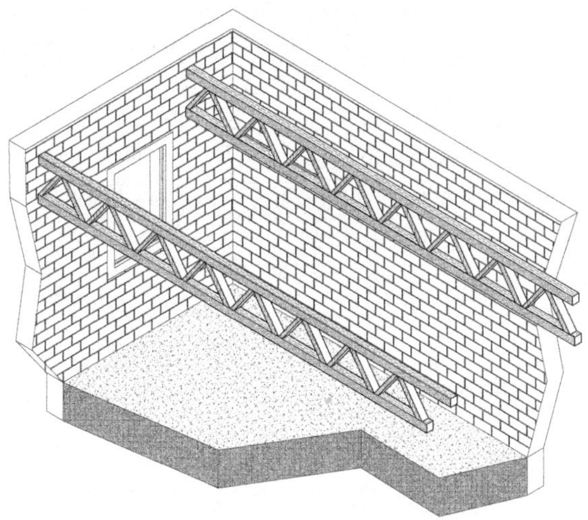

FIGURA 11.6.7 Ejemplo edificios híbridos de mampostería-madera en Canadá (Karacabeyli y Lum 2014).

11.7 Límites aproximados en el número de pisos

Los límites de número de pisos de edificios de madera, considerando la rentabilidad más que los límites técnicos, se resumen en la Tabla 11.7.

TABLA 11.7 Límites en número de pisos considerando la rentabilidad de algunos sistemas constructivos.

Sistema Constructivo	Límites en número de pisos considerando rentabilidad (m)	
	Considerando carga axial	Considerando sismo
Marco plataforma	5-7	5-7
Poste-viga	10	10
Poste-viga de LVL	15-25*	-
CLT y otros sistemas masivos		10-18*
Poste viga con muros de corte de LVL u otros paneles masivos		10-18*

* En pleno desarrollo; seguramente tiene límites superiores

11.8 Lecturas adicionales

Herzog et al (2012) Timber construction manual. Birkhäuser, Basilea, Suiza.

Hempel R (1988) Edificación en madera, cuadernillos. Universidad del Bío Bío, Concepción, Chile.

Fritz A, Ubilla M (2012) Manual de diseño, construcción, montaje y aplicación de envolventes para la vivienda de madera. FONDEF D03/1020, FONDEF D06/1034. Pontificia Universidad Católica de Chile, Santiago, Chile.

Karacabeyli E, y Lum C (2014) Technical guide for the design and construction of tall wood buildings in Canada. FP Innovations Special Publication SP-55E Pointe-Claire, QC, Canada.

CAPÍTULO 12

INTRODUCCIÓN A LA CONSTRUCCIÓN INDUSTRIALIZADA

PRINCIPAL CONTRIBUIDOR: MINIA RODRÍGUEZ
(DICTUC S.A., CHILE)

12.1 INTRODUCCIÓN

Antes de comenzar con este tema, conviene enfatizar ciertos conceptos previos, ya que el término de "prefabricado" se encuentra estigmatizado. Habitualmente, como prefabricación, se conciben soluciones de bajo coste y escasa calidad, para situaciones de emergencia. Sin embargo, la realidad es muy diferente. Pese a que lógicamente es posible desarrollar soluciones de emergencia y de bajo coste mediante el uso de prefabricados, la tendencia de la prefabricación en los países con más tradición en esta temática, tales como Suecia, Alemania, Austria o EE. UU, es precisamente lograr calidades y acabados que a día de hoy son imposibles de obtener sin prefabricación. En general en dichos países, la visión de la prefabricación es pues la de una solución de alta calidad, gran rapidez, ecológicamente muy eficiente, sin preocupaciones y todo bajo el concepto de *llave en mano*; es decir, un lujo.

Otro concepto importante, es que la arquitectura prefabricada no solo se focaliza en la manufactura o el proceso constructivo. Es un término mucho más amplio, y que incluye una *noción social y medioambiental* que requiere de una completa integración, para poder funcionar adecuadamente. En concreto, en la arquitectura prefabricada, los arquitectos, constructores, trabajadores técnicos y clientes deben de estar involucrados y en continuo contacto para que el sistema funcione adecuadamente. Se busca pues, una planificación total desde el comienzo entre todos los agentes implicados; a partir de ahí, los problemas técnicos, las pérdidas de material, los errores, los tiempos, y en general las consecuencias negativas de cualquier imprevisto, se reducen al mínimo, creando un sistema sumamente eficiente.

Un ejemplo claro de dicha integración, es el modelo desarrollado por la empresa *Lindbäcks Bygg*, en Suecia, la cual introdujo el término de *"Superfabrik"*. En efecto, esta empresa cuenta con sus propias plantaciones forestales, su propio sistema de transporte, y sus propias ferreterías, entre otras singularidades. Es un modelo en el cual no necesitan de ninguna empresa externa, lo que les ha permitido ofrecer soluciones llave en mano, completamente personalizadas y enfocadas a la venta de viviendas unifamiliares, residencias estudiantiles y residencias de 3ª edad. Pese a que lo anterior es un ejemplo extremo, la realidad es que, en las empresas de prefabricación en madera, se observa una clara tendencia por tratar de englobar la mayor parte del proceso, con el fin de lograr la máxima eficiencia.

A lo largo de la historia, han sido empleados multitud de términos para referirse a viviendas producidas parcial o totalmente en fábrica. A menudo dichos términos se emplean indistintamente. Es por tanto conveniente, precisar diversos matices conceptuales antes de abordar el capítulo. A continuación, se definen diversos aspectos preliminares, para posteriormente resumir la estructura de este capítulo.

12.1.1 *Definiciones preliminares*

Prefabricación como antecesor de la industrialización

El principal objetivo de la prefabricación, es obtener mejoras en la producción y en los costes (racionalización de la producción), simplificando el proceso constructivo mediante la realización del máximo número de elementos y tareas en fábrica, para poder ensamblar estos elementos en el lugar de la obra, el cual será el emplazamiento definitivo de la construcción. De acuerdo a la cantidad de elementos y tareas que sean preparados en fábrica, podemos reconocer muy diversos *grados o niveles de prefabricación*, tal como se muestra en la Tabla 12.1.1. En dicha tabla, los porcentajes se refieren al porcentaje de tareas prefabricadas en fábrica respecto de las tareas totales.

TABLA 12.1.1 Grados típicos de prefabricación (Staib, Dörrhöfer y Rosenthal, 2013).

Construcción	Grado de prefabricación (%)
Vivienda unifamiliar altamente planificada	25-35
Edificios industriales	20-30
Construcción de viviendas "llave en mano" estándar	40-60
Unidades modulares y bloques sanitarios	60-90
Módulos móviles	95-100
Automóviles	100

Sin embargo, el hecho de fabricar estos elementos a priori, no implica que la manufactura de los mismos se haya realizado de la manera más tecnológica posible, ni tampoco que el diseño se realizase de forma planificada, ni este es indicador de la eficiencia en la construcción; por lo tanto, no implica que el grado de prefabricación tenga una relación unívoca con la eficiencia u optimización de la construcción. Por supuesto, las posibilidades de optimizar las tareas en obra son mucho mayores partiendo de un mayor grado de prefabricación, pero es importante reconocer que el grado de prefabricación no es indicador de la eficiencia. Bajo este contexto, es más conveniente referirse con el término de *grado de industrialización*, lo que se detalla a continuación.

Industrialización

Este término se podría entender como una evolución del término de *prefabricación*. En la prefabricación se busca hacer factible un proceso de construcción, mientras que, en la industrialización, se busca la creación de un producto de mercado, y un producto industrial, en el cual, es incluido un mayor o menor grado de prefabricación. Según Paul Bernard, "la industrialización de la edificación, es la búsqueda de las condiciones óptimas para la ejecución de los trabajos de construcción adaptadas a las concepciones económicas modernas, y al progreso técnico mediante una preparación minuciosa y metódica del trabajo. Ello implica, el empleo en todas las fases de ejecución, de medios y aparatos mecánicos adaptados para la preparación, la fabricación, la conservación y la puesta en obra de los materiales, pero también impone la organización científica de la obra, y más generalmente de una forma imperiosa, la organización racional de todas las funciones que forman parte de la acción de edificar: programa, estudio, ejecución, contabilización, facturación, explotación y cualquiera que sea el promotor: contratista, técnicos de todas las disciplinas, empresarios y aun el jefe de obra".

Debe notarse por tanto, que la industrialización abarca la totalidad del ciclo constructivo, desde el proyecto hasta la ejecución y operación, incluyendo todas las partes implicadas; la *arquitectura industrializada* implica una concepción global de todo el proceso constructivo; la mecanización se maximiza en la fábrica, la logística y la construcción; se busca una racionalización de todos los procesos de diseño y la automatización es la máxima posible en todas las tareas, con el fin de conseguir un mayor número de edificios o viviendas, producidas de la forma más eficiente posible cumpliendo con los estándares de desempeño que sean requeridos.

Así es que, aunque en la actualidad se siga empleando el término de prefabricación, a menudo se refiere a la concepción de la industrialización, lo que abarca un significado de eficiencia y optimización mucho más amplio y tangible.

Construcción en serie y/o en masa

Son dos conceptos similares, que también se emplean a menudo indistintamente. Sin embargo, la construcción en masa únicamente hace referencia a la cantidad o volumen de producción, mientras que la construcción en serie hace referencia al grado de repetición y secuencialidad de todo el proceso de construcción.

Construcción modular

Este tipo de construcción, también es frecuentemente referido como *construcción por componentes 3D*, lo que implica que una construcción se conforma gracias al ensamble de módulos tridimensionales. Sin embargo, en algunos países, el termino modular también es a menudo empleado para referirse no solo a elementos 3D, sino también a elementos tipo panel (2D) e incluso a elementos inferiores, pero con dimensiones estandarizadas para propiciar ensamblajes eficientes y repetitivos. Especialmente en la arquitectura prefabricada, ambas acepciones se emplean indistintamente.

Construcción off-site

Consiste en un proceso constructivo en el cual, un edificio o vivienda se construye en una localización distinta del emplazamiento definitivo. Es por tanto un sinónimo de prefabricación y construcción modular, pero en este caso, definimos una forma de construir y no tanto un producto (no existe el término "vivienda off-site"). Nótese que el proceso, al igual que la prefabricación, no implica grado alguno de industrialización.

12.1.2 Estructuración del capítulo

Tal como se ha introducido anteriormente, la construcción industrializada con madera abarca todas las fases de un proyecto de construcción, desde el diseño hasta el final de su vida útil. Este capítulo se focaliza en introducir conceptos fundamentales de la industrialización de construcciones con madera desde la etapa de diseño, hasta el montaje en obra, en concreto los contenidos principales del capítulo se resumen a continuación:

- En la primera parte, Secciones 12.2-3, se introducen los antecesores y desarrollos históricos fundamentales para poder comprender el contexto actual de la industrialización en la madera.

- La segunda parte, Sección 12.4, se introducen conceptos importantes relacionados con las etapas tempranas del diseño arquitectónico.

- En la tercera parte, Sección 12.5, se detallan diferentes componentes, tales como paneles y módulos comúnmente empleados.

- En la cuarta parte, Sección 12.6, se abordan conceptos fundamentales de la industrialización en fábrica.

- En la quinta y última parte, Sección 12.7, se presentan aspectos relacionados con la logística y el montaje.

12.2 Reseña histórica

Es conveniente contextualizar la industrialización de la construcción actual con madera en su evolución histórica, lo que se resume en esta sección.

12.2.1 Primeros sistemas

La Yurt mongoliana

Sin duda uno de los primeros predecesores en la concepción de la eficiencia y optimización de las construcciones con madera, pueden ser consideradas las viviendas *yurts* (o *gers*) las cuales han sido empleadas como viviendas móviles por familias nómadas mongolianas desde hace más de 2000 años. Estas casas tradicionales son ligeras, transportables y de fácil construcción; se ensamblan y desensamblan en unos 60 minutos, pudiendo ser transportadas únicamente empleando a dos o 3 animales.

FIGURA 12.2.1.1 Ejemplo de Yurt mongoliana (sin recubrimiento).

Casa tradicional japonesa "Tatami Haus"

Una versión de casa industrializada mucho más similar a la concepción actual, la constituye la casa tradicional japonesa. En especial, los módulos de losa, denominados como *tatami* japonés, pueden ser considerados como un módulo, pues se construían con medidas estandarizadas que se han empleado en Japón persistentemente durante más de 1000 años. En especial, desde el s. XV, se puede considerarse que en Japón se comienza a emplear un sistema constructivo que incluye una fuerte componente de prefabricación y estandarización de las piezas. En efecto, la medida del tatami es de *6 shaku 3 sun* por *3 shaku 1.5 sun (190·95 cm)*; el número de tatamis determina el tamaño de habitaciones, dimensión y distancia entre pilares, así como el resto de elementos de la vivienda, ver Figura 12.2.1.2. Este sistema, ha permitido el desarrollo de un gran nivel de artesanía y estandarización de detalles técnicos y funcionales altamente refinados.

Los distintos elementos conformadores de la vivienda de tatamis, eran realizados por productores especializados según estas medidas estandarizadas, y ensamblados con precisión para construir la vivienda. Se podría decir, que la casa japonesa contiene la mayor parte de las características de una casa industrializada (producción de componentes ligeros, estandarización, prefabricación y coordinación dimensional), a pesar de que la industria como tal, no nacería hasta unos cuantos siglos más tarde.

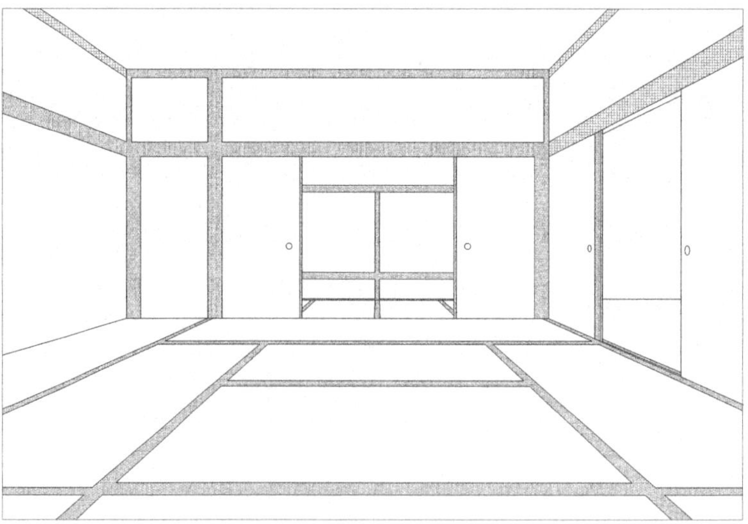

FIGURA 12.2.1.2 Ejemplo de Tatami Haus japonesa.

12.2.2 *Primera revolución industrial*

Sin duda la industrialización actual de la vivienda de madera surge a partir de los avances en la industria del automóvil durante la primera revolución industrial gracias a Henry Ford o el *fordismo*. El proceso de estandarización y línea de montaje de Ford se transfirió a la industria de la vivienda y, hacia 1910, varias empresas comenzaron a ofrecer casas prefabricadas en variedad de escalas y calidad. Frederick Winslow Taylor o *taylirismo* también es sumamente importante en este proceso, ya que aporta la organización científica del trabajo mediante la división sistemática de tareas, la organización racional del trabajo en las secuencias y procesos, y el cronometraje de las operaciones.

"Manning Portable Cottage"

Existen diversos precedentes, pero se podría decir que el origen de lo que hoy en día se conoce como vivienda de madera prefabricada, se encuentra en el *"Manning Portable Cottage"*, el cual es considerado como el predecesor del sistema de balloon frame estadounidense. Se piensa que este sistema de construcción prefabricada de *Manning Portable Cottage*, surgió en Inglaterra, en torno al siglo XIX, durante la época de la colonización inglesa (India, África, Australia, Canadá, Nueva Zelanda y EEUU), lo cual requería de una iniciativa rápida de construcción. En concreto se le atribuye la invención a H. John Manning en 1830 (la historia completa se puede consultar en: *"Prefab houses. Taschen. Colonia"* Cobbers Arnt, Jahn Oliver, Gössel, Peter, 2010).

Manning creó una vivienda móvil para su hijo, el cual emigró a Australia, la cual posteriormente sirvió de prototipo para una de las primeras empresas de venta por correo de vivienda. En 1837, publicó el primer anuncio (en el South Australian Record), vendiendo una casa desmontable destinada a las colonias, la cual podía ser enviada vía marítima y montada en pocas horas por personal no cualificado (incluyendo ventanas, puertas acristaladas y pintadas, y un pequeño kit de material para el montaje); ver Figura 12.2.2.1. El *Manning Portable* supuso el avance de las futuras empresas de producción industrial de viviendas en el s. XX, ya que en su creación se incluía: producción controlada, estandarización y comercialización, y distribución.

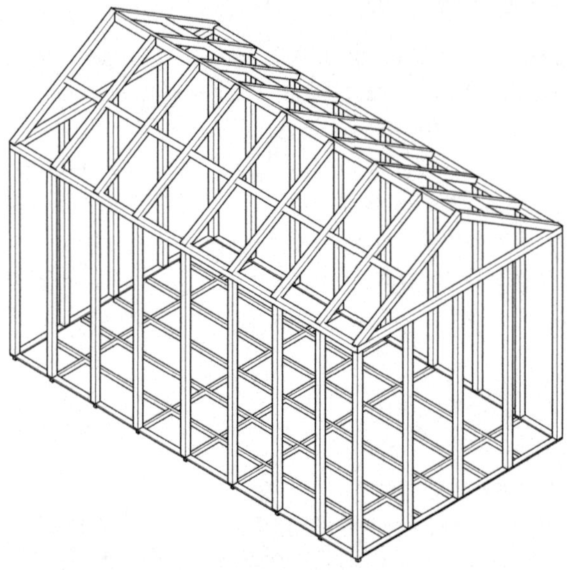

FIGURA 12.2.2.1 *Manning Portable Cottage.*

Los edificios móviles de Fredrik Blom

Fredrik Blom fue un militar, arquitecto y matemático sueco, que concibe la vivienda como un conjunto de elementos que pueden ser montados y desmontados según las necesidades. Blom estudió inicialmente la industrialización de barracones militares, pero finalmente acabó centrándose en la producción de viviendas. En 1840 había producido sobre 140 viviendas, construidas con madera y elementos metálicos, divididos en componentes individuales (Prefabrication as a model of society. En Home delivery MoMa, Waern, R.2008).

El Balloon Frame

El sistema balloon frame, introducido en el Capítulo 11, Sección 11.4, marca el inicio de la construcción de madera como industria, al eliminar la necesidad de mano de obra especializada en la ejecución de edificios. La construcción con piezas de madera de 2·4 pulgadas, fue revolucionada por la invención de la máquina de vapor (James Watt, 1774), lo que permitió la producción de clavos de acero, y el corte mecanizado de la madera. La sencillez y rapidez del sistema de balloon, permitió acelerar la colonización del oeste norteamericano, siendo posteriormente exportado a Canadá y a países del norte de Europa. El material empleado y el sistema constructivo en sí, favorecen la optimización del proceso en fábrica, abaratando la producción de vivienda. Ningún sistema prefabricado de la época podía superar al sistema balloon frame en coste y tiempo. Aún en la actualidad, el sistema balloon, y en general las diversas variaciones del sistema de entramado ligero, sigue siendo mayoritario en diversos países del mundo.

12.2.3 *Post Segunda Guerra Mundial*

La Segunda Guerra Mundial (1939-1945), trajo nuevos avances en la producción de metales ligeros y aleaciones metálicas. En especial el regreso de las tropas estadounidenses, propició el denominado Plan de Defensa estadounidense, lo que impulsó notablemente la vivienda industrializada, la cual comienza a ser aceptada socialmente como un bien de consumo. A partir de este momento, diversos sistemas de construcción industrializada fueron desarrollados hasta la actualidad.

El sistema "Packaged House" de Wachsmann y Gropius

Gropius intentó durante toda su carrera aunar ingeniería y arquitectura, lo que le llevó a proponer en 1942 un sistema de madera industrializado, comúnmente referido como *Bauhaus* alemana. El sistema se basaba en la premisa de construir distintos tipos de viviendas, empleando una serie de componentes estandarizados, de fácil ensamblaje, y que permitiesen generar, a través de la auto-construcción, la ampliación de la vivienda cuando fuese necesario. Se empleaban para ello paneles modulares de madera de *90·100 cm* para losas y cubiertas. Las piezas, estandarizadas, se podían ensamblar en más de dos direcciones, lo que permitía mayor flexibilidad constructiva. De esta forma se lograba obtener una mayor facilidad de transporte, adaptación a distintas localizaciones y climas, posibilidad de generar diversos tipos de viviendas a partir de sensibles variaciones y combinaciones de elementos estandarizados, y la ampliación horizontal y vertical de las viviendas.

Desarrollos en Europa

En Europa la industrialización de la vivienda en este periodo, se centró principalmente en producciones de paneles prefabricados de hormigón, para desarrollos de vivienda social en masa. Sin embargo, se debe también destacar que en Gran Bretaña la empresa de *Casas AIROH* (también conocidas como *Alluminium Bungalow*), fue capaz de ensamblar una vivienda cada 12 minutos (modelo de casa realizada por secciones), lo que les permitió fabricar alrededor de 54.000 viviendas en 10 años. Jean Prouve también realizó otra contribución notable, quien además de acuñar la frase *"Arquitectura a través de la industria"*, propuso viviendas modularizadas producidas a través de chapas de acero conformadas, realizando estructuras ligeras y paneles de cerramiento. Sus viviendas mostraban evidentes analogías con la producción de automóviles y aeronaves.

En resumen, se concluye que es también durante esta etapa cuando la casa industrializada comienza a verse también en Europa, como un bien de consumo industrial. Los diversos antecesores históricos pudieron por tanto sentar las bases en cuanto a la producción de diversos sistemas constructivos, componentes, procesos industriales, logística y, en especial, introducir una concepción social de la vivienda industrializada como un bien de consumo que puede adaptarse a las necesidades de cada país.

12.3 Progresión de la producción digital

Sin duda, la producción digital fue el principal salto evolutivo de la vivienda de madera industrializada actual, con respecto a los antecesores históricos. Hoy en día, los procesos de producción a través del uso de tecnología digital para el diseño, y la fabricación por medio de diseño asistido por computadora (CAD/CAM), definen un cambio de paradigma de la producción. En particular, la fabricación digital ha permitido elaborar diseños mucho más versátiles e incrementar notablemente la precisión y calidad de las viviendas de madera.

Dos elementos han sido primordiales en el desarrollo de tecnologías CAD/CAM: la revolución industrial y la automatización digital. De las distintas áreas de implementación industrial para la producción de bienes en general, la implementación de CAD/CAM en la industria de la construcción es probablemente la que más lento evoluciona, aunque cada vez se le atribuye más importancia gracias a las posibilidades que ofrece.

El CNC, o control numérico automatizado de corte, desarrollado inicialmente por la industria militar, podría concebirse como el catalizador de la producción digital moderna de viviendas de madera. Sin embargo, los inicios de la producción programable automatizada se remontan mucho más atrás, pudiendo ser atribuidos a Joseph Marie Jacquard (1801), quien desarrollo una máquina que leía tarjetas perforadas para controlar el patrón de tejido en un telar; el denominado *Telar de Jacquard*. De hecho, hasta la década de 1950 las computadoras no se usaron para fabricación digital; y no fue hasta finales de los 90 cuando la producción vía CNC comenzó a ser económicamente más asequible. Hoy en día la tecnología de CNC es empleada incluso por microempresas, los motivos de esta evolución se deben principalmente a tres factores:

- Desarrollo de computadoras mucho más veloces y asequibles.

- Desarrollo de software, que hace que el proceso de diseño sea más accesible.

- Conocimiento general de cómo la geometría se puede relacionar con la producción a través de CNC.

A partir de los años 90, se desarrollaron muchos avances en las aplicaciones de software de ingeniería mecánica (por ejemplo, CATIA entre otros), que permitieron racionalizar el proceso de diseño. Multitud de aplicaciones de ingeniería mecánica, vincularon los datos relacionados con materiales y métodos de producción, con la interfaz humana, para que las decisiones de diseño y el impacto de las mismas en la logística de producción se pudiesen integrar. Esta idea, se está implementando actualmente tanto en la arquitectura como en la ingeniería de la construcción, a través de BIM (*Building Information Modeling*); un sistema digital de representación física y funcional de los elementos de una obra que permite compartir dicha información para servir como base de toma de decisiones durante el ciclo completo de un proyecto, desde el diseño hasta la demolición. En concreto, los sistemas BIM, además de contener la información geométrica, contienen datos útiles que permiten mejorar los procesos de producción, transporte, construcción, mantenimiento y demolición, pudiendo gestionar todas las etapas de un proyecto desde su mismo comienzo.

En resumen, los desarrollos de CAD/CAM, especialmente en lo referente a tecnologías CNC y BIM, permitieron digitalizar la industrialización de la construcción con madera lo que supuso el mayor cambio cualitativo respecto de los antecesores históricos de viviendas de madera industrializadas. Incluso, en los últimos años se han propuesto avances que incluyen todavía más la digitalización en la industrialización de la madera. Por ejemplo, algunas empresas han comenzado a comercializar máquinas de producción mezcladas con realidad aumentada, lo que permite ensamblar las piezas en la posición correcta sin necesidad de sacados, rebajes o marcados.

12.4 Conceptos importantes en relación al diseño arquitectónico industrializado

12.4.1 *Sistemas*

Comúnmente, desde el punto de vista de la arquitectura prefabricada, se concibe una vivienda industrializada de madera identificando diversos sistemas, desde el más duradero al menos duradero, ver Figura 12.4.1.1, lo que incluye el emplazamiento, estructura, revestimiento, servicios y espacio.

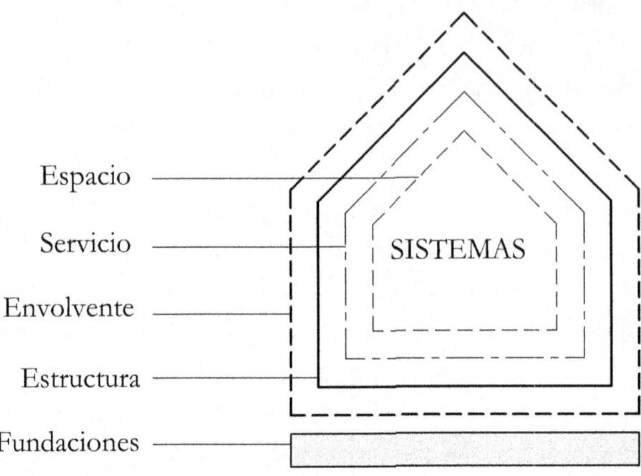

FIGURA 12.4.1.1 Principales sistemas concebidos en la arquitectura prefabricada (basado en Smith 2010).

La industrialización puede abarcar todo menos el emplazamiento, tal como se detalla a continuación.

Estructuras

Detallados mayormente en el Capítulo 10. Fundamentalmente en la construcción industrializada se emplean:

- Estructuras masivas, tales como el CLT.

- Estructuras de entramado. Por su consolidación histórica, es el sistema que más comúnmente se ha industrializado. El sistema ofrece gran flexibilidad y facilidad de montaje.

- Núcleos que proporcionan un área central de servicios (escalera, ascensores). A menudo el núcleo se materializa con hormigón o acero, aunque en ocasiones también con madera.

- Celosías espaciales y *diagrids* (*diagonal grid*), Figura 12.4.1.2. Típicamente conformadas por vigas en celosía, arcos, pórticos, y también elementos espaciales. Usan la triangulación y habitualmente se emplean para cubrir grandes luces. Los marcos espaciales, tienen una relación resistencia-peso muy elevada, lo que los convierte en una solución ideal para pocos puntos de apoyo y estructuras prefabricadas con un alto grado de repetición. En los *diagrids*, suelen constituirse superficies a partir de elementos diagonales, los cuales son conectados en el emplazamiento como una superestructura.

Revestimientos

Incluyen las terminaciones, las membranas y los aislantes. Tradicionalmente son asociados a funciones higrotérmicas y de hermeticidad y calidad del aire, su uso en realidad engloba las tareas de: función, construcción, forma y función medioambiental. En el contexto de la arquitectura industrializada, es sumamente importante el concepto de "fachada prefabricada".

Las fachadas prefabricadas suelen estar conformadas por paneles de madera, vidrio, metal, piedra o fibra de vidrio-hormigón reforzado (GFRC) y prefabricado, que son producidos en fábrica e instalados en su emplazamiento definitivo. Estos sistemas de fachada, son multicapa y multimaterial; cada capa desempeña unas funciones específicas de protección contra agua, infiltración de aire, visibilidad, etc. Las capas son ensambladas en fábrica. Los sistemas de envolvente que no son generalmente soporte de carga son: el muro-cortina de vidrio, la fachada de metal, mampostería y revestimientos prefabricados. Menos comunes pero cada vez más populares, son las fachadas de madera y de polímero.

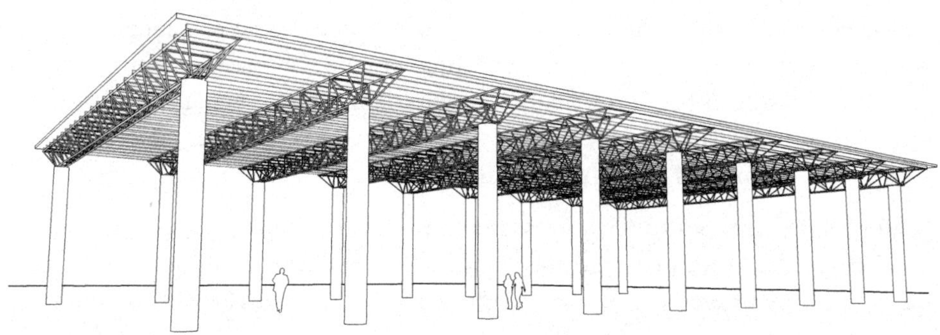

FIGURA 12.4.1.2 Ejemplo de *space frames* industrializado.

Servicios

Estos incluyen calefacción, ventilación, aire acondicionado, electricidad, ascensores, etc. La prefabricación de servicios en lo que se refiere a la arquitectura, tiene un mayor nivel de unificación; estos se pueden producir como módulos que posteriormente se pueden ubicar en edificios: baños, cocinas y cuartos de servicio entre otros, se pueden equipar en fábrica y colocar de manera eficiente dentro de la estructura del edificio, controlando la calidad y garantía. De esta forma, por ejemplo, baños y cocinas para funciones utilitarias y con alto grado de repetición, son ideales para su prefabricación.

Espacios

Los sistemas empleados para definir espacios interiores, proporcionan la dimensión humana primaria para que los habitantes experimenten el espacio. Los materiales empleados para definir espacios interiores se dividen normalmente en: paneles, azulejos, revestimientos y recubrimientos. Estos sistemas se pueden aplicar también en fábrica, enviar y erigir en el emplazamiento. El espacio interior, a pesar de ser el más temporal de todos los sistemas de construcción, es el más caro durante el ciclo de vida de una instalación, teniendo en cuenta la velocidad a la que se produce el cambio. Los interiores se pueden modificar durante cambios de inquilino o propietario; para satisfacer esta necesidad, muchos fabricantes comienzan a desarrollar sistemas interiores prefabricados, que permiten un fácil montaje y desarmado, según las necesidades y/o preferencias, como por ejemplo la empresa DIRTT, que ha creado un sistema de tabique y partición interior temporal y prefabricado.

12.4.2 Materiales

Es posible conseguir prefabricación con casi cualquier material; normalmente se realiza con elementos compuestos, en los que hay un material considerado primario. Este material primario, puede determinar en qué sistema, elemento y tipo de construcción se emplea. Los principales materiales empleados en prefabricación son: madera, acero/aluminio y hormigón. Por su precio elevado, los polímeros y composites se emplean en menor medida.

Según John Fernandez (2006), los materiales empleados para la industrialización pueden ser clasificados en distintas familias clasifica de acuerdo a sus propiedades intrínsecas (mecánicas, físicas, térmicas y ópticas) y extrínsecas (económicas, medioambientales, sociales y culturales); Los arquitectos e ingenieros, deben de considerar todas estas implicaciones del material a la hora de seleccionarlo. Las familias incluyen: metales, polímeros, cerámicas, materiales naturales y composites. En cuanto a la madera como material empleado en prefabricación, por su bajo costo, a menudo se ha identificado erróneamente como material para la construcción de vivienda de baja calidad, sin embargo, se usa cada vez más como material de diseño arquitectónico. En el mundo de la prefabricación, se utiliza cada vez más para desarrollar elementos prefabricados, incluidos paneles exteriores completos y multicapa. La creación de módulos completos también es una realidad, lo que ha convertido la madera en el principal material de la industria de la casa industrializada en muchos países.

12.4.3 *Método*

El método de fabricación depende del material y el grado de manipulación buscado; a pesar de ello, existen métodos generalizados mediante los cuales se busca obtener unos productos determinados. El proceso de fabricación, define las máquinas, mano de obra y herramientas para la creación de estos productos.

- *Mecanizado.*

  Las herramientas de mecanizado incluyen sierras, taladros, fresadoras, enrutadores y tornos. Los métodos de mecanizado CNC empleados en corte son el corte por chorro de agua, corte por láser (se emplea en madera) y corte por plasma. Los centros de mecanizado CNC están disponibles actualmente en 6 ejes, capaces de rotar en x, y, z; debido a ello, se están convirtiendo en la primera elección de empresas que realizan fabricación geométrica compleja.

- *Moldeado.*

  Este proceso consiste en la deformación, fundición y prensado de los materiales.

- *Fabricación.*

  Consiste en el proceso de tomar las dos operaciones previas, para crear los elementos fabricados para edificaciones. Este es el proceso final antes de que se libere un producto para su uso, y el concepto clave es el de "fijación", unión de dos o más piezas fabricadas, que puede realizarse a través de distintos métodos, que, en el caso de la madera como material, se centra en la unión mecánica y/o a través de adhesivos.

12.4.4 *Producto*

La industria manufacturera y la industria de la fabricación son muy complejas; las técnicas de fabricación cambian con cada proyecto y normalmente, las preocupaciones en cuanto a la prefabricación para el fabricante, se centran en: costos, plazos de entrega y flexibilidad en cuanto a la personalización. De esta forma, y según Smith (2010) deben identificarse 4 niveles para comprender el alcance de un proyecto industrializado según el grado requerido de customización y flexibilidad, ver Figura 12.4.4.

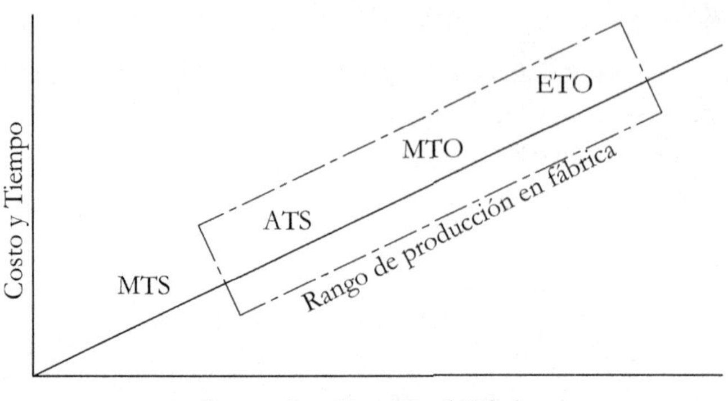

FIGURA 12.4.4 Grado de personalización del producto (basado Smith 2010).

- *Made-to-Stock* (MTS).

  Son productos manejados a través de estrategias de reabastecimiento de inventarios; para mantener el inventario repuesto, los fabricantes usan la estandarización y el aumento de la repetición, manteniendo un flujo constante y de distribución de materiales. Dentro de este grupo de productos, se incluyen artículos de construcción como: madera, acero, secciones de aluminio, paneles de cielo raso, madera contrachapada entre otros.

- *Assembled-to-Stock* (ATS).

  Muchos de estos productos se encuentran en MTS, pero se introduce en ellos un grado de personalización. A este tipo de productos se asocian los principios de producción en línea y personalización masiva, donde un cliente puede solicitar una variación dentro de un sistema establecido. Dentro de la arquitectura, se encuentran ejemplos de estos productos en el código estadounidense *"Manufactured Home Construction and Safety Standard, U.S. HUD, Code of Federal Regulations No. 24"*.

- *Made-to Order* (MTO).

  Son productos realizados en el último momento, pero con unos tiempos de entrega mayores que los ATS, debido a una mayor variabilidad en cuanto al producto comercializado. Aquí encontramos elementos prefabricados como, por ejemplo: puertas y ventanas personalizadas y, otros elementos prefabricados con gran variedad de opciones.

- *Engineered-to-Order* (ETO).

  Este tipo de productos también son llamados: *designed-to-order*. Entre ellos se encuentran los productos más complejos y exigentes disponibles; son productos totalmente personalizados y a precios competitivos. Ejemplos de ETO:

elementos de gran nivel de prefabricación, fachadas y otras construcciones por especificación.

La construcción de edificios prefabricados se divide en: adquisición de proyectos (diseño preliminar y licitación), diseño detallado (ingeniería y coordinación) y fabricación (entrega e instalación). Esto requiere de mucha mano de obra, y es común la existencia de costosos errores que no se descubren hasta que los productos son ensamblados en el emplazamiento final. Para que la prefabricación de ATS, MTO y ETO sea más rentable y accesible, se recomienda un proceso integrado que aproveche la tecnología BIM y a su vez, *contratos de riesgo compartido* (*contracts for shared risk*), para racionalizar el proceso de entrega.

12.4.5 *Clase*

Los productos prefabricados se pueden clasificar en dos clases según Smith (2010).

Clase cerrada

Un solo fabricante es capaz de producir todos los elementos, sean estos elementos parciales o edificios completos. En el caso de edificios de clase cerrada, el rango de opciones en el diseño es muy limitado.

Clase abierta

Distintos fabricantes producen los elementos, que no están asignados a un solo propósito de construcción, pudiéndose combinar los mismos según sea necesario (no confundir con el método de selección por catálogo). Estos elementos de clase abierta se pueden combinar para crear elementos de clase cerrada.

Se podría pensar que un elemento muy prefabricado (por ejemplo, un módulo completo), se encontrará cerrado. No siempre es así, existen sistemas modulares creados para ser manipulados y modificados.

12.4.6 *Cuadrículas (grid)*

Las cuadrículas sirven para conseguir que componentes constructivos y elementos prefabricados, tengan dimensiones estándar.

Cuadrículas axiales

Emplean un eje central de un elemento de construcción, que se encuentra en línea con la cuadrícula de referencia. Este sistema puede presentar problemas de coordinación, en relación a cómo otros materiales y elementos se combinan con el marco, perdiendo la cuadrícula su capacidad de tener elementos estandarizados de paneles o rellenos asociados con el marco en una conexión estandarizada, ver Figura 12.4.6.1.

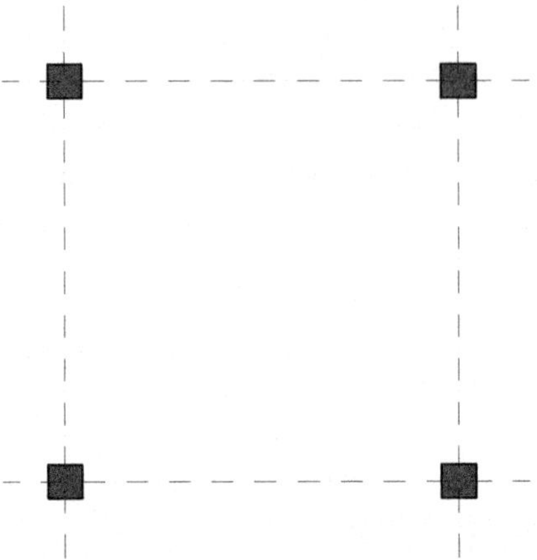

FIGURA 12.4.6.1 Ejemplo de cuadrícula axial (basado en Smith 2010).

Cuadrículas modulares

Emplean la ubicación real y la dimensión de los elementos constructivos, teniendo en cuenta la realidad tridimensional de los mismos, incluida altura, ancho y grosor. Este sistema es utilizado sobre todo con paneles y sistemas modulares, ver Figura 12.4.6.2.

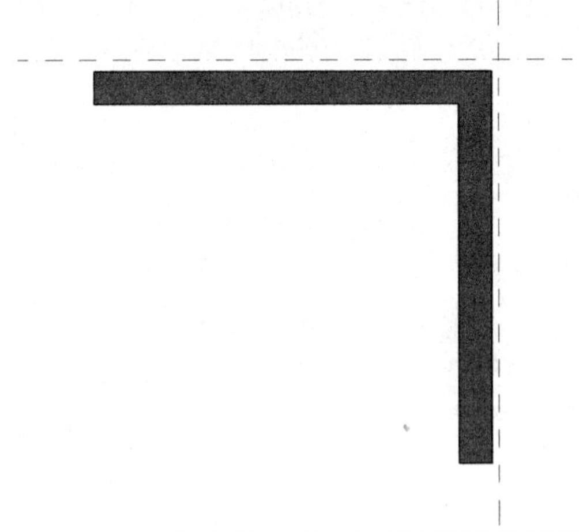

FIGURA 12.4.6.2 Ejemplo de cuadrícula modular (basado en Smith 2010).

Un mismo sistema constructivo puede emplear distintos tipos de cuadrículas; esto requiere una gran coordinación dimensional entre los distintos sistemas de construcción, y los elementos que los soportan.

12.5 Componentes, paneles y módulos

El ensamblaje de estos elementos permite identificar claramente el grado de prefabricación de una construcción con madera; ver Figura 12.5. Podría parecer que el sistema más eficiente sería desarrollar módulos.

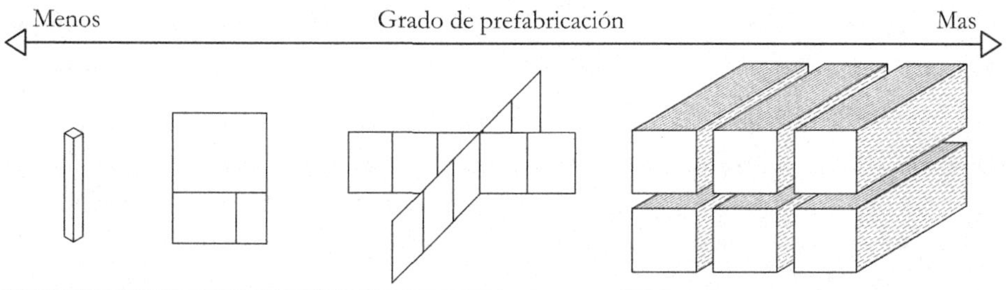

FIGURA 12.5 Grado de prefabricación (basado en Smith 2010).

12.5.1 *Componentes*

En cuanto a la prefabricación de componentes, comienza a ser imprescindible el uso de un entorno BIM, entre otros motivos, debido a la gran cantidad de componentes que suelen emplearse en proyectos reales; esto permite, entre otras aplicaciones, un recuento de elementos y su relación entre sí, lo que facilita enormemente el ensamblaje en obra. En la elaboración de componentes, se emplean tanto elementos "tipo viga" como placas de madera masiva. Por ejemplo, en Estados Unidos, se sigue empleando mayoritariamente elementos tipo viga, mientras que, en Escandinavia, tradicionalmente se ha empleado gran cantidad de madera masiva, con lo cual el paso a construcción prefabricada ha sido naturalmente asociado a este sistema.

La tecnología CNC (en entorno CAD/CAM), ha supuesto el paso definitivo al procesamiento de componentes, consiguiéndose una mayor versatilidad, precisión y velocidad. La empresa alemana Hundegger, posee actualmente ca. 90% de la cuota de mercado mundial de este tipo de herramientas. En tiempos promedios, esta maquinaria requiere una configuración aproximada de 15 minutos y 10 segundos de corte por pieza.

12.5.2 *Paneles*

Son elementos planos empleados para la construcción de muros estructurales, losas y cubiertas, también cerramientos y particiones interiores. Con respecto a un material como la madera, los sistemas de panelización más comunes son:

Sistemas de paneles ligeros (Light Panel Systems)

Este sistema de panelización es el más común de los tres sistemas que se mencionan a continuación. En EE. UU, por ejemplo, aproximadamente el 56% de la construcción prefabricada se realiza con este sistema. Una ventaja de los paneles ligeros, es la fácil integración en fábrica de utilidades, tipo cableado y plomería entre otros, lo que reduce tiempos de instalación y la complejidad en el lugar de obra. De esta forma, se evita dañar los paneles en obra y también la integridad del aislamiento, insertado también en fábrica.

En el caso de proyectos de gran envergadura, el uso de paneles prefabricados (en este caso de madera), tiene gran sentido desde el punto de vista calidad-costo, ya que estos se pueden levantar rápidamente y en masa.

SIPs (Structural Insulated Panels)

Los SIPs consisten un panel-sándwich conformado por dos capas de OSB externas, y un núcleo normalmente de EPS (poliestireno expandido) o PUR (poliuretano), aunque también se fabrican con otros núcleos: espuma de poliisocianurato, espuma de poliuretano o compuestos alveolares (*composite honeycomb,* HSC); ver Figura 12.5.2.1. También ha comenzado a utilizarse fibrocemento, yeso, metal y otros materiales, como revestimiento de los mismos. Este elemento compuesto puede ser empleado para aplicaciones estructurales de baja demanda estructural, como también cumplir con la función de envolvente, por lo que en algunos países se ha incrementado su uso como una alternativa moderna a la construcción tradicional de entramado de madera. Bajo condiciones de reducida demanda estructural, este sistema puede proporcionar ventajas de construcción y diseño, como aislamiento acústico y térmico, durabilidad, y procedimientos de construcción muy eficientes. Los SIP comparten las mismas propiedades estructurales que una viga o columna en I.

El concepto de SIP, se desarrolló en 1935 en el Laboratorio de Productos Forestales (FPL) en Wisconsin, EEUU, donde se especulaba si la madera contrachapada y los revestimientos de tableros duros podían soportar una parte de la carga estructural en muros. En 1952, la empresa americana "Dow" fabricó el primer SIP disponible comercialmente, y en 1990, la SIPA, se formó como una organización comercial;

a principios de 2009, se asoció a NTA Inc. (agencia certificadora), para producir el primer informe de código de la industria, que se deriva de una metodología de diseño de ingeniería, y que permite al profesional del diseño considerar las condiciones de carga no contempladas anteriormente.

FIGURA 12.5.2.1 Ejemplo de paneles SIP. La imagen es cortesía de Jairo Montaño, CIM-UC CORMA (2019).

En Europa también se han fabricado SIP desde hace varias décadas, sin embargo, cada vez se hace menos uso de aislantes derivados del petróleo, principalmente por desventajas ecológicas y su resistencia al fuego, por lo que cada vez es más habitual emplear tableros aislantes de fibras de madera.

Retrofit insulated panels (paneles de aislamiento para rehabilitación y mejora)

También llamados paneles a base de clavos, estos paneles son similares a los anteriores, pero sin demandas estructurales. Se emplean tanto para reconversiones profundas de energía como en nueva construcción, logrando una envoltura de construcción hermética y de alto rendimiento, ahorrando mano de obra. Son muy útiles para mejorar el rendimiento térmico de edificios o viviendas preexistentes, como parte de un plan de reconversión energética integral o como medida de conservación de energía mediante el reemplazo del revestimiento. Los paneles de aislamiento son cortados para ajustarlos in situ, y se unen al muro existente y/o revestimiento de cubierta, sin perturbar el interior de la edificación. También se pueden emplear con losas. Constan de un solo tablero OSB, que sirve de fijación para revestimientos o cubiertas, ver Figura 12.5.2.2.

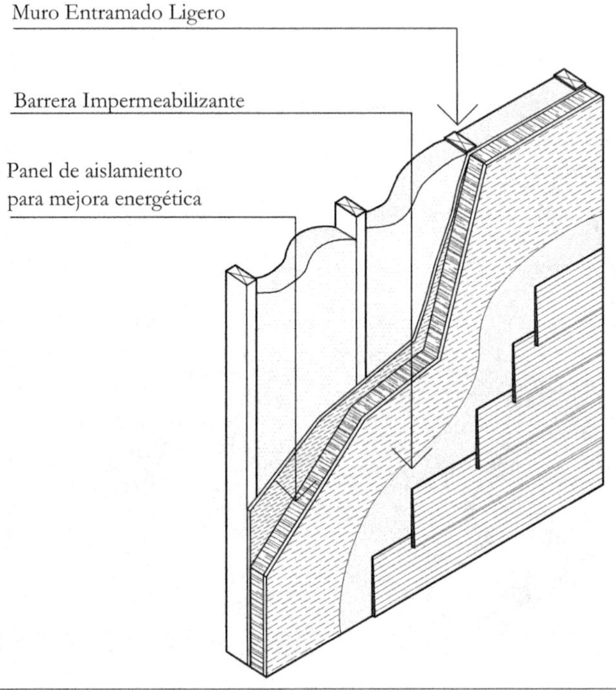

FIGURA 12.5.2.2 Ejemplo de instalación de panel de aislamiento para mejora energética.

12.5.3 *Módulos y construcción modular*

Son unidades tridimensionales independientes o secciones parcialmente completas. Se pueden repetir apilando y/o uniendo lado a lado para extender los espacios. Los módulos de mayor tamaño, pueden tener mayores niveles de acabado, pero restringen en general la flexibilidad del edificio comparándolos con módulos más reducidos. En efecto, los módulos más pequeños suelen permitir un mayor grado de personalización en la composición general.

El módulo se puede considerar como la forma más completa de prefabricación; frecuentemente se encuentra completado al 90-95%, incluyendo instalaciones de cocina y baño, almacenamiento y espacios. Una ventaja importante, del sistema de módulos, es que la edificación puede ser terminada una vez realizadas las conexiones de energía y agua. En la Figura 12.5.3 se muestra un gráfico representativo de la rapidez de construcción de un edificio modular de 6 pisos, en comparación con un edificio convencional.

Los elementos modulares, constituyen una de las industrias más grandes en arquitectura prefabricada. Sin embargo, en comparación con otros tipos o niveles de prefabricación, es la industria más compleja técnicamente debido al transporte de los elementos; el peso de los módulos está limitado por la capacidad de carga de los medios de transporte (ya sean camiones, trenes u otros), su tamaño está limitado por el ancho de las vías y los estándares de los contenedores de envío, y en cuanto a las dimensiones máximas, dependen del país, pero suele requerirse un permiso especial de transporte por carretera si supera los 2.55m de ancho, o 12 m de largo. Otra dificultad se encuentra en el levantamiento de los módulos en obra; estos módulos se erigen mediante grúas y se atornillan o ensamblan en posición; a menudo los esfuerzos a los que se someten en este proceso son diferentes a los que tendrán en servicio por lo que se requieren consideraciones estructurales en el diseño. A menudo, la necesidad de refuerzo de los módulos para la instalación, requiere también de una mayor cantidad de material estructural.

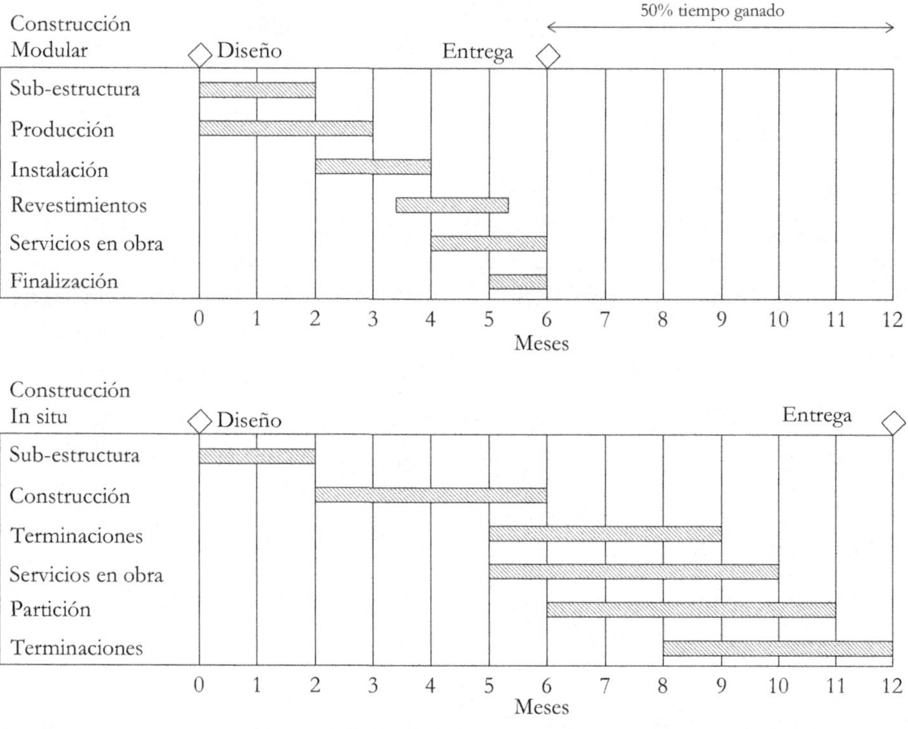

FIGURA 12.5.3 Períodos de construcción orientativos para un edificio modular de 6 pisos de madera en comparación con uno de madera de construcción convencional (basado en Smith 2010). .

Con respecto a la construcción modular con madera, este tipo de módulos se suelen emplear sin demasiada modificación para edificaciones de hasta 3-4 plantas, a partir de lo cual se suele requerir un entramado más robusto, y en ocasiones incluso podrían aplicarse técnicas de enmarcado de acero modular o in situ. En la construcción modular de madera, típicamente se sigue la siguiente secuencia:

- Losas construidas en fábrica, forradas y colocadas sobre rodillos.

- Muros construidos y forrados en fábrica, y situadas sobre la losa.

- Cubierta construida en fábrica y colocada sobre tabiques (tanto cubierta como muros y losas, pueden ser construidas simultáneamente en fábrica y luego ensamblados).

- Recubrimiento de los módulos.

- Colocación de las ventanas.

- Instalación de los acabados interiores y exteriores (lo que incluye revestimientos, paneles de yeso y techos).

- Los módulos se protegen y se cargan en el medio de transporte.

- Transporte de los módulos a la zona de emplazamiento.

- Elevación de los módulos para su colocación.

- Ensamblaje de los módulos.

La construcción modular en madera no siempre progresa de esta manera y es necesario realizar variaciones. En ocasiones, el sobredimensionamiento de los módulos hace que estos no se puedan transportar de manera adecuada; las cubiertas inclinadas pueden también presentar problemas, y deben de transportarse como un elemento separado. Dependiendo de la estrategia de prefabricación del proyecto, las cubiertas se estructuran como parte del paquete modular o se ensamblan por separado.

Según Smith (2010), Las principales ventajas de la construcción modular en los contextos de costo, calidad y tiempo, se resumen de la siguiente manera:

- Tiempos de construcción más cortos, lo que reduce costos administrativos y el retorno de la inversión.

- Costo de diseño reducido para el cliente, ya que la mayor parte del trabajo de diseño es realizado por el proveedor modular.

- Calidad superior del producto final, que se logra mediante el proceso cinemático en fábrica y las verificaciones previas a la entrega.

- Incremento de la productividad en la fábrica y menor requerimiento de mano de obra en la localización final del edificio; la instalación de los módulos se realiza mediante equipos especializados.

- Construcción más segura en fábrica y en las actividades en la localización de la obra.

- Gran aislamiento acústico y térmico, y excelente seguridad contra incendios, debido al doble aislamiento de la construcción; cada módulo se encuentra efectivamente aislado de los módulos vecinos. Esto es así, siempre y cuando no se hagan variaciones para emplear losas o muros únicos.

- En grandes proyectos y en proyectos repetidos que usan la misma especificación modular, economía de escala mejorada en la producción.

- Construcción ligera, menor uso de materiales, y menor desperdicio en comparación con la construcción in situ. Mayor facilidad de reciclaje en fábrica.

- Facilidad en el desmantelamiento del edificio y capacidad de mantenimiento del activo si los módulos se reutilizan en otro lugar.

- Menores disturbios en la vecindad durante la construcción.

12.6 Prefabricación e industrialización en fábrica

12.6.1 *Planificación de pedidos y sistemas de control en fábrica*

Las industrias de la "vivienda industrializada", trabajan con sofisticados instrumentos de planificación y control, los cuales se orientan al alto grado de complejidad de los procesos. Según Fritz Herrmann (2001), solo a través de los sistemas de control se puede conseguir un sistema óptimo de fácil uso, utilización relativamente uniforme de las áreas individuales y alta eficiencia. En general, los sistemas de control se caracterizan por asegurar 3 puntos clave:

- Por complejo o singular que pueda resultar un pedido, el sistema de registro debe ser capaz de poder parametrizar todas sus características mediante un sistema de registros asistido por ordenador.

- La total fluidez en el procesamiento de todo el pedido, desde el inicio hasta el final debe estar asegurada.

- Todos los procesos pueden ser iniciados o modificados mediante métodos de *planificación gradual* (*rolling wave planning*).

En la práctica, dicho control es implementado en la fábrica mediante la continua interacción de un sistema APS (*Advanced Planning and Scheduling*) con el correspondiente sistema PPS (*Production Planning and Scheduling*). Dicha interfaz debe ser automatizada y completamente informatizada. La función principal del sistema APS es la de optimizar y planificar la producción de pedidos, dados los recursos finitos con los que la empresa cuenta en cada momento; se trata pues de un sistema de optimización informático que asiste en la toma de decisiones. Dicho sistema APS debe ser capaz de interactuar con el sistema de control de la producción (PPS), el cual ordena y gestiona de forma centralizada la planificación de las distintas áreas de trabajo de la fábrica. Solo de este modo es posible optimizar los recursos y procesos de la forma más óptima posible, de acuerdo al esquema de pedidos gestionando de forma centralizada posibles cambios, imprevistos, errores, fechas de término de pedidos, etc. La interfaz constituida por ambos sistemas, APS y PPS, debe, cuanto menos ser capaz de procesar siete aspectos en la fábrica (Herrmann 2001):

- *Planificación*: en ella se define la situación objetivo ideal según el esquema de pedidos de los constructores, las condiciones de contorno y también la capacidad de utilización.

- *Disposición de recursos*: lo cual debe definir en qué fecha, qué recurso y qué cantidad del mismo estará disponible.

- *Optimización*: en función de la disponibilidad de recursos y la planificación objetivo, la herramienta APS debe ser capaz de establecer el esquema óptimo de utilización de recursos y elaboración de procesos, según el calendario de pedidos en tiempo real.

- *Programa a desempeñar*: tras establecer la planificación óptima en cada momento, el sistema debe ser capaz de comunicarse con cada unidad de producción dentro de la fábrica, estableciendo un calendario de asignación de tareas, tiempos y recursos en relación a un análisis de viabilidad. Idealmente la programación de tareas incluye hitos que permitan monitorear rigurosamente el complimiento del calendario.

- *Control*: únicamente cuando los cuatro procesos anteriores han sido perfectamente definidos, es posible establecer el sistema de control.

- *Intervención*: tan sólo es posible modificar el sistema de planificación y gestión establecido, a partir de introducir modificaciones en el mismo sistema de control. Todos los imprevistos y modificaciones deben por tanto poder ser implementadas en el propio sistema de control.

- *Monitorización*: el sistema debe ser capaz de monitorear en todo momento el estatus de las actividades planificadas, y el desempeño de las mismas.

Típicamente es posible lograr una mayor eficiencia y flexibilidad en el esquema de producción, gestionando los siguientes recursos según las necesidades de la empresa:

Tiempos de trabajo

Dado que en una empresa de viviendas industrializadas de madera pueden surgir fluctuaciones considerables en la capacidad de trabajo por diversas causas, es esencial emplear modelos de trabajo flexibles. En efecto, los modelos de trabajo flexible, suelen ser muy efectivos para las empresas con el fin de establecer costos unitarios bajos en sus productos, a la vez que pueden presentar también numerosas ventajas para sus empleados. Algunos ejemplos de estos mecanismos de flexibilidad laboral son: establecer una planificación clara de las horas de trabajo (horas anuales, días laborales semanales, días de fin de semana laborales), utilizar bonificaciones/complementos salariales, emplear compensaciones monetarias o establecer *cuentas de trabajo*, de tal modo que las horas extras al trabajador puedan ser abonadas o descontadas cuando le resulte conveniente según la planificación.

Creación de grupos de trabajo

La correcta creación o modificación de grupos de trabajo es una herramienta que puede aumentar considerablemente la eficiencia general de la empresa, ya que, si están bien gestionados, estos grupos pueden aliviar cargas imprevistas u otros inconvenientes críticos, que puedan producirse en diversas situaciones de producción.

Externalización

Para poder emplear los recursos propios con cargas de trabajo razonables, a menudo es crucial poder disponer de empresas externas que puedan resolver ciertas tareas del proceso productivo, y/o aliviar posibles cuellos de botella en los que los recursos de la empresa puedan verse comprometidos.

12.6.1.1 *Características esenciales del sistema APS*

Tal como se ha introducido anteriormente, es imprescindible contar con un sistema avanzado de planificación y programación de recursos (APS) con el fin de poder establecer en cada momento, usualmente de forma semanal, el uso óptimo de los recursos (finitos) de la empresa según el esquema de pedidos. Las características básicas que los sistemas APS deben ser capaces de gestionar para poder optimizar los recursos en planta son los siguientes (Herrmann 2001):

- Planificación y control de exigencias de entrega.

- Planificación y control de las operaciones internas previas a la producción.

- Planificación y control de las operaciones externas previas a la producción.

- Planificación de fechas, montaje y entrega de viviendas.

- Registro y mantenimiento de los datos de cada cliente /proyecto.

La elección del sistema APS depende realmente de las necesidades de cada empresa, y en particular del grado de prefabricación de sus procesos, el volumen de producción y la complejidad de los mismos. En la producción de vivienda industrializada con madera, es especialmente importante considerar las capacidades del software para implementar de forma informatizada las exigencias que puedan ser singulares de cada pedido. Los niveles considerados en estos sistemas para la optimización de la producción se ilustran en la Figura 12.6.1.1.

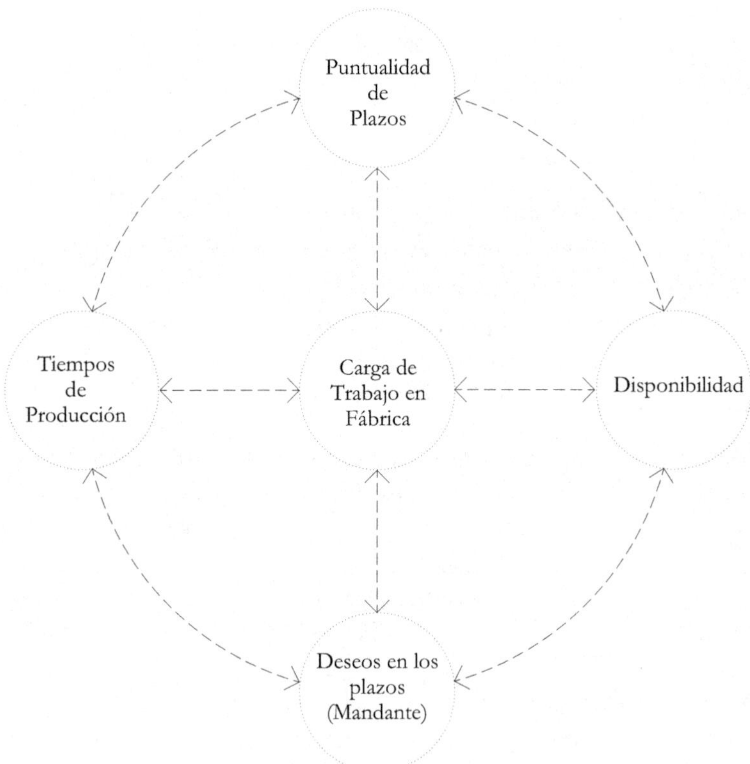

FIGURA 12.6.1.1 Interacción de los niveles fundamentales considerados en los sistemas APS para la optimización del uso de los recursos de fábrica (basado en Herrmann 2001).

12.6.1.2 *Características esenciales del sistema PPS*

Los típicos datos esenciales que manejan los softwares PPS incluyen (i) la *lista de materiales* (*bill of materials*) de cada orden, lo que permite el calcular las necesidades de abastecimiento, la planificación de cargas de transporte asociadas, y el cálculo de los costos asociados; (ii) el *plan de trabajo* asociado a cada orden, lo que contiene información de la planificación prevista (con tiempos de inicio y final) así como exigencias específicas de cada proyecto; (iii) la lista de precios o cálculo de la *estimación de costos* del proyecto, considerando los márgenes de beneficio, la lista de materiales, y el plan de trabajo. Es mandatorio considerar en todos los proyectos, la estimación de fechas de inicio y final del proyecto ya en el proceso de estimación de costos, con el fin de considerar posibles incrementos de coste y posibles exigencias específicas de cada proyecto; (iv) *la planificación de capacidades*, de acuerdo al plan de trabajo establecido para cada proyecto, e incluyendo hitos para cada unidad de trabajo de la fábrica; (v) algoritmos de *optimización*, tales como algoritmos *Model-mix*, cuya complejidad y automatismo depende del volumen y complejidad de prefabricación específica; (vi) *herramientas de control, planificación y monitoreo*, que sirven como herramienta básica de gestión de la planta y además permiten la interacción con el personal, el equipamiento y el sistema APS.

Según Herrmann (2001), los sistemas PPS empleados en la industrialización de viviendas de madera suelen estar conformados por 5 módulos esenciales que se resumen a continuación.

- Módulo I: *procesamiento de pedidos*. Las metas que se buscan con este módulo, son: suministro de documentos contractuales detallados, cumplimiento de los plazos (hitos) y desarrollo de las condiciones adecuadas para planificar la construcción. Para que estas metas se puedan cumplir, el contenido del pedido debe de estar acordado con el cliente lo más rápido posible, realizando una reunión de planificación y la designación del equipo para el proyecto de construcción. Una vez terminado este proceso, el nivel de detalle debería ser tal, que el procesamiento de los siguientes módulos no precise de ninguna consulta posterior.

- Módulo II: *diseño de la vivienda/edificio*. Las metas buscadas son: creación de los documentos de planificación para ejecutarlos lo antes posible, cumplimiento de los plazos establecidos en planificación de pedidos/control del orden, optimización del diseño, preparación de la materia prima necesaria para el proyecto, elaboración de soluciones para las distintas operaciones. Para la consecución de estas metas, se necesita que se realicen las siguientes actividades: planificación de la construcción, preparación de los planos detallados, crear un sistema de planificación, desarrollo de los planes de ejecución.

- Módulo III: *preparación de la producción*. Las metas buscadas son: creación de los documentos de producción para ejecutarlos lo antes posible, cumplimiento de los plazos establecidos en planificación de pedidos/control del orden, tener a disposición la materia prima requerida, obtener el control que las condiciones para producción y montaje sean las óptimas. Para la consecución de estas metas, se necesita que se realicen las siguientes actividades: creación de programas CNC adaptados, preparación de la materia prima requerida, preparación de listados de piezas y los planes de trabajo para cada pedido. De este módulo se obtienen muchos de los datos requeridos para la planificación y control de los módulos posteriores.

- Módulo IV: *producción*. Las metas buscadas en este módulo son: cumplimiento de los plazos establecidos en planificación de pedidos/control del orden, reduciendo los cuellos de botella en lo posible, realizando una producción racional minimizando las existencias y logrando tiempos de respuesta cortos. Todo el proceso debe de ser nuevamente planificado, controlado y monitoreado, usando las herramientas adecuadas, siendo esta la única forma de garantizar que el proceso de producción sea óptimo.

- Módulo V: *montaje/construcción*. La meta en este módulo es la consecución de los plazos establecidos en la planificación de pedidos/control del orden (hitos), que es el plazo fijo que garantiza las condiciones para una secuencia racional de montaje y ampliación, evitando los sobrecostos. Para que esta meta se consiga, es necesaria una planificación y control integrados de todo el proceso de ensamblaje y ampliación, asegurando el suministro de materiales, equipos, participación de subcontratistas, determinando los requisitos de personal, y las horas basadas en las necesidades de la obra. Debido a que la planificación de la producción de viviendas industrializadas, se encuentra sujeta a las reglas de la producción industrial (pedidos), y por otro lado a las de la industria de la construcción, existe una gran cantidad, de artículos y variantes, diferentes procesamientos de diferentes operaciones, y operaciones simultaneas, se necesita crear un sistema de gestión de datos. En este sistema de datos se deberá tener en cuenta: listados de material, planes de trabajo, lista de precios y costes, cálculos de requerimiento de capacidad, lista de medios para la optimización entre otros.

12.6.1.3 *CAD/CAM*

El diseño integrado y asistido por computador (CAD) en los proyectos de construcción en prefabricación es imprescindible ya que permite integrar toda la información en el sistema de control y gestión, y en particular, permite el flujo directo entre la fase de diseño con la manufactura asistida por ordenador (CAM), ver Figura 12.6.1.3.1. La digitalización e integración del diseño y la manufactura permite además abordar proyectos cuya complejidad sería inabordable de otro modo, y posibilita afinar todo tipo de detalles en el diseño y la manufactura lo que hace posible reducir significativamente los costos en obra.

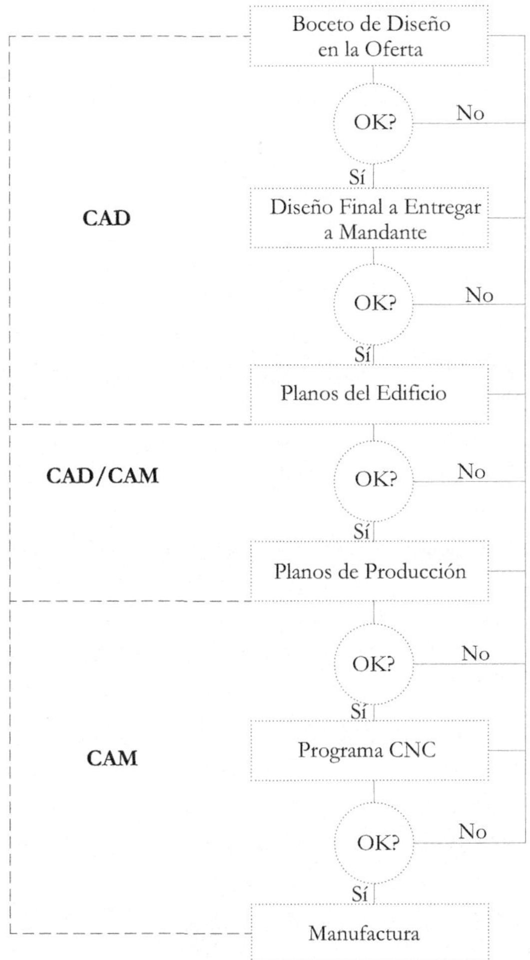

FIGURA 12.6.1.3.1 Típico flujo de información entre el diseño asistido por ordenador (CAD), hasta la manufactura asistida por ordenador (CAM), en una industria de prefabricados de madera (basado en Herrmann 2001).

Tal como se observa en la Figura 12.6.1.3.1, el proceso de diseño asistido por ordenador, se inicia habitualmente a partir del *boceto* empleado para presentar la oferta al cliente. Este boceto es corregido/detallado según sea necesario hasta alcanzar el *diseño final*; este diseño sirve para poder generar todos los *planos finales* del edificio lo que constituye la etapa final de CAD. Posteriormente, es necesario generar los *planos de producción* de los distintos elementos, lo que normalmente incluye tanto el despiece de las piezas individuales, como los planos de ensamble entre las mismas. Frecuentemente dichos planos son generados desde herramientas CAD específicas para diseño con madera, las cuales permiten exportar estos datos en formatos que son reconocibles por los programas de manufactura asistida por computador CAM, de las distintas unidades (conjuntos de máquinas) de la fábrica. Dado que se trata de un traspaso de datos, habitualmente esta fase es denominada como CAD/CAM. Una vez que los datos son recibidos por las máquinas, son procesados por el software de corte automático (CNC) y ensamble de las mismas, lo que permite, respectivamente automatizar la fabricación de piezas y su ensamble.

Funcionalidades importantes del software CAD

Para poder garantizar un flujo eficiente de datos como el que se detalló anteriormente y se resume en la Figura 12.6.1.3.1, es importante que el software CAD, además de crear una *simple geometría* de los planos del edificio, pueda almacenar información importante de cada pieza, como el tipo de especie, escuadría, longitud, ensambles, mecanizado automático o no, tratamiento químico, etc. Además de ello, dada la complejidad de los proyectos, es imprescindible que permita generar ciertos atributos en relación a las diferentes piezas, tales como *listas de producción* y *grupos de ensamble.* Todo ello permite ordenar la producción unívocamente, pudiendo establecer fácilmente relaciones entre las diferentes piezas, como también poder gestionar y presupuestar adecuadamente los recursos necesarios para cada proyecto, como por ejemplo metros lineales necesarios de cada tipo de pieza requerida, conectores específicos requeridos, etc. Otras herramientas que son de gran utilidad en este tipo de software, incluyen la completa parametrización de uniones y ensambles, lo que posteriormente, en la interfaz CAD/CAM permitirá generar adecuadamente la información requerida en la manufactura. Algunos ejemplos de software específico para este fin, que además incluye funcionalidades CAD/CAM, son Cadwork, o SEMA entre otros.

Funcionalidades importantes de CAD/CAM

Si bien existen programas específicos de CAD/CAM que permiten el traspaso de información de software CAD generalista a software CAM específico para máquinas de control numérico y ensamble de elementos de madera, la situación más frecuente en la práctica habitual de la industria del prefabricado de madera, es que el traspaso de datos de diseño a los programas de manufactura numérica (CAD/CAM), no se realicen con un software diferente, al software empleado en el diseño CAD. Por supuesto, esta segunda opción es más sencilla y rápida porque no requiere ningún procesamiento de datos para parametrizar e intercambiar la información del diseño, a una estructura que sea operativa en el equipamiento automático de la fábrica.

Tal y como ha sido comentado en el apartado anterior, la funcionalidad básica del intercambio de información CAD/CAM, incluye la generación de listas de producción, grupos de construcción o ensamble, y la parametrización relacionada con la ejecución de cortes y uniones. El típico flujo de información en la etapa CAD/CAM se ilustra en la Figura 12.6.1.3.2.

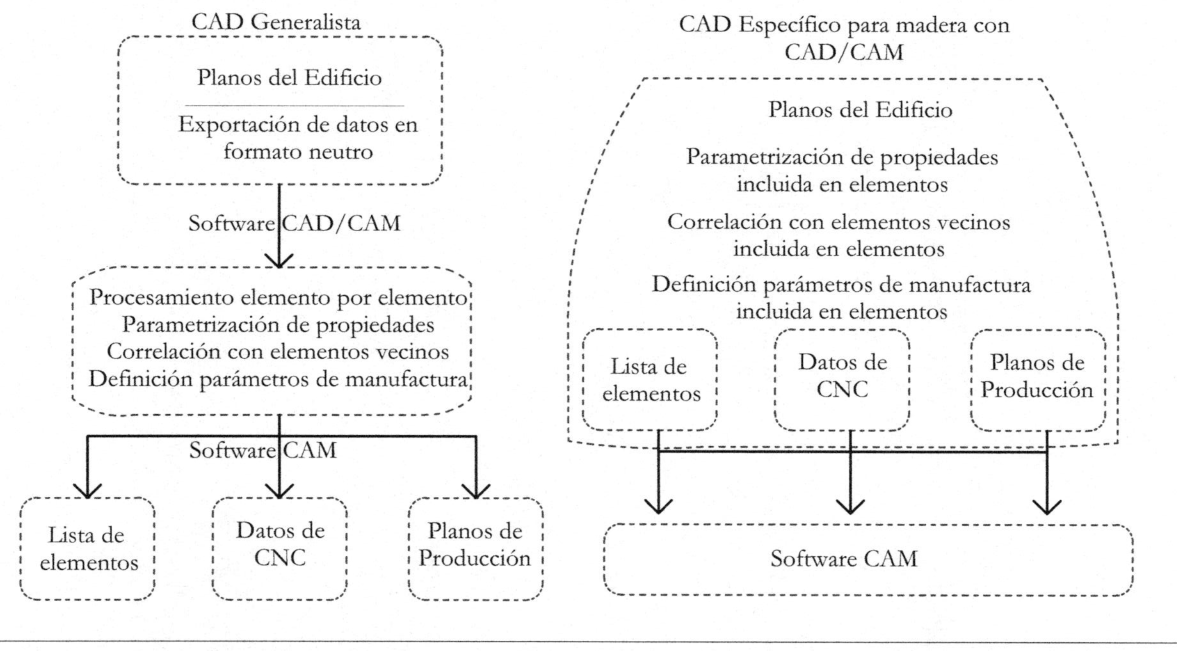

FIGURA 12.6.1.3.2 Típicos flujos de información de CAD a CAM (modificado de Herrmann 2001).

Es muy común que ciertas industrias de prefabricados de madera trabajen en colaboración con agentes externos, tales como diferentes oficinas de arquitectura, que por lo general emplean software CAD generalista por lo que el flujo de datos se corresponde con aquel mostrado a la izquierda de la Figura 12.6.1.3.2. En estos casos, es conveniente conocer los formatos de datos más habitualmente empleados en software CAD/CAM para mecanizado de piezas de madera:

- Formato *BTL/BTLx* (*Build Transfer Language*). Hoy en día es uno de los formatos mayormente empleados. Surge fruto de la colaboración de dos de los mayores desarrolladores mundiales de software CAD para madera (Cadwork y SEMA), con el fin de crear un formato neutro que pueda ser leído por todas las máquinas de CNC de industrialización en madera. Se trata por tanto de un formato libre, que incluye información de la geometría, mecanización, y en definitiva todos los datos necesarios para fabricar el diseño CAD en CAM.

- Formato *DtH* (*Datentransfer im Holzbau*). Es un formato de datos utilizado por múltiples empresas de equipamiento alemán, y empleado para mecanizado de piezas. No solo las propiedades geométricas, sino información sobre las propiedades de cada pieza de madera y propiedades de mecanizado, suelen estar también incluidas.

- Formato FMX (*Furniture Manufacturing Data Exchange Format*). Similar al anterior, aunque mayormente empleado por la industria del mueble.

- Formato DXF (*Drawing Exchange Format*). Solo propiedades geométricas, requiere mucho procesado en fábrica previamente a la manufactura.

- Formato IGES (*Initial Graphics Exchange Specification*). Similar al anterior, solo propiedades geométricas.

- Formato STEP (*Standard for the Exchange of Product Model Data*). Es posible incluir información adicional a la información geométrica.

Funcionalidades de CAM

Hoy en día cualquier industria de prefabricados de madera emplea máquinas CNC para la preparación de las piezas de los ensambles, ya que esta tecnología presenta claras ventajas respecto a los sistemas convencionales, entre otras: menor consumo de materia prima, mejor uso de la maquinaria, mayor precisión, replicación mejorada, mayor flexibilidad, inapreciable procesamiento posterior. Características fundamentales del equipamiento CNC incluyen (Herrmann 2001):

- La tecnología de procesos; fundamentalmente tecnología de preparación de piezas (corte, fresado, ranurado, lijado, etc.), el marcado de las piezas, el ensamble de las mismas (atornillado, grapado, clavado, etc.) y los posibles procesos de optimización interna que permiten mecanizar con mayor rapidez y menos pérdidas.

- Ejes de mecanizado (de 4 a 9), los cuales permiten una menor o mayor versatilidad en los procesos de mecanizado.

- Centro/línea de mecanizado, en donde se concentran las diferentes máquinas/herramientas y elementos a partir de los cuales es posible mecanizar las distintas piezas.

- El método de archivado de datos, que permite revisar archivos sobre piezas ya procesadas, o emplear modelos de mecanizado de piezas que es necesario repetir, entre otras funciones.

- El manejo de redundancias. En caso de proyectos con mecanizados muy repetitivos, en algunos equipamientos es posible establecer estrategias relacionadas con el orden de mecanizado de los elementos, o incluso tratamiento en paralelo en varias máquinas con el fin de optimizar los recursos (DNC, *distributed numerical control*).

12.6.2 *Esquemas de producción en fábrica*

En esta sección se describen esquemas típicos de producción en industrializadoras de madera, incluyendo diferentes tipos de estrategias para optimizar la producción. En primer lugar, es necesario considerar que se deben de subdividir los procesos en: elementos, ensamblaje y fabricación de componentes, y también planificar (y controlar) los procesos de acuerdo con las normas de producción industrial.

A la hora de diseñar una industrializadora de madera, es necesario considerar múltiples condiciones y factores que influyen, y que pueden perjudicar el funcionamiento óptimo de todos los procesos. En general los objetivos que se persiguen al diseñar una industrializadora, se resumen en:

1) La materia prima debe de usarse de manera óptima para evitar mermas.

2) Planificación exacta de todos los procesos.

3) Lograr la mayor precisión dimensional posible.

4) La productividad laboral debe de ser la más alta posible.

Los elementos básicos para conseguir lo anterior, se resumen en:

- Engranaje óptimo de los trabajos manuales con maquinaria de tecnología de punta.

- Empleo de maquinaria CNC

- Control y planificación informatizada (APS-PPS) y eficiente, en conjunto con modernas herramientas de gestión de proyectos.

- Empleo de métodos logísticos modernos e innovadores.

- Métodos innovadores de organización del trabajo.

En las próximas secciones se detallan las principales estrategias y metodologías para poder diseñar y optimizar las diferentes áreas de una industrializadora. Los principios expuestos en esta sección están mayormente basados en Herrmann (2001).

12.6.3 *Área de mecanizado (preparación) de piezas*

Área de mecanizado de vigas

Se trata de la primera estación en la mayoría de industrializadoras. En ella se realizan las tareas de carpintería requeridas para preparar las piezas de madera. Las típicas tareas que se realizan en esta estación incluyen: medición de las vigas de madera sin procesar, procesamiento longitudinal (ranuras, recortes, rebajes), procesamiento de testas (recortes, ensambles, etc.), cepillado y achaflanado, numeración y rotulación (o etiquetado).

Para la realización de estas tareas, es posible el empleo fundamentalmente de 4 estrategias:

1) *Carpintería manual*. Limitada solo a ciertos productos realizados a medida. No aplicable en la mayoría de casos.

2) *Sistemas longitudinales*. Son líneas de procesamiento controladas por CNC, con alimentación automatizada. En estos casos, el procesamiento de vigas suele estar dividido en varias etapas, de modo que las vigas circulan longitudinalmente a través de diversas estaciones, cada una de las cuales, está equipada con distintas herramientas.

3) *Sistemas transversales*. Es similar al anterior, pero las vigas son procesadas en dirección transversal. En este tipo de instalaciones, el procesado suele estar ocupar menos espacio por estar más centralizado que el anterior.

4) *Centros de mecanizado*, suelen consistir en una única estación CNC de múltiples ejes en donde se realizan prácticamente todas las tareas de preparación de forma muy compacta. Suelen poseer un intercambiador de herramientas. Estos equipamientos son habitualmente empleados, cuando el procesado geométrico puede llegar a ser muy complejo (gran versatilidad de corte) y el espacio es relativamente reducido.

En la Figura 12.6.3.1 se presentan algunas fotografías típicas del interior de un centro de mecanizado; en la Figura 12.6.3.2 se presenta un ejemplo de distribución del área de mecanizado.

FIGURA 12.6.3.1 Típico interior de un centro de mecanizado, incluyendo distribución general del interior (arriba), kit de herramientas para mecanizado de ranuras, rebajes, perforaciones, etc. (centro izquierda), brazo con movimiento relativo a diversos ejes permitiendo corte oblicuo (centro derecha), y brazo mecanizando una cola de milano (abajo). Las imágenes cortesía de Hans Hundegger AG 2019.

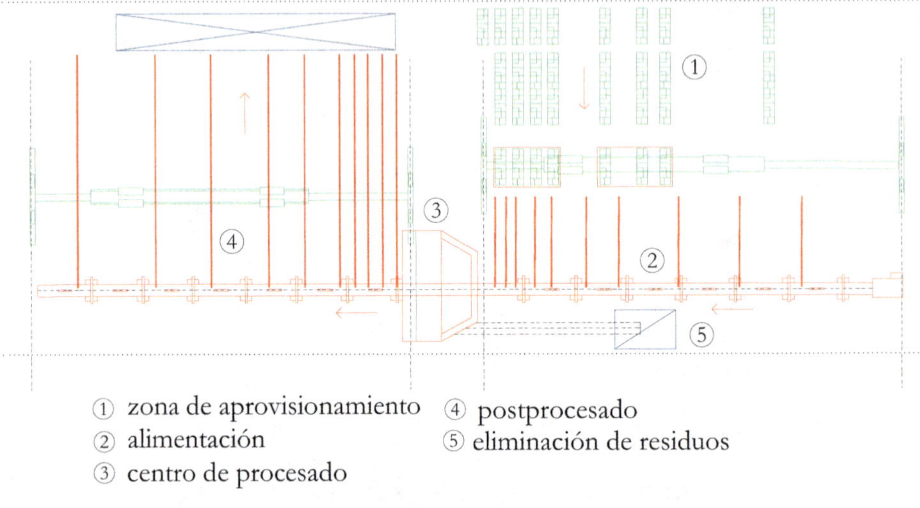

① zona de aprovisionamiento   ④ postprocesado
② alimentación   ⑤ eliminación de residuos
③ centro de procesado

FIGURA 12.6.3.2 Esquema típico de un área de mecanizado de vigas mediante un centro de mecanizado (modificado de Herrmann 2001).

Área de mecanizado de entramados

Existen también áreas de mecanizado que son más bien específicas para piezas cuyo destino es principalmente la conformación de entramados para muros y losas. Normalmente, el procesamiento de este tipo de elementos es sencillo, ya que la complejidad de mecanizado/unión no suele ser elevada. Las principales tareas que se realizan en este centro de CNC suelen ser corte de los postes/vigas, etiquetado, numeración y marcado de componentes. Posteriormente los elementos resultantes pueden ser ensamblados manualmente, o servir como alimentación para un centro de ensamble totalmente automatizado (ver secciones posteriores). Un típico ejemplo de área de mecanizado de entramados se presenta en la Figura 12.6.3.3.

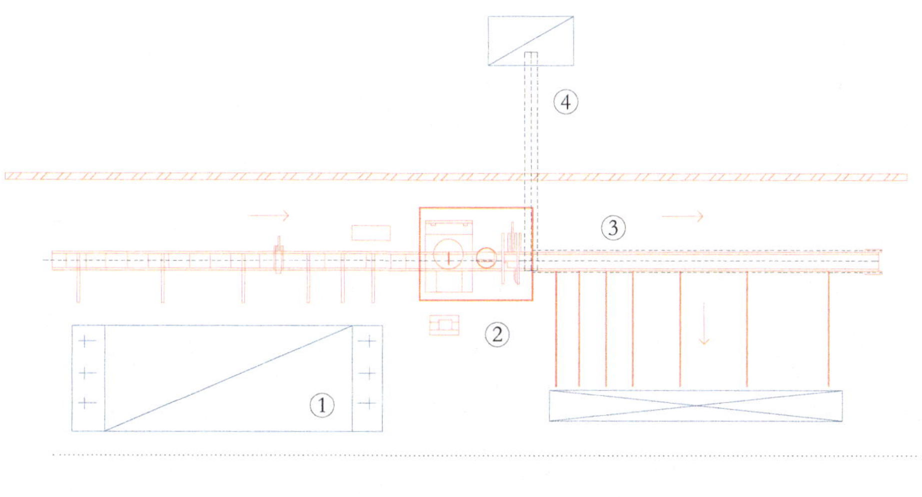

① Paternoster rack (estante de carrusel) ③ unidad de estampado
② estación de mecanizado ④ eliminación de residuos

FIGURA 12.6.3.3 Esquema típico de un área de mecanizado de piezas de entramado (basado en Herrmann 2001).

Área de procesamiento de elementos tipo placa

Existen también áreas de mecanizado para la preparación de placas tales como OSB, terciado o CLT. Habitualmente, la estrategia de adquisición de maquinaria para preparación de elementos tipo tablero se fundamenta en tres aspectos, tamaño de las placas a procesar, complejidad del mecanizado (recortes, entalladuras, ranuras, etc.), requerimientos de optimización del corte. Así, por ejemplo, para una fábrica panelizadora de entramado ligero que simplemente emplea formatos muy estandarizados de tableros OSB, el equipamiento requerido en este sentido puede consistir simplemente en una estación que permita un corte vertical y horizontal de tableros. Sin embargo, en industrializadoras de CLT, es bastante frecuente que los propios tableros se elaboren dentro de la misma fábrica, de modo que el área de procesamiento requiere un centro de mecanizado que permita el corte a precisión de las placas con geometrías relativamente complejas, optimización de corte para tener la mínima merma posible, así como materialización de posibles entalladuras, rebajes, etc. En la Figura 12.6.3.4 se muestra el esquema típico de un área de mecanizado simple de tableros, mientras que en la Figura 12.6.3.5 se muestra un ejemplo de centro de mecanizado de placas.

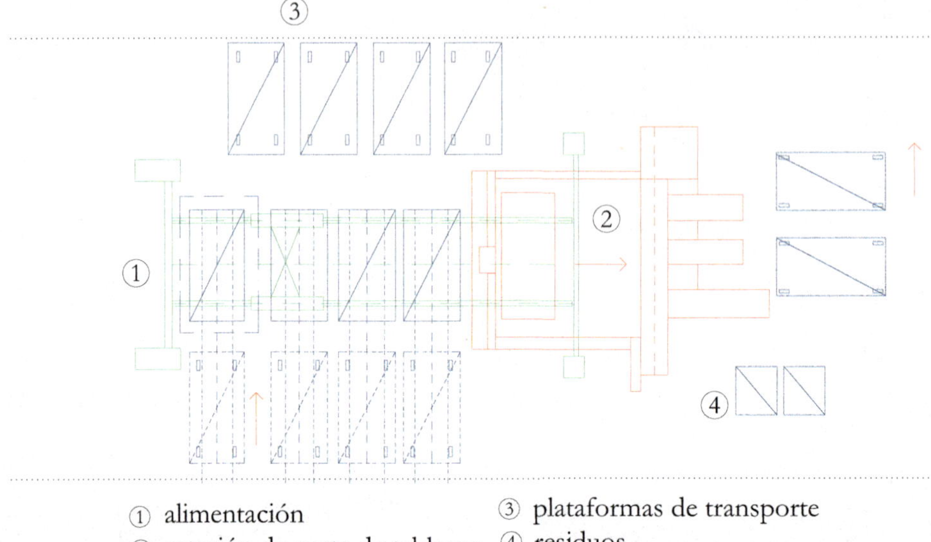

FIGURA 12.6.3.4 Ejemplo de típica área de mecanizado de paneles con cortes sencillos (basado en Herrmann 2001).

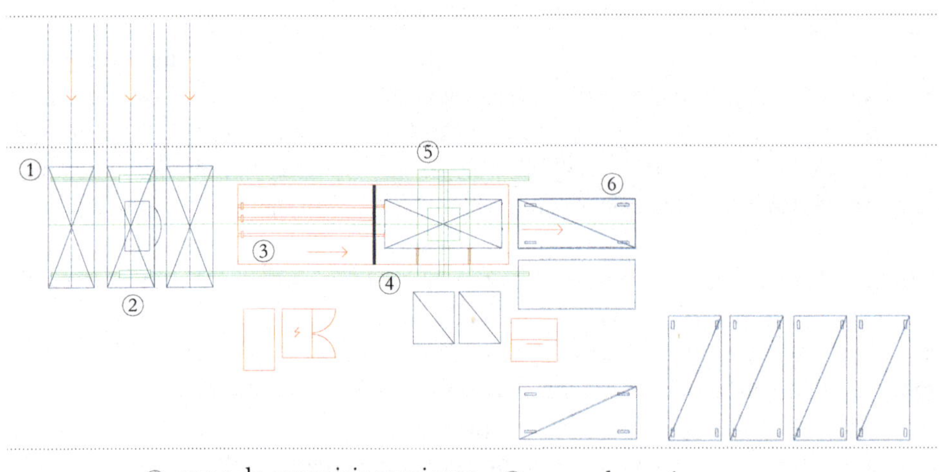

FIGURA 12.6.3.5 Esquema de centro de mecanizado de paneles (basado en Herrmann 2001).

12.6.4 *Área de ensamblado de componentes*

En la zona de ensamblaje, se ensamblan principalmente: losas (primero), muros (segundo), y techumbre (tercero). También se ensamblan en esta área todo tipo de aperturas tales como ventanas, puertas, vigas de acero, elementos de balcón y elementos de instalación entre otros. Es habitual que para las zonas de ensamblado se creen islas, en las cuales unos pocos empleados pueden generalmente implementar y supervisar todo el proceso de ensamblaje (dependiendo del grado de automatización). La creación de estas islas de ensamblaje, alivia y racionaliza considerablemente los procesos en las líneas de elementos. En la Figura 12.6.4.1 se ilustra la típica vista general de estas áreas, como también algunos elementos muy representativos tales como los puentes de clavado CNC empleados para el ensamble de piezas, y las mesas mariposa empleadas para el volteo de paneles. Todos estos elementos se describen más detalladamente en los siguientes apartados.

Ensamblado de muros - Área de ensamblaje principal

El proceso de fabricación, es sin excepción en posición horizontal, y se divide en: montaje del entramado, ensamble de la primera cara del panel, y ensamble de la segunda cara. En el proceso de ensamblaje de entramados (marcos), se pueden emplear tres sistemas:

1) Empleo de mesa mariposa, que al tener distintas posiciones posibilita el enmarcado manual.

2) Uso de sistema CNC, mediante el cual los componentes son cortados y conectados directamente al marco. El grado de automatización varía en función de distintos requisitos.

3) Uso de brazos robóticos para colocar automáticamente todas las piezas en su posición, y posteriormente ser ensambladas por control numérico mediante el puente de CNC.

En cuanto al proceso de colocación de los tableros sobre el entramado, existen principalmente 4 métodos:

1) Mediante el empleo de una estación de colocación estacionaria, que cuelga mecánicamente las placas, y a través de la cual pasan los elementos.

2) Empleo de ventosas y otros dispositivos de vacío colgantes, los cuales permiten el posicionamiento manual de los tableros.

3) Colocadas mecánicamente en una estación de aplicación móvil.

4) Brazos robóticos.

FIGURA 12.6.4.1 Vista general del área de ensamblado de una industrializadora (arriba), incluyendo puente de clavado por CNC (centro) y mesas mariposa (abajo). Las imágenes son cortesía de Modular Building Automation 2019.

La fijación de los elementos se realiza mediante clavado (más lento) y grapado (más rápido), en mucha menor medida el encolado. Normalmente estos procesos se realizan automáticamente mediante puentes de CNC, aunque en los últimos tiempos el empleo de brazos robóticos también está ganando presencia. Los puentes suelen ser horizontales, aunque también existen puentes de procesado vertical, pueden ser móviles o estacionarios, y los movimientos del procesamiento se realizan en los tres ejes (X, Y, Z). Principalmente se distinguen 4 grupos de líneas de ensamblado de muros, las cuales se diferencian principalmente en el recorrido de los paneles durante el ensamblaje:

1)	Líneas de recorrido rectilíneo o longitudinal (Figura 12.6.4.2).

2)	Líneas de recorrido transversal (Figura 12.6.4.2).

3)	Líneas de recorrido divergente (Figura 12.6.4.3).

4)	Líneas con recorrido en forma de U (Figura 12.6.4.3).

El proceso empleando adhesivo, es similar, con la diferencia de que después del encolado, los elementos se prensan y posteriormente se recortan a medida en uno o ambos lados.

Ensamblado de muros - Área de ensamblaje secundario

Esta área, tiene como función el almacenamiento intermedio entre el área de ensamblaje y la zona de carga. En ella, los procesos se realizan en la posición horizontal y/o vertical de los elementos, y varían ostensiblemente de un proyecto a otro. Las operaciones básicas que se realizan son:

1)	De montaje. Ventanas, puertas exteriores e interiores, escaleras, buhardillas, cubículos/balcones.

2)	Revestimiento de muros. Limpieza, alicatado, lacado, aplicación de masilla.

Ensamblaje de losas - Área de ensamblaje principal

El diseño de esta área se determina según la tecnología de unión entre los componentes (clavos, adhesivos o grapas), los distintos procesos (disposición de los componentes, tablero sólo a una cara, o a dos caras) y el ancho del elemento (normalmente con valores de ancho entre 1.25-2.50m). En esta zona, muchos de los componentes se fabrican por completo, aunque hay una serie de elementos que pasan al área de ensamblaje secundario.

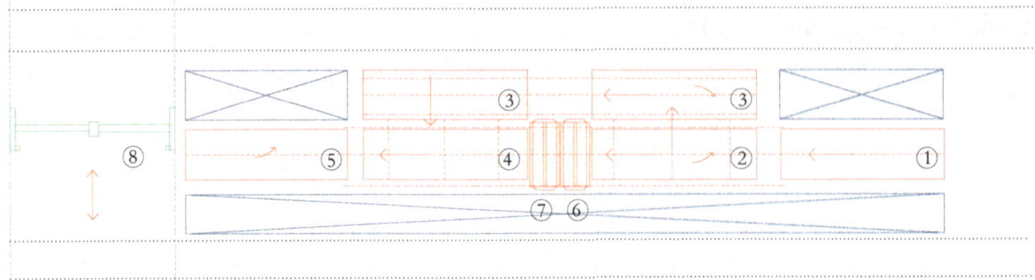

① colocación del entramado   ④ y ⑤ ensamblaje segunda cara
② ensamblaje primera cara   ⑥ y ⑦ puentes de CNC
③ instalación del aislamiento ⑧ puente grúa

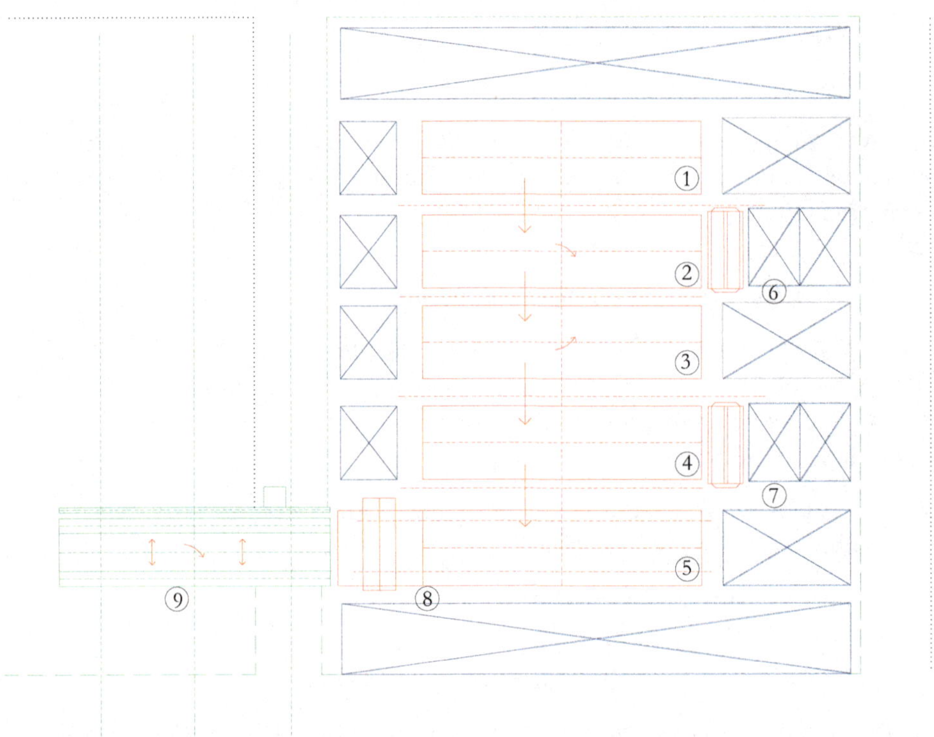

① colocación del entramado   ⑥ y ⑦ puentes móviles de CNC
② ensamblaje primera cara   ⑧ puente estacionario de CNC
③ instalación del aislamiento ⑨ carro con dispositivo basculante
④ y ⑤ ensamblaje segunda cara

FIGURA 12.6.4.2 Ejemplos de áreas de producción de muros con recorrido rectilíneo (arriba) y transversal (abajo) (basado en Herrmann 2001).

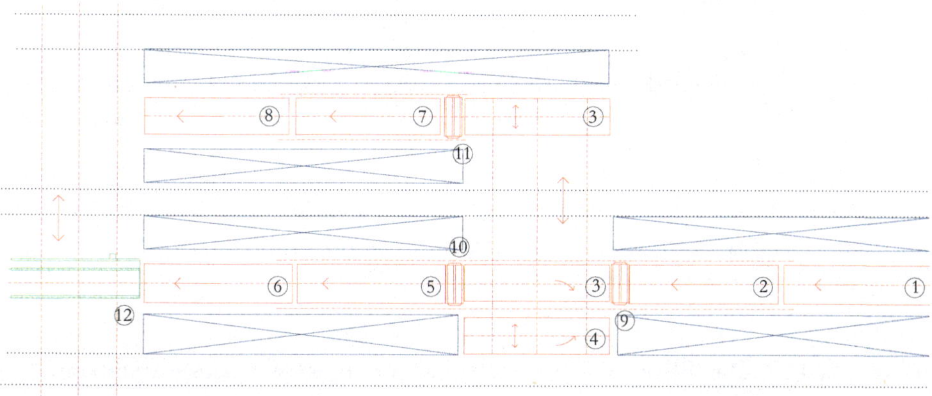

① colocación del entramado

② ensamblaje primera cara

③ y ④ instalación del aislamiento

⑤ y ⑥ ensamblaje segunda cara, tabique externo

⑦ y ⑧ ensamblaje segunda cara, tabique interno

⑨ ⑩ y ⑪ puentes de CNC

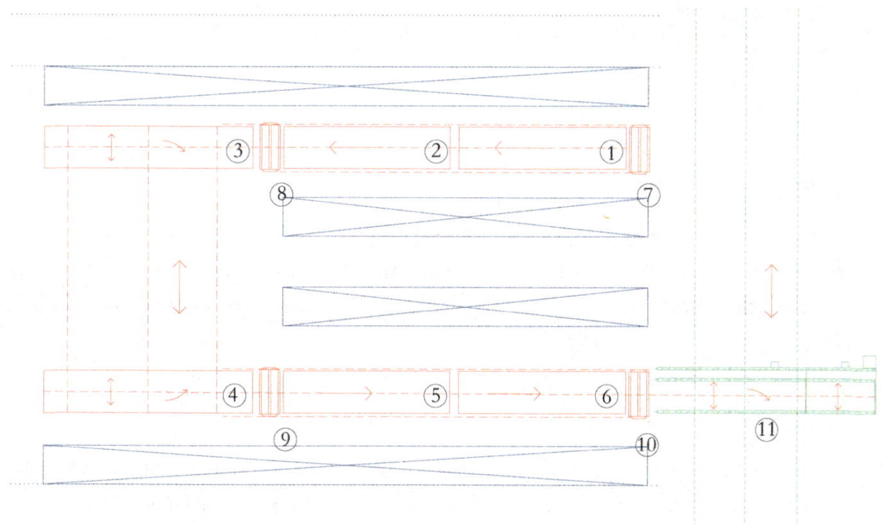

① colocación del entramado

② ensamblaje primera cara

③ y ④ instalación del aislamiento

⑤ y ⑥ ensamblaje segunda cara

⑦ ⑧ y ⑨ puentes móviles de CNC

⑩ puente estacionario de CNC

⑫ carro con dispositivo basculante

FIGURA 12.6.4.3 Ejemplos de áreas de producción de muros con recorrido divergente (arriba) y en U (abajo) (basado en Herrmann 2001).

La fijación mediante el uso de clavos/grapas, suele consistir en los siguientes pasos:

1) Primera cara del elemento: disposición del envigado/elementos de bloqueo en la posición adecuada mediante la ayuda de puentes de trabajo, y colocación de placa de yeso cartón mediante equipo de vacío y posterior atornillado mediante puente CNC.

2) Segunda cara del elemento: se colocará después de voltear el primer lado del elemento; se introducen el aislamiento, las instalaciones y conductos entre otros y se fijan las placas mediante el uso de puentes de trabajo.

El flujo del proceso puede ser rectilíneo o transversal, tal como se ejemplifica en la Figura 12.6.4.4. El proceso de ensamblaje de losas encoladas es relativamente parecido, solo que se emplea una prensa caliente continua que permite encolar los tableros al entramado, ver detalles en Herrmann (2001).

Ensamblaje de losas - Área de ensamblaje secundario

En esta área se realizan operaciones de ensamblaje secundarias tales como fijación de aleros, instalación de paneles y barandillas de balcón, aplicación de recubrimientos como esmaltados, etc.

Ensamblaje de cubiertas

Habitualmente se agrupan en:

1) *Prefabricación de paneles con cabios*: consisten básicamente en prefabricar paneles compuestos por cabios y placa interna de yeso cartón, la cual puede ser atornillada o encolada. Lo más habitual es fabricar estos elementos mediante líneas de recorrido (Figura 12.6.4.5), aunque también pueden desplazarse los paneles transversalmente en líneas de recorrido transversal.

2) *Prefabricación de parrilla de listones con membrana*: también es posible prefabricar la parrilla de listones longitudinales y transversales junto con la membrana impermeable para colocar por encima de los paneles prefabricados con cabios. El ensamblado de estos elementos se realiza en mesas especiales que cuentan con rodillos que facilitan el desenrollado de las membranas para la colocación en los listones.

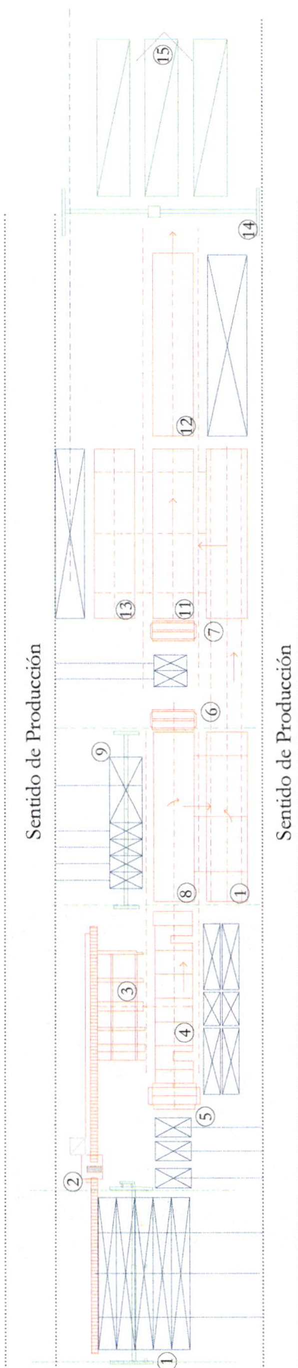

FIGURA 12.6.4.4 Posible esquema de línea de industrialización de losas clavadas o grapadas (basado en Herrmann 2001).

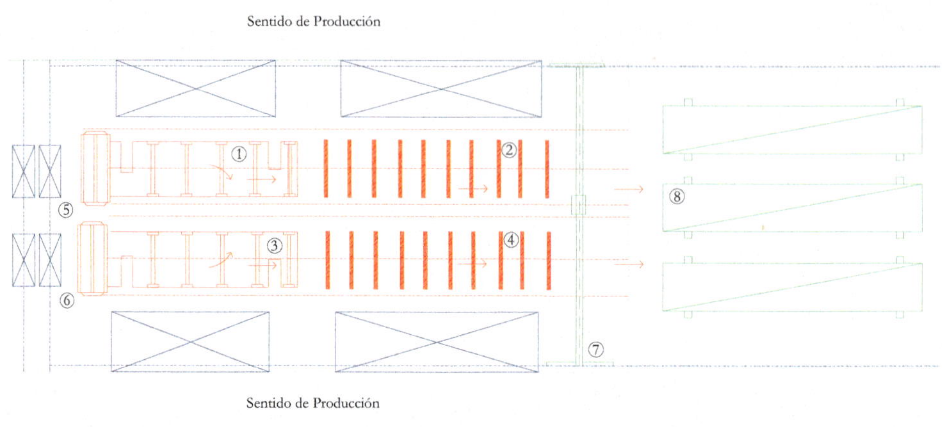

1/3. Mesas de colocación	7. Grúa de carga
2/4. Mesas de trabajo	8. Puente de intercambio
5/6. Puentes de trabajo	

FIGURA 12.6.4.5 Posible industrialización de paneles con cabios de cubierta de recorrido recto (basado en Herrmann 2001).

12.6.5 *Manipulación y transporte de material y componentes*

Se deben de tener en cuenta tres factores:

1) Tipo de mercancía a transportar: elementos de gran envergadura, planchas, componentes ya acabados, etc.

2) Procesos que se tienen que llevar a cabo: carga, descarga, transporte, apilado, etc.

3) Tipo de transportadores empleados: elevadores, grúas, transportadores de piso, etc.

Vehículos industriales (transportadores de piso)

Este tipo de transportadores, se emplean en todas las áreas de producción. Las más empleadas son de tres tipos:

1) Carretillas elevadoras (manuales o eléctricas)

2) Montacargas (frontales y/o laterales)

3) Elevador/manipulador de módulos completos (frontales y/o laterales). Se pueden emplear, por ejemplo, para el transporte a la zona exterior.

Grúas

Bajo este nombre, se conocen aquellos sistemas monorraíl (puentes grúa), y otros tipos de grúa también empleados a la hora de producir viviendas prefabricadas. Los puentes grúa, se suelen utilizar como transportador estándar para cargar elementos listos para envío, y también se emplean para mover componentes de una línea de producción a otra, como por ejemplo muros ensamblados para ser posicionados sobre losas, o techumbre para ser posicionada sobre muros, ver Figura 12.6.5.

Pueden estar equipados con distintas herramientas, en función de las necesidades, como, por ejemplo, plataforma giratoria, y se instalan en zonas donde se generan procesos que no pueden ser manejados por otros sistemas de transporte. Pueden ser manuales o mecanizados (puentes deslizantes, estaciones de giro, de traslado, estaciones de elevación y descenso).

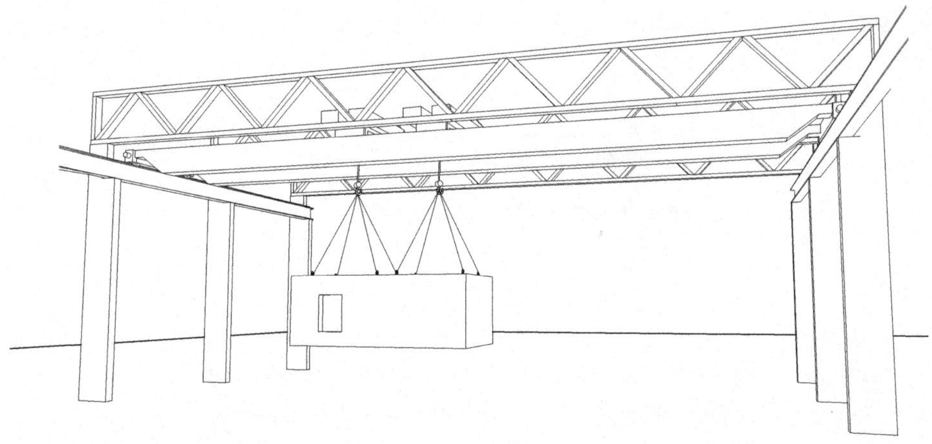

FIGURA 12.6.5 Empleo de puente grúa para transporte de componentes en planta.

Bandas y otros elementos transportadores

En este caso, estos sistemas necesitan de instalaciones especiales, diseñadas especialmente para la producción de construcciones prefabricadas. Entre estos sistemas se encuentran:

1)   Cadenas transportadoras (transportadores de cadena). Son empleados en la producción de los elementos (áreas de ensamblaje primario).

2)   Carros de empuje sobre raíles. Se emplean para transportar elementos de muro (en posición vertical, área de ensamblaje secundario).

3)   Transportadores de rodillos. Empleados en todas las áreas de producción.

4)   "Mesas móviles". Tenemos 3 sistemas: mesas mariposa (giran 90°, para voltear los elementos), mesas de 180°, y tambores de volteo.

5)   Carros de transferencia sobre raíles. Permiten el transporte longitudinal y/o lateral de los elementos.

6)   Sistemas de desapilado descendente (área de carpintería).

7)   Sistemas de agarre. Usados para mover componentes individuales, como vigas.

8)   Alimentadores de vacío. Usados para la alimentación de paneles en líneas de corte, líneas de elementos, etc.

9)   Apiladores (dispositivos). Usados para tomar componentes en la salida del área de ensamblaje.

Dispositivos elevadores

Existen diversos dispositivos que tienen este uso, entre los que se encuentran las estaciones elevadoras.

12.6.6 Flujo de material en fábrica

Varios factores son los que determinan principalmente el flujo de material (Herrmann 2001):

1)   En la medida de lo posible, deben de evitarse procesos de transporte. Y si alguno de ellos no se puede evitar, debe tratar de mecanizarse o automatizarse. En general todos los procesos de transporte y carga de la fábrica deben estar completamente adaptados al flujo de material (nunca al revés).

2)   Las estaciones sucesivas por las que los distintos elementos deben circular, deben de estar espacialmente lo más cercanas posible.

3)   En la medida de lo posible, todo el flujo de material y componentes, desde abastecimiento hasta el envío de componentes ya industrializados, debe ser lo más recto posible.

4)   En el concepto de flujo de material de la fábrica, debe de incluirse si o si, la manipulación de materiales residuales.

Líneas de producción

La estructura de las líneas de producción en fábrica, es un concepto muy importante a tener en cuenta para conseguir un flujo de material óptimo.

Si bien, tal como se ha comentado anteriormente, el flujo de material debe ser en la medida de lo posible recto, es bastante típico que líneas de producción de muros por ejemplo muestren formas en U (ver Figura 12.6.4.2). También es posible que se generen líneas divergentes, principalmente debido a ensamblajes secundarios o terminales diferenciales entre distintas piezas (ver Figura 12.6.4.2), o bien que líneas auxiliares converjan a líneas principales, como por ejemplo en el caso de producción de módulos, en donde es bastante típico que los muros se produzcan en líneas auxiliares para alimentar la línea principal tras la industrialización de losas. Por todo ello, las disposiciones más típicas en industrializadoras son las siguientes (ver Figura 12.6.6.1):

1) Líneas longitudinales (rectilíneas, p.ej. en producción de cubiertas)

2) Líneas de orientación en forma de "U" (p.ej. en producción de muros con ensamblaje primario).

3) Líneas de orientación convergente (p.ej. en producción de módulos)

4) Líneas de orientación divergente (p.ej. en producción de muros con ensamblaje secundario).

5) Líneas mixtas (es posible encontrar combinaciones de las anteriores).

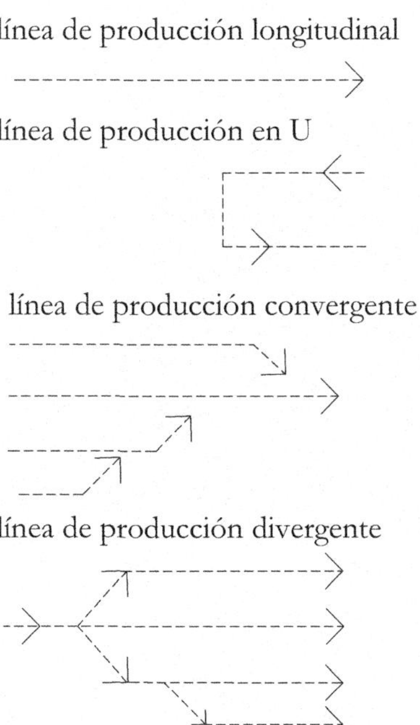

FIGURA 12.6.6.1 Típicas líneas de producción empleadas en industrializadoras (modificado de Herrmann 2001).

Flujo de productos a camiones de carga

Según Herrmann (2001), en general existen 2 estrategias diferentes para abordar la carga del material ya terminado (muros, losas, techumbre, módulos, etc.), en los camiones de carga:

1)   Concepto de carga directa. El flujo de material está ideado para que, los componentes terminados de cada una de las líneas de producción se trasladen directamente a la zona de carga. Es decir, el material de cada línea tiende a fluir longitudinalmente respecto de la misma para llegar a los camiones de carga. Esta estrategia tiene la ventaja evidente de que el transporte es muy directo, pero a la vez es mucho más rígido, ya que, si es que se quiere trasladar material de una línea a un camión de carga correspondiente a otra línea, se producirán costes considerables.

2)   Concepto de carga transversal. A diferencia del anterior, en este caso el flujo de material ya terminado se asume que se transportará transversalmente a las líneas, hasta alcanzar el camión correspondiente. A diferencia del anterior, este concepto es menos directo, pero mucho más flexible, y generará muchos menos costos en caso de necesitar efectuar cargas cruzadas, ver Figura 12.6.6.2.

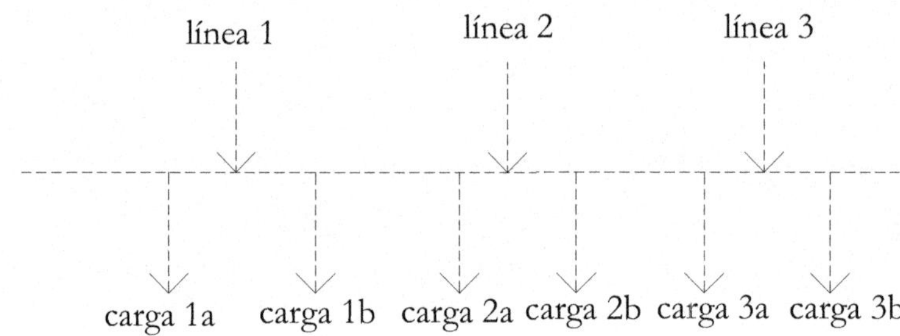

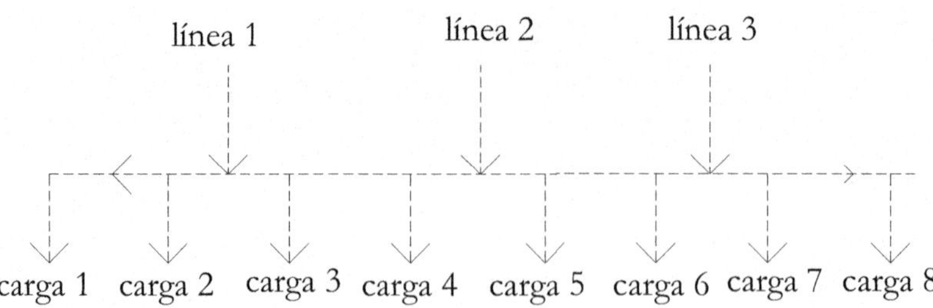

FIGURA 12.6.6.2 Concepto de carga directa (arriba) y transversal (abajo) como estrategias para liberar los productos industrializados de las líneas en los camiones (modificado de Herrmann 2001).

Flujo externo de material y planificación del mapa de la fábrica

La disposición global de las distintas áreas de la fábrica, debe ser tal que se minimice circulaciones cruzadas entre las distintas áreas, considerando los medios de transporte en todas sus escalas, desde carros elevadores, pasando por furgonetas y hasta camiones de mediana o gran capacidad de carga. Por supuesto la maniobrabilidad de camiones y el intercambio de cajas móviles, deben estar también asegurados, lo que se logra destinando una cantidad no menor de la superficie al flujo de material. Otro aspecto importante es, lógicamente, conseguir un buen acceso a la red de carreteras desde la fábrica, y en particular tratar de que el acceso desde la red hasta la zona de intercambio de cajas móviles sea lo más directa posible. Diversos autores recomiendan también, que el almacén de material esté siempre separado en un edificio aparte de la nave industrial donde se encuentra todo el equipamiento de industrialización. También es recomendable que las instalaciones de control de fábrica, control de inventario, programación de máquinas CNC etcétera, estén aisladas en un edificio próximo a la nave de industrialización.

En el diseño de la planta de una nueva industrializadora, además de considerar la capacidad de producción esperada, es también de suma importancia considerar desde el primer momento las posibilidades de ampliación o renovación de material tecnológico en el mediano y largo plazo. En especial, es relativamente habitual que una empresa que comienza abarcando un rango limitado en la cadena de construcción industrializada – lo cual incluye desde la adquisición de materias primas hasta la etapa de mantenimiento una vez la construcción está en servicio -, produzca algún tipo de integración vertical, abarcando más eslabones del proceso. Por supuesto el manejo de mermas y residuos es también sumamente relevante desde el primer momento.

De este modo, podemos considerar, que en general se precisan 7 áreas que deben planificarse en una industrializadora de madera (Herrmann 2001); ver un ejemplo de esquema general de fábrica en la Figura 12.6.6.3:

1)	Zona de exposición de componentes/módulos/viviendas. Normalmente muy cerca del acceso principal.

2)	Zona de aparcamientos, lo que suele incluir vehículos ligeros de los trabajadores, y aparcamiento de visitas, estacionamiento de la flota de camiones de mayor o menor capacidad de carga, estacionamiento de cajas móviles de camiones, estacionamiento de furgones de herramientas, que típicamente se llevan a obra para realizar las tareas de montaje, y también en ciertos casos, para tareas de mantenimiento.

3)	Zona de administración y socialización (clientes, visitas, etc.). Habitualmente cerca del acceso principal y la zona de exposición.

4)   Zona de almacenamiento de materias primas. Se recomienda separada, aunque muy cerca y con acceso directo a la zona de industrialización.

5)   Zona de industrialización, carga y depósito. Núcleo de la fábrica donde se fabrican y cargan todos los productos. Idealmente con el almacén a un lado, y el acceso principal al otro, a modo de generar líneas rectas.

6)   Zona de instalaciones de control, incluyendo zona de programación CNC, control de inventario, control con sistemas APS-PPS, etc., es decir, el "cerebro" de la fábrica. Se recomienda situar aparte de la administración y entrada, y también aparte (aunque cerca) de la propia zona de industrialización.

7)   Zona de acopio y recogida de residuos. Idealmente, cerca de la zona de industrialización, y con circulación relativamente directa al acceso principal.

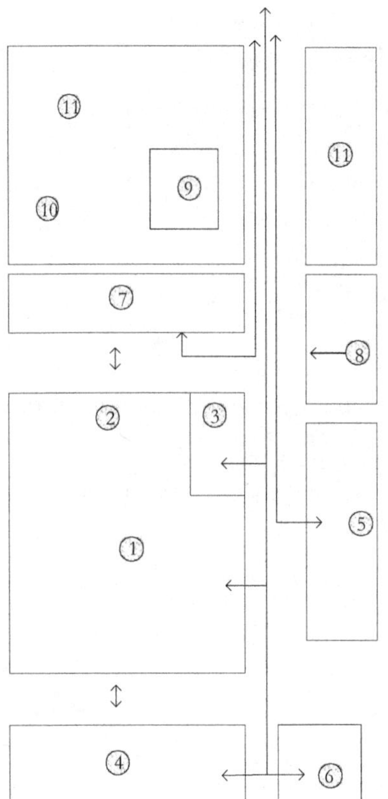

1.   Fabricación y producción
2.   Carga
3.   Depósito
4.   Almacén central
5.   Áreas cercanas
6.   Residuos
7.   Puentes de intercambio
8.   Vehículos de instalación
9.   Administración
10. Viviendas de muestra
11. Aparcamiento

FIGURA 12.6.6.3 Ejemplo de disposición general de una industrializadora de madera, incluyendo zonas principales, y principales flujos de circulación (modificado de Herrmann 2001).

12.6.7 *Consideraciones generales acerca del diseño de la nave de planta de industrialización*

Por supuesto el tamaño depende del volumen de producción, número de líneas, y de otros muchos factores. Pero por lo general, se recomienda que cada "unidad" de producción tenga una superficie aproximada de 25 m de largo y 10 m, con portones de entrada y salida de materiales de aproximadamente 4.5 m. También suele requerirse una altura libre por debajo del puente grúa de aproximadamente 7,5 m en la zona de cajas móviles, lo que suele permitir una altura suficiente para poder levantar verticalmente los muros con la grúa, y disponerlos verticalmente en las cajas móviles de camiones. La capacidad típica de la grúa de carga, por supuesto también depende del producto elaborado, pero para componentes de entramado ligero, esta suele tener una capacidad de entre 3-5 t.

Dado que se requiere una altura libre relativamente elevada bajo el puente grúa de descarga - 7,5 m entre el extremo inferior del puente grúa y el nivel base de cajas móviles –, es bastante frecuente que o bien la zona de descarga final de componentes en la nave tenga una altura superior al resto de la misma, o bien que se construya todo con la misma altura libre. En este último caso, se bastante común aprovechar las zonas sobre las que no esperamos tener flujo de material en altura para establecer un doble nivel de trabajo, uno al nivel del piso inferior, y otro a mediana altura. Las posibilidades de utilización del doble nivel son múltiples, pero por lo habitual el nivel superior se emplea para tareas que son más livianas, tales como ensambles secundarios, almacenamiento de aislamiento térmico, oficinas de control y estrategia, etc. Algunos ejemplos específicos de aprovechamiento de doble nivel pueden consultarse en Herrmann (2001).

12.7 LOGÍSTICA Y MONTAJE EN OBRA

Claramente, en el negocio de la vivienda industrializada, el proceso de fabricación real consta de una primera fase de producción de componentes en fábrica, y de otra de ensamblaje en el lugar de la obra de estos componentes prefabricados. Esta segunda fase requiere de una planificación previa y una preparación, que eliminen dentro de lo posible sorpresas no deseadas. A este respecto, se recomienda considerar como un ejemplo, las llamadas *instrucciones de ensamblaje para empresas construcción industrializada* ("BDF Muster-Montage-anweisung für Unternehmen des Fertighausbaus", en Alemania, han sido creadas por la *Bundesverband Deutscher Fertigbau e.V*), o algún otro documento de referencia similar, en los cuales se planifican la preparación del trabajo y organización de la carga, así como de transporte, descarga, ensamblaje de materiales peligrosos, y teniendo muy en consideración la seguridad en el lugar de la obra. De forma muy resumida, en los siguientes apartados se presentan algunas consideraciones clave a este respecto.

12.7.1 *Logística, carga y transporte*

12.7.1.1 *Logística*

La logística es tremendamente importante en la vivienda industrializada. En la estrategia logística, influyen significativamente factores como las condiciones del emplazamiento, los requisitos de financiamiento, incluyendo la construcción de fundaciones o garajes, la obtención de permisos pertinentes y otras posibles exigencias planteadas por el cliente. Es por ello, que, en la firma del contrato, es una práctica habitual hacer un *"checklist"* con el promotor de forma que todas estas informaciones puedan ser formalizadas en el mismo día que comienza oficialmente el proyecto. Este levantamiento de información inicial, permite establecer una descripción inicial, que sirve de base para elaborar plan de producción (producción en fábrica entre otros) y el plan de montaje (con horarios para cuadrillas, grúas, subcontratistas, etc.). En general, la información inicial, y las evoluciones en el curso del proyecto se emplean de la siguiente manera en relación al plan logístico y el montaje

1) Perspectivas preliminares de la estructura (aprox. 3 meses antes del montaje).

2) Resúmenes provisionales de las perspectivas actualizadas (aprox. 2 meses antes del montaje).

3) Resúmenes finales de las perspectivas de la construcción (aprox. 1 mes antes del montaje). Para la elaboración del resumen final, es habitual que la industrializadora realice una inspección en el emplazamiento de la obra, verificando todos los aspectos relevantes, y en especial el estado de las fundaciones u otras construcciones bajo el nivel del suelo, y también el impedimento a la circulación de materiales y en especial camiones. Dicha inspección suele ser formalizada en un documento.

El objetivo de esta planificación temprana, es que, en el momento del montaje, tan sólo debamos ocuparnos de los problemas relacionados al mismo, sin tener que enfrentar problemas adicionales dados por situaciones externas.

12.7.1.2 *Carga*

La carga de los componentes, en los vehículos de transporte, debe realizarse en orden inverso a la secuencia de montaje, lo que permitirá, la extracción y montaje directos en el sitio, y si fuese necesario, el almacenamiento intermedio. En el caso del entramado ligero, es relativamente frecuente sujetar los elementos mediante cintas de amarre (existen otros sistemas mediante tornillos, pero este sistema es más económico y sencillo). Es habitual que estas cintas se coloquen ya en el proceso de prefabricación, sujetando los pies derechos o elementos verticales con una perforación de modo que las fuerzas scan similares a las que tendrán en servicio. Posteriormente, estas cintas pueden simplemente cortarse en la construcción para agilizar el montaje. En el caso de elementos pesados y, en especial CLT, es más habitual emplear ganchos y otros conectores mecánicos, ver aspectos detallados en relación al diseño de estos elementos en la edición estadounidense del CLT Handbook (2013). Los componentes deben de estar lo suficientemente sujetos para evitar deslizamientos.

12.7.1.3 *Transporte*

El sistema más usado es el transporte por carretera, mediante el uso de *camiones articulados*. Principalmente, estos medios de transporte se emplean de forma que un *semiremolque* se acopla directamente a una cabeza tractora como quinta rueda, o bien una caja móvil se articula a la cabeza tractora. La primera opción, presenta el beneficio de que, para semirremolques bajos, el alto puede ser del orden de 1 metro, lo que permite transportar módulos y componentes de una altura de hasta 2,5-3 m sin problemas. Sin embargo, en este tipo de vehículos la maniobrabilidad en obra, especialmente en obras estrechas, es complicada. La segunda opción, empleando cajas móviles articuladas, es más factible de cara a la maniobrabilidad en obra, ya que multitud de vehículos pueden ser acoplados a la caja móvil en obra para su transporte en el emplazamiento. La desventaja, sin embargo, de la opción con cajas móviles, es que a menudo la altura de estas es como mínimo 1,3 metros, lo que en ocasiones perjudica el transporte de elementos de 2,5 metros de altura o más.

Las dimensiones límites para el transporte común de mercancías cambian en cada país. Por ejemplo, en Chile, el ancho máximo de transporte son 2,6 m, el alto máximo son 4,2 m, y el largo máximo, descontando la unidad tractora suele situarse alrededor de los 10-12 metros, según el tipo específico de vehículo. Eso implica, que, las dimensiones aproximadas de transporte son del orden de 2,6·3,2·10-12 m para la opción de semirremolque acoplado a cabeza motora, y 2,6·2,9·10-12 m para la opción de caja móvil articulada. Habitualmente, el transporte de anchos entre 2,6 y 3,5 m requiere un permiso simple, pero transportes de más de 3,5 m requieren escolta policial. Por supuesto es necesario verificar las dimensiones máximas del trayecto correspondiente a cada emplazamiento, en especial la altura de puentes y radios de giro en curvas cerradas. Es posible solicitar permisos para dimensiones superiores a las anteriormente indicadas, sin embargo, esto suele ser mucho menos económico por lo que habitualmente no se recurre a transporte especial.

12.7.2 *Preparación en la zona de construcción*

12.7.2.1 *Cimientos*

Tal como se ha comentado en la Sección 12.7.1.1, la planificación del montaje depende en gran medida de los cimientos, y es por ello que como máximo un mes antes del montaje deben ser verificados por la propia industrializadora. La importancia de los cimientos es evidente: la calidad, durabilidad, y ventajas de la construcción industrializada radican en gran medida en la enorme precisión que puede llegar a alcanzarse en fábrica. Sin embargo, dicha precisión, propiedades aislantes, estanqueidad del aire, barreras de humedad, etc. se pueden ver significativamente penalizadas al ensamblar la estructura sobre una base irregular.

En algunos países como en Alemania, el control de la nivelación de fundaciones es realmente muy estricto, especialmente en relación a la vivienda industrializada. El control de fundaciones básicamente consiste en estimar la rectitud de ángulos, lo cual se efectúa primordialmente midiendo las diagonales y los lados de la fundación/losa que sirve como soporte para la estructura de madera. Así, por ejemplo, las diagonales no pueden tener una imprecisión mayor de 7 mm, y cada lado no puede sobrepasar los 5 mm de imprecisión según la DIN 18202. También se controla el desnivel de la losa, cuyo límite máximo son 5 mm. Si es que algunas tolerancias no se cumplen, el promotor debe, por obligación contractual, cubrir los gastos necesarios para implementar las nivelaciones que correspondan. Dado que dichas nivelaciones no son una tarea poco costosa, es importante que el control estricto, especialmente en la longitud de las diagonales se realice ya en la obra antes de verter el hormigón.

12.7.2.2 *Acceso a la obra*

El acceso a la obra debe permitir todas las tareas de montaje sin obstáculos y con la total seguridad de los trabajadores. Por lo general, se deben prever franjas de 3 m de ancho para la circulación de camiones, radios de giro acordes a los medios de transporte empleados (del orden de 16-22 m), y capacidad de tonelaje suficiente del substrato del emplazamiento (aprox. 30 t).

12.7.2.3 *Zona de almacenamiento*

En las inmediaciones del emplazamiento, deben de ser situados depósitos o espacios de almacenamiento adecuados para acumular los componentes y materiales (tejas, chimeneas, etc.) que no estén listos de inmediato para su instalación. En el caso de que la localización de la obra esté en una zona donde las inclemencias del tiempo puedan afectar a la integridad de estos elementos, debería de establecerse un depósito de almacenamiento seco y con cerradura.

12.7.2.4 *Alojamientos para uso de los trabajadores*

Las zonas de construcción de viviendas prefabricadas, son localizaciones en general de trabajos a corto plazo, por lo cual hay diversas instalaciones de las que se puede prescindir. Sin embargo y, aun así, deberían de constar de: un alojamiento diurno (para almuerzos y descansos), instalaciones sanitarias y cuartos sanitarios donde los trabajadores se puedan asear una vez terminada la jornada.

12.7.2.5 *Grúa de montaje*

Junto con los camiones articulados, la grúa de montaje es el principal equipamiento necesario en obra para llevar a cabo las tareas de montaje. En muchos países se emplean grúas de montaje que son especiales para la construcción prefabricada, ver Figura 12.7.2.5.1. Habitualmente estas grúas tienen cargas útiles de hasta 35 t, requieren una altura libre en circulación de unos 3,9 m, un ancho de acceso de al menos 3 m y un radio de giro de unos 16 m. La superficie típica de soporte para este tipo de grúas suele ser un cuadrado de entre 6 y 8 m de lado. El emplazamiento en obra debe estar idealmente nivelado con respecto a la superficie superior de la fundación, o incluso encontrarse la grúa con un desnivel máximo de 2,5 m por debajo del nivel superior de la fundación. También debe situarse como mínimo a una distancia de 6 m respecto de la edificación. En la Figura 12.7.2.5.2 se muestra el típico diagrama de capacidad de izaje de una grúa empleada para montaje de prefabricados según DIN 15019.2.

12.7.2.6 *Suministro de energía y agua*

La conexión eléctrica debe de ser realizada por un electricista autorizado, y solicitada al suministrador ya al comienzo de la instalación, ya que, para las herramientas eléctricas manuales y la iluminación, es necesario ya el primer día de construcción. En general la conexión eléctrica debería de asegurarse con 16 amperios, y es necesario tomacorrientes a tierra e interruptores de fuga a tierra. Es necesario tener en cuenta que, si las líneas aéreas recorren el terreno de la edificación, deben de ser liberadas por la compañía de suministro eléctrico durante el tiempo de operación de la grúa, por motivos de seguridad.

Para el abastecimiento de agua, el trabajo de instalación debe de ser realizado por un plomero especializado, y solicitado a la compañía de suministro de agua correspondiente. Para la instalación de calefacción, dependerá de las opciones que requiera el propietario.

En Chile, se requiere un electricista acreditado por SEC, lo que implica que de fábrica únicamente puede venir la canalización pero no el cableado o tableros. Lo mismo ocurre con el gas, que debe también ser incorporado en obra. Los sistemas de agua potable, alcantarillado y sistemas de distribución de calefacción sin embargo, sí pueden venir instalados de fábrica.

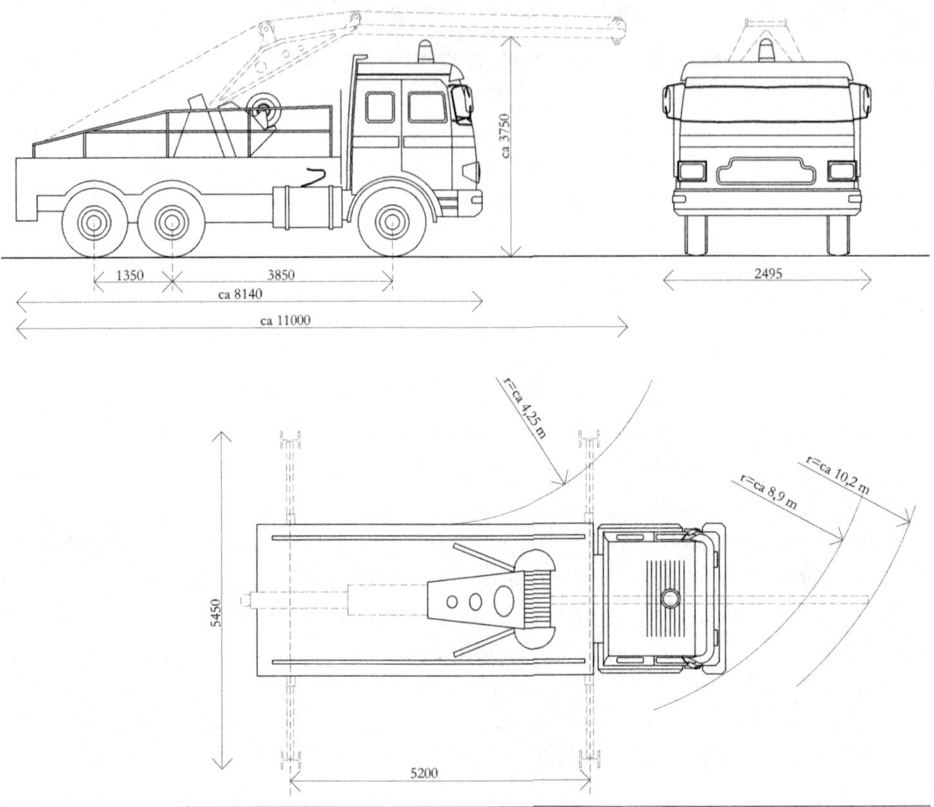

FIGURA 12.7.2.5.1 Ejemplo de grúa de montaje empleada para prefabricados de madera de baja altura (basado en Macha 2001).

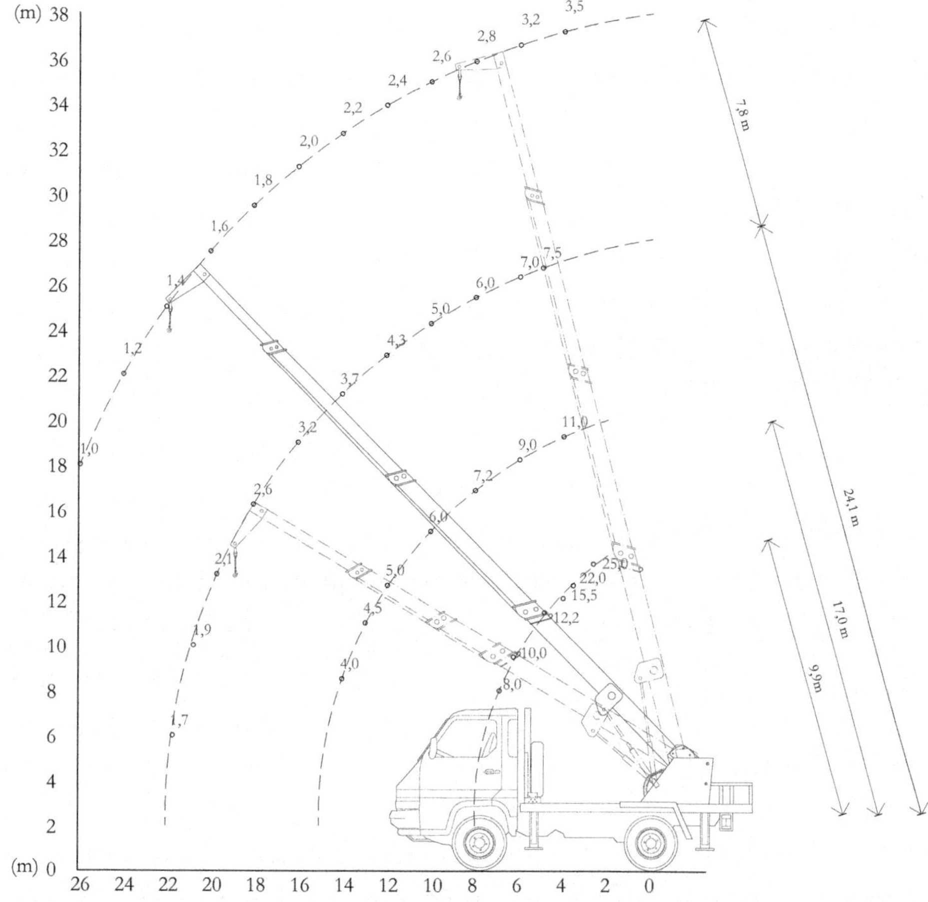

FIGURA 12.7.2.5.2 Ejemplo de curvas de capacidad de izaje para grúas de prefabricados según DIN15019.2 (basado en Macha 2001).

12.7.2.7 *Eliminación de residuos*

Estos residuos pueden ser reenviados al sitio de fábrica, eliminados por parte de servicios de recogida de residuos locales, separados y reciclados, etc. Pero lo que sí que es necesario es que, durante las distintas operaciones de la obra y el montaje, estos residuos de la construcción y materiales de empaque sean recolectados y almacenados en un espacio específico (para evitar desorden, accidentes, etc.).

En distintos países europeos, entre los que se encuentra Alemania, está surgiendo un nuevo sistema mediante el cual muchos fabricantes de viviendas industrializadas de madera tienen una tendencia al alza, para expandir su propia oferta de servicios al desechar estos residuos (reciben una contraposición monetaria, reciclan materiales para reutilizarlos en la empresa, etc.); en Alemania se propuso un sistema de procesamiento de residuos que está funcionando muy bien y que tiene apoyo estatal:

1) La industrializadora asigna el pedido por parte del cliente a su propia oficina de recogida y eliminación, o bien una oficina externa.

2) La oficina de recogida y eliminación coordina y envía el pedido directamente a un servicio local de reciclaje.

3) El servicio local de reciclaje realiza la recogida y posterior clasificación de residuos.

4) Se factura directamente desde la oficina central al cliente de la vivienda prefabricada.

12.7.3 *Instalación y montaje*

12.7.3.1 *Preparación*

Las medidas tomadas para la preparación del montaje, implican: inspeccionar, marcar los muros y según el sistema de construcción, también colocar, nivelar y fijar los pilares en la base de hormigón (o losa de cimentación). Se deben aplicar aquí todas las consideraciones acerca de medidas para garantizar la durabilidad de la construcción del mismo modo que si una construcción convencional se tratase (ver Capítulo 14).

12.7.3.2 *Organización*

A la hora de organizar el montaje, con respecto al personal, se diferencia entre: dirección operacional, supervisor de obra (o montaje), directores de equipo (o cuadrilla) y cuadrillas (diferenciadas estas últimas en enlosado, desarrollo de la construcción y acabados). Es muy necesario que los empleados estén especialmente capacitados, y reciban instrucción regular en prevención de accidentes. Las cuadrillas se ensamblaje típicamente constan de 4 a 5 empleados además del director de equipo; para las cuadrillas de acabado lo ideal es de dos a 3 empleados técnicamente especializados (sanitarios, eléctricos, azulejos, calefacción, etc.)

12.7.3.3 *Fases de montaje*

Se diferencian dos fases:

Fase constructiva

En esta fase, se construye el armazón del edificio, incluyendo tabiques interiores y exteriores, losas de pisos, escaleras, techo y anclaje de los componentes con las fundaciones o entre sí. Durante esta fase, es necesario tener en cuenta que, al mover los elementos de panel o módulos con grúa de montaje, es necesaria la utilización de un cable guía.

- En cuanto a los elementos de muro, además de las consideraciones respecto del amarrado de ganchos, cintas u otros dispositivos empleados para el izaje tal como se expuso en la Sección 12.7.1.2, es necesario considerar que hasta que no todos los muros colindantes han sido montados y ensamblados, los tabiques carecen de estabilidad frente a ninguna fuerza transversal. De este modo es necesario colocar, al menos en una de las caras de cada muro, 2 puntales temporales para asegurar la estabilidad, hasta que el muro ha sido ensamblado con los muros vecinos. El ensamble con muros vecinos se realiza de forma diferente por cada industrializadora, pero es bastante común emplear tornillos y pernos. Una vez estabilizado el muro mediante ensamble con muros colindantes, los puntales se retiran.

- En cuanto a los elementos de losas de techo, es necesario que se tomen medidas especiales. El transporte de los mismos con la grúa, se hace generalmente con la suspensión del cable en 4 puntos. La conexión se logra mediante uniones de lengüeta y ranura y/o atornillado.

- Después de la instalación de los elementos de cubierta, se continúa normalmente con la instalación de las escaleras prefabricadas y zonas comunes. Es necesaria la protección de los escalones durante la misma para evitar daños. Para su instalación, se usa una suspensión de 4 puntos con cuerdas de distinta longitud.

- La instalación de los elementos de cubierta, depende del diseño, en función de lo cual se montan correas o vigas; se realiza con una suspensión de dos cables y se tiene que tener cuidado, ya que el ángulo entre los cables no debe de ser superior a 120°. Las longitudes de los cables son distintas. Una vez que están alineados, se conectan con clavos, pernos o tornillos.

En la Figura 12.7.3.3 se ilustra el izaje de muros y módulos prefabricados de madera.

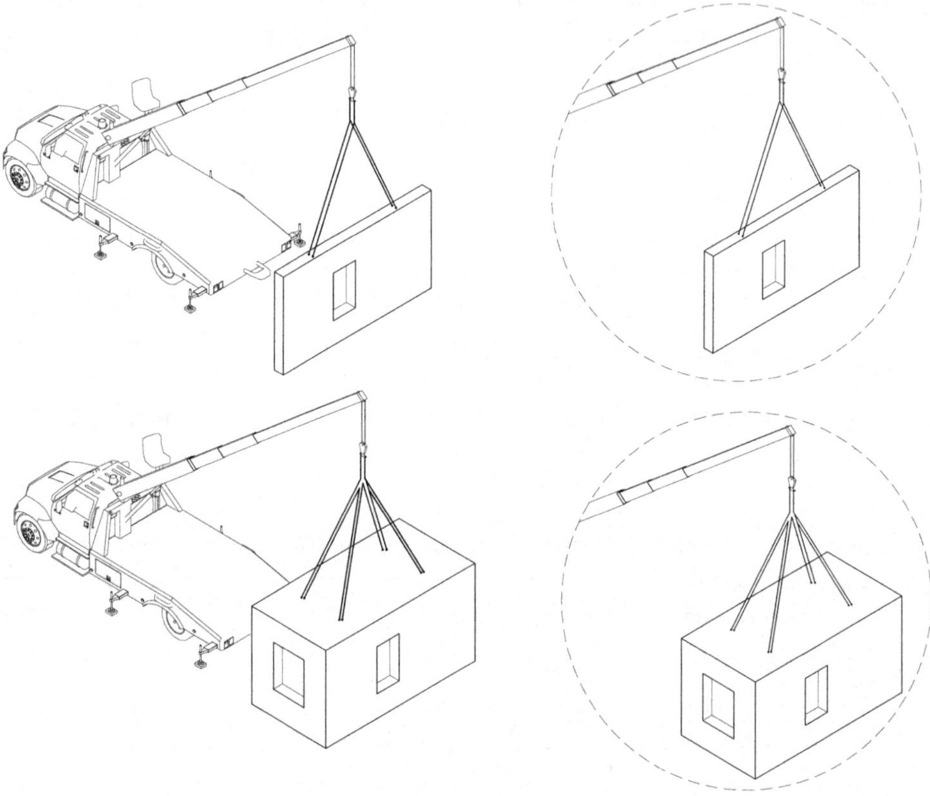

FIGURA 12.7.3.3 Colocación de módulo y elemento de muro mediante grúa.

Fase expansiva

En ella los correspondientes especialistas realizan las instalaciones sanitarias, eléctricas, de calefacción y todo el trabajo interior. Una tarea especialmente importante en esta fase, es la producción de una barrera de viento, humedad y vapor absolutamente efectivas. Estas se introducen normalmente en fábrica en los elementos de panel, pero en esta fase es necesario superponer adecuadamente estos paneles en las esquinas y techumbre, para que esta sea completamente hermética y transpirable.

Una vez terminados los trabajos de instalación de sanitarios y calefacción, y debido a que los pisos de solera adheridos con cemento necesitan un tiempo prudencial para el fraguado, es necesaria una espera antes de proceder al revestimiento de suelos. Sin embargo, existen otros procedimientos que no necesitan un periodo tan largo de espera. El proceso termina generalmente con trabajos de instalación de puertas interiores, revestimiento de pisos, acabado de fachada, pintura y limpieza final.

12.8 Lecturas adicionales

Smith E (2010) Prefab architecture: A guide to modular design and construction. John Wiley & Sons.

Knaack U, Chung-Klatte S y Hasselbach R (2012) Prefabricated systems: Principles of construction. Walter de Gruyter.

Herrmann, en (2001) Moderner Holzhausbau in Fertigbauweise (2001), Bundesverband Deutscher Fertigbau e.V. und Autorenteam Lehre-Forschung-Praxis, Editorial Weka, Alemania.

Macha, en (2001) Moderner Holzhausbau in Fertigbauweise (2001), Bundesverband Deutscher Fertigbau e.V. und Autorenteam Lehre-Forschung-Praxis, Editorial Weka, Alemania.

Lawson M, Ogden R y Goodier C (2001) Design in modular construction. CRC Press.

Aitchison et al. (2018) Prefab housing and the future of building products to process. Lund Humphries, Londres, Reino Unido.

CAPÍTULO 13

FUNDAMENTOS DE LA PROTECCIÓN FRENTE AL FUEGO

13.1 INTRODUCCIÓN

Este capítulo introduce al lector en los fundamentos de la reacción de la madera frente al fuego, y las principales metodologías de diseño empleadas para poder garantizar que las construcciones de madera cumplan con todos los requisitos en caso de incendio. Por lo general, una estructura, sea del material que sea, debe cumplir con 2 criterios básicos en caso de incendio:

- *Resistencia estructural.* Se debe verificar que la estructura es capaz de resistir las cargas durante un tiempo específico. Dicho tiempo depende fundamentalmente del tipo de componente estructural, y el tipo e importancia de la construcción. El tiempo de dicha resistencia debe ser suficiente como para poder evacuar a todas las personas y permitir la operación de los equipos de extinción manteniendo la integridad estructural.

- *Propagación y aislamiento.* Además de poder resistir la acción del fuego, las construcciones deben de ser capaces de poder mitigar en la medida de lo posible la propagación del incendio (fuego y humo), tratando de restringir los daños en la menor área posible. Es por ello, que las construcciones se conciben como una serie de subdivisiones o *compartimentos*, a través de los cuales deben cumplirse unos requisitos mínimos de propagación; Los compartimentos también deben de ser capaces de *aislar* lo suficiente la temperatura para evitar que se produzcan daños en los compartimentos contiguos.

La ingeniería de protección frente a incendios es un campo tremendamente extenso, por lo que no corresponde tratar todos los aspectos asociados a las funciones anteriores en este texto introductorio. Este capítulo se focaliza en introducir la reacción de la madera frente al fuego, y los conceptos básicos para poder estimar la *resistencia estructural* de una construcción de madera. Esto se aborda en la práctica mediante cálculos analíticos o numéricos, y requisitos prescriptivos, los cuales se contemplan en las normativas de la mayoría de países. La función de separación se suele basar en disposiciones constructivas fundamentadas en resultados experimentales, no obstante, también es posible calcular la propagación de fuego y humo para asegurar el impedimento de la propagación. Esto último requiere técnicas experimentales, y métodos numéricos avanzados, los cuales se encuentran regulados únicamente en ciertos países y muy poco extendidos en Latinoamérica. Los detalles de las diferentes metodologías de protección se abordan con más profundidad en el libro *"Conceptos avanzados del diseño estructural con madera. Parte II"*.

13.2 Reacción al fuego en la madera

La reacción al fuego de la madera es un fenómeno extremadamente complejo tanto desde el punto de vista químico, como desde el punto de vista físico. Afortunadamente, desde el punto de vista mecánico este fenómeno es mucho más sencillo. Por tanto, el principal desafío estriba en poder anticipar con relativa precisión el comportamiento físico-químico, con el fin de analizar sus consecuencias mecánicas lo que posteriormente permite determinar la *resistencia estructural* de una construcción de madera en caso de incendio.

13.2.1 *Reacción físico-química*

El estímulo físico que supone una fuente de calor tal como una llama en la madera produce una reacción química, que a su vez es la responsable de mantener el estímulo físico (la fuente de calor). En otras palabras, las reacciones físicas y químicas se retroalimentan durante la exposición frente al fuego, y por consiguiente no resulta conveniente separar ambos aspectos para poder entender las reacciones que se producen. Teniendo esto en cuenta, existen 4 *reacciones* fundamentales que determinan el comportamiento al fuego de la madera, al someterse a altas temperaturas. Por orden ascendente de temperaturas, estas reacciones son:

i. *Evaporación*. El pico de la primera reacción se produce al alcanzar temperaturas cercanas a los 80-100 °C, rango en el cual se produce la evaporación de la humedad contenida en la madera. Esta es una reacción extremadamente endotérmica (absorbe energía), y por tanto tiene un efecto favorable. Obviamente, cuánto más húmeda esté la madera mayor será la cantidad de energía (en caudal y tiempo) necesaria para secar el material y gatillar el resto de reacciones. Pese a que la mayor parte del vapor generado en la reacción tiende a ser expulsado hacia el exterior de la madera (pues la presión atmosférica es inferior a la presión en el interior del material), hay una parte de vapor que siempre se dirige al interior, fundamentalmente porque el camino hacia el exterior puede estar mucho 'más saturado' de circulación de gases hacia el interior, aun cuando la madera presenta baja permeabilidad. Esta parte del vapor que entra hacia el interior, sufre una reacción inversa a la evaporación, la *condensación*, ya que, al entrar en contacto con la madera fría del interior, el vapor se condensa. Esto produce el calentamiento, puesto que además de transmitir calor por *convección*, la condensación es una reacción muy exotérmica. Dado que la madera es muy buen aislante $(\lambda_{mad} \approx 0.14\ W/mK)$, y el carbón aún más $(\lambda_{carb} \approx 0.07\ W/mK)$, en realidad, para secciones transversales considerables, la mayor parte del calentamiento interno se produce debido al vapor que se produce en la evaporación. Afortunadamente, dicha transmisión de calor hacia el interior es muy baja en comparación al calor que se absorbe desde el exterior, por lo que la madera tiene la capacidad de mantenerse relativamente fría en el interior.

ii. *Pirolisis*. El pico de esta segunda reacción se produce a temperaturas cercanas a los 300-350 °C aproximadamente. Con el término *pirolisis* se engloban cientos de reacciones químicas que suponen la degradación química de la estructura de los polisacáridos y aromáticos de la madera generando por un lado gases, y por el otro carbón (y en menor medida aceites o taninos). En realidad, se pueden distinguir tres grandes sub-reacciones dentro de la pirolisis, la primera que se produce es la degradación de la hemicelulosa, posteriormente se degrada la celulosa, y finalmente la lignina. A su vez, cada una de estas tres sub-reacciones tiene una fracción que reacciona con oxígeno (reacción oxidativa) que es más exotérmica, y el resto reacciona de forma inerte, es decir sin consumir oxígeno. Es importante notar que la pirolisis en sí no produce una llama, tan sólo es una degradación térmica en la que se producen los gases que son necesarios para generar la llama. La reacción es visualmente apreciable, ya que la madera que se degrada térmicamente comienza a adquirir un tono marrón. Cuando la madera se ha degradado completamente (todos los gases salieron hacia el exterior), puede apreciarse el color negro, característico del carbón que se produce.

iii. *Combustión*. Cuando los gases de la pirolisis salen hacia el exterior de la madera, y estos adquieren una temperatura suficientemente alta, se produce una reacción homogénea con el oxígeno, esto es *gas con gas*, la cual es extremadamente exotérmica. Dicha reacción es la que realmente genera la llama, que visualmente se puede apreciar. Gran parte del calor generado por la llama se irradia hacia el exterior, pero también hay una parte que se re-irradia de nuevo hacia la madera.

iv. *Oxidación del carbón*. Finalmente, alrededor de los 425 °C, cuando existe ya una capa de carbón externa a la pieza de madera, el mismo carbón sufre otra reacción en la presencia de oxígeno denominada oxidación del carbón. Esta reacción, al igual que la anterior, es muy exotérmica y convierte el carbón en ceniza y gases. Además, a medida que el carbón se va calentando también se va agrietando, lo que permite un intercambio de calor mucho más fluido con la madera que se encuentra en el interior aún sin reaccionar (la conductividad térmica *efectiva* del carbón se incrementa substancialmente). El calor que se genera en esta reacción, junto con la combustión, son fundamentales para *mantener* la cadena de reacciones; si la cantidad de radiación reabsorbida por las llamas y generada por la oxidación del carbón es suficientemente elevada como para activar la evaporación y pirolisis, esta última reacción seguirá generando gases que retroalimentan la combustión y oxidación del carbón, y por lo tanto, la llama se *mantendrá* y la madera seguirá ardiendo hasta que el equilibrio de las reacciones sea quebrado; esto se produce habitualmente porque no se generan gases de pirolisis con suficiente intensidad, como para que se genere la llama.

Véase una ilustración de estas cuatro reacciones en la Figura 13.2.1.1.

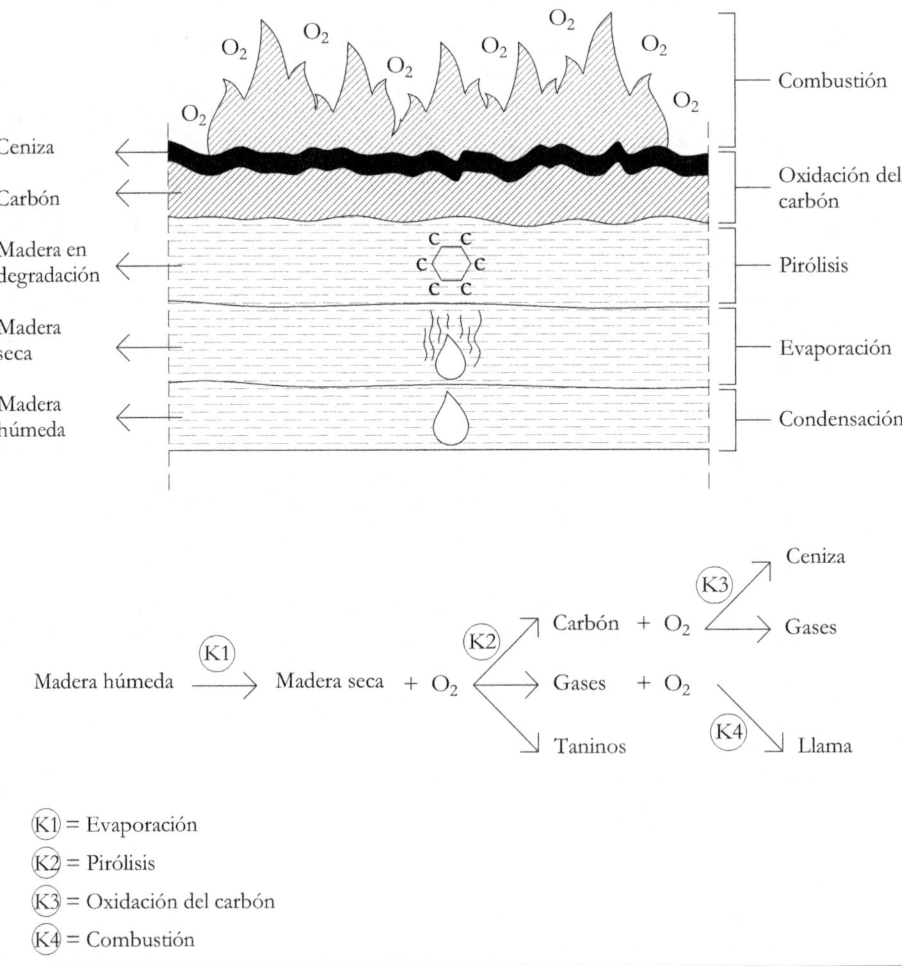

(K1) = Evaporación
(K2) = Pirólisis
(K3) = Oxidación del carbón
(K4) = Combustión

FIGURA 13.2.1.1 Esquema de las reacciones físico-químicas de la madera en caso de incendio.

Por tanto, la reacción físico-química de la madera ante el fuego puede resumirse en una cadena de 4 reacciones químicas que se retroalimentan y suceden en 'capas', a través del espesor del material. Nótese que la densidad inicial de la madera, disminuye considerablemente al convertirse en carbón (ya que gran parte de la masa se transforma en gas), y a su vez la densidad del carbón se reduce enormemente al generar cenizas (y emitir aún más gases en el proceso). Estas reducciones de masa no solo conllevan una reducción significativa de la densidad del material, sino que también se produce la propia contracción del material, que al pasar de madera a carbón pueden ser del orden del 30% en las dimensiones o más, tal como se ilustra en la Figura 13.2.1.2.

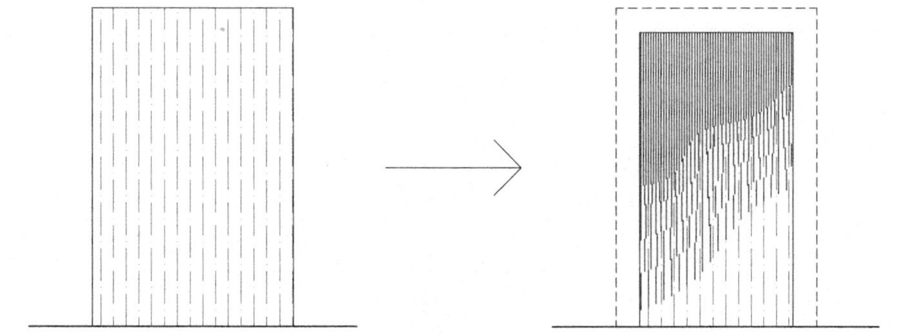

FIGURA 13.2.1.2 La degradación térmica de la madera conlleva una pérdida de masa que se refleja mediante una contracción de sus dimensiones.

13.2.2 *Reacción mecánica*

A diferencia de la reacción físico-química de la madera, la reacción mecánica es muy sencilla. Desde el punto de vista mecánico pueden considerarse, de forma pragmática, tan sólo tres *zonas* en la madera:

i.   Madera fría (T ≤ 40 °C). Las propiedades mecánicas se encuentran relativamente intactas.

ii. Madera caliente (40 °C < T < 300 °C). Las propiedades mecánicas acusan un descenso significativo.

iii. Madera carbonizada (T ≥ 300 °C). La madera se convirtió en carbón, y las propiedades estructurales del carbón pueden despreciarse.

Pese a que el fenómeno físico-químico respecto del fuego es *continuo*, es posible el aprovechamiento de la gran capacidad de aislamiento térmico de la madera y el carbón, para considerar esas tres zonas como *capas diferenciadas*. En efecto, la baja conductividad térmica de la madera hace que el espesor de las *tres maderas*, quede muy bien definida en su geometría para cada instante del tiempo, ver Figura 13.2.2.

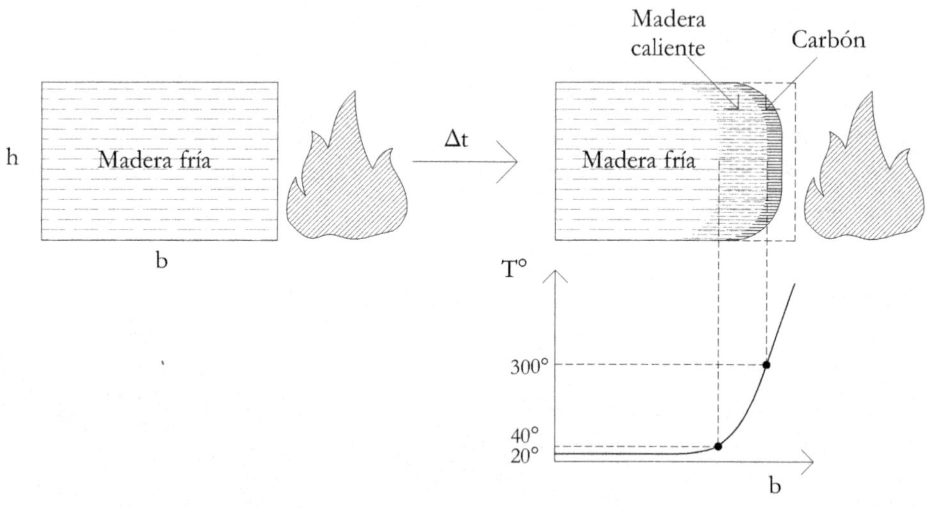

FIGURA 13.2.2 La baja conductividad térmica de la madera y el carbón favorece la aparición de 3 capas mecánicas en caso de incendio.

En este punto es importante notar dos aspectos:

i. La *reducción de la sección eficaz* de la madera fría (capa más interna) tiende a sufrir un redondeo en los vértices. Esto se debe a que en las zonas de vértice el área expuesta es mayor, y por lo tanto el calentamiento es también mayor.

ii. La hipótesis de *formación de capas* mecánicas tiene más sentido cuanto mayor sea el tamaño de la sección transversal; más específicamente se puede decir que, cuanto mayor sea la relación entre el volumen de madera y la superficie de la misma. A modo de ejemplo, considérese una lámina muy delgada de madera de 1 o 2 mm; la diferenciación por capas en tal pieza no tendría sentido, puesto que *todo* se evaporará, calentará, carbonizará y oxidará al mismo tiempo. En el caso opuesto, consideremos una columna de gran escuadría que comienza a carbonizarse; las capas carbonizadas y calientes tendrán un espesor relativamente insignificante con respecto a la sección fría, y, por lo tanto, la reducción de las propiedades mecánicas podría ser bastante irrelevante durante un tiempo prolongado.

13.3 Tasa de carbonización

Dado que el fenómeno físico-químico de degradación, oxidación y combustión de la madera cumple con ciertos equilibrios, y dadas también las propiedades aislantes de la madera, se observa experimentalmente que, en ambientes con flujos de aire normales (tales como en las edificaciones comunes), la capa de carbonización de la madera avanza a una velocidad relativamente constante, lo que se denomina *tasa de carbonización eficaz* (β), con unidades de mm/min.

El hecho de que el avance de capas sea constante es crucial para poder predecir el comportamiento de algo tan complicado con métodos de cálculo relativamente simples. De hecho, y pese a la complejidad del proceso físico-químico, se observa en el laboratorio que esta tasa de carbonización es superior en maderas de poca densidad, y maderas con adhesivos, mientras que, para maderas densas con poca presencia de adhesivos, la ratio de avance del carbón es bastante más lenta. Las maderas menos densas reaccionan más rápido debido a que por un lado la cantidad de materia que debe degradarse es menor, y por el otro la circulación de gases, y en concreto la circulación de los gases de la pirolisis y el oxígeno, es más fluida. Por ello, las maderas de latifoliadas tienden a tasas de carbonización de 0,5-0,7 mm/mm, mientras que para coníferas β toma valores alrededor de 0,8-0,9 mm/min. En el caso de los tableros, tales como el terciado, la tasa de carbonización puede ser ligeramente superior, de hasta 1 mm/min debido a la mayor cantidad de adhesivo.

13.4 Métodos predictivos del efecto del fuego

En la práctica se aplican fundamentalmente 5 métodos de cálculo para predecir el efecto del fuego. Una vez predicho el efecto, algunos de ellos permiten estimar la resistencia estructural en caso de incendio. A continuación, se presentan las principales características de cada uno de ellos, por orden de complejidad ascendente.

13.4.1 *Soluciones constructivas in situ o prefabricadas con certificación de la resistencia al fuego*

Hasta el momento, dado que en Latinoamérica no ha existido una normativa de cálculo de fuego, este ha sido el método comúnmente empleado. No requiere ningún cálculo, ya que consiste en realizar ensayos de laboratorio con acciones de fuego normalizadas, y certificar el tiempo de resistencia al fuego de una solución constructiva específica. Posteriormente, el diseñador puede garantizar que la edificación cumplirá estructuralmente el tiempo con el que la solución haya sido certificada. La certificación puede venir dada por un organismo público, ensayo privado o por parte del fabricante. La desventaja de esta estrategia es obvia; es necesario ceñirse al diseño exacto de la solución constructiva que se ha certificado, lo que incluye geometría, uniones y materiales, ya que cualquier cambio podría variar notablemente del desempeño frente al fuego. No obstante, esta solución es muy práctica para elementos prefabricados y prácticas constructivas muy extendidas.

13.4.2 *Método de las componentes aditivas*

Este método se propuso originalmente en Canadá, y se aplica sobre todo en Norteamérica, dado que allí el sistema constructivo predominante es el entramado ligero y este es un método bastante conveniente para ese sistema. Los principios del método se detallan por ejemplo en el International Building Code (IBC) de 2012, sección 722.6. Tal como se ha introducido, para piezas estructurales ligeras de sección reducida, la hipótesis de formación de capas pierde relevancia, por tanto, los métodos racionales basados en capas pierden efectividad. Por este motivo, este método consiste en concebir la resistencia al fuego de un ensamble tal como un muro o losa de madera, a partir de la resistencia al fuego de las componentes individuales que lo constituyen. El método se denomina aditivo porque la resistencia al fuego de sus componentes se va 'sumando'. Por lo general, este método solo puede ser aplicado para ensambles de componentes que requieren como máximo 1 hora de resistencia estructural al fuego. Más específicamente, la resistencia al fuego del ensamble se asume a partir de la suma de 3 componentes:

i. Elementos tipo panel y terminaciones situadas en la cara expuesta al fuego.

ii. Miembros estructurales de madera que constituyen el entramado ligero.

iii. Tipo de aislamiento empleado entre el entramado. Nótese que la composición de la cara del ensamble que no está expuesta al fuego carece de relevancia, pues el fuego habrá degradado las componentes estructurales al llegar a la cara opuesta. En caso de que el fuego pueda actuar por las dos partes simultáneamente, el tiempo de resistencia debe de ser calculado únicamente considerando la cara más débil. La resistencia, en minutos, de cada una de las componentes se resume en las Tablas 13.4.2.1-3; el lector debe consultar el IBC para el detalle de los requerimientos constructivos.

TABLA 13.4.2.1 Aporte de resistencia al fuego de las terminaciones según el método de las componentes (ver requerimientos constructivos en IBC).

Tipo de Terminación	Tiempo de resistencia (min.)
Panel estructural de madera de 3/8"	5
Panel estructural de madera de 15/32"	10
Panel estructural de madera de 19/32"	15
Panel de yeso cartón de 3/8"	10
Panel de yeso cartón de 1/2"	15
Panel de yeso cartón de 5/8"	30
Panel de yeso cartón tipo X de 1/2"	25
Panel de yeso cartón tipo X de 5/8"	40
2 x Panele de yeso cartón de 3/8"	25
Panele de yeso cartón de 1/2" + 3/8"	35
2 x Panele de yeso cartón de 1/2"	40

TABLA 13.4.2.2 Aporte de resistencia al fuego del entramado ligero según el método de las componentes (ver requerimientos constructivos en IBC).

Tipo de Entramado	Tiempo de resistencia (min.)
Postes separados cada 16"	20
Envigado de piso o cubierta espaciado cada 16"	10

TABLA 13.4.2.3 Aporte de resistencia al fuego del aislamiento según el método de las componentes (ver requerimientos constructivos en IBC).

Tipo de Entramado	Tiempo de resistencia (min.)
Bloques de fibras minerales con densidad ≥ 32 kg/m³	15
Lana de roca u escorias con densidad ≥ 48 kg/m³	15

13.4.3 *Método de la sección eficaz*

El método de la sección eficaz es un método racional de cálculo de la resistencia al fuego prescrito por el Eurocódigo 5, parte 2, y es el método más empleado en Europa, y probablemente el más extendido en el mundo. Este método se basa en la hipótesis de las 3 capas de degradación mecánica de la madera, y la tasa de carbonización constante, lo que permite determinar la sección resistente de cualquier pieza estructural para cualquier tiempo de exposición. Dado que se basa en las capas de carbonización, por lógica, este método funciona mejor con piezas estructurales de gran escuadría, y peor con el entramado ligero. La filosofía del método es muy simple; consiste en suponer que tanto la capa carbonizada como la capa caliente de la madera no tienen ninguna resistencia estructural. Por lo tanto, la resistencia estructural en caso de incendio consiste en estimar el espesor de la capa fría en cada momento. Esto implica que las piezas estructurales tan sólo tienen un *espesor eficaz* (d_{ef}) igual a la sección inicial, menos el espesor de la capa carbonizada (d_{char}) y la capa caliente ($k_0 \cdot d_0$).

$$d_{ef} = d_{char} + k_0 d_0$$

donde d_0 es 7 mm, y para piezas de madera sin proteger, k_0 toma los valores indicados en la Tabla 13.4.3.1.

TABLA 13.4.3.1 Valores del factor k_0.

	k_0
$t < 20$ minutes	$t/20$
$t \le 20$ minutes	1,0

Cuando una pieza de madera se expone al fuego en varias caras, la reducción del espesor eficaz se produce en cada una de las caras. Además, y por los motivos anteriormente comentados, se genera un 'redondeo' de capas en las aristas. En consideración a ello, el EC5 permite aplicar dos metodologías; la primera, más compleja y mucho menos empleada, consiste tomar en cuenta estos redondeos aplicando un radio de curvatura que depende del tiempo; esta técnica tan sólo se puede aplicar hasta que el radio de curvatura no es mayor que el 50% del menor espesor eficaz, ver Figura 13.4.3.1.

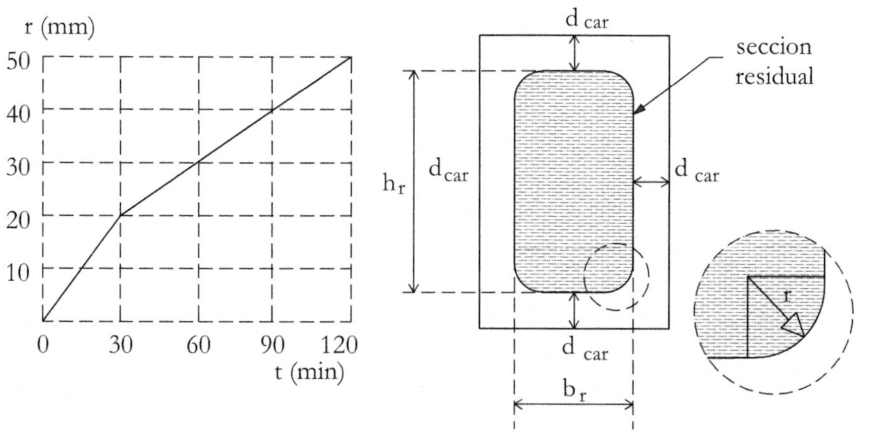

FIGURA 13.4.3.1 Valores del radio de curvatura de la sección reducida (basado en Argüelles, Arriaga y Martínez 2000).

Cuando se aplica esta metodología, la cual considera la redondez de la zona fría, la capa de carbonización es referida comúnmente como *capa de carbonización unidimensional* ($d_{char,0}$), la cual se calcula como:

$$d_{char,0} = \beta_0 \cdot t$$

Donde t es el tiempo de exposición, y β_0 la *tasa de carbonización unidimensional*. Nótese que los valores de β_0 deben estar calibrados con respecto al producto estructural empleado. En Europa estos valores están calibrados para distintos tipos de maderas y tableros tal como se mostrará a continuación.

La segunda metodología consiste en omitir la redondez de la zona fría considerando una *capa de carbonización hipotética* mayor, que una *tasa de carbonización hipotética nominal* (β_n), la cual adopta valores mayores que la tasa unidimensional, ver una ilustración en la Figura 13.4.3.2, y una comparación de las tasas unidimensionales e hipotéticas según el EC5 en la Tabla 13.4.3.2:

$$d_{char,n} = \beta_n \cdot t$$

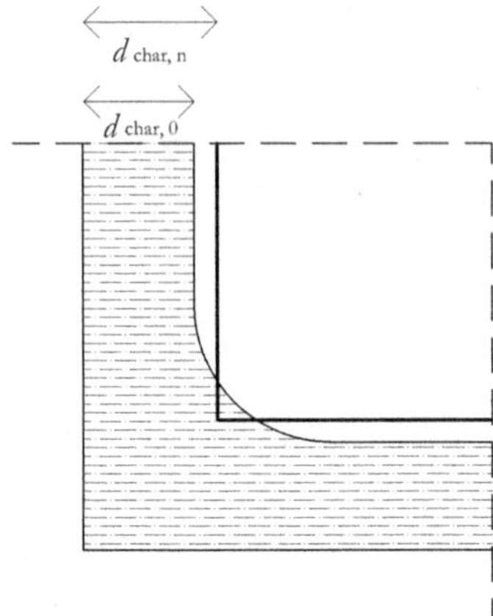

FIGURA 13.4.3.2 Carbonización hipotética despreciando el redondeo de la zona fría.

La ventaja de considerar la redondez de la zona fría es por tanto obvia: la madera tarda más en consumirse. Sin embargo, la aplicación del redondeo en la práctica puede es muy tedioso pues repercute en el cálculo de secciones, inercias y módulos resistentes entre otros.

TABLA 13.4.3.2 Valores de las tasas unidimensionales (b0) e hipotéticas (bn) de carbonización para varios productos estructurales según el EC5.

	β_0	β_n
	mm/min	mm/min
a. Coníferas y Haya		
MLE con dens. característica $\geq$ 290 kg/m³	0,65	0,7
Madera aserrada con dens. característica $\geq$ 290 kg/m³	0,65	0,8
b. Latifoliadas		
MLE o madera aserrada con dens. característica $\geq$ 290 kg/m³	0,65	0,7
MLE o madera aserrada con dens. característica $\geq$ 450 kg/m³	0,50	0,55
c. LVL		
Con dens. característica $\geq$ 500 kg/m³	0,65	0,7
d. Paneles[a]		
Terciado	1	-
Otros tipos de paneles	0,9	-

[a] Con dens. característica superior a 450 kg/m³ y espesor mínimo de 20 mm.

Una vez calculada la sección eficaz, se procede a calcular de nuevo la resistencia. Si el índice de agotamiento (solicitación de diseño/tensión admisible de diseño) de un miembro es cercana al 100%, se podría pensar que, lógicamente, al reducir la sección estructural el miembro no verificaría tras unos pocos minutos de exposición al fuego. Sin embargo, dado que el fuego se considera como una *situación accidental extraordinaria*, la norma permite realizar un cálculo bastante menos conservador tomando en consideración las siguientes medidas:

i. Emplear coeficientes de mayoración de acciones, en las combinaciones que son mucho menos restrictivos respecto de la condición normal de servicio.

ii. Emplear valores correspondientes al percentil del 20% (y no característicos del 5%), de resistencias y rigideces en las verificaciones de estado límite último. Esto se logra multiplicando los valores de resistencia y rigidez por un coeficiente k_{fi}.

iii. Ignorar el efecto de la humedad y la duración de la carga ($k_{mod,fi} = 1$), tanto para la comprobación de resistencia como para deformación.

iv. No minorar la resistencia y rigidez en todas las verificaciones debido a la variabilidad del material ($\gamma_{M,fi} = 1$).

Por lo tanto, lo normal es que los elementos puedan resistir las mismas solicitaciones con secciones más reducidas durante un tiempo determinado, aun cuando la pieza pudiese estar cercana al agotamiento antes del incendio. Dicho tiempo de resistencia al fuego, debe satisfacer lógicamente los requerimientos de la normativa correspondiente, según el tipo de elemento y uso, ver secciones sucesivas.

Así, en la práctica el cálculo de la resistencia al fuego según este método se puede llevar a cabo mediante dos procedimientos en la práctica:

a) Calcular la sección mínima que puede resistir las acciones con mayoraciones extraordinarias, obteniendo el espesor de carbonización máximo permisible, y a partir de ahí obtener el tiempo máximo de resistencia al fuego, o bien

b) Considerar el tiempo de resistencia requerido por la normativa, aplicar la carbonización correspondiente y verificar la resistencia estructural.

Nótese que esta metodología no solo se puede aplicar en miembros estructurales, sino también en uniones. De hecho, las uniones suelen ser los puntos más críticos de una construcción de madera. Estos conceptos se detallan en el libro *"Conceptos avanzados del diseño estructural con madera. Parte II"*.

13.4.4 *Método de la resistencia y rigidez reducidas*

Este método también calcula la sección residual, es decir la sección de madera fría que queda remanente tras la carbonización, empleando los mismos procedimientos de la sección anterior. Sin embargo, a diferencia del método anterior, no se incluye la capa caliente dentro de la capa de carbonización. En lugar de esto se emplea un coeficiente de minoración de resistencia y rigidez que toma en cuenta la reducción de propiedades mecánicas en la zona caliente. Dicho coeficiente de minoración depende de la relación entre el perímetro expuesto (p) y el área residual (A_r). El coeficiente de minoración por sección caliente no se aplica directamente para minorar la resistencia y rigidez, sino que se utiliza para minorar el coeficiente k_{mod}, el cual toma en consideración la humedad y duración de la carga en el EC5, convirtiéndolo en $k_{mod,fi}$. Así, para una exposición inicial de $t = 0$ minutos, se considera $k_{mod,fi} = 1$, y para una exposición de $t \geq 20$ minutos se deben tomar los valores de la tabla 13.4.4. Para valores intermedios de exposición, se debe interpolar linealmente. Se puede ver una ilustración de los distintos valores que toma para distintas relaciones de perímetro/área en la Figura 13.4.4.

TABLA 13.4.4 Valores minorados del coeficiente de minoración de la humedad y duración de la carga para tomar en cuenta la reducción de resistencia y rigidez en situación de incendio según el EC5.

Para resistencia a la flexión	$k_{mod,fi} = 1{,}0 - \dfrac{1}{200} \cdot \dfrac{p}{A_r}$
Para resistencia a la compresión	$k_{mod,fi} = 1{,}0 - \dfrac{1}{125} \cdot \dfrac{p}{A_r}$
Para resistencia a tracción y MOE	$k_{mod,fi} = 1{,}0 - \dfrac{1}{330} \cdot \dfrac{p}{A_r}$

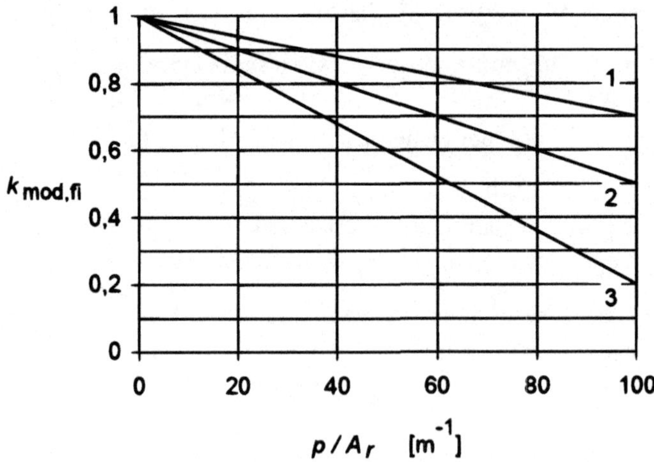

FIGURA 13.4.4 Minoración por área caliente para varias relaciones entre perímetro expuesto y sección transversal. La disminución es menor resistencia a tracción y MOE (1) en relación a la resistencia a flexión (2) y especialmente la resistencia a compresión (3).

13.4.5 *Métodos basados en la modelación del fuego*

En esta sección se introducen las principales metodologías de modelación de fuego, con el ánimo de fomentar su empleo en el continente latinoamericano, pues su uso se encuentra extendido en muchos de los países que construyen masivamente con madera. El lector debe notar, sin embargo, que lo que aquí se expone es una mera introducción, ya que este campo es realmente muy extenso.

Nótese que la mayoría de los métodos basados en la modelación frente al fuego, no sólo permiten estimar las temperaturas de los elementos estructurales (habitualmente de forma mucho más precisa que los modelos comentados anteriormente), y por lo tanto permiten delimitar la zona fría de la madera verificando así la *integridad estructural*, sino que, y a diferencia de los anteriores métodos, permiten verificar la segunda función básica que no es otra que la *función de propagación y aislamiento.* En concreto, algunos métodos numéricos permiten estimar el desarrollo y propagación de humo y llamas, pudiendo así realizar una ingeniería mucho más holística y completa de la situación de incendio, lo que permite predecir no solo la resistencia estructural de las distintas partes de la construcción, sino también considerar el efecto del mobiliario (que a menudo puede ser mucho más relevante que los propios cerramientos del compartimento), la temperatura de componentes y gases, la propagación de daños y riesgos, el efecto de empalmes e ingeniería de detalle, rutas de evacuación, etc.

En esencia, existen dos enfoques principales en la modelación del fuego, los cuales se describen a continuación.

13.4.5.1 *Métodos de modelación estocástica*

Bajo este método, el desarrollo del fuego se define como una serie de estados que abarcan desde la iniciación hasta la extinción del fuego, y se establecen reglas probabilísticas que determinan el paso de un estado a otro, p.ej. de ignición a carbonización; las reglas de transición suelen basarse en datos experimentales, datos históricos e incluso datos obtenidos a través de otros modelos matemáticos más complejos. Este tipo de modelos tiene la particularidad de omitir el comportamiento físico-químico-mecánico. Su efectividad depende lógicamente de la disponibilidad de datos, y la similitud de los mismos a la situación estudiada. En el caso de la construcción con madera la precisión de este enfoque podría verse negativamente afectada debido a la poca cantidad de datos, variabilidades materiales y tipologías constructivas empleadas.

13.4.5.2 *Métodos de modelación determinística*

Estos métodos tratan de modelar el desarrollo del fuego racionalmente, tomando en consideración los fenómenos físico-químicos expuestos al inicio del capítulo. Fundamentalmente existen dos tipos de modelos determinísticos, los cuales se detallan a continuación.

Modelos zonales (zone models)

Consideran una malla de una resolución muy baja para el cálculo, la cual suele corresponderse con uno o varios habitáculos o *compartimentos.* Dentro de cada uno de estos compartimentos se asume el desarrollo de una capa caliente de gases (superior) y una capa fría de gases (inferior). Las entradas y salidas de gas, junto con las condiciones asumidas en los paramientos, permiten la aplicación de ecuaciones de conservación de masa y energía muy sencillas que esencialmente calculan el espesor (h_L) y temperatura (T_L) de la capa caliente, ver una ilustración en la Figura 13.4.5.2.1.

Aunque estos modelos se aplican muy habitualmente en la práctica, su principal utilidad es para anticipar el desarrollo y propagación del fuego, obteniendo datos muy útiles para verificar las rutas de evacuación. Las desventajas de estos modelos son principalmente, que funcionan mejor para compartimentos relativamente regulares (en cuanto a geometrías y flujos de entrada y salida), y la mayoría no permite calcular las variables físicas de interés de forma localizada en los elementos estructurales tales como la temperatura, por lo que permiten establecer conclusiones acerca de la *función de propagación y aislamiento,* pero no acerca de la *función de integridad estructural.*

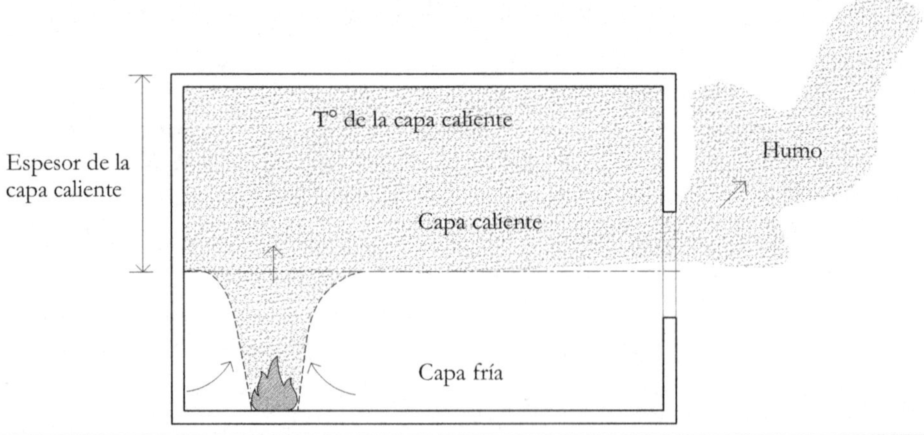

FIGURA 13.4.5.2.1 Ilustración de un modelo zonal (basado en Guan Heng y Kit Yuen 2009).

Modelos de distribución de variables (field models)

A diferencia de los anteriores, estos modelos son mucho más complejos pues tienen en cuenta las transformaciones físicas de forma localizada, y se apoyan en una malla computacional que tiene una resolución mucho mayor. La modelación físico-química se toma en consideración en base a distintas *ecuaciones de conservación*, las cuales son formuladas matemáticamente de acuerdo a un set de ecuaciones diferenciales en derivadas parciales (PDE) y ecuaciones diferenciales ordinarias (ODE). Más concretamente, se tienen en cuenta los fenómenos físicos estableciendo ecuaciones de conservación de *masa, impulso, energía* y *especies* (tipos de componentes sólidos y gaseosos que producen durante la degradación térmica). Las reacciones químicas se modelan habitualmente con ecuaciones del tipo *Arrhenius*, las cuales dependen de la *temperatura*, uno o varios *coeficientes experimentales*, y la llamada *energía de activación*[115], que es básicamente la energía térmica necesaria para desencadenar una reacción físico-química determinada.

Los cálculos de estas ecuaciones suelen efectuarse mediante *modelos computacionales de dinámica de fluidos (CFD)*. Estos son modelos matemáticos que incorporan la modelación de fluidos, y cuyo principal objetivo consiste precisamente en resolver un determinado set de ecuaciones de conservación (PDE y ODE), pudiendo así estimar la cantidad y flujo de fluidos en una malla computacional determinada. Particularmente, los modelos CFD se suelen resolver matemáticamente aplicando técnicas de discretización basadas el *método de los volúmenes finitos (FVM)*, pues a diferencia del *método de los elementos finitos (FEM)*, el cual es mayormente aplicado en mecánica estructural, el FVM resulta muy adecuado para resolver problemas con fluidos. La idoneidad del FVM en comparación al FEM, se sustenta en que el primero plantea el equilibrio de conservación a nivel de elemento (volumen), mientras que el segundo lo hace a nivel de nodo (punto), lo que resulta muy conveniente para poder garantizar la conservación de flujos en un volumen determinado conservando el equilibrio. De hecho, el FVM es mucho más adecuado para resolver ecuaciones PDE que están dominadas por el *término fuente*, el cual puede definirse como aquel término de la ecuación que hace que la variable de interés incremente o disminuya por procesos de creación y destrucción más que por procesos de transporte. Por ejemplo, cuando la madera se degrada térmicamente se crean muchos gases que constituyen el término fuente de la ecuación de momento que describe la conservación en el flujo de gases, y la resolución de dicha ecuación mediante FEM es habitualmente muy complicada.

El resultado de los modelos de distribución de variables, es precisamente conocer la distribución de las variables dependientes que constituyen las ecuaciones de conservación en el tiempo y en el espacio. Por ejemplo, la variable dependiente de la ecuación de conservación de la energía es la temperatura (o una derivada de esta, tal como la entalpía), y por tanto al resolver esta ecuación uno puede obtener el valor de temperaturas en cada uno de los elementos (volúmenes) que conforman la malla computacional para cada instante, lo que lógicamente permite determinar *la función de integridad estructural* de la estructura de madera; ver una ilustración del resultado de un modelo de campo en la Figura 13.4.5.2.2. Por otra parte, al resolver ecuaciones tales como la conservación de especies, es posible conocer para cada volumen de la malla computacional cuál es la cantidad de humo lo que permite determinar *la función de propagación y aislamiento*.

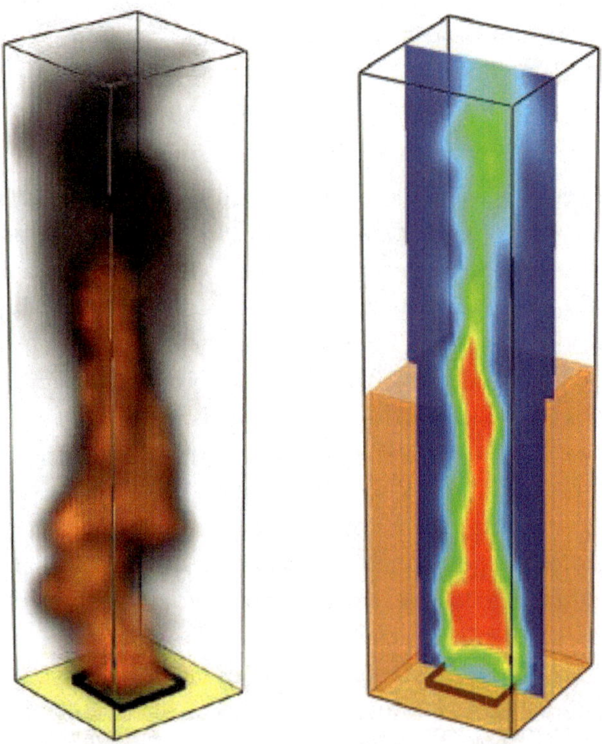

FIGURA 13.4.5.2.2 Ilustración del resultado de un modelo de campo. La figura ilustra la simulación numérica de un incendio y propagación de humo en un compartimento (izquierda) y la temperatura de gases y sólidos (derecha). Imágenes obtenidas al computar un ejemplo del manual del software gratuito *Fire Dynamics Simulator*, desarrollado en conjunto por el NIST (EE.UU.) y el VTT (Finlandia).

Debe notarse que estos modelos CFD no permiten calcular directamente la función de integridad estructural; calculan únicamente la temperatura. Sin embargo, la función estructural puede calcularse posteriormente determinando la reducción de propiedades mecánicas a partir de la distribución de temperaturas. Una opción para poder reducir las propiedades mecánicas de acuerdo a la temperatura, consiste en aplicar los factores facilitados en el Eurocódigo 5 (EC5) los cuales se ilustran en la Figura 13.4.5.2.3.

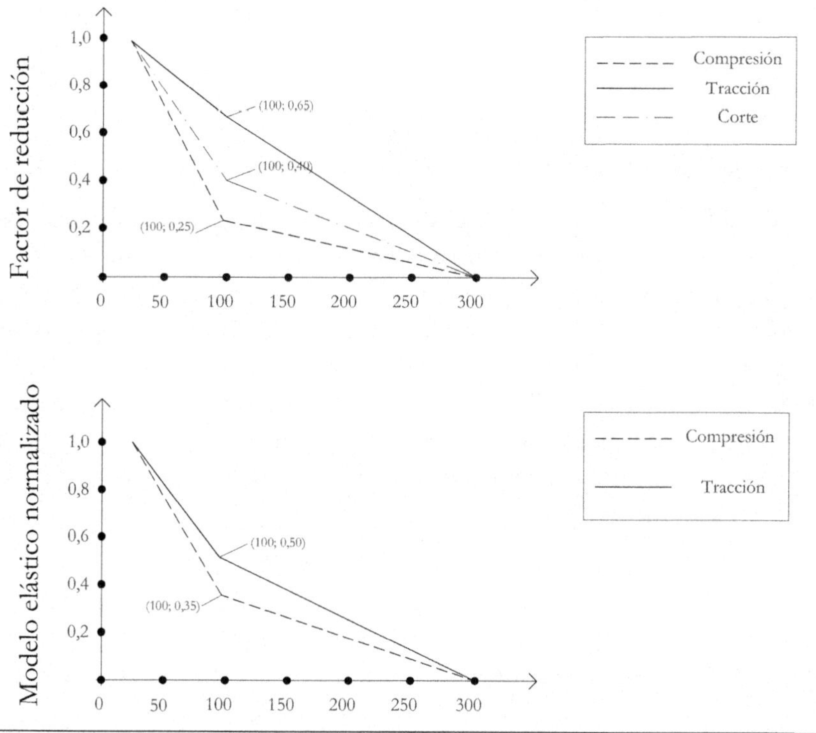

FIGURA 13.4.5.2.3 Factores de reducción de resistencias y rigideces de acuerdo a la distribución de temperaturas de la madera según el EC5.

Existen diversas herramientas gratuitas para la computación de este tipo de modelos. Una de las herramientas computacionales más empleadas es el *Fire Dynamics Simulator* (*FDS*) desarrollado conjuntamente por el Instituto Nacional de Estándares y Tecnología de USA (*NIST*) y el Centro de Investigación Técnica de Finlandia (*VTT*).

Las principales desventajas de los modelos de distribución de variables son las siguientes:

i. Es necesaria una cantidad importante de conocimiento para poder aplicar estos modelos con garantías.

ii. Es habitual que dependan de muchos parámetros cuya certidumbre puede ser cuestionable, especialmente en relación a las condiciones de contorno y propiedades de los materiales durante el fuego.

iii. Deben tratar de simplificarse todo lo posible para un problema determinado, lo cual requiere experiencia en la aplicación de estos modelos.

iv. Habitualmente el acoplamiento con programas estructurales (necesarios para calcular la función de integridad estructural), p.ej. FEM, no es automático, y el diseñador debe exportar los datos de temperaturas a otro software con el fin de efectuar un cálculo estructural.

13.5 Prescripciones y desarrollo normativo en Chile

La principal finalidad de los métodos y herramientas expuestos en la sección anterior consiste en determinar si una construcción cumple con la función de integridad, propagación y aislamiento. Sin embargo, los requisitos de ambas funciones son dependientes de cada país, tipo de construcción y uso. Por otra parte, tal como ya se comentó, no existe hasta la fecha una normativa latinoamericana respectiva a métodos de cálculo en situación de incendio, no obstante Chile se encuentra actualmente desarrollando una norma de protección frente a fuego en la madera. En esta sección se exponen los principales requisitos de resistencia al fuego prescritos en Chile hasta la fecha.

El Ministerio de Vivienda y Urbanismo de Chile (MINVU) posee un "Listado Oficial de Comportamiento al Fuego de Elementos y Componentes" en donde se especifica la resistencia al fuego de distintas soluciones constructivas. Adicionalmente, los tiempos de exposición requeridos (en minutos) se regulan mediante la Ordenanza General de Urbanismo y Construcciones (OGUC), artículos 4.3.3 y 4.3.4, ver Tablas 13.5.1-3. El procedimiento para la determinación del tiempo de resistencia al fuego requerido, consiste en:

1) Determinar el *tipo de resistencia* requerido (de más resistente "a" hasta menos resistente "d") según el tipo de edificación, superficie, uso, número de ocupantes y número de pisos de la edificación (Tablas 13.5.1-2).

2) Determinar el *tiempo de resistencia* requerido de acuerdo al tipo de elemento estructural dentro de la edificación correspondiente (Tablas 13.5.3).

TABLA 13.5.1 Tipo de resistencia requerido según destino, superificie y número de pisos de la edificación de acuerdo a OGUC.

Destino del edificio	Superficie edificada (m²)	Número de pisos 1 2 3 4 5 6 7 o más
Habitacional	Cualquiera	d d c c b a a
Hoteles o similares	Sobre 5000	c b a a a a a
	Sobre 1500 y hasta 5000	c b b b a a a
	Sobre 500 y hasta 1500	c c b b a a a
	Hasta 500	d c b b a a a
Oficinas	Sobre 1.500	c c b b·b a a
	Sobre 500 y hasta 1.500	c c c b b b a
	Hasta 500	d c c b b b a
Museos	Sobre 1.500	c c b b b a a
	Sobre 500 y hasta 1.500	c c c b b b a
	Hasta 500	d c c b b b a
Salud (clínicas, hospitales y laboratorios)	Sobre 1.000	c b b a a a a
	Hasta 1.000	c c b b a a a
Salud (policlínicos)	Sobre 400	c c b b b b a
	Hasta 400	d c c b b b a
Restaurantes y fuentes de soda	Sobre 500	b a a a a a a
	Sobre 250 y hasta 500	c b b a a a a
	Hasta 250	d c c b b a a
Locales comerciales	Sobre 500	c b b a a a a
	Sobre 200 y hasta 500	c c b b a a a
	Hasta 200	d c b b b a a
Bibliotecas	Sobre 1.500	b b a a a a a
	Sobre 500 y hasta 1.500	b b b a a a a
	Sobre 250 y hasta 500	c b b b a a a
	Hasta 250	d c b b a a a
Centro de reparación automotor	Cualquiera	d c c b b b a
Edificios de estacionamiento	Cualquiera	d c c c b b a

TABLA 13.5.2 Tipo de resistencia requerido según destino, número de ocupantes y pisos para edificaciones de uso público de acuerdo a OGUC.

Destino del edificio	Máximo de ocupantes	Número de pisos 1 2 3 4 5 6 o más
Teatros y espectáculos	Sobre 1.000	b a a a a a
	Sobre 500 y hasta 1.000	b b a a a a
	Sobre 250 y hasta 500	c c b b a a
	Hasta 250	d d c c b a
Reuniones	Sobre 1.000	b a a a a a
	Sobre 500 y hasta 1.000	b b a a a a
	Sobre 250 y hasta 500	c c b b a a
	Hasta 250	d c c b b a
Docentes	Sobre 500	b b a a a a
	Sobre 250 y hasta 500	c c b b a a
	Hasta 250	d c c b b a

TABLA 13.5.3 Tiempo requerido de resistencia estructural al fuego según el tipo de de resistencia y tipo de elementos estructural de acuerdo a OGUC.

Tipo	Elementos de construcción								
	(1)	(2)	(3)	(4)	(5)	(6)	(7)	(8)	(9)
a	F-180	F-120	F-120	F-120	F-120	F-30	F-60	F-120	F-60
b	F-150	F-120	F-90	F-90	F-90	F-15	F-30	F-90	F-60
c	F-120	F-90	F-60	F-60	F-60	-	F-15	F-60	F-30
d	F-120	F-60	F-60	F-60	F-30	-	-	F-30	F-15

Simbología:
Elementos verticales:
- (1)   Muros cortafuego
- (2)   Muros zona vertical de seguridad y caja de escalera
- (3)   Muros caja ascensores
- (4)   Muros divisorios entre unidadesn (hasta la cubierta)
- (5)   Elementos soportantes verticales
- (6)   Muros no soportantes y tabiques

Elementos verticales y horizontales:
- (7)   Escaleras

Elementos horizontales:
- (8)   Elementos soportantes horizontales
- (9)   Techumbre incluido cielo falso

Actualmente no existe normativa de cálculo para la resistencia de estructuras de madera. No obstante, se está desarrollando la NCh1198.2 que, análogamente al

EC5 parte 2, regulará los métodos de cálculo y disposiciones constructivas para situación de incendio. Fundamentalmente, esta norma estará basada en los métodos de la sección reducida, y adición de componentes expuestos anteriormente.

13.6 Nota sobre las disposiciones constructivas

Resulta esencial cumplir no sólo con las especificaciones de diseño, sino también con las disposiciones constructivas relativas a la protección frente a fuego en cada país. Particularmente, es muy importante respetar:

i.   El espesor de tablero de protección mínimo.

ii. La separación máxima de elementos de fijación de paneles a piezas estructurales.

iii. La penetración mínima del elemento de fijación de un elemento tipo panel de protección, a un elemento estructural.

iv. La tolerancia máxima entre juntas de elementos tipo panel protector.

v.   Que, en protecciones conformadas por más de una capa de elementos tipo panel, las juntas de los elementos de protección estén a una distancia suficiente para prevenir puentes térmicos, y se cumpla con los requisitos de fijación en los elementos estructurales de cada capa individualmente.

vi. Disponer instalaciones de servicios suficientemente aisladas, y en general evitar cualquier tipo de interrupción en la capa de encapsulación.

vii. Proteger especialmente los shafts y cualquier otro conducto que pueda facilitar la propagación del fuego, y las llamas entre diferentes compartimentos.

13.7 Lecturas adicionales

Guan Heng Y, y Kit Yuen K (2009) Computational fluid dynamics in fire engineering: theory, modelling and practice. Butterworth-Heinemann.

Argüelles Alvarez R, Arriaga Martitegui F, Martinez Calleja JJ (2000) Estructuras de Madera, Diseño y Cálculo. AITIM, España.

EN1995-1-2 Eurocode 5: Design of timber structures - Part 1-2: General - Structural fire design.

CAPÍTULO 14

DURABILIDAD Y PROTECCIÓN DE LA MADERA

CON LA CONTRIBUCIÓN DE: JUAN CARLOS PITER Y
ROCÍO RAMOS (UTN, ARGENTINA)

14.1 INTRODUCCIÓN

A diferencia de otros materiales de construcción, la madera es un material natural y orgánico, y por lo tanto susceptible al ataque de seres vivos que pueden degradarla. Esta particularidad ha motivado que en determinadas regiones se considere a la madera como un material poco durable, y consecuentemente no apto para ser empleado en construcciones de calidad. Sin embargo, un análisis racional de este tema conduce a una conclusión distinta.

En efecto, este material puede estar en contacto con el oxígeno del aire y con sales; lo cual oxida a los metales; a su vez es poco sensible a la luz que degrada los plásticos, entre otras características. Si se toman los resguardos apropiados, en función de su ambiente de emplazamiento, la madera se ubica en igualdad de condiciones respecto de otros materiales de construcción.

Esta última aseveración es soportada por la evidencia empírica, ya que existen muchas estructuras de madera que han perdurado durante siglos, incluso sin recibir mantenimiento alguno. Véase por ejemplo el Templo de la Ley Floreciente en Japón, el cual cuenta con más de 1400 años de antigüedad, y se encuentra localizado en una zona altamente sísmica y húmeda. La experiencia y el aporte de numerosas investigaciones han puesto de manifiesto las causas de la degradación de este material y las medidas precautorias que pueden evitarla. La degradación en la madera es producida por agentes bióticos y abióticos. En apartados posteriores, se focalizará en los de mayor importancia, teniendo en cuenta la utilización de la madera como material estructural.

Finalmente, debe considerarse que este tema resulta de especial importancia para Latinoamérica por dos aspectos:

i.   *Escasa duraminización y alta proporción de albura.* El árbol al entrar en su fase adulta genera sustancias preservantes, en un proceso denominado duraminización, que se distingue en la parte central del árbol con un color más oscuro (duramen, ver Capitulo 2), respecto de la albura. El duramen es mucho más resistente a la degradación y también menos permeable (por tanto, menos adecuado para la impregnación con tratamientos químicos de protección). Dado que en Latinoamérica es típico el uso de especies de rápido crecimiento, los árboles por lo general se cortan con turnos significativamente reducidos en comparación a países más fríos, por lo que el proceso de protección natural se encuentra menos desarrollado, y además el porcentaje de la albura es también mayor.

ii.   *Abundancia de climas templados y/o húmedos.* La mayoría de agentes de degradación biológica precisan ambientes templados, y en muchos casos húmedos para desarrollarse. Pese a que existen zonas muy lluviosas en donde se emplea la madera masivamente, p.ej. Japón o Noroeste de Norteamérica, y también zonas templadas-cálidas p.ej. Sur de EE.UU., se debe señalar que Latinoamérica cuenta con gran extensión de climas templados-cálidos y zonas húmedas, lo que propicia en gran medida el desarrollo de los principales organismos de degradación. Ver una ilustración en la Figura 14.1

FIGURA 14.1 La selva valdiviana, extremadamente húmeda, es un ejemplo de entorno Latinoamericano propenso para la proliferación de organismos xilófagos. La imagen es cortesía de Manuel Carpio, PUC, Chile, 2019.

14.2 AGENTES BIÓTICOS Y ESTRATEGIAS DE PROTECCIÓN

Tal y como se ha introducido, para que los agentes bióticos se puedan desarrollar y subsistir, se requiere que existan ciertas condiciones climáticas, las cuales, en algunos casos, ponen en evidencia acciones simples pero efectivas para proteger el material. Dentro de los principales agentes bióticos de degradación se encuentran los hongos y los insectos.

14.2.1 *Hongos*

Hongos xilófagos

Los hongos xilófagos o de pudrición se alimentan de la pared celular, afectando severamente las propiedades mecánicas de la madera; en un ataque de pudrición se suelen desarrollar muchos tipos de hongos, cada uno de los cuales actúa en un determinado intervalo de degradación, lo cual depende del componente que consuman como alimento, esto es lignina o celulosa.

La *pudrición blanca* es causada por hongos que se alimentan fundamentalmente de lignina, afectando ligeramente la celulosa, y le otorga a la madera un color blanco. En este caso la madera se rompe en fibras, por lo que también se le denomina pudrición fibrosa. La *pudrición parda* es causada por hongos que se alimentan de la celulosa, dejando intacta la lignina, y le otorga a la madera un color pardo. Este tipo de hongos genera un desprendimiento en forma de cubos en la madera, por lo que también se le conoce como *pudrición cúbica*. Por último, la *pudrición blanda* ataca principalmente la celulosa de la pared secundaria, adquiriendo en estados avanzados una coloración marrón; y a menudo se observa en piezas que se encuentran en contacto con el suelo. Uno de los hongos de pudrición más típicos lo conforman los basidiomicetes, los cuales a menudo generan diversos tipos de pudrición blanda (ver Figura 14.2.1.1).

FIGURA 14.2.1.1 Los basidiomicetes constituyen uno de los hongos de pudrición más extendidos. La imagen es cortesía de Lonza Quimetal Ltda 2019.

Hongos cromógenos y mohos

Estos organismos, que producen un cambio de coloración y en ocasiones tienen una apariencia de algodón fino (Figura 14.2.1.2), por lo general no afectan el comportamiento mecánico de la madera dado que no alteran la pared celular. Una pieza de madera afectada por estos agentes afecta su apariencia, da indicios que su producción y manipulación no ha sido lo suficientemente cuidadosa, y constituye una alerta sobre la potencial presencia de pudrición incipiente. Si estos organismos no se controlan de forma oportuna pueden favorecer el desarrollo de hongos de pudrición. Dos ejemplos muy habituales de este tipo de hongos y mohos lo constituyen la mancha azul y el moho blanco, ver Figura 14.2.1.2.

FIGURA 14.2.1.2 La mancha azul (arriba) y el moho blanco (abajo) son dos ejemplos típicos de hongos cromógenos y mohos los cuales, pese a que no reducen las propiedades mecánicas de forma significativa, pueden significar un síntoma de almacenamiento y manipulación indebida de la madera. Las imágenes son cortesía de Lonza Quimetal Ltda 2019.

14.2.2 *Estrategias de protección frente a hongos*

Los hongos de pudrición necesitan para su desarrollo un ambiente ácido con una temperatura entre 4 °C y 50 °C y un contenido de humedad en la madera superior al 20% y menor al Punto de Saturación de la Fibra (entre 28 y 30%). Precisamente, un diseño constructivo que impida la exposición de la madera a la intemperie y el contacto con el suelo, y por lo tanto que mantenga un contenido de humedad menor al 20%, evitando en lo posible la condensación sobre ella, suele constituir un mecanismo sumamente efectivo para evitar el ataque de los hongos de pudrición. Las 4 principales medidas contra la aparición de hongos se detallan a continuación.

Medidas constructivas para impedir humedad en madera superior al 20%

Dado que la temperatura no se puede controlar, la forma más efectiva de prevenir la aparición de hongos xilófagos consiste en evitar que la madera alcance en todo caso un contenido de humedad del orden del 20% o superior, pues esta es una condición indispensable para su desarrollo, y por tanto es evidente que las patologías producidas por estos agentes, se encuentran con mucha mayor frecuencia en regiones con clima húmedo, y requiere de una especial atención por parte del proyectista. La forma tradicional para lograr que la madera permanezca en rangos de humedad inferiores al 20%, consiste en agregar materiales y disposiciones constructivas en las envolventes, que no permitan entrar agua del exterior, aunque sí el vapor y por la parte interior permiten la salida de vapor del interior de la edificación, ver Figura 14.2.2.

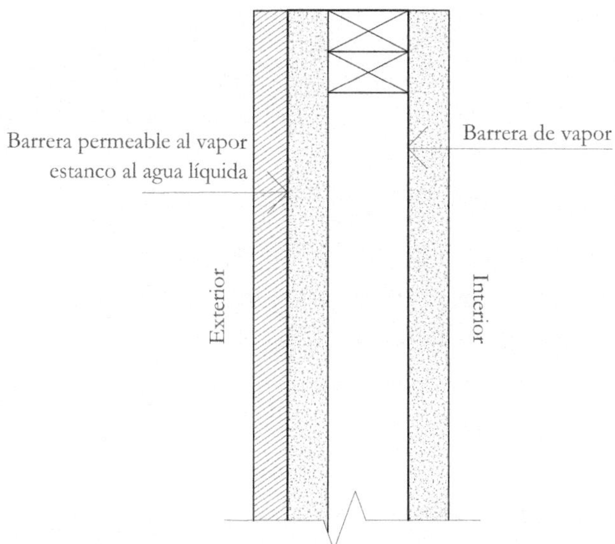

FIGURA 14.2.2 Típica configuración de envolvente empleada para evitar la condensación de humedad en muros de madera.

Otros detalles constructivos tales como elevación de pilares, el uso de aleros u otros, se muestran en los sucesivos apartados. Siempre que sea posible, debe de ser empleada esta como la primera medida para disminuir el riesgo de elementos, y posteriormente, de ser necesarias (o requeridas por la normativa según la especie maderera), las siguientes medidas.

Empleo de maderas durables

El empleo de especies durables en las partes expuestas de la estructura, es una estrategia eficaz para evitar la proliferación de hongos.

Tratamiento químico de la madera

Consiste en tratar la madera con substancias químicas que resultan repulsivas o venenosas para los hongos, y que se detallan en apartados sucesivos. Estas substancias normalmente se emplean si la madera a utilizar es poco durable y no es posible garantizar una humedad inferior al 20% mediante el diseño y los detalles constructivos, aunque los requerimientos específicos de tratamiento químico vienen detallados en las normativas de construcción de los distintos países.

Termotratamiento de la madera (madera termotratada)

Consiste en someter a la madera a temperaturas entorno a los 180 y 220 °C durante tiempos prolongados (alrededor de 8 horas, aunque depende del tamaño de la pieza, especie, humedad de la madera, etc.) en una atmósfera baja en oxígeno. Esto produce, según lo expuesto en el capítulo anterior, una pirolisis inerte controlada lo que modifica la composición química de la madera incrementando dramáticamente su durabilidad frente a hongos e insectos. Las principales características de la madera termotratada son que la esta se torna más oscura (fruto de la pirolisis controlada), se incrementa su durabilidad natural, mejora su estabilidad dimensional frente a cambios de humedad, y permite reciclar la madera sin ningún problema, pues no conlleva ningún tratamiento químico y, en general, desde el punto de vista ecológico, puede llegar a ser un proceso de mayor sustentabilidad. Las principales desventajas de la madera termotratada, son que actualmente las propiedades mecánicas pueden verse reducidas, del orden del 30% para la resistencia en flexión, y además el precio es bastante superior al de la madera corriente y la madera tratada químicamente.

14.2.3 Insectos y perforadores marinos

Los animales xilófagos constituyen otro grupo de agentes bióticos de gran importancia por su capacidad para degradar la madera. Principalmente podemos distinguir tres grupos principales:

Insectos de ciclo larvario (polilla, gorgojo y carcoma)

Éstos atacan la madera en su fase larvaria, mientras dura su desarrollo y crecimiento. Cuando son adultos normalmente perforan un agujero y salen al exterior no volviendo a la madera hasta la puesta de huevos con la cual se inicia un nuevo ciclo vital. Los *coleópteros xilófagos* pueden ser agrupados en cuatro categorías.

- Los *cerambícidos* (carcoma grande), cuyas larvas se alimentan de almidón, azucares y substancias albuminoideas de la madera; requieren un contenido de humedad superior al 20%. Es la familia más importante, y generalmente ataca a los árboles en pie y un número reducido de especies invade la madera apilada, tanto de coníferas como latifoliadas.

- Los *líctidos* (polilla) atacan maderas con contenidos de humedad entre 6-32%, siendo la albura habitualmente la zona afectada. Se caracterizan porque las larvas se alimentan del almidón contenido en la pared celular, para lo cual practican galerías de alrededor de 1 mm de diámetro, destruyendo la madera y dejando tras de sí un aserrín muy fino. Este tipo de insecto se especializa en atacar solamente a especies latifoliadas.

- Los *anóbidos* (carcoma), usualmente denominados *carcoma*, atacan a las maderas secas de especies tanto coníferas como latifoliadas y se alimentan de la celulosa y lignina. Su tamaño es relativamente pequeño, con una longitud desde 2,5 mm hasta 8,5 mm y practican galerías de unos 2 a 3 mm de diámetro, dejando tras de sí un aserrín menos fino que el de los líctidos.

- Los *Curculiónidos* (gorgojo). Atacan principalmente madera semi o totalmente descompuesta por la acción de hongos de pudrición.

Insectos sociales o Isópteros[118] (termitas)

No tienen fase larvaria, viven con una estructura social compleja (obreras, soldados, reproductores) y al llegar a adultos no abandonan la madera por lo que son de difícil detección. Estos organismos son causantes de daños considerables a estructuras de madera en todo el mundo. Principalmente existen 3 tipos de termitas (ver Figura 14.2.3):

- *Termitas subterráneas.* Son las más comunes, y también las causantes de los mayores daños. Se desarrollan y mantienen sus colonias bajo tierra. Crean orificios subterráneos y transitan por las fisuras de las fundaciones, lo que les permite acceder a la madera que necesitan para sobrevivir. Crean túneles a lo largo del sentido de la fibra de la madera, y por este motivo es relativamente difícil verlas en superficie, por lo que su detección es mediante dispositivos de ultrasonidos o microondas. En determinadas épocas del año, cierto tipo de termitas aladas (reproductoras) se desplazan para establecer nuevas colonias, y posteriormente pierden las alas, durante la cual su apariencia es muy similar a las hormigas aladas. Este tipo de termitas se observa con mucha mayor frecuencia en zonas cálidas y en maderas con alto contenido de humedad.

- *Termitas de madera seca.* A diferencia de las anteriores, estas termitas atacan maderas con contenidos de humedad desde moderados hasta extremadamente bajos. Además, no requieren estar en contacto con el suelo ni cualquier otra fuente de humedad. Esta peculiaridad hace que sean especialmente difíciles de combatir. Sin embargo, su presencia y ciclo reproductivo son menores con respecto a las anteriores.

- *Termitas de madera húmeda.* Esta clase de termitas tampoco precisan estar en contacto con el suelo, pero a diferencia de las anteriores, se suelen desarrollar (al menos inicialmente) en maderas con un elevado contenido de humedad y con signos de pudrición. Por esta razón, los daños causados por estas termitas son menores en relación a los anteriores.

Otros organismos xilófagos

Los insectos anteriormente comentados suelen ser los más comunes, no obstante, existen otros organismos que potencialmente pueden degradar la madera:

- *Los sirícidos* (**avispa de la madera**) atacan los árboles de coníferas enfermos o recién cortados. La madera aserrada procedente de estos árboles puede incorporarse posteriormente a los edificios y las larvas en su interior pueden emerger posteriormente como adultos. Sin embargo, no pueden volver a atacar la madera seca.

- *Los xilocópidos (abeja carpintera)* no son propiamente xilófagos, ya que la madera no constituye su principal fuente de alimento. Afectan a la madera sana o ligeramente degradada de coníferas y frondosas de troncos de árboles, madera estructural y postes.

- Los *xilófagos marinos* que ocasionan los daños más importantes en la madera son los moluscos y los crustáceos. Se diferencian entre sí, además de sus diferencias anatómicas, por la forma del ataque y el aspecto que presenta la madera degradada. Los *molusc*os realizan una degradación en el interior de la madera que no puede ser visible, mientras que los *crustáceos* realizan una degradación superficial que es posible advertir desde el exterior. Atacan tanto a la albura como al duramen de coníferas y latifoliadas (frondosas) utilizadas en embarcaciones, puertos y muelles. El género más importante de los moluscos es el *Teredo* que utiliza la madera como cobijo y como alimento junto con sustancias orgánicas disueltas en agua.

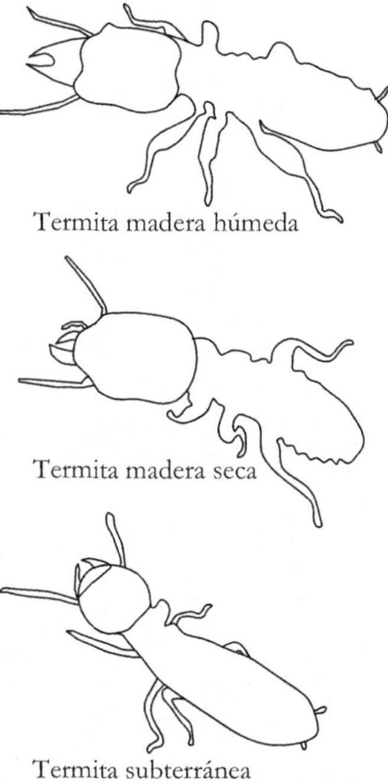

FIGURA 14.2.3 Principales tipos de termitas que atacan la madera.

14.2.4 *Estrategias de protección frente a animales xilófagos*

Existen principalmente 5 medidas para evitar el ataque de animales xilófagos para zonas de riesgo. Normalmente, en zonas de riesgo y con maderas vulnerables, estas medidas se aplican de forma combinada:

Saneado del terreno

En lugares con precedentes de termitas, y considerando que estos insectos precisan de la madera para sobrevivir, resulta crucial sanear el terreno antes de comenzar con la construcción. Esto incluye deshacerse de escombros, maderas, troncos, ramas y *tocones*[14.1] del terreno, siendo especialmente importante remover la madera subterránea, con énfasis a las zonas cercanas a la fundación.

Uso de maderas durables en zonas vulnerables

Una alternativa a los tratamientos químicos, consiste en emplear maderas de gran durabilidad en aquellas partes de la estructura susceptibles a la degradación, como aquellas en contacto con fundaciones, suelos, cubiertas, etc.

Tratamiento químico de la madera y el terreno

Consiste en emplear substancias químicas que resultan venenosas a los insectos y otros animales potencialmente dañinos. El tratamiento químico de la madera, resulta útil en especies poco o no durables, y elementos constructivos vulnerables. Los diferentes tratamientos de la madera se muestran en una sección posterior. Adicionalmente, en zonas de alto riesgo de termitas, se debe efectuar el tratamiento del terreno en todas las regiones en contacto con la fundación y losa inferior a la construcción. En el caso de aprovechar los *espacios de arrastre de las fundaciones*[14.2] (*crawl space,* ver siguiente apartado) para la distribución de aire y sistemas de climatización, tan sólo se deberán aplicar *termicidas* que no resulten perjudiciales en absoluto a la salud humana.

Uso de madera termotratada (ver Sección 14.2.2).

Medidas constructivas

En muchos casos esta es la medida más importante, y debe considerarse en primer lugar. Fundamentalmente la estrategia consiste en:

- Elevar los elementos de madera respecto al nivel del suelo.

- Emplear materiales que actúen como barreras físicas para las termitas, habitualmente metales de cobre o similares y *toppings de la fundación*[14.3] de materiales difícilmente penetrables.

- Asegurar la impermeabilización y drenaje de la fundación y la madera, mediante distintas barreras impermeables y de vapor, así como el empleo de uniones y materiales que aseguren el sellado completo de los componentes.

Habitualmente en la madera, se distinguen los siguientes tipos de fundaciones (ver Figura 14.2.4.1): (a) fundación profunda de estacionamiento; (b) fundación de arrastre sumergida; (c) fundación de arrastre; (d) losa a ras.

En cuanto a las materialidades, se suelen emplear fundaciones de concreto vertido, unidades de bloques de mampostería, y bloques con vigas de hormigón, aunque también se pueden emplear materiales más novedosos como *moldes de concreto aislado*, ver Figura 14.2.4.2.

Nótese que, en caso de edificios sin estacionamiento, si la cota superior de estas fundaciones se sitúa a cierta distancia de la cota del suelo, es posible disponer de un "hueco" debajo del primer piso que se denomina espacio de arrastre, el cual facilita la inspección de los elementos de madera del primer piso. La adición de este espacio, permite además de separar los elementos estructurales de madera a una distancia prudente del suelo, lo que resulta efectivo para prevenir el ataque de la mayoría de insectos. Así que, en zonas de riesgo, esta fundación es preferible respecto de la losa a ras.

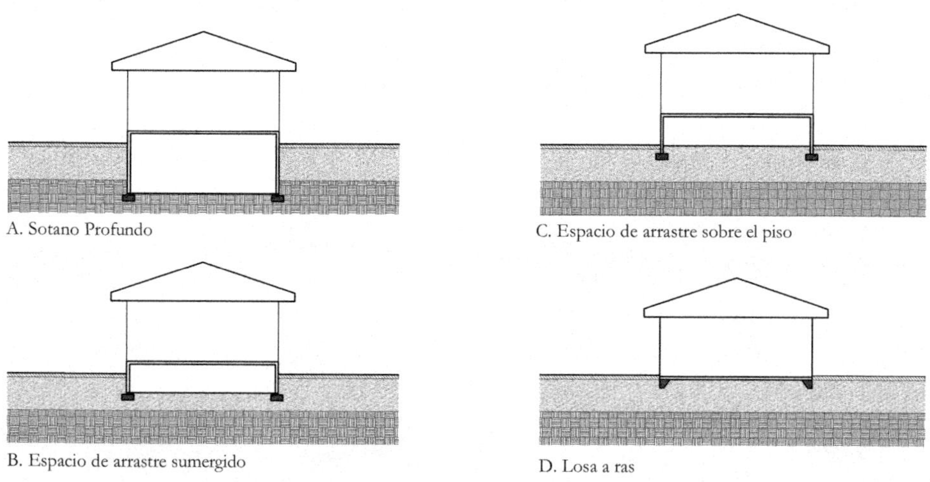

FIGURA 14.2.4.1 Principales tipos de fundaciones empleadas en construcciones con madera (basado en Universidad de Minnesota 2003).

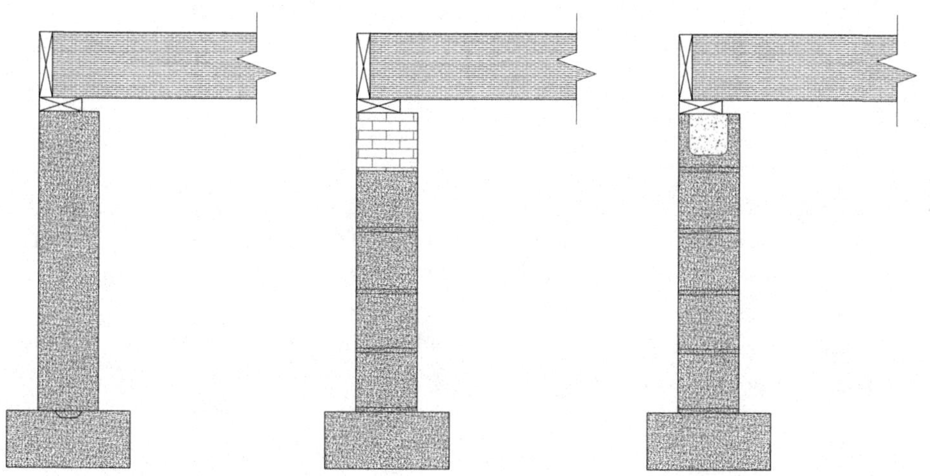

FIGURA 14.2.4.2 Principales materiales empleados en fundaciones de construcciones con madera: fundación de hormigón convencional (izquierda), hormigón en bloques con unidad de mampostería superior (centro), y bloques con vigas de hormigón (derecha) (basado en Universidad de Minnesota 2003).

En este tipo de fundaciones de arrastre, por lo general, se recomienda que la diferencia de cota entre el suelo exterior y la madera en zonas de riesgo sea de al menos 20 cm, y la diferencia entre el suelo de la zona de arrastre y la madera sea de aproximadamente 45 cm, lo que conjuntamente con la previsión de entradas impermeabilizadas posibilita la inspección, ver Figura 14.2.4.3.

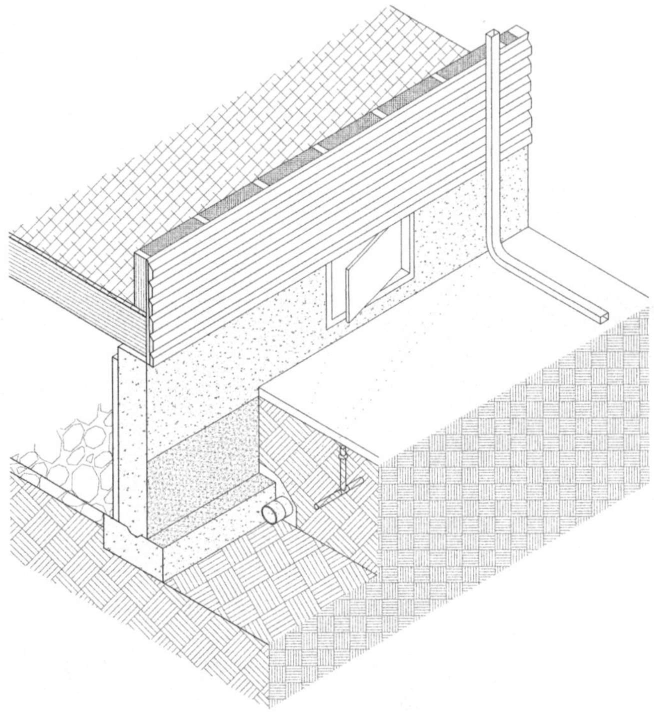

FIGURA 14.2.4.3 Típica fundación de arrastre empleada en una construcción con madera (basado en Universidad de Minnesota 2003).

Algunas configuraciones constructivas para los principales tipos de fundaciones de madera se presentan en el Anexo B.

14.3 AGENTES ABIÓTICOS

El agua y la luz

El *agua* es uno de los principales factores abióticos del deterioro de la madera, que además desempeña un rol fundamental al favorecer el ataque de agentes bióticos tales como los hongos cromógenos y algunos insectos, como ya se ha expresado anteriormente. El agua de lluvia que moja la superficie de la madera sin protección, es absorbida por capilaridad a través de la capa superficial de la madera, seguida por la adsorción de las paredes de las células. El vapor de agua es recogido directamente por adsorción a través de las paredes de las células. La diferencia de humedad entre el interior y la capa superficial, que tenderá a hinchar la madera, provoca un estado de tensión que si no se equilibra, origina alabeos que deforman la pieza. La humedad es uno de los factores de agresividad del medio y es, de hecho, la base a partir de la cual muchas normas establecen distintas *categorías de riesgo de la madera* en función del ambiente en que se encuentran. No obstante, la degradación que puede provocar la presencia de agua sin que vaya acompañada por el desarrollo de agentes bióticos, es de menor relevancia que la provocada por estos últimos para el uso estructural de la madera.

La *luz sol*ar produce un cambio en la coloración en la madera, que inicialmente tiende al oscurecimiento en un tono marrón y posteriormente, toma un color grisáceo. La radiación ultravioleta del espectro de la luz solar, degrada los componentes de la madera comenzando por la lignina. Lo cual produce un oscurecimiento superficial. Si la pieza está expuesta al agua de lluvia, los productos resultantes de la degradación son eliminados por el agua quedando la celulosa, menos sensible a las radiaciones, lo que provoca que la superficie adquiera un color blanquecino. Las células externas pueden recubrirse lentamente de mohos, que viven de la humedad de la madera y de los productos de la *fotodegradación*[14.4], dando a la superficie una coloración grisácea o negruzca.

En la práctica, el agua y el sol actúan de forma combinada y se potencian entre si multiplicando sus efectos. Este deterioro generalmente es muy lento, estimándose que la profundidad destruida en un siglo de exposición es de 6 mm aproximadamente, valor que varía en función del clima, la especie de madera y la orientación, pudiendo llegar hasta unos 13mm en las peores condiciones.

El *hielo* puede degradar la madera dado que la humedad contenida en las cavidades celulares se transforma a estado sólido, aumentando el volumen de las fibras leñosas y produciendo un daño en la integridad física del material. Este fenómeno físico, puede traducirse en la destrucción de las células ubicadas en la superficie, y si es repetitivo puede afectar la resistencia de la pieza.

Además de las medidas de protección indicadas anteriormente, se pueden agregar las siguientes (ver Tabla 14.3):

- Prolongación de aleros en cubiertas y entrepisos.

- Revestimientos con maderas durables o tratadas, elementos poliméricos o minerales.

- Elevación de pilares, apoyo de pilares en placas abiertas (no en el hormigón) y soleras bajo el nivel de la unión.

- Elementos para asegurar la escorrentía y evitar la acumulación de agua.

El fuego

El *fuego* es uno de los agentes destructores que ningún material puede tolerar indefinidamente sin presentar algún deterioro. La reacción de la madera frente al fuego y las medidas de protección constructivas, se han detallado en el capítulo anterior. Los tratamientos ignífugos de la madera serán detallados en secciones sucesivas de este capítulo.

TABLA 14.3 Medidas de protección frente agentes abióticos (medidas adicionales a las presentadas en las secciones 14.2.2 y 14.2.4).

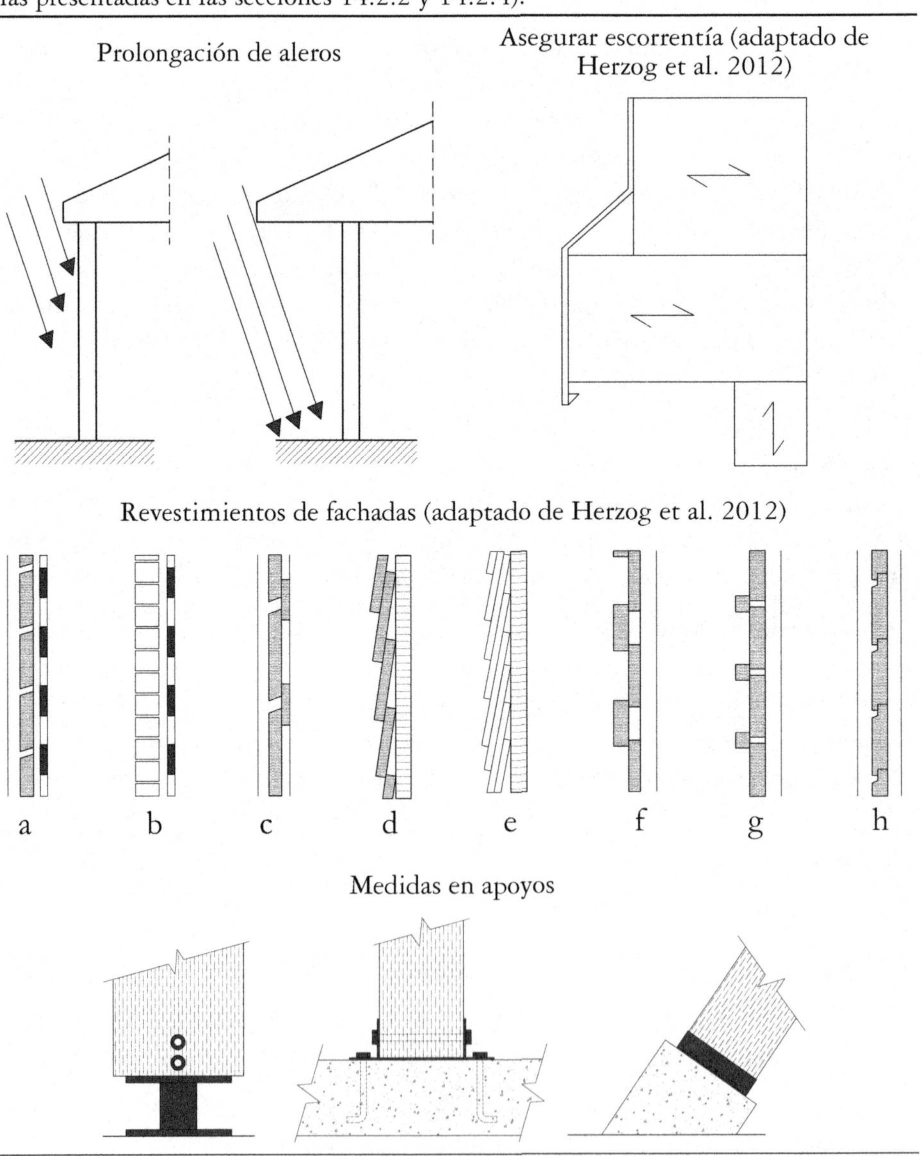

14.4 RIESGO DE ATAQUE BIOLÓGICO Y DURABILIDAD NATURAL

La degradación de la madera y los principales agentes que causan la misma (descritos someramente en el apartado anterior), constituyen aspectos de una problemática más amplia que debe incluir el proyectista cuando diseña una estructura de madera.

El *riesgo de ataque* en el lugar del emplazamiento es otro aspecto de importancia vital a tener en cuenta, ya que la presencia espacial de insectos xilófagos no es uniforme y el ataque de hongos xilófagos se produce para un determinado rango de contenido de humedad en la madera, como se ha expresado anteriormente. A modo de ejemplo, se cita a continuación en forma sintética el criterio europeo para definir 5 clases de riesgo frente al ataque de hongos xilófagos:

i.   Ambiente interior.

ii.   Ambiente semicubierto.

iii.   Intemperie sin contacto con el suelo.

iv.   Contacto con el suelo o agua dulce.

v.   Contacto con el agua marina.

La *durabilidad natural de la madera*, se define como la resistencia intrínseca (sin haber recibido tratamientos) para resistir el ataque de un agente xilófago, la cual difiere sustancialmente entre especies, dentro de una misma especie y también dentro de las distintas partes que componen un tronco, tales como el duramen y la albura. Esta propiedad, por lo tanto, juega un rol decisivo para la concreción de un diseño durable de una estructura. El criterio europeo considera que la durabilidad de una especie puede determinarse por ensayos de campo y/o de laboratorio y ha adoptado 5 clases de durabilidad natural:

i.   Muy durable.

ii.   Durable.

iii.   Medianamente durable.

iv.   Poco durable.

v.   No durable.

Para evaluar en forma conjunta las variables mencionadas, resulta de interés la consideración del criterio adoptado por las normas europeas, el cual se presenta esquemáticamente en la Tabla 14.4. A modo de ejemplo, una especie de rápido crecimiento con clase de durabilidad 4 podría ser utilizada en construcciones ubicadas en un ambiente interior sin ningún tipo de tratamiento protector. Un tratamiento podría ser aconsejable en un ambiente semicubierto en función del grado de exposición, pero el tratamiento sería muy conveniente para obras a la intemperie y estrictamente necesario cuando se prevé el contacto con el suelo o agua, tanto dulce como salada. Si se tratase de una madera con clase de durabilidad 3, la utilización sin protección podría extenderse sin restricciones a espacios semicubiertos, comenzando a ser recomendables los tratamientos a partir de esta clase de riesgo.

TABLA 14.4 Guía del empleo de la madera considerando su clase de durabilidad natural frente a los hongos xilófagos y la clase de riesgo a que se expone conforme al criterio europeo.

Clase de riesgo	Clase de durabilidad*				
	1	2	3	4	5
1 Ambiente interior	0	0	0	0	0
2 Ambiente semicubierto	0	0	0	(0)	(0)
3 Intemperie sin contacto con el suelo	0	0	(0)	(0)-(x)	(0)-(x)
4 Contacto con el suelo o agua dulce	0	(0)	(x)	x	x
5 Contacto con agua salada	0	(x)	(x)	x	x

*0: durabilidad natural suficiente; x: tratamiento protector necesario; (0), (0)-(x) y (x): situaciones intermedias, en las cuales puede ser recomendable un tratamiento protector, con importancia creciente desde (0) a (x).

La Tabla 14.4 pone de manifiesto la importancia de contemplar la protección de la madera a través del diseño, sobre todo si se tiene en cuenta la creciente tendencia a utilizar madera de especies de rápido crecimiento, las cuales suelen presentar una durabilidad natural clase 3 (medianamente durable) o menor. Un diseño adecuado de la construcción puede lograr que la madera se encuentre sometida a clases de riesgo 1 o 2, es decir, en el interior o protegida por aleros, evitándose de este modo la necesidad de aplicar tratamientos de preservación siendo suficiente el uso de tratamientos superficiales tales como barnices o pinturas. De hecho, una de las tareas principales del diseñador, consiste en reducir la clase de riesgo en lo posible mediante el diseño y detalles constructivos.

14.5 TRATAMIENTOS PRESERVANTES DE LA MADERA

Los tratamientos preventivos en la madera, realizados antes de que sea puesta en servicio, se pueden clasificar en función del grado de penetración de la solución protectora, o según el nivel de humedad presente en el momento de su impregnación. En el primer caso los tratamientos se dividen en *superficiales*, *medios* y *profundos*, ver Figura 14.5.

En todo caso, la protección debe guardar relación con las condiciones en las que serán puestas en servicio las piezas. Las maderas de uso exterior en contacto con el suelo, con agua dulce, con agua de mar o situadas en ambientes saturados de humedad, deben estar muy bien protegidas.

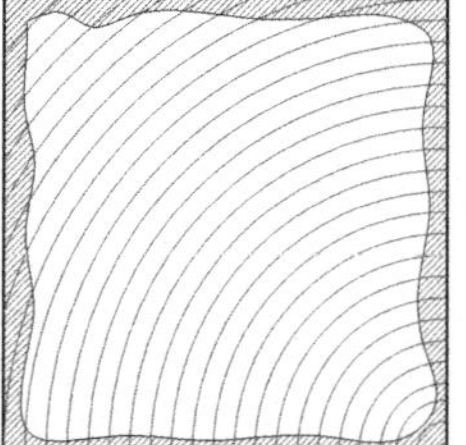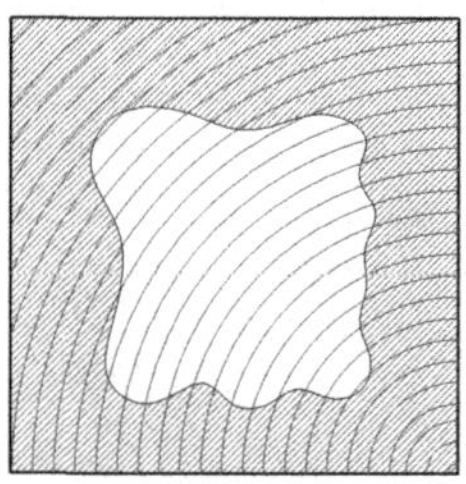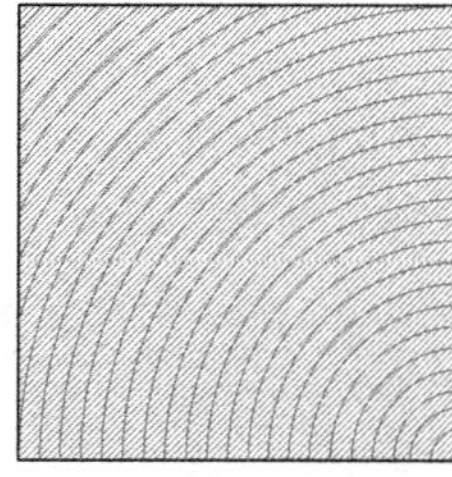

FIGURA 14.5 Tipos de tratamientos según el grado de penetración: superficial (izquierda), medio (centro) y profundo (derecha).

El volumen de protector líquido o sólido que penetra el material durante el proceso de tratamiento por unidad de volumen de madera, es referenciado con el término *absorción* (L de solución preservante / m³ de madera). Ésta depende de la humedad y características de la madera a tratar, del sistema de impregnación y de la naturaleza del producto químico utilizado. A menos que se trate de *impregnación por difusión*[14.5], es necesario que el elemento leñoso se haya secado antes del tratamiento, no sólo para evitar que el agua contenida en su interior dificulte o imposibilite la absorción de producto, sino también porque durante el secado se pueden producir las fendas (grietas), que expondrían su parte interior no impregnada al ataque de los organismos xilófagos.

Con respecto a los productos químicos utilizados en la conservación de la madera, se considera que de los tres grandes grupos en que suelen estar divididos son: *hidrosolubles*, *creosotas* y *orgánicos*; en este orden, son los que presentan mayores absorciones cuando se impregnan en similares condiciones.

La *penetración* es la profundidad de la capa tóxica con que se protege la madera (mm de profundidad en sentido perpendicular a las fibras). Como en el caso de la absorción, la penetración también depende del sistema utilizado, de la humedad, de las características de la madera y de la naturaleza del producto químico a emplear. Para que la impregnación sea efectiva, la madera debe estar seca y desprovista de su corteza la cual, debido a su impermeabilidad, impide la entrada de los líquidos. Como la albura ofrece en general poca resistencia a la penetración, permite impregnaciones más completas y profundas. Existen especies, como es el caso del *E. grandis*, cuyo duramen es prácticamente impermeable a estos tratamientos. Si la clase de madera dificulta la impregnación, ésta se puede aumentar haciendo incisiones superficiales con maquinaria apropiada que favorezcan la penetración lateral de los protectores, sin perjudicar la resistencia mecánica de las piezas.

Por *retención* se entiende, la masa de protector que permanece en el material al finalizar un tratamiento químico por unidad de volumen de madera (kg de preservante / m³ de madera). Este parámetro entrega el verdadero grado de protección de la madera. Cuando se emplean los hidrosolubles u orgánicos, con duraciones de impregnación constantes, las retenciones sólidas medias se elevan con la solubilidad de cada solución. No deben de ser confundidas, retenciones con absorciones. Las primeras definen el grado de protección y las segundas expresan la cantidad de producto incorporado.

Por lo general, los requisitos principales de un preservante de la madera son los siguientes:

i.   Alta toxicidad a los organismos destructores (eficacia).

ii.   Permanencia en la madera tratada (retención).

iii.   Habilidad para penetrar profundamente (penetración).

iv.   Inofensivo para la madera.

v.   Bajo impacto en las propiedades mecánicas de la madera.

vi.   No corrosivo para los metales en contacto con la madera.

vii.   Bajo costo y abundante en el mercado.

viii. Baja peligrosidad en su producción.

ix.   Amigables con las personas y el medioambiente.

Tratamientos de madera con un contenido de humedad superior al punto de saturación de las fibras

Es posible efectuar tratamientos a la madera saturada a través de distintos métodos, de los cuales se destacan:

i.   *Pulverización superficial*, que consiste en un tratamiento preventivo temporal, generalmente aplicable a árboles recién volteados (apeados) y tablas y tablones húmedos en el aserradero.

ii.   *Sustitución de savia*, sistema protector de los rollizos recién cortados, a través de la inyección de una solución por la parte más gruesa del rollizo que avanza por la albura, sustituyendo a la savia.

iii.   *Difusión*, tratamiento que usa el agua libre de los lúmenes celulares para introducir los constituyentes activos del protector en el interior de madera con alto grado de humedad. Este tercer proceso consta de varias fases:

   •   secado parcial de la madera (superior al 30%).

- Inmersión de la madera en la solución protectora, preferiblemente más concentrada que en otros sistemas.

- Periodo de difusión en atmósfera saturada de humedad.

- Secado final de la madera tomando precauciones, para evitar que se formen grietas.

Tratamientos con madera seca

Los tratamientos preservantes con madera seca son los más empleados, y suponen unas tareas de pre-acondicionamiento de la misma a fin de optimizar los resultados. Estas labores previas pueden ser, entre otras, de secado e incisionado (para maderas poco permeables). A continuación, se describen procesos *sin autoclave*[14.6] y *con autoclave*; en este último grupo se diferencian los que utilizan presión y los que no lo hacen.

Tratamientos con madera seca sin autoclave

Los sistemas incluidos en este tipo de tratamientos son:

i. *Sistema de pincelado*: a través del *pincelado*, el protector se aplica superficialmente mediante una brocha, por lo general en tres manos. Las penetraciones alcanzadas no suelen superar los 2 o 3 cm, y el resultado es una delgada capa tóxica superficial. Por sus características, este tratamiento es empleado en situaciones de baja agresividad del medio. Si el entorno es desfavorable, se recomienda la reiteración anual del proceso. Suelen ser de este tipo los tratamientos antifotodegradación, que se aplican a las maderas situadas en exterior. La conservación de la madera por pincelado no consiste en pintarla con un protector determinado; se trata más bien de procurar empaparla, a fin de que el líquido utilizado penetre en todas las juntas, grietas y fisuras de la madera. Para facilitar su absorción, se dan varias manos cuando las primeras ya han penetrado totalmente.

ii. *Pulverizado*: es un tratamiento similar al anterior en cuanto a su efectividad. Se emplean protectores semejantes, y se considera que tres manos de pincelado equiparan a una pulverización adecuada.

iii. *Inmersión breve*: consiste en, sumergir la madera en una solución protectora a temperatura ambiente, por lo general durante un lapso no mayor a los 10 minutos. Luego se procede al secado de la madera, y se emplean protectores en disolvente orgánico, únicamente para impregnar piezas acabadas de poco grosor que vayan a ser colocadas en ambiente seco, y no puedan ser sometidas a tratamientos más completos.

iv. Sistema de *inmersión prolongada*: es poco empleado porque, pese a conseguir altos grados de penetración y retención del protector en la madera, requiere mucho tiempo. La inmersión prolongada en hidrosolubles proporciona buenas retenciones y penetraciones poco profundas. Las maderas de pequeño espesor que se sumergen en creosotas quedan bien protegidas para su uso exterior, si el nivel de protección no tiene que ser muy elevado. En cambio, si se quieren emplear los orgánicos, hay que considerar su utilización sólo en inmersiones con impregnación completa de piezas delgadas, dada su baja solubilidad y las bajas retenciones alcanzadas.

v. Sistema de *inmersión caliente y fría*: se somete la madera a un baño a altas temperaturas en la solución del protector o en agua (si se emplean protectores hidrosolubles), y a continuación, a un baño a temperatura ambiente. Los procesos suelen ser de 24 horas de duración, con 1 a 4 horas de baño en caliente y el resto en frío. La efectividad del sistema está basada en la diferencia de temperaturas de los baños (más efectivo a mayor diferencia), y en el tiempo de mantenimiento de la madera en el baño frío (más efectivo cuanto más tiempo se sumerja). Las creosotas y los orgánicos son los que mejor se adaptan a este sistema de impregnación, ya que pueden alcanzar temperaturas máximas de 100 °C. Esta práctica se hace de tres formas distintas:

- Calentando y enfriando al mismo tiempo la madera y el protector.
- Trasladando la madera caliente a otro recipiente que contenga producto frío.
- Evacuando el protector caliente para sustituirlo por un proceso de pincelado frío.

De cualquier manera, aunque se use la misma clase de madera, similares productos y tiempos de inmersión, la disminución de la viscosidad de los protectores con el aumento de la temperatura, y el vacío que se forma al enfriarse la madera, da mejores resultados que el sistema de inmersión prolongada.

vi. *Difusión*: este sistema se basa en una mezcla de dos soluciones de distinta concentración que se transforman en otra de concentración homogénea. El proceso consta de dos fases. En la primera fase, la madera verde recién aserrada es sumergida en el protector para que absorba de manera superficial y lo antes posible la cantidad de materia activa que, difundida luego en la madera, equivalga a la retención sólida deseada. En la segunda fase se almacena la madera en cobertizos con atmósfera saturada de humedad, o bajo lonas o telas plastificadas que impidan su desecado, con el fin de completar el proceso de la difusión del producto absorbido. Una vez finalizada la segunda parte, se deja secar la madera normalmente. El proceso de difusión también se puede efectuar recubriendo las superficies externas descortezadas con pastas protectoras que sustituyan a las soluciones de tratamientos y manteniéndolas en atmósfera húmeda el tiempo necesario para completar el proceso. Un ejemplo es el denominado sistema *cobra*, en el cual la pasta protectora es inyectada directamente en la madera a través de una aguja hueca accionada por un brazo palanca. Se utiliza, sobre todo, en la re-impregnación de las zonas de empotramiento de postes de conducción eléctrica o telefónica puestos ya en servicio, donde la humedad del terreno proporciona el agua necesaria para completar la difusión de la pasta. Esto también se logra con el sistema de *vendajes protectores*, para lo cual se descalza el poste y se embadurnan las zonas de empotramiento con la cantidad de pasta deseada, y se las venda enseguida para conservar su humedad y evitar el contacto de la pasta con el suelo.

Tratamientos con madera seca mediante autoclave

En la actualidad, son las plantas industriales tipo autoclave las que se utilizan para el tratamiento protector preventivo de la madera a gran escala, dada la operatividad y eficacia que han alcanzado. Las penetraciones y retenciones necesarias no pueden ser obtenidas cuando la humedad de la madera es superior al punto de saturación de las fibras. En tal caso, antes del tratamiento hay que desecarla en el cilindro de impregnación, calentándola con vapor de agua o con el protector, y sometiéndola a un vacío que favorezca la rápida evaporación del agua, hasta llegar al porcentaje de humedad deseado. Existen procesos de autoclave con y sin empleo de presión.

Los procesos *con empleo de presión* comprenden las siguientes fases:

i.   Colocar la madera en la *cámara de impregnación*[14.7] y aplicar aire a presión hasta alcanzar 3-5 daN/cm^2.

ii.   Introducir la solución del preservante en contacto con la madera elevando la presión hasta alcanzar la denominada *presión de trabajo*.

iii. Establecimiento de la presión atmosférica, y evacuación de la cámara de impregnación del exceso de protector que no haya penetrado en la madera.

iv.   Aplicar un vacío final en la cámara, con el objeto de dejar la madera limpia y sin exceso de preservante.

v.   Evacuación del protector sacado de la madera tras volver a la presión atmosférica.

vi.   Extracción de la madera ya impregnada.

Por medio de este sistema, se logra una buena penetración del preservante en la madera y una baja retención. En consecuencia, se considera un proceso de protección más económico.

Los procesos de autoclave *sin empleo de presión*, son actualmente de gran importancia a nivel internacional; se denominan también vacío-vacío, y se los conoce vulgarmente como Vac-Vac. En general, se emplean con preservantes en disolvente orgánico para maderas de media y baja resistencia a la impregnación. No obstante, se pueden utilizar también para aquellas de alta densidad y difícil impregnación, mediante la aplicación de una variable al sistema, por lo que se denominan, en este caso específico, sistemas de pseudo vacío-vacío. La aireación requiere una presión intermedia de hasta 2 daN/cm² como máximo durante el periodo de inmersión central, para lo que se emplea una *bomba hidráulica de impulsión*.

Los preservantes químicos de la madera

En la década de 1830, fue utilizado por primera vez el creosotado de la madera en recipientes cerrados de hierro, considerándose el inicio del tratamiento de la madera en autoclave. En las décadas de 1850 a 1870, con el desarrollo del ferrocarril, la electricidad y el telégrafo, se realizaron importantes investigaciones en el campo de la conservación de la madera. En la década de 1880, se sentaron las bases de las normas británicas de protección de maderas desarrolladas por la British Wood Preserver Association (BWPA), hoy conocidas como normas BSI. De esta manera, se comenzó a proteger la madera de los organismos mediante su impregnación total o parcial con los preservantes químicos adecuados, protegiéndola del ataque de hongos, insectos, moluscos o crustáceos xilófagos penetren en su interior y la destruyan.

Los preservantes químicos de la madera deben de cumplir con ciertas condiciones que es importante exigir a los proveedores de los distintos productos, para así constatar el nivel de desempeño de cada uno. Dichas condiciones requieren que sean:

i. *Biocidas*, es decir tóxicos para los organismos bióticos de deterioro.

ii. No *sean evaporabl*es, para que permanezcan en la madera durante el tiempo esperado.

iii. *Sea posible introducirlos* en la madera, para alcanzar buenos grados de penetración y retención.

iv. No *produzcan deterioros* a las propiedades de la madera, conforme al uso a que fue destinada.

v. No *sean disueltos* por agua dulce o de mar, *ni arrastrados* por la lluvia, el agua o la humedad.

vi. No *sean corrosivos* para los metales.

vii. No *aumenten la inflamabilidad* de la madera colocada en lugar de riesgo.

viii. No *desprendan vapores tóxicos* para las personas, *ni olores persistentes y desagradables* al utilizarlos en maderas colocadas en minas, sótanos o locales subterráneos, o en las que sirven para almacenar alimentos o agua potable.

ix. No *sean fitotóxicos*[136] si se emplean en maderas destinadas a ciertas aplicaciones agrícolas de jardinería y horticultura.

x. *Sean incolo*ros y/o permitan una capa de pintura, cera o barniz, cuando la madera lo requiera.

xi. No *manchen*, sobre todo en los casos en que deba trabajarse la madera después de su impregnación.

Los productos químicos preservantes de la madera suelen ser soluciones líquidas con propiedades biocidas, dirigidas a los organismos degradadores de la madera. Esta definición, por lo tanto, excluye a las pinturas y barnices que lo único que logran es otorgar una resistencia temporal variable. Todo producto químico protector de la madera se compone de un *disolvente*, que es un medio de entrada en la madera de las *materias activas* y *biocidas*, que en ocasiones son incluso efectivas frente a agentes de origen abiótico, y *coadyuvantes*, que refuerzan la acción de las materias primas e incrementan la efectividad del protector.

14.6 TRATAMIENTOS DE IGNIFUGACIÓN DE LA MADERA

Los tratamientos de ignifugación de la madera, tienen como finalidad modificar su reacción al fuego. La resistencia al fuego del material no se modifica significativamente por el tratamiento, pero se consigue un retraso de la combustión, es decir, un incremento del tiempo de mantenimiento de su capacidad mecánica, la cual puede evaluarse experimentalmente. El tratamiento puede realizarse en profundidad (también denominado en masa) o superficialmente. Generalmente se utilizan productos a base de fosfato y sulfato de amonio, borato de sodio, ácido bórico, silicato de sodio y de potasio y compuestos clorados.

La ignifugación en profundidad de la madera maciza, puede realizarse mediante un proceso de vacío y presión en autoclave o a través de una inmersión caliente. En el caso de los tableros contrachapados, la ignifugación se realiza mediante la impregnación de las chapas antes del encolado. En los tableros de partículas, se añaden los productos ignífugos a las partículas de madera o al adhesivo; en los de fibras de densidad media, se añaden al adhesivo.

La ignifugación superficial, puede consistir en la aplicación de barnices y pinturas, los cuales se hinchan ante la acción del fuego formando una capa aislante que retrasa la combustión de la madera. El inconveniente principal de estos sistemas, es que su durabilidad suele garantizarse por un plazo de 5 a 10 años, y es necesaria su renovación. Por otro lado, si bien los barnices ignífugos permiten apreciar la superficie de la madera, tienen tendencia a volverse blanquecinos. Otra posibilidad de tratamiento superficial, es la aplicación de sales ignífugas disueltas en agua mediante pulverizado o inmersión. En estos casos, la cantidad de sales depositadas es generalmente reducida, y su eficacia no es muy elevada. No deben utilizarse en piezas expuestas al exterior, ya que las sales son lavables.

14.7 Durabilidad y protección en Chile

La NCh 789/1 clasifica las especies madereras chilenas en 5 categorías: 1 muy durables (vida útil > 20 años), 2 durables (vida útil > 15 años), 3 moderadamente durables (vida útil > 10 años), 4 poco durables (vida útil > 5 años) y 5 no durables (vida útil < 5 años), ver Tabla 14.7.1.

TABLA 14.7.1 Durabilidad natural de las especies chilenas según NCh 789/1.

Categoría	Madera	
	Nombre común	Nombre científico
1. Muy durables	Roble	*Nothofagus oblicua* (MIRB) BL
	Ciprés de las Guaitecas	*Pilgerodendron uvifera* (D. DON)
	Alerce	*Fitzroya cupressoides* (MOL) JOHNSTON
2. Durables	Raulí	*Nothofagus alpina* (POEPP. et ENDL.) OERST
	Lenga	*Nothofagus pumilio* (POEPP. et ENDL.) KRASSER
	Lingue	*Persea lingue* (NESS)
3. Moderadamente durables	Canelo	*Drimys winteri* FORST
	Coigüe	*Nothofagus dombeyi* (MIRB) BL
	Tineo	*Weinmannia trichosperma* CAV.
	Ulmo	*Eucryphia cordifolia* CAV.
4. Poco durables	Araucaria	*Araucaria araucana* (MOL) C. KOCR.
	Eucalipto	*Eucalyptus globulus* LABILL:
	Laurel	*Laurelia sempervirens* (R. PAV) TUL
	Mañío hembra	*Saxegothaea conspicua* LINDL.
	Mañío macho	*Podocarpus nubigenus* LINDL.
5. No durables	Álamo	*Populus alba, Populus nigra* L., *Populus tremuloides* L.
	Olivillo	*Aextoxicon punctatum* (R. et PAVON)
	Pino insigne	*Pinus radiata* D. DOM
	Tepa	*Laureliopsis philippiana* LOOSER

Se considera que Chile es un país con alto riesgo de ataque por hongos en la zona sur y costera, y alto riesgo de ataque de termitas en casi todo el país; las clases de riesgo según exposición y tipo de elemento constructivo se detallan en la NCh819 para la madera de pino radiata, y se muestran a continuación. En caso de obtener distintas clases de riesgo para un tipo de elemento y exposición dada, debe considerarse el más restrictivo.

Las 6 clases de riesgo de exposición ascendente de pino radiata según NCh819 se presentan en la Tabla 14.7.2.

TABLA 14.7.2 Clases de riesgo de exposición del pino radiata según NCh819.

Clasificación	Uso/agentes de degradación
Riesgo 1 (R1)	Maderas usadas en interiores, ambientes secos, con riesgo de ataque de insectos solamente, incluida la termita subterránea.
Riesgo 2 (R2)	Maderas usadas en interiores, con posibilidad de adquirir humedad, ambientes mal ventilados. Riesgo de ataque de hongos de pudrición e insectos.
Riesgo 3 (R3)	Maderas usadas en exteriores, sin contacto con el suelo, expuesta a las condiciones climáticas. Riesgo de ataque de hongos de pudrición e insectos.
Riesgo 4 (R4)	Maderas enterradas o apoyadas en el terreno, con posibilidades de contacto esporádico con agua dulce. Riesgo de ataque de hongos e insectos.
Riesgo 5 (R5)	Maderas enterradas en el suelo, componentes estructurales críticos, en contacto con aguas dulces. Riesgo de ataque de hongos e insectos.
Riesgo 6 (R6)	Maderas expuestas a la acción de aguas marinas y para torres de enfriamiento. Riesgo de ataque de horadadores marinos.

Mientras que las clases de riesgo por tipo de elemento constructivo se detallan en la Tabla 14.7.3.

TABLA 14.7.3 Clases de riesgo del pino radiata por tipo de elemento constructivo según NCh819.

Elemento	Riesgo	Preservante
1. Maderas de uso estructural en construcciones comerciales y residenciales:		
Fundaciones en contacto con tierra o concreto	R5	CCA/CA-B/ACQ
Vigas piso	R2	CCA/B/CA-B/ACQ
Soleras en contacto con hormigón	R2	CCA/B/CA-B/ACQ
Pie derecho en zonas húmedas	R2	CCA/B/CA-B/ACQ

TABLA 14.7.3 (CONTINUACIÓN)

Elemento	Riesgo	Preservante
1. Maderas de uso estructural en construcciones comerciales y residenciales (cont.):		
Pie derecho en zonas secas	R1	CCA/B/CA-B/CPF/ACQ
Cerchas	R1	CCA/B/CPF/CA-B/ACQ
Vigas entrepisos	R1	CCA/B/CPF/CA-B/ACQ
Entablado de piso sobre envigado	R2	CCA/B/CA-B/ACQ
Fundación de terrazas	R5	CCA/CA-B/CAB/ACQ
Pisos de terrazas	R3	CCA/CA-B/ACQ
2. Maderas estructurales de uso exterior en la construcción:		
Tapacanes	R3	CCA/CA-B/ACQ
Revestimientos exteriores	R3	CCA/CA-B/ACQ
Molduras y carpinterías exteriores	R3	CCA/CA-B/ACQ
3. Aplicaciones agrícolas:		
Esquineros	R5	CCA/CA-B/ACQ
Cabezales	R4	CCA/CA-B/ACQ
Polines	R4	CCA/CA-B/ACQ
Cercos	R4	CCA/CA-B/ACQ
Uso agrícola sin contacto con el suelo	R3	CCA/CA-B/ACQ
Pilares para invernaderos	R4	CCA/CA-B/ACQ
4. Otros componentes estructurales críticos:		
Postes de distribución	R5	CCA/ACQ
Pilotes de agua dulce	R5	CCA/ACQ
Pilotes de agua marina	R6	CCA
5. Juegos infantiles, muebles de exterior:		
Aéreos	R3	CCA/CA-B/ACQ
Empotrados en terreno	R4	CCA/CA-B/ACQ
6. Aplicaciones en obras públicas:		
Maderas en puentes. Elementos estructurales, travesaños, otros	R5	CCA/ACQ
Maderas estructurales en aguas saladas	R6	CCA
Pilotes para fundaciones, empotradas en tierra o en aguas dulces	R5	CCA/ACQ
Polines, cercos, señales, otros	R4	CCA
Guardavías, bloques de espaciamiento	R5	CCA/ACQ
Postes, alumbrado	R5	CCA/ACQ

Donde los preservantes que se pueden emplear, los métodos de tratamiento y sus normas asociadas se detallan en la Tabla 14.7.4. En este punto, es importante mencionar que existe bastante controversia acerca del empleo de CCA debido a su presencia de arsénico, pues este compuesto resulta cancerígeno para la salud humana, lo que ha llevado a prohibirlo completamente en algunos países. Sin embargo, en otros países, se argumenta que, si la madera no se encuentra expuesta, la filtración de arsénico es mínima a acuíferos y aguas subterráneas, y no presenta emisión alguna para los ocupantes. En cualquier caso, debe notarse que la manipulación de madera tratada con CCA y algunos otros compuestos químicos debe realizarse de forma muy cautelosa. En especial debe evitarse la inhalación de aserrín durante procesos de corte y manipulación, y muy especialmente debe evitarse su combustión pues los gases emitidos resultan muy tóxicos para la salud.

TABLA 14.7.4 Preservantes, métodos de tratamiento y normas asociadas al pino radiata según NCh819.

Descripción	Tipo de preservante	Norma	Sistema de aplicación
Óxidos de cobre, cromo y arsénico	CCA	NCh 790	Vacío-presión
Boro expresado como óxidos de boro	B2O3 (SBX)	AWPA P5	Vacío-presión/Difusión
Clorpirifos	CPF	AWPA P8	Vacío- presión/Inmersión/ Vacío-vacio
Cobre-alcalino cuaternario	ACQ	AWPA P5	Vacío-presión
Cobre-azol Tipo B	CA-B	AWPA P5	Vacío-presión

Por otra parte, la retención mínima para cada clase de riesgo se detalla en la Tabla 14.7.5.

TABLA 14.7.5 Retención mínima para cada clase de riesgo según NCh819.

Riesgo	CCA (kg/m^3)	Boro (SBX) (kg/m^3)	CPF (kg/m^3)	CA-B (kg/m^3)	ACQ (kg/m^3)
1	4,0	4,4	0,5	1,7	4,0
2	4,0	4,4	No recomendable	1,7	4,0
3	4,0	No recomendable	No recomendable	1,7	4,0
4	6,4	No recomendable	No recomendable	3,3	6,4

TABLA 14.7.5 (CONTINUACIÓN)

Riesgo	CCA (kg/m³)	Boro (SBX) (kg/m³)	CPF (kg/m³)	CA-B (kg/m³)	ACQ (kg/m³)
5	9,6	No recomendable	No recomendable	5,0	9,6
6[a] Zona de ensayo exterior	24 o 40	No recomendable	No recomendable	No recomendable	No recomendable
Zona de ensayo interior	14 o 24				

[a] La retención mayor se debe usar cuando existe riesgo de ataque de Teredo y Lomnoria Tripunctata.

Esta retención debe medirse según las clausulas dispuestas en la NCh819; las zonas de la medición se detallan en la Tabla 14.7.6.

TABLA 14.7.6 Medición de retención en diferentes productos según NCh819.

Producto	Clasificación de riesgo	Porción a extraer del tarugo
Madera aserrada de espesor menor o igual a 50 mm	R1, R2, R3 y R4	15 mm desde la superficie
Madera aserrada de espesor mayor a 50 mm	R1, R2, R3 y R4	25 mm desde la superficie
Madera aserrada utilizada en fundaciones	R5	35 mm desde la superficie
Polines sin contacto con el suelo Polines enterrados en el suelo	R2, R3 y R4	15 mm desde la superficie 25 mm desde la superficie
Postes y otros elementos extructurales redondos	R5	Entre 13 mm y 55 mm[1]
Fundaciones de madera redonda enterradas en suelo y/o aguas dulces	R5	50 mm desde la superficie
Contrachapados de espesor menor a 16 mm Contrachapados de espesor mayor o igual a 16mm	R1, R2, R3, R4, R5 y R6	Todo el espesor 16 mm desde la superficie, por la contracara
Madera laminada encolada	R1, R2, R3, R4, R5 y R6	Entre 13 y 25 mm[2]
Pilotes marinos de madera redonda	R6	50 mm desde la superficie

[1] Tarugo de 50 mm de largo, en que se eliminan los 12 mm exteriores.
[2] Tarugo de 25 mm de largo, en que se eliminan los 12 mm exteriores.

Donde el tratamiento debe penetrar totalmente la albura en la mayoría de los casos, o bien penetrar una cierta cantidad de milímetros si es que la pieza contiene en su mayor parte duramen, ver Tabla 14.7.7.

TABLA 14.7.7 Penetración mínima del tratamiento según NCh819.

Producto	Clasificación de riesgo	Requisitos mínimos de penetración en albura o profundidad mínima (mm) en las caras	
		Albura (%)	Profundidad mínima (en caso de duramen expuesto o baja porción de albura en la superficie
Madera aserrada elaborada	R1, R2, R3 y R4	100%	10 mm
Madera aserrada utilizada en fundaciones	R5	100%	64 mm
Polines sin contacto con el suelo	R3	100%	10 mm
Polines enterrados en el suelo	R4	100%	25 mm
Postes y otros elementos redondos	R5	90%	89 mm
Fundaciones de madera redonda enterradas en suelo y/o aguas dulces	R5	100%	64 mm
Contrachapados[1]	R1, R2, R3, R4, R5 y R6	Cada una de las chapas debe estar penetrada 100%	-
Madera laminada encolada[2]	R1, R2, R3, R4, R5 y R6	100%	75 mm
Pilotes marinos de madera redonda	R6	100%	64 mm

[1] Ver AWPA C9
[2] Ver AWPA C28

14.8 Lecturas adicionales

Universidad de Minnesota y el Oak Ridge National Laboratory (2003) Foundation Design Handbook. https://foundationhandbook.ornl.gov/

Argüelles Alvarez R, Arriaga Martitegui F, Martinez Calleja JJ (2000) Estructuras de Madera, Diseño y Cálculo. AITIM, España.

AYUDAS AL PREDIMENSIONADO

Estructuras de MLE y LVL (basado en Argüelles, Arriaga y Martínez 2000).

Sistema Estructural	Pendiente °sexag.	Separación m	Luces m	Predimensionado
Viga recta de canto constante	0	5-12	10-30	h=L/17
Viga a un agua	3-15	5-12	10-30	h=L/30 H=L/15
Viga a dos Aguas	3-15	5-12	10-35	h=L/30 H=L/15
Viga a dos Aguas, Intradós curvo recto (Extremos de cantos constantes)	5-15	5-10	10-20	h=L/30 H=L/15 $\alpha \leq 12°$ t=7L/20
Viga a dos aguas. Intradós curvo recto (Extremos de cantos variables)	5-15	5-10	10-20	h=L/30 H=L/15 t=7L/20 $\alpha < 12°$
Viga a dos Aguas. Intradós curvo. Puede ser atirantada	5-15	5-10	10-20	h=L/30 H=L/15

Viga en vientre de pez		5-12	15-35	$h=L/30$ $H=L/15$
Viga con tirante		5-12	10-35	$h=L/40$ $F=1/12$
Viga continua		5-12	10-35	$h=L/20$
Viga en voladizo	2-12	5-10	K=5-20	$L/K=\frac{1}{3}$ $h=K/45$ $H=K/10$
Pórtico triartículado	5-30	5-12	10-18	$h=L/40$ $H=L/17$

Sistema Estructural	Pendiente °sexag.	Separación m	Luces m	Predimensionado
Pórtico triarticulado	10-40	5-12	10-60	h=L/40 H=L/17 R≥5m
Pórtico triarticulado a un agua	30-40	5-10	8-20	h=L/35 H=L/16
Pórtico biarticulado	0-5	5-10	10-20	h=L/45 H=L/20
Pórtico Voladizo	2-12	5-7	5-8	h=L/45 H=L/10

Pórtico Voladizo	2-12	5-7	5-12	h=L/45 H=L/10 R≥5m
Pórtico triarticulado en V invertida	45-60	5-12	10-30	h=L/25
Arco Biarticulado o Triarticulado		5-12	20-100	h=L/50
Arco Triangular triarticulado o con tirante	≥12°	5-12	15-50	h=L/25 L/30
Arco carpanel Triarticulado		5-10	20-60	h=L/35

Celosías de madera

Tipo de celosía	Luz (m)	Canto	Separación entre pórticos	Ángulo de cubierta
	7.5 a 30	$h \geq 1/10$	4 a 10 m	12 a 30°
	7.5 a 20	$h \geq 1/10$	4 a 10 m	12 a 30°
	7.5 a 30	$h \geq 1/12$	4 a 10 m	3 a 8°
	7.5 a 30	$h \geq 1/12$	4 a 10 m	3 a 8°
	7.5 a 60	$h \geq 1/12 - 1/15$	4 a 10 m	—
	7.5 a 60	$h \geq 1/12 - 1/15$	4 a 10 m	—

	7.5 a 60	$h \geq 1/12 - 1/15$	4 a 10 m	—
	Madera aserrada 15 a 30 m	1/12	4 a 6 m	20°
	Piezas perimetrales de MLE 25 a 50 m	1/12	6 a 10 m	—
	10 a 20	1/12	4 a 6 m	3 a 8°
	Madera aserrada 15 a 40 m	1/12	4 a 6 m	3 a 8°
	Piezas perimetrales de MLE 25 a 60 m	1/12	6 a 10 m	—

Diafragmas de entrepiso considerando únicamente carga gravitacional uniformemente distribuida.

Predimensionamiento para entrepisos de viviendas. Incluye peso propio, cargas permanentes (g) de 0,8 y 1,8 kN/m², una sobrecarga de **2 kN/m²**, y un límite de flecha de L/500 (basado en Kolb 2007)

Sistema de piso	1			2	3	4	5	6
a (m)=	0.5	0.6	0.7	0.5				
Luz. (metros) 4.0 g 0.8 kN/m2	100/220	120/220	120/220	100, 27, 27	130	100, 80	140	200
g 1.8 kN/m2	140/220	120/240	140/240	120, 27, 27	150	100, 80	160	200
5.0 g 0.8 kN/m2	140/240	140/260	120/280	160, 27, 27	170	100, 80	180	200
g 1.8 kN/m2	120/280	160/280	180/280	180, 27, 27	180	100, 80	200	200
6.0 g 0.8 kN/m2	100/320	120/320	140/320	200, 27, 27	200	120, 100	220	220
g 1.8 kN/m2	100/360	120/360	140/360	240, 27, 27	220	120, 100	240	220

Sistema 1: Entramado clásico de madera maciza o **MLE/LVL** de calidad (equivalente a C24). El predimensionado aporta b y h de la sección.
Sistema 2: Entramado clásico de madera maciza o **MLE/LVL** de calidad (equivalente a C24) con terciado arriba y abajo. El predimensionado aporta h, y espesor de terciado.
Sistema 3: Brettstapel (encolado, NLT o DLT) de 1m de espesor. El predimensionamiento aporta h.
Sistema 4: Compuesto hormigón-Brettstapel atornillado. El predimensionado aporta h madera y h hormigón.
Sistema 5: Vigas tipo cajón encoladas, el predimensionamiento aporta la altura total de la sección.
Sistema 6: Hormigón armado, el predimensionamiento sólo aporta la altura total de la sección.

Predimensionamiento para entrepisos de oficinas. Incluye peso propio, cargas permanentes (g) de 0,8 y 1,8 kN/m^2, una sobrecarga de **3 kN/m^2**, y un límite de flecha de **L/500** (basado en Kolb 2007)

Sistema de piso				1			2	3	4	5	6
		a (m)=		0.5	0.6	0.7	0.5				
Luz. (metros)	5.0	g	0.8 kN/m2	140/260	140/280	160/280	180, 27, 27	180	100, 80	200	200
		g	1.8 kN/m2	160/280	180/280	140/320	200, 27, 27	200	100, 80	220	200
	6.0	g	0.8 kN/m2	200/280	160/320	200/320	240, 27, 27	220	120, 100	240	220
		g	1.8 kN/m2	180/320	160/360	180/360	260, 27, 27	240	120, 100	280	250
	7.5	g	0.8 kN/m2	180/360	160/400	180/400	320, 27, 27	-	140, 140	320	250
		g	1.8 kN/m2	160/400	160/440	180/440	360, 27, 27	-	160, 140	-	250

Diafragmas de entrepiso considerando únicamente carga gravitacional uniformemente distribuida.

Predimensionamiento para entrepisos de zonas de acceso público. Incluye peso propio, cargas permanentes (g) de 0,8 y 1,8 kN/m², una sobrecarga de **4 kN/m²**, y un límite de flecha de L/500 (basado en **Kolb** 2007)

Sistema de piso	1			2	3	4	5	6
a (m)=	0.5	0.6	0.7	0.5				
Luz. (metros) 5.0 — g — 0.8 kN/m2	160/280	200/280	160/320	200, 27, 27	200	100, 80	220	200
g — 1.8 kN/m2	200/280	160/320	180/320	220, 27, 27	210	100, 80	240	200
6.0 — g — 0.8 kN/m2	200/320	160/360	180/360	260, 27, 27	240	120, 100	280	220
g — 1.8 kN/m2	160/360	200/360	160/400	280, 27, 27	-	120, 100	320	250
7.5 — g — 0.8 kN/m2	180/400	160/440	180/440	360, 27, 27	-	160, 140	-	250
g — 1.8 kN/m2	160/440	200/440	180/480	400, 27, 27	-	160, 140	-	250

EJEMPLOS DE CONFIGURACIONES CONSTRUCTIVAS EN FUNDACIONES

Los detalles constructivos presentados en este anexo están basados en el Foundation Design Handbook de la Universidad de Minnesota y el Oak Ridge National Laboratory (2003). Pueden consultarse algunos detalles constructivos adicionales en https://foundationhandbook.ornl.gov/.

TABLA B.1 Sistema de losa a ras con piso integral de hormigón y aislamiento.

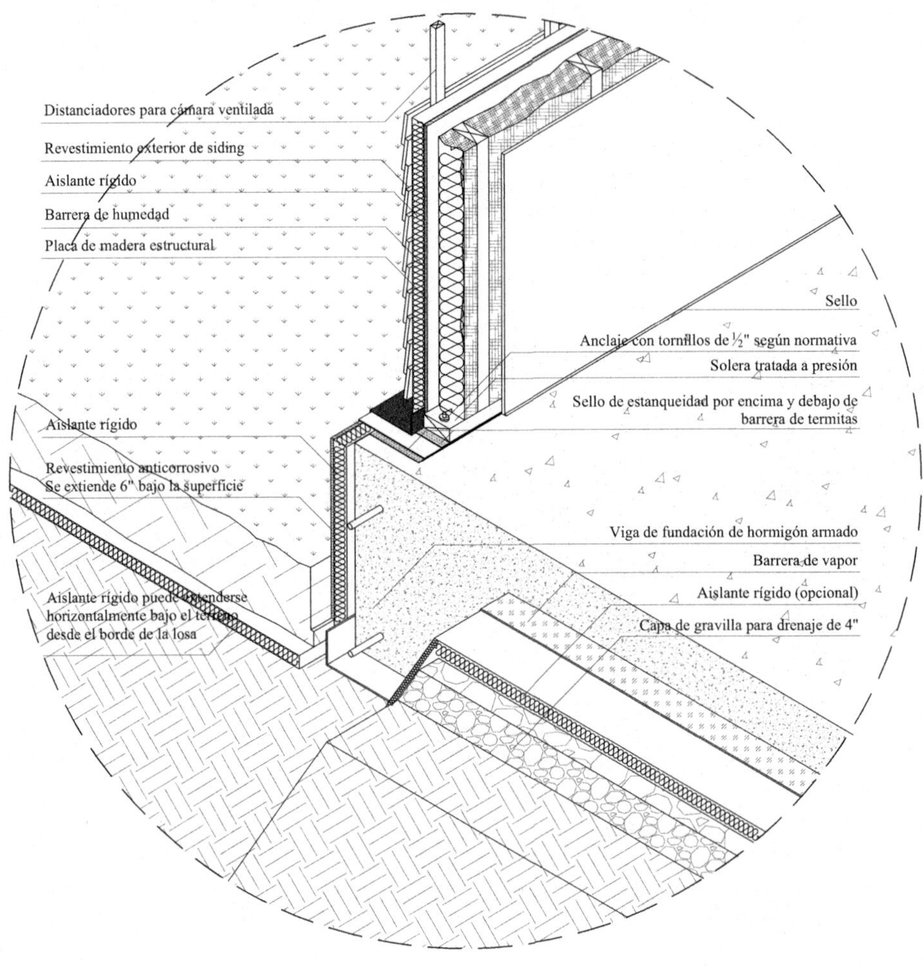

TABLA B.2 Sistema de losa a ras con piso integral de hormigón y aislamiento; caso de que el aislamiento se sitúe en la parte inferior de la losa y la terminación de fachada es de ladrillo.

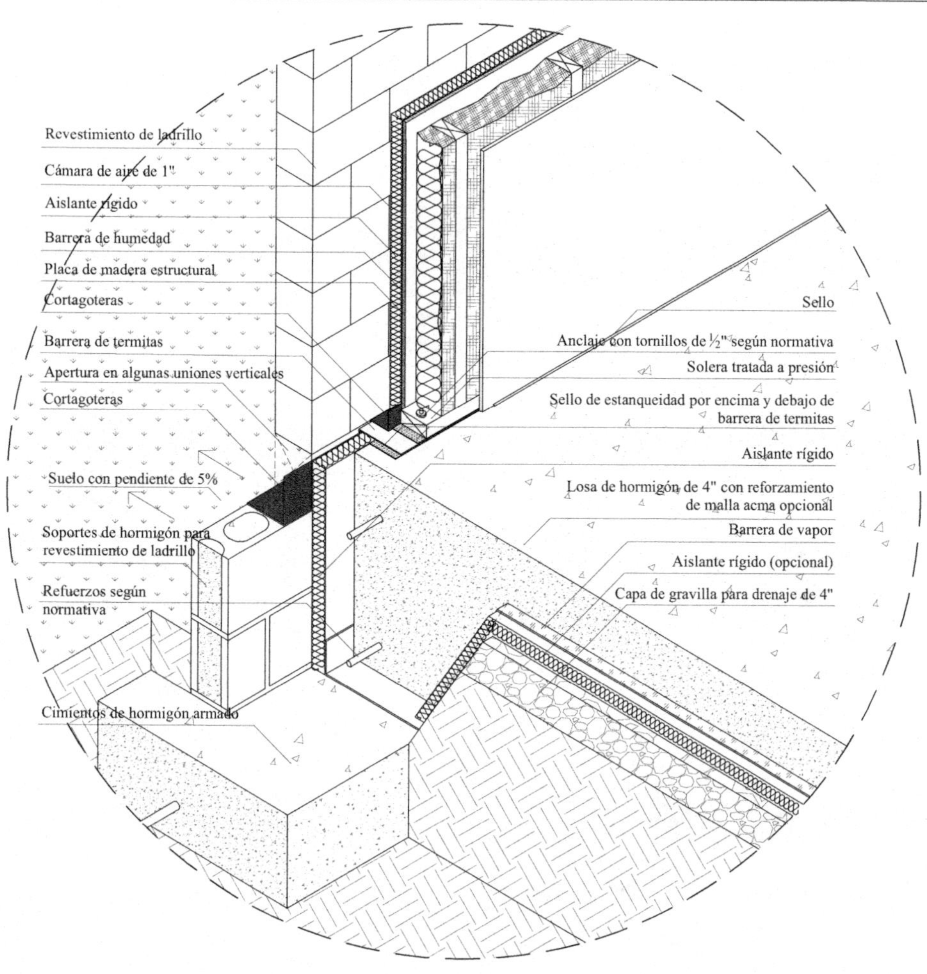

TABLA B.3 Sistema de losa a ras con piso integral de hormigón y aislamiento; caso de tener piso de hormigón postensionado y aislamiento térmico externo.

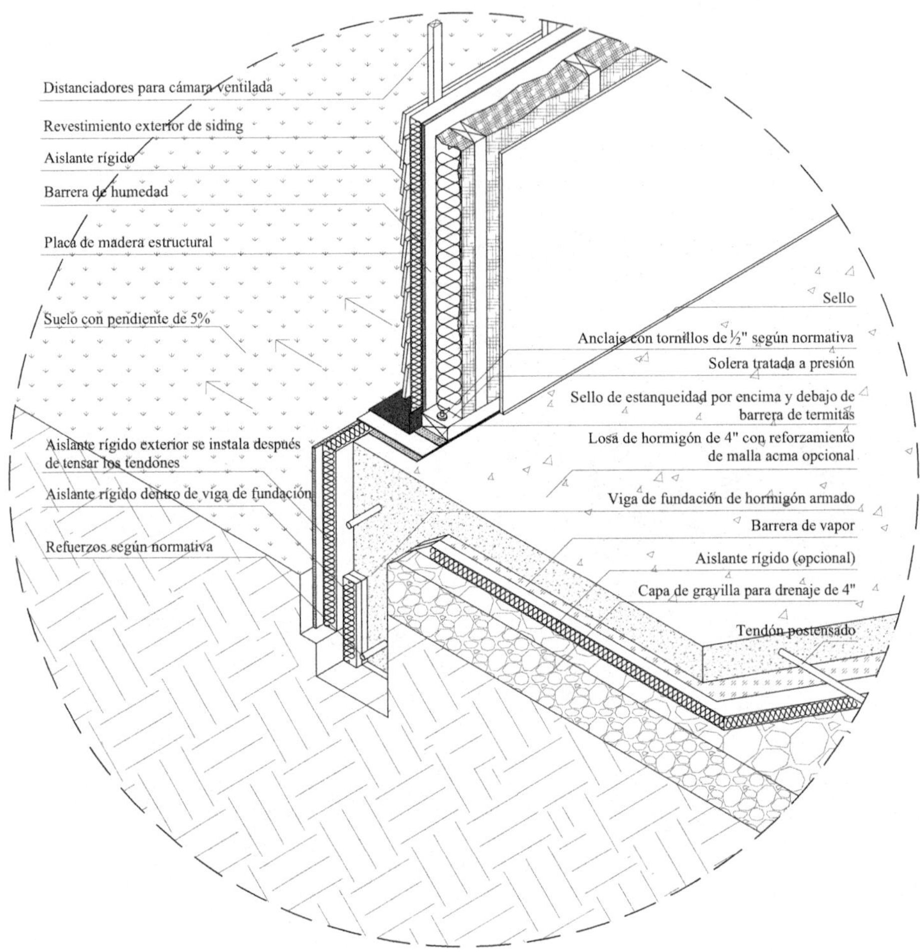

TABLA B.4 Losa a ras con fundación continua de bloques de hormigón y aislamiento externo.

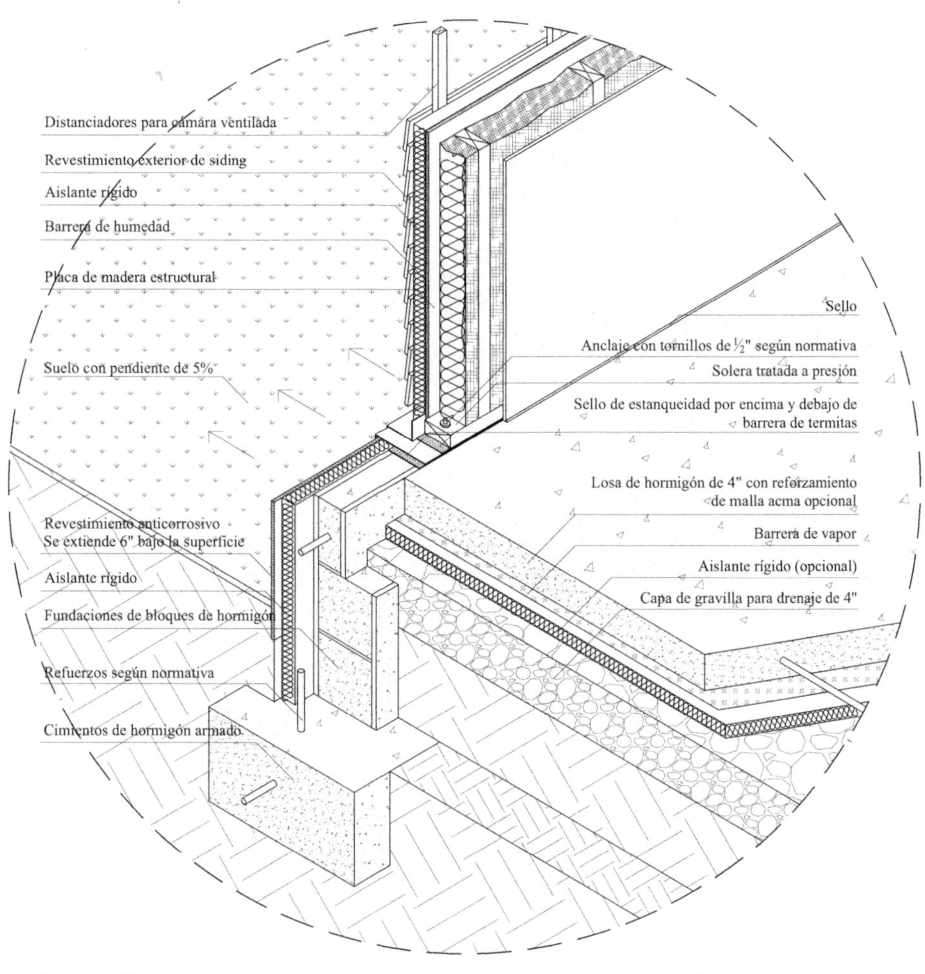

TABLA B.5 Losa a ras con fundación continua de bloques de hormigón y aislamiento interno.

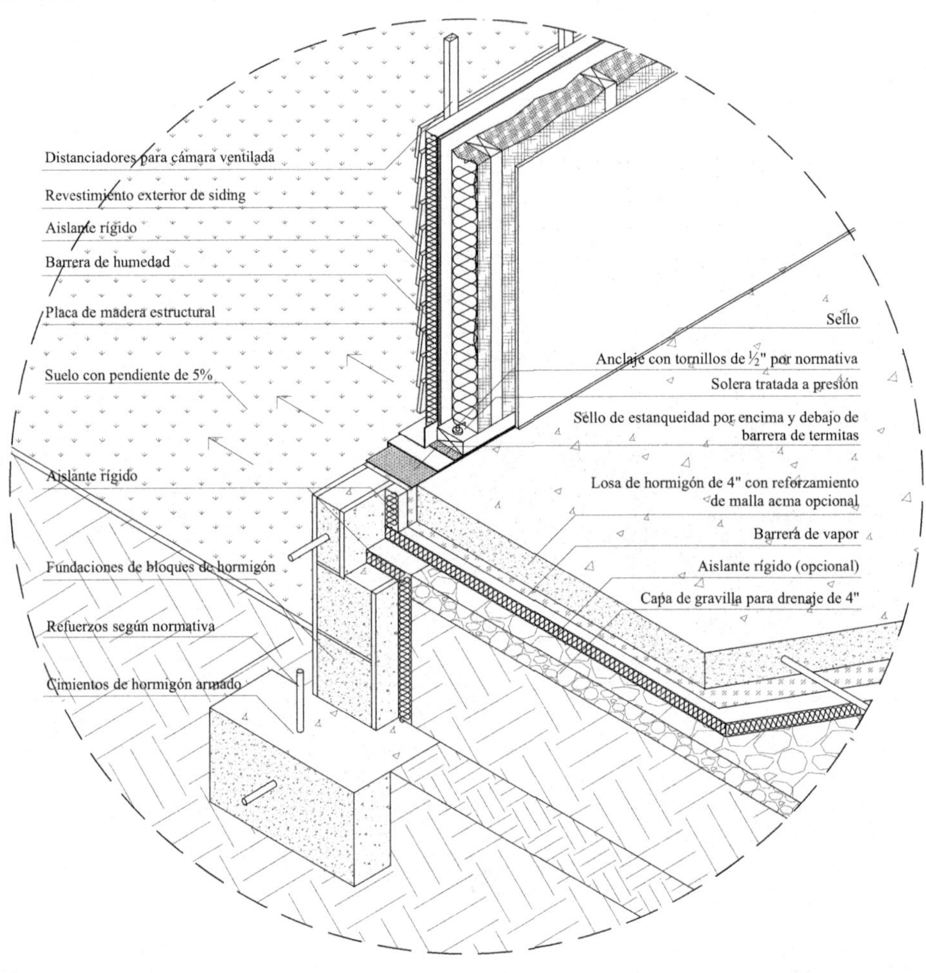

TABLA B.6 Losa a ras con fundación continua de hormigón y aislamiento bajo la losa.

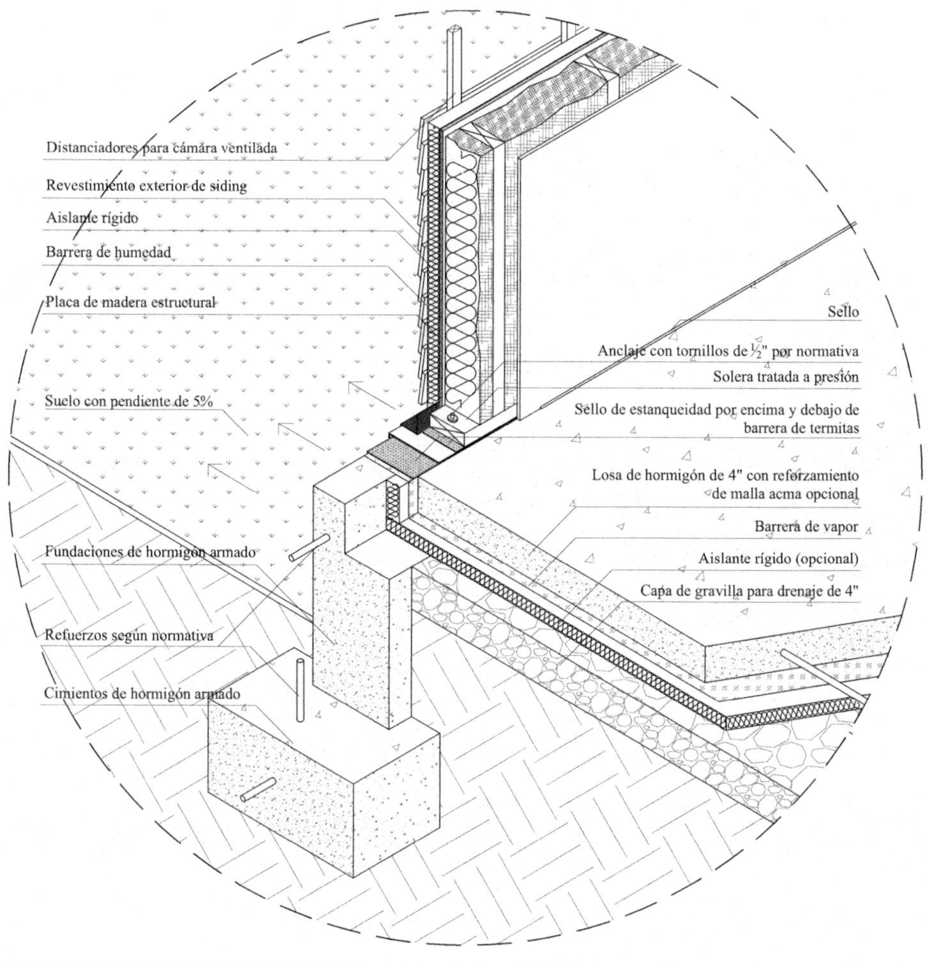

TABLA B.7 Losa a ras con fundación continua de hormigón, aislamiento bajo la losa y terminación de ladrillos.

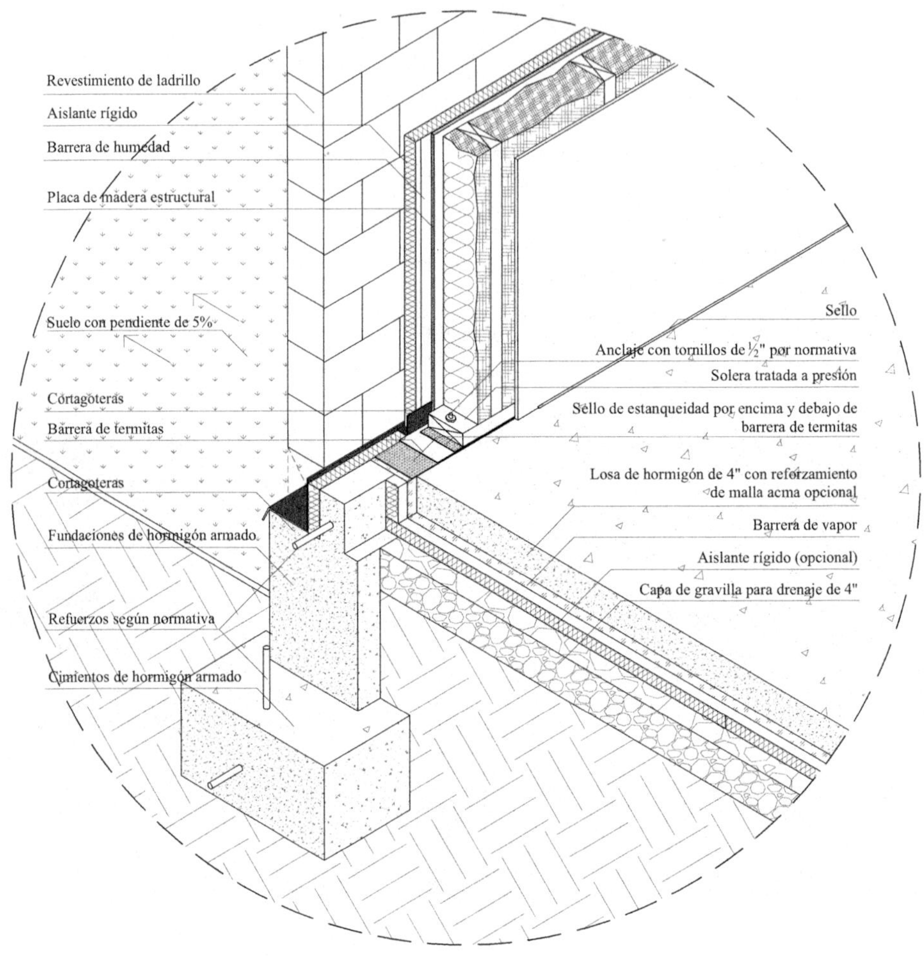

GLOSARIO DE TÉRMINOS

Capítulo I

1.1. **Material de construcción masivo.** En el contexto en el que se indica, se refiere a un material empleado de forma extensiva, por múltiples civilizaciones, como el principal material de construcción. Sin embargo, este término no debe confundirse con los sistemas de madera masiva "mass timber" a los cuales se hace referencia muy a menudo en este libro. Los sistemas de construcción de madera masiva incluyen sistemas construidos principalmente con productos del tipo: LVL masivo, Brettstapel, CLT, LSL, Glulam y plywood masivo.

1.2. **Rollizo.** Madera en rollo o semirrollo (forma cilíndrica), como el que se corta para obtener tablillas de embalaje o encofrado, materiales para tonelería, pasta y construcción. Se corresponde al tronco del árbol, el cual ha sido sometido al mínimo grado de elaboración (corta, desrame, trozado, despuntes).

1.3. **Sistema de arriostramiento.** Sistema o estructura de sujeción y equilibrio en la construcción de edificios, a través del empleo de contrafuertes, arbotantes o tirantes metálicos, o de madera, con el fin de dotar a la estructura de una mayor seguridad y estabilidad global y local.

1.4. **Ballon framing.** Es un sistema de bastidores surgido en EEUU durante el siglo XVIII, como un sistema para adaptar las viviendas típicas de madera en Europa, a las características de este país (abundancia de madera, escasez de mano de carpinteros y mano de obra cualificada). La principal característica es que los muros son continuos en más de un piso de tal modo que el o los entrepisos no descansan sobre los muros, sino que se unen lateralmente a los mismos.

1.5. **Platform framing.** Este sistema constructivo, está considerado la evolución del sistema ballon framing. Es un sistema muy similar; la diferencia fundamental, es que la estructura de la vivienda se levanta planta por planta, de tal manera que las losas se apoyan sobre los muros de cada nivel.

1.6. **Madera estructural.** Madera cuyas características físicas y mecánicas son conocidas y aptas para su uso estructural.

1.7. **Terciado (Plywood).** Producto de ingeniería de madera, ver Sección 4.4.

1.8. **Madera laminada encolada (MLE o glulam).** Producto de ingeniería de madera, ver Sección 4.5.

1.9. **Adhesivo resinoso.** Adhesivo utilizado en la madera estructural de laminación y que transfieren las tensiones entre las fibras de maderas adyacentes. Los más comunes son: Urea-formaldehído (UF), Fenol-formaldehído (PF), Fenol resorcinol formaldehído (PRF) y Diisocianato de difenilmetano (pMDI). Ver detalles en la Sección 4.5.

1.10. **OSB (tablero de virutas orientadas).** Producto de ingeniería de madera, ver Sección 4.7.

1.11. **LVL (madera microlaminada, laminated veneer lumber).** Producto de ingeniería de madera, ver Sección 4.4.

1.12. **CLT (madera contralaminada, cross laminated timber).** Producto de ingeniería de madera, ver Sección 4.5.

1.13. **Mass LVL (madera microlaminada masiva).** Es similar al LVL convencional solo que se crean vigas o tableros de gran espesor, emulando así las dimensiones de otros materiales masivos tales como el CLT.

1.14. **Dowel Laminated Timber (DLT).** Producto de ingeniería de madera, ver Sección 4.3.

1.15. **Sistema de entramado pesado (poste-viga, post-beam, heavy timber).** Se caracteriza por emplear barras de madera de gran escuadría conformando un entramado pesado. Las dimensiones a partir de las cuales se considera una pieza entramado pesado son variables y dependen del país, pero la concepción generalizada es que no pueden ser transportadas fácilmente por una o dos personas. Los entramados pesados requieren menor redundancia estructural (número de piezas), por lo que habitualmente generan sistemas constructivos de poste-viga, ver detalles en la Sección 11.2.

1.16. **Sistema de entramado ligero (light framing).** A diferencia del entramado pesado, este sistema está conformado por piezas de pequeña escuadría que pueden ser transportadas fácilmente por una o dos personas. Dado que las piezas de pequeñas dimensiones difícilmente permiten materializar uniones rígidas al momento, habitualmente este tipo de sistemas emplea algún tipo de rigidizador el cual muy habitualmente consiste en tableros estructurales, conformando así sistemas de muros y losas.

CAPÍTULO 2

2.1. **Frondosa (latifoliada).** Respecto de la madera, se trata de maderas duras por su composición leñosa, la cual también es más compleja que en las maderas de coníferas. Por lo general son maderas poco porosas (difícilmente impregnables) y que contienen extractos como glúcidos y algunas son muy ricas en taninos que generan manchas grises o negras en el acabado si no se tratan.

2.2. **Conífera.** Se trata de maderas blandas que no suelen tener poros en la superficie; por ello presentan un alto contenido de resinas, aunque poseen canales para expulsarlas. Son las más utilizadas en sectores como la construcción y la carpintería (sobre todo la madera de pino, de la cual hay cerca de 80 especies), debido a su gran abundancia, facilidad para su compra y venta y facilidad en su manipulación a la hora de trabajarla.

2.3. **Madera de reacción.** Es la madera que se genera en árboles curvados, sometidos a estrés mecánico, en las zonas contiguas a ramas gruesas; buscan restaurar la posición normal vertical del tallo, o mantener la orientación angular de las ramas. Esta madera posee propiedades mecánicas inferiores a la madera normal. Se clasifica como madera de compresión y madera de tracción (ver abajo).

2.4. **Madera de compresión.** Surge como consecuencia de exponer la madera a compresiones continuadas durante el crecimiento del árbol. En coníferas las propiedades mecánicas se ven bastante3 afectadas, ya que es más densa y dura que la madera normal, y también se dificulta su trabajabilidad.

2.5. **Madera de tracción.** Surge como consecuencia de tracciones prolongadas durante el crecimiento del árbol. Tiene mayor relevancia en latiofoliadas, generando madera con mayor contenido en humedad, que tiende a alabearse en el secado y variar sus propiedades mecánicas.

2.6. **Insecto xilófago.** Son insectos que se alimentan exclusivamente de madera. Causan daños graves tanto en madera almacenada, como en madera empleada en construcciones, viviendas, estructuras, etc., dando lugar a pérdidas económicas graves.

2.7. **Bolsa de resina.** Son cavidades alargadas llenas de resina situadas entre los anillos anuales del árbol (sobre todo en coníferas); pueden contener resina sólida o líquida, utilizada como defensa ante cualquier ataque. Estas bolsas de resina complican cualquier proceso de la industria de la madera (por ejemplo, aserrado); disminuyen la resistencia mecánica y si la resina sale de las bolsas, daña la superficie de las piezas, lo que daña el acabado y la aplicación de adhesivos.

2.8. **Kino.** Goma producida por el Eucalyptus, como reacción ante el daño en su corteza, la cual puede ser recolectada mediante incisiones en el tronco o el tallo. Su color rojo, con la tendencia de algunas especies de supurar grandes cantidades a través de sus heridas, es la fuente de los nombres comunes "goma roja" y "sangre de la madera". Tiene propiedades medicinales.

2.9. **Cambio dimensional o estabilidad dimensional (hinchazón y merma de la madera).** La madera, debido a su naturaleza orgánica e higroscopicidad, puede ganar o perder humedad con facilidad. Esta variación en el contenido de humedad da como resultado que las dimensiones de la misma varíen: cuando el contenido en humedad aumenta, la madera se hincha y cuando disminuye, se contrae. Estos movimientos solo tienen lugar cuando su contenido en humedad se encuentra por debajo del punto de saturación de las fibras.

2.10. **Nudo.** Los nudos en la madera son restos de una rama desprendida del tronco del árbol. A medida que el árbol va creciendo, va envolviendo esta parte de la rama; suelen aparecer al cortar la madera en tablas. Se encuentran más nudos en las maderas provenientes de especies resinosas (como pinos y abetos), y son un defecto de la madera, ya que la porción de madera que ocupan se convierte en general en una zona más dura y quebradiza, ver detalles en la Sección 2.1.

2.11. **Material higroscópico.** Material capaz de absorber humedad del ambiente cuando éste se encuentra más húmedo que el material, o bien ceder humedad al ambiente cuando la humedad del material es mayor que la humedad relativa del ambiente.

2.12. **Xilohigrómetro.** Instrumento empleado para determinar el contenido de humedad de la madera o de otros materiales (con valores inferiores al 27%). Se basa en las variaciones de resistencia eléctrica que experimentan los materiales al cambiar su contenido en humedad.

Capítulo 3

3.1. **Centro de curvatura.** Se refiere al centro geométrico de piezas curvas. Este punto suele requerir especial atención en el diseño estructural porque es muy habitual que se produzcan tensiones perpendiculares, en especial tracciones. Ver detalles en la Sección 8.3.3.

3.2. **Durabilidad.** Se refiere al grado de resistencia que posee una especie determinada respecto a ataques de hongos o insectos xilófagos y a agentes medioambientales. Ver detalles en la Sección 14.9.

3.3. **Resistividad térmica.** Es la inversa a la conductividad térmica (1/k), y por tanto es un indicativo de la capacidad de una substancia o material de oponerse al flujo de calor.

3.4. **Conexiones mecánicas.** Tipo de unión de madera en la que la fuerza es transmitida por un conector rígido, muy habitualmente un conector mecánico tal como un tornillo, perno o clavo. Ver detalles en la Sección 9.1.

3.5. **Ductilidad.** Es la capacidad de un material para, una vez alcanzado el límite elástico, seguir deformándose sin colapsar. Formalmente se suele definir como la relación entre la deformación plástica respecto de la deformación elástica.

3.6. **Factor de modificación.** Es un escalar que modifica los valores resistentes de la madera con el fin de tomar en cuenta ciertas influencias en las resistencias tales como el tiempo, la humedad, etc. Muy habitualmente en la madera, los factores de modificación son minoraciones (escalares positivos inferiores a la unidad). Ver detalles en la Sección 7.2.

3.7. **Punto de cedencia.** Punto de carga y deformación a partir del cual un material pierde su comportamiento elástico (no toda la energía potencial puede volver a ser liberada).

3.8. **Damping (amortiguamiento).** Pérdidas de energía producidas como consecuencia del amortiguamiento inherente e histerético de una estructura que repercuten en una menor energía potencial y cinética. En la madera, el amortiguamiento inherente suele ser bastante reducido y se produce principalmente como consecuencia de fricciones y pérdidas por calor. Mientras que el amortiguamiento inherente sí produce pérdidas mayores de energía, principalmente como consecuencia de histéresis en las uniones.

3.9. **Deformación incremental (creep).** Tendencia de un material a incrementar su deformación (fluir) al ser sometido a una tensión constante durante tiempos prolongados.

3.10. **Creep de mecanosorción.** Incremento de la tendencia a fluir (véase creep), producido como consecuencia de exponer la madera a ciclos de variaciones de temperatura y, especialmente, humedad.

3.11.   **Índice GWP (Global Warming Potential).** Medida para calcular la capacidad de una substancia de contribuir al calentamiento global mediante el efecto invernadero (medida relativa de cuanto calor puede ser atrapado por un determinado gas de efecto invernadero, en relación a un gas de referencia ($CO2$)). Se calcula para periodos de 20, 100 o 500 años, siendo 100 años el valor más frecuente.

3.12.   **Eutrofización.** Es el enriquecimiento de un ecosistema (generalmente acuático), a un ritmo tal que no puede ser compensado por sus mecanismos de eliminación natural. Comienza generalmente cuando este ecosistema recibe un vertido de nutrientes (desechos agrícolas o forestales, por ejemplo), favoreciéndose un crecimiento excesivo de materia orgánica, lo que provoca un crecimiento acelerado de algas y otras plantas que cubren la superficie acuática de tal forma que al fondo no llega la luz solar, muriendo todos los organismos vegetales y animales que viven allí. Otros microrganismos (como bacterias), se alimentan de esta materia muerta, consumiendo todo el oxígeno, generándose a la vez algas toxicas y microorganismos patógenos que pueden causar enfermedades.

3.13.   **Respuesta mecánica instantánea.** Dado que en la madera las propiedades mecánicas son dependientes del tiempo (ver Sección 6.3) es conveniente definir las propiedades en base a una determinada duración o intervalo de tiempo. Habitualmente dicha referencia se realiza para intervalos de tiempo de aproximadamente 5 minutos, dado que se asume que la influencia del tiempo en intervalos tan cortos es despreciable, lo que se define como respuesta mecánica instantánea para diferenciarla de la respuesta diferida.

3.14.   **Efectos reológicos.** Son efectos de cambios de tensión y deformación como consecuencia de la dependencia mecánica de la madera en el tiempo. Los fenómenos reológicos más importantes son el creep y la relajación de tensiones, ver detalles en la Sección 6.3.

3.15.   **Coeficientes mayores y menores de Poisson.** Los coeficientes de Poisson miden las deformaciones relativas en una dirección material principal como consecuencia de deformaciones relativas en otra dirección material principal las cuales, por definición, son perpendiculares entre sí. El coeficiente mayor de Poisson toma un valor más elevado en consideración de que las deformaciones en los ejes débiles (menos rígidos) son mayores a consecuencia de las deformaciones en los ejes fuertes. Por el contrario, los coeficientes menores de Poisson expresan el hecho de que las deformaciones en los ejes fuertes ocasionadas por deformaciones en los ejes débiles, son menores.

3.16.   **Fallo en bloque.** Modos de fallo en grupo que las tracciones pueden generar en uniones mecánicas, ver detalles en la Sección 9.3.

3.17. **Pandeo lateral o abolladura de las células.** Deformación local de las paredes celulares cuando estas son sometidas a esfuerzos de compresión.

3.18. **Madera densificada.** Es madera tratada física o químicamente para producir un aumento sensible de la densidad o dureza de la misma, y también mayor resistencia a los efectos eléctricos, mecánicos y químicos. Para ello se utilizan principalmente dos métodos (juntos o separados): impregnación, obtenida por medio de plástico termoendurecible o metal fundido a través de la impregnación con plástico o inmersión de la madera previamente calentada en un baño de estos metales, y la densificación, mediante la reducción de las cavidades celulares de la madera, mediante compresión transversal, por ejemplo, mediante prensas, o por compresión en todas las direcciones a alta temperatura en autoclave.

3.19. **Ortotropía cilíndrica.** Tipo de ortotropía (propiedades diferentes en 3 ejes ortogonales), en la cual la disposición de los ejes se corresponde con la de un sistema de coordenadas cilíndrico. Ver Sección 3.5.

3.20. **Módulo de rodadura.** Es el módulo de cortante (relación entre tensión tangencial y deformación angular) correspondiente al plano transversal del tronco (plano RT). Se llama de rodadura porque los esfuerzos cortantes en este plano tienden a hacer rodar a las células entre sí, ya que la mayoría de estas discurren longitudinalmente a lo largo del eje axial del tronco (eje L).

Capítulo 4

4.1. **Debobinado de trozas.** Es un proceso, mediante el cual se obtiene una chapa continua de madera, mediante el corte tangencial a los anillos de crecimiento, en tornos de debobinado. La chapa de madera obtenida tiene un espesor constante.

4.2. **Pies derechos (studs).** Un pie derecho, es cualquiera de los elementos verticales que constituyen el entramado de un muro.

4.3. **Gestión silvícola.** Conjunto de técnicas e intervenciones aplicadas a las masas forestales, con la finalidad de obtener de ellas una producción continua y sostenible de bienes y servicios demandados por la sociedad, como por ejemplo la producción de madera y otros productos forestales, la conservación de la biodiversidad, la recreación y el suministro de servicios ambientales.

4.4. **Vigas I (I-joists).** Son vigas rectas de gran longitud y resistencia que, en contraposición con las vigas de madera maciza, no presentan combaduras, pandeos, alabeos, contracción, torsión o rajaduras, siendo más eficientes que estas. Tienen alta resistencia estructural y mayor capacidad de carga que las vigas de madera, permitiendo la construcción de estructuras de piso con mayores luces.

Capítulo 5

5.1.   **Clase de resistencia.** Son distintos grados de calidad mecánica, que tienen determinados valores de resistencia asociados y sirven para clasificar la madera según su aptitud estructural. La clasificación de la madera en distintas clases de resistencia se realiza en cada país según distintos criterios, visuales o mecánicos. Ver detalles en la Sección 5.2.

5.2.   **Estado límite último de resistencia y de servicio.** En el contexto de la filosofía de diseño mediante los estados límite últimos (ver Sección 7.2), los estados límite últimos representan los valores límite de resistencia o deformación cuyos valores no se pueden sobrepasar en el cálculo, con el fin de garantizar la integridad estructural (estados límites últimos de resistencia) y serviciabilidad (estados límite de servicio) de una estructura.

5.3.   **Medición de fibra integral.** Medición consistente en determinar la desviación (orientación) de la fibra en 3D de una pieza de madera. El adjetivo "integral" se refiere a que la fibra no sólo es medida superficialmente en las caras de la pieza, sino también en su interior.

5.4.   **Coeficiente de correlación de Pearson.** Índice que mide el grado de covariación entre distintas variables. Solo es aplicable en caso de que las variables relacionadas linealmente entre sí.

5.5.   **Mancha azul.** Hongo superficial con aspecto azulado que se alimenta de materiales diferentes de la pared celular y que por tanto no conlleva pérdida de propiedades mecánicas. Ver detalles en la Sección 6.4.3.

5.6.   **Técnica del análisis de regresión lineal múltiple.** Técnica matemática cuyo objetivo es analizar las causas que originan variaciones en las variables dependientes.

Capítulo 6

6.1.   **Pirólisis.** Degradación térmica de la madera a altas temperaturas lo que lleva a transformarla en gas, taninos y carbón, ver detalles en la Sección 13.2.1.

6.2.   **Tirafondo.** Conector cilíndrico que tiene el vástago parcial o totalmente roscado y precisa de una tuerca que puede o no estar incluida en el cabezal para realizar el apriete

6.3.   **Fatiga mecánica.** Pérdida de desempeño mecánico como consecuencia de someter la madera a cargas cíclicas continuadas.

6.4.   **Preservante.** Sustancia química, generalmente compuesto sólido, que se aplican normalmente en soluciones tales que, al aplicarla a la madera, aumenta sus características de durabilidad frente al ataque de hongos e insectos xilófagos. Ver detalles en la Sección 14.10

6.5.   **Ciclos de presión y vacío.** Ciclos a los que se somete la madera, en el método de impregnación bajo vacío de la misma para facilitar la aplicación de un preservante, ver detalles en la Sección 14.10.

6.6.   **Redundancia.** Cantidad de caminos por la que la carga puede ser transferida en una estructura. Habitualmente estructuras tales como entramados ligeros, están conformadas por muchos elementos dispuestos en paralelo lo que les otorga gran redundancia estructural. Por el contrario, las estructuras de entramado pesado presentan un menor número de elementos en paralelo reduciéndose significativamente la redundancia estructural.

6.7.   **Concentración de tensiones.** Región reducida del material en el cual se generan tensiones elevadas. Si estas regiones no son controladas en la madera, pueden conducir a fallos frágiles.

6.8.   **Rebaje (entalladura).** Muesca o sacado del material que reduce la sección transversal de una pieza con el fin de acomodar la geometría adecuadamente sobre apoyos, realizar encajes, acoples, etc.

6.9.   **Testa.** Extremo de una viga de madera.

6.10.   **Vástago.** Cuerpo principal de un conector mecánico cilíndrico que resulta al descontar la cabeza del mismo.

6.11.   **Alisado.** Paso posterior al lijado de la madera, recomendado sobre todo en maderas duras.

Capítulo 7

7.1.   **Incertidumbre.** Estimación del posible error en una medida. También se define como la estimación del rango de valores que contiene el valor verdadero de la cantidad medida; representa la probabilidad de que el valor verdadero esté dentro de un rango de valores indicados.

7.2.   **Probabilidad de excedencia.** Probabilidad de que un determinado valor sea superado.

7.3.   **Valor característico.** Valor resistente asociado a un determinado percentil de probabilidad de excedencia. En la madera, es muy habitual considerar un valor de resistencia con un intervalo de confianza del 95%.

7.4.   **Distribución de Weibull.** Tipo de distribución probabilística ligeramente diferente de la distribución normal, la cual se ajusta muy bien a la ocurrencia de diversas propiedades de la madera, tal como la resistencia a la flexión.

Capítulo 8

8.1.   **Deflexión diferida.** Flecha adicional observada en una viga de madera como consecuencia del creep (véase el término 3.9).

8.2.   **Cadeneta.** Pieza de madera rectangular que se dispone transversalmente al envigado o pies derechos con el fin de servir como arriostramiento.

8.3.   **Drift (desplazamiento o deriva de entrepiso).** Se refiere al desplazamiento horizontal relativo que sufre un piso determinado como consecuencia de una acción lateral.

8.4.   **Combinación cuadrática.** Término habitualmente empleado para referirse al modo en que las tensiones se combinan en situaciones de esfuerzos combinados. Aunque no siempre es así, la combinación cuadrática suele efectuarse con términos que se asume pueden producir un fallo dúctil. En contraposición, los términos suelen combinarse linealmente (más conservador) cuando los índices de agotamiento que se combinan presentan el riesgo de producir una falla frágil.

Capítulo 9

9.1.   **Comportamiento histerético.** La madera presenta diversos tipos de histéresis como por ejemplo la histéresis higroscópica. Sin embargo, la histéresis más frecuentemente referida es la histéresis mecánica que presentan las uniones, esto es, la diferente relación constitutiva (fuerza-desplazamiento) que presenta la unión según esta esté siendo cargada o descargada. Esto provoca que la relación fuerza-desplazamiento que presenta una unión determinada bajo la acción de una fuerza cíclica, dependa de la historia de carga anterior. El comportamiento histerético de uniones se detalla en profundidad en el libro *"Conceptos avanzados del diseño estructural con madera. Parte I"*.

9.2.   **Rótula plástica.** Deformación (curvatura) irreversible que experimenta un conector cilíndrico solicitado bajo una acción lateral entorno a un plano de corte, como consecuencia de haber rebasado su capacidad (momento plástico).

Capítulo 10

10.1.   **Diafragma de cubierta.** Estructura rigidizadora que cuya función principal consiste en otorgar estabilidad lateral y transmitir la carga lateral de los elementos de cubierta.

10.2.   **Pletina.** Placa delgada metálica, comúnmente de acero.

Capítulo 14

14.1.   **Tocón.** Sección de tronco de árbol que permanece en el suelo unida a la raíz, cuando se tala el árbol cerca de la base del mismo.

14.2.   **Espacio de arrastre (crawl space).** Espacio vacío entre el nivel del suelo y el primer piso destinado principalmente a separar la madera del suelo, y permitir tareas de inspección y mantenimiento.

14.3.   **Topping de la fundación.** Material impermeable colocado en la parte superior de las fundaciones para actuar como barrera física de organismos xilófagos.

14.4.   **Fotodegradación.** Degradación de la zona superficial de la madera debida a la acción de la radiación ultravioleta proveniente del sol. Conjuntamente con el deslavado producido por el agua de lluvia, esta da lugar al "agrisado" de la madera, sobre todo en exterior (en interior, esta radiación da lugar a cambios de tonalidad y decoloraciones).

14.5.   **Impregnación por difusión.** En este sistema, se trata la madera verde (saturada de agua) introduciendo en su interior una sal protectora. El proceso se produce por ósmosis, de tal forma que se igualan las concentraciones. Este es un sistema que solo se podrá emplear con protectores hidrosolubles. Consta de tres fases: fase breve de impregnación (inmersión), fase de difusión y fase de secado.

14.6.   **Autoclave.** Recipiente o cámara de presión con paredes gruesas y cierre hermético que permite trabajar a alta presión para realizar una reacción industrial, una cocción o una esterilización con vapor de agua. Su construcción debe ser tal que resista la presión y temperatura desarrollada en su interior; la presión elevada permite que el agua alcance temperaturas superiores a 100 °C, que unido al vapor, produce la coagulación de las proteínas de los microorganismos, lo que conlleva su destrucción. Hay distintos usos de autoclave según el uso que se le vaya a dar a la misma. Para el tratamiento de la madera de exterior y su protección ante parásitos se emplean autoclaves industriales (introduciendo estas sustancias protectoras a presión dentro de las piezas de madera).

14.7. **Cámara de impregnación.** Cámara donde se realizan las labores de impregnación a presión de la madera; estas suelen ser autoclaves.

Printed in Dunstable, United Kingdom